Vahlens Handbücher
der Wirtschafts- und Sozialwissenschaften

Fink
Strategische Unternehmensberatung

Strategische Unternehmensberatung

von

Prof. Dr. Dietmar Fink

Verlag Franz Vahlen München

VERLAG
VAHLEN
MÜNCHEN
www.vahlen.de

ISBN 978 3 8006 3611 2

Satz: DTP-Vorlagen des Autors
Druck und Bindung: Druckhaus „Thomas Müntzer“ GmbH
Neustädter Str. 1–4, 99947 Bad Langensalza
Gedruckt auf säurefreiem, alterungsbeständigem Papier
(hergestellt aus chlorfrei gebleichtem Zellstoff)

Meinen Eltern

Vorwort

Die zunehmende Relevanz der Beratungsbranche wird in der betriebswirtschaftlichen Literatur erst ansatzweise reflektiert. Zwar zeichnet sich ein ansteigendes wissenschaftliches Interesse an spezifischen Aspekten der Beratung ab, insgesamt steht die Auseinandersetzung mit theoretischen und praktischen Problemstellungen der Disziplin jedoch fraglos noch am Anfang ihrer Entwicklung. Dies gilt nicht nur für die Forschung, sondern vor allem auch für die Lehre. Das vorliegende Buch setzt sich mit den anwendungsbezogenen betriebswirtschaftlichen Grundlagen der Unternehmensberatung auseinander. Der Zusatz „strategisch" im Titel erscheint geboten, weil die Bezeichnung Unternehmensberatung bzw. Unternehmensberater in Deutschland nicht geschützt ist und von unterschiedlichsten Akteuren sehr heterogen gebraucht wird. Managementberater werden bisweilen gleichgesetzt mit Kommunikationsberatern, IT-Beratern, PR-Beratern, Finanzberatern, Werbeberatern, Personalberatern und Steuerberatern. Auch die in den vergangenen Jahren vermehrt von führenden Beratungsunternehmen genutzte Bezeichnung „Managementberatung" wird in der Zwischenzeit vor allem auch von Trainern, Coaches und Organisationsentwicklern für ihre eigenen Beratungsleistungen verwendet. Der Begriff „strategische Unternehmensberatung" ist hingegen klar mit den Leistungen klassischer Managementberater wie *McKinsey*, *Roland Berger* oder der *Boston Consulting Group* verknüpft und umfasst zudem auch die nicht minder bedeutenden strategischen Beratungsleistungen großer IT-Berater wie *Accenture*, *Capgemini* oder *IBM* und auch die überproportional wachsenden Advisory-Bereiche der großen Wirtschaftsprüfer, allen voran *KPMG*, *PricewaterhouseCoopers*, *Deloitte* und *Ernst & Young*. Genau diese Zielgruppe wird vom vorliegenden Buch adressiert – im Hinblick auf die Ausbildung entsprechend qualifizierter Nachwuchskräfte an Hochschulen, die interne Aus- und Weiterbildung in den betreffenden Beratungsunternehmen sowie als Nachschlagewerk für Praktiker in der Beratung und, nicht zuletzt, auf Kundenseite.

Ein Lehrbuch wie dieses zu verfassen, das gelingt nicht ohne die Unterstützung zahlreicher Helfer. Allen voran gilt mein Dank den zahllosen Gesprächspartnern aus der Beratungspraxis und aus Kundenunternehmen, mit denen ich meine Gedanken in den vergangenen zehn Jahren in einem konstruktiven Austausch überprüfen und weiterentwickeln konnte. Vielen bin ich in dieser Hinsicht verpflichtet, nur einige von ihnen kann ich an dieser Stelle stellvertretend nennen: Frau *Bianka Knoblach* von der *Wissenschaftlichen Gesellschaft für Management und Beratung*, Herrn *Dr. Dieter Heuskel* und Herrn *Martin Koehler* von der *Boston Consulting Group*, Herrn *Professor Dr. Burkhard Schwenker* und Herrn

Torsten Oltmanns von *Roland Berger Strategy Consultants*, Herrn *Dr. Jörg Gnamm* von *Bain & Company*, Herrn *Dr. Stephan Scholtissek* von *Accenture*, Herrn *Matthias Hartmann* von *IBM,* Herrn *Dietrich Neumann* und Herrn *Dr. Martin Sonnenschein* von *A.T. Kearney*, Herrn *Pierre Deraëd* von *Oliver Wyman*, Herrn *Hajo Riesenbeck* von *McKinsey & Company*, Herrn *Hans-Ulrich Stamer* und Herrn *Richard Viereckl* von *Management Engineers*, Frau *Eva Manger-Wiemann* und Herrn *Dr. Christoph Treichler* von *Cardea*, Herrn *Thomas Lünendonk* sowie meine Kollegen *Professor Dr. Oded Löwenbein* und *Professor Christoph Wamser*, dem ich die Idee zu diesem Buch verdanke.

Frau *Claudia Zang* danke ich für die sorgfältige Durchsicht des Manuskripts, für die Aufdeckung manches Fehlers und für die Erstellung der Sach-, Personen- und Institutionenverzeichnisse. Nicht zuletzt gilt mein Dank Herrn *Hermann Schenk*, der meine Arbeit als Lektor des *Vahlen Verlags* seit nunmehr über einem Jahrzehnt mit viel Geduld, kritisch, sachkundig und mit einem guten Gespür für das Machbare begleitet.

Bonn, im Januar 2009 *Dietmar Fink*

Inhaltsverzeichnis

1. Grundlagen der strategischen Unternehmensberatung

1.1 Strategieberatung als Teildisziplin der Unternehmensberatung

Strategieberater wie *McKinsey & Company*, die *Boston Consulting Group* oder *Roland Berger* unterstützen Führungskräfte bei der Bewältigung komplexer betriebswirtschaftlicher Probleme. Ihre Analysen und Befunde bilden eine wesentliche Grundlage für den ökonomischen Erfolg ihrer Klienten. Sie bewerten Unternehmen, entwerfen ihre Strategien, optimieren ihre Prozesse, bereiten ihre Akquisitionen vor, begleiten ihre Zusammenschlüsse und helfen im Krisenfall mit Sanierungs- und Restrukturierungsprogrammen. Die Leistungsfähigkeit eines Beraters wird dabei zum großen Teil durch seine konzeptionelle Kreativität bestimmt. Kaum eine andere Branche baut so sehr auf die Fähigkeit ihrer Mitarbeiter, unkonventionelle und zugleich analytisch fundierte Lösungen zu erdenken. Ihre Substanz erhalten die Ideen der Berater durch eine konsequent an Fakten orientierte Analyse und durch ein aus Erfahrung gewachsenes Verständnis der wirtschaftlichen Kräfte, die über den Erfolg oder Misserfolg eines Klienten in einer bestimmten Branche, in einer bestimmten Marktphase, in einem bestimmten Wettbewerbsumfeld entscheiden.

Die volkswirtschaftliche Bedeutung unternehmensbezogener Beratungsleistungen hat in den vergangenen Jahren stark zugenommen. Nicht nur, aber vor allem auch, weil Unternehmensberater im Rahmen ihrer Tätigkeit zur Zirkulation von Wissen beitragen, dem wichtigsten Produktionsfaktor moderner Wirtschaftssysteme (vgl. *Richter* 2004, S. 75): Viele bedeutende Managementinnovationen sind von Beratern in die Unternehmenspraxis eingeführt worden, zahlreiche wurden von ihnen mit- bzw. weiterentwickelt. Zu den bekanntesten Beispielen zählen etwa die Portfoliomatrix der *Boston Consulting Group*, die Gemeinkostenwertanalyse von *McKinsey* oder die von *Stern Stewart* entwickelte Methodik des Economic Value Added. Zudem hat sich die Unternehmensberatung in den vergangenen Jahrzehnten in vielen westlichen Volkswirtschaften zu einer der wichtigsten Wachstumsbranchen entwickelt. Während vor allem Unternehmen aus dem produzierenden Sektor lange Zeit kein reales Wachstum realisieren konnten, erwirtschaftete die Beratungsbranche über viele Jahre nahezu kontinuierlich zweistellige Zuwachsraten.

Die Struktur des Beratungsmarktes hat sich im Laufe seiner Geschichte deutlich verändert. Waren es in den frühen Jahren vor allem kleine Partnerschaften und

Kanzleien so genannter „Management Engineers", Wirtschaftsprüfer und Anwälte, die nach und nach begannen, das neue Geschäftsfeld zu erschließen, so entwickelte die Branche in den USA der 1930er Jahre zunehmend ein eigenständiges Profil (siehe Abschnitt 1.2). Der Terminus „Management Consultant" begann sich am Markt zu etablieren, viele große amerikanische Industrieunternehmen griffen immer häufiger auf die Leistungen externer Ratgeber zurück. In den frühen 1960er Jahren dehnten die führenden US-Beratungsfirmen ihr Geschäft nach Europa aus, später auch nach Asien und Lateinamerika – heute wird der weltweite Beratungsmarkt nahezu ausnahmslos von amerikanischen Firmen dominiert. In den 1970er und 1980er Jahren begann sich die Branche zu differenzieren. Kleine, spezialisierte Strategieberater forderten die etablierten Firmen ebenso heraus wie die Beratungsabteilungen der großen Wirtschaftsprüfungskonzerne, die sich vor allem auf informationstechnische Aspekte der Beratung fokussierten. In den 1990er Jahren folgte eine weitere starke Wachstumsphase, die bis zur Jahrtausendwende andauerte. Von 2001 bis 2005 hatte die Branche mit einer bis dato nicht gekannten Stagnation und zum Teil sogar mit Umsatzeinbußen zu kämpfen. Heute hat sich der Markt konsolidiert und ist zu einem stabilen Wachstum zurückgekehrt.

Es kann als eine Folge des starken Wachstums angesehen werden, dass im Laufe der Zeit die gängigen Vorstellungen über den Inhalt und die Reichweite des Beratungsbegriffs immer wieder modifiziert und variiert wurden – sowohl in der Praxis als auch in der wissenschaftlichen Auseinandersetzung mit der Branche. Bereits seit den 1960er Jahren wird in der betriebswirtschaftlichen Literatur regelmäßig das Fehlen einer in sich geschlossenen Theorie der Beratung sowie das eines einheitlichen Begriffsbildes beklagt. Ein Manko, das zumindest teilweise der enormen beratungsbezogenen Variantenvielfalt geschuldet ist, die die Praxis im Laufe der Jahre hervorgebracht hat: Vom Strategieberater über den Personalberater, den IT-Berater, den PR- oder Werbeberater bis hin zum allgemeinen Wirtschaftsberater sind zahlreiche Beratertypen entstanden, die sich selbst dem Oberbegriff des Unternehmensberaters zurechnen – und diesen Titel auch gegenüber Dritten führen. Möglich wird dies durch den Umstand, dass die Berufsbezeichnung „Unternehmensberater" in Deutschland keinen standesrechtlichen Schutz genießt und kein staatlich anerkanntes Ausbildungsprofil existiert. Auf diese Weise wird nicht nur die Intransparenz des Marktes erhöht, auch die wissenschaftliche Auseinandersetzung mit den genannten Berufsgruppen wird deutlich erschwert. Denn wenn das Leistungsspektrum verwischt und Titel bisweilen nur zum Aufbau von Status und Reputation für sehr unterschiedliche Geschäfte genutzt werden, fällt es schwer, ein theoretisch klar abgrenzbares Untersuchungsobjekt zu definieren.

Grundsätzlich handelt es sich bei Beratung – unabhängig davon, ob sie im betriebswirtschaftlichen Kontext oder in einem anderen Zusammenhang erbracht

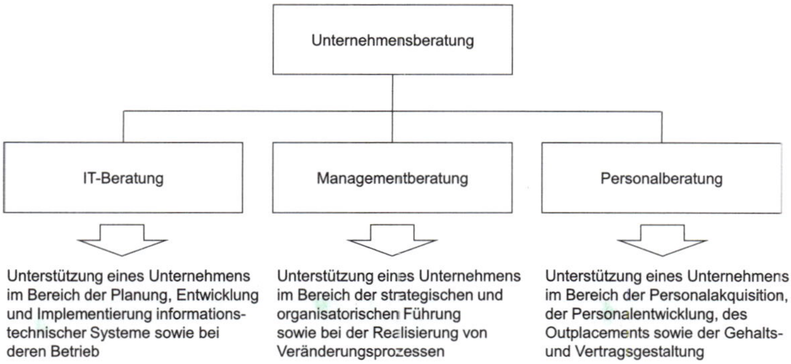

Abb. 1-1: Die Klassische Dreiteilung des Unternehmensberatungsmarktes (Quelle: In Anlehnung an Fink/Knoblach 2004, S. 7)

wird – um einen von einem Ratgebenden (dem Berater) nach methodischen Gesichtspunkten gestalteten Problemlösungsprozess, durch den die Eigenbemühungen eines Ratsuchenden (des Klienten) unterstützt bzw. seine Kompetenzen zur Bewältigung eines Problems verbessert werden (vgl. *Häcker/Stapf* 1998, S. 113). In Anlehnung an diese allgemeine Definition wird unter dem **Begriff der Unternehmensberatung** eine entgeltlich, eigenverantwortlich und auftragsindividuell erbrachte professionelle Dienstleistung verstanden, die sich an die obersten Leitungsebenen eines Unternehmens richtet, mit dem Ziel, Handlungsempfehlungen zu entwickeln, zu erläutern und gegebenenfalls zu implementieren, um den Klient bei einer Problemlösung im Bereich der Planung, Organisation, Führung und/oder Kontrolle zu unterstützen bzw. um seine Fähigkeiten zur Bewältigung des zugrunde liegenden Problems zu verbessern (vgl. *Dahl* 1967, S. 4; *Bartling* 1985, S. 10; *Hoffmann* 1991, S. 39 f.; *Schrädler* 1996, S. 136 ff.; *Zirkler* 2005, S. 6 f.). Als Klienten im engeren Sinne werden dabei nicht die Klienteninstitutionen als solche – etwa privatwirtschaftliche oder öffentlich-rechtlich geführte Unternehmen, Verbände, öffentliche Stellen –, sondern ihre leitenden Mitarbeiter als handelnde Akteure im Beratungsprozess betrachtet (vgl. auch *Walger* 1995; *Wohlgemuth* 1991).

In der Praxis der Unternehmensberatung hat sich eine **Dreiteilung des Marktes** etabliert (siehe Abb. 1-1). Neben der Managementberatung, die die zentralen Problemfelder der strategischen und organisatorischen Unternehmensführung adressiert und Klienten bei der Realisierung von Veränderungsprozessen unterstützt, unterscheidet man die IT-Beratung, die sich auf die Planung, Entwicklung, Implementierung sowie den Betrieb informationstechnischer Systeme fokussiert, und die Personalberatung, bei der die Akquisition von Führungskräften, die Personalentwicklung, das Outplacement sowie die Gehalts- und Vertragsgestaltung im Mittelpunkt stehen. Andere Beratungsformen – etwa die

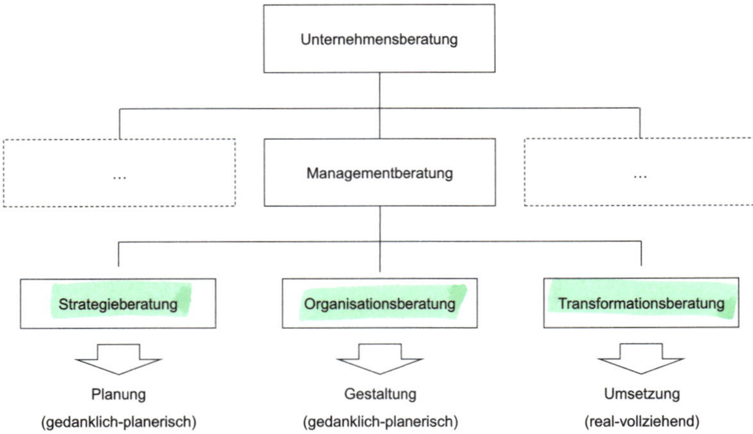

Abb. 1-2: Formen der Managementberatung
(Quelle: In Anlehnung an Fink/Knoblach 2003, S. 12)

oben genannte PR- oder Werbeberatung – werden in dieser Aufteilung des Marktes üblicherweise nicht der Unternehmensberatung zugerechnet (vgl. z.B. *BDU* 2000, S. 1).

Das Segment der **Managementberatung** kann selbst wiederum in drei Subsegmente unterteilt werden: Zu den originären Aufgaben eines Managementberaters zählt es, (a) seine Klienten bei der strategischen Ausrichtung ihrer Aktivitäten zu unterstützten (Planung). Steht die verfolgte Strategie fest, müssen (b) aufbau- und ablauforganisatorische Voraussetzungen geschaffen werden, die geeignet sind, diese Strategie in der operativen Wertschöpfung abzubilden (Gestaltung). Wenn auch die organisatorischen Rahmenbedingungen festgelegt sind, müssen (c) die Mitarbeiter des Klientenunternehmens dazu motiviert werden, die geplante Strategie innerhalb der entworfenen Wertschöpfungsstrukturen und -prozesse tatsächlich zu verfolgen (Umsetzung). Aus diesen drei Ansatzpunkten lassen sich drei korrespondierende Managementberatungsformen ableiten: die Strategieberatung, die Organisationsberatung und die Transformationsberatung (siehe Abb. 1-2). Die vordergründige Sequenz – Strategieberatung = *Planung*, Organisationsberatung = *Gestaltung*, Transformationsberatung = *Umsetzung* – darf jedoch nicht darüber hinwegtäuschen, dass zwischen den einzelnen Segmenten der Managementberatung komplexe Interdependenzen bestehen. So sind etwa Strategie- und Organisationsberatungsleistungen von ihrer Natur her immer gedanklich-planerisch angelegt, das heißt, sie werden zunächst ausschließlich „auf dem Papier“ erbracht. Erst im Rahmen eines real-vollzogenen Transformationsprojektes werden die angestrebten Effekte tatsächlich erzielt. Für den letztendlichen Erfolg der Strategie- und Organisationsberatung ist es somit unabdingbar, bereits im Rahmen der Strategieplanung die „Machbarkeit" der konzeptionell erarbeiteten Lösungen zu berücksichtigen. So sollten insbesondere die betroffenen Mitarbeiter eines Unternehmens bereits frühzeitig in Strategie- und Organisationsberatungsprojekte einbezogen werden, um eine breite Identifikation mit den erarbeiteten Maßnahmen zu erreichen und somit mögliche Widerstände bei ihrer Umsetzung zu reduzieren.

Im Mittelpunkt der **Strategieberatung** steht die Unterstützung eines Klienten bei der gedanklich-planerischen Ausrichtung seiner Unternehmensaktivitäten, mit dem Ziel, die Position seines Unternehmens durch eine marktgerechte Allokation von finanziellen, personellen, technischen und intangiblen Ressourcen an veränderte oder sich verändernde Umweltbedingungen anzupassen. Die Aufgabe des Beraters ist es, die Entscheidungssituation zu analysieren, gegebenenfalls weiterführende Informationen zu beschaffen und die verschiedenen Handlungsoptionen unter Zuhilfenahme methodischer und empirischer Kenntnisse zu bewerten. Der Einsatz eines Strategieberaters ist dabei immer auf eine oder auf mehrere **strategische Initiativen** zurückzuführen, die von unterschiedlichen Interessensgruppen im Klientenunternehmen vorangetrieben werden. Als strategische Initiative bezeichnet man jeden in einem Unternehmen aufkommenden Impuls, der (a) explizit oder implizit darauf abzielt, die zukünftige Entwicklung des Unternehmens signifikant zu prägen, und der (b) dazu in der Lage ist, das Verhältnis des Unternehmens zu dessen externen Anspruchsgruppen – etwa zu Kunden, Kapitalgebern, Lieferanten – maßgeblich zu beeinflussen (vgl. ähnlich *Müller-Stewens/Lechner* 2001, S. 41). Unerheblich ist dabei, auf welche Weise und auf welcher Hierarchieebene eine strategische Initiative entsteht und welchen spezifischen Inhalt sie hat. Sie kann sich auf den Eintritt in ein neues Geschäftsfeld beziehen, auf eine Repositionierung am Markt, auf den Einsatz einer neuen Technologie, die Entwicklung eines neuen Produktes, die Neuordnung organisatorischer Verantwortlichkeiten, die Übernahme eines Wettbewerbers oder vergleichbare Aspekte.

Viele strategische Initiativen werden allein unternehmensintern, also ohne Rückgriff auf externe Unterstützung durch Beratungsunternehmen verfolgt und zu einem expliziten oder impliziten Abschluss gebracht. Manche von ihnen führen jedoch dazu, dass Unternehmensberater beauftragt werden, um den Prozess der Formierung und Implementierung der betreffenden Initiative – respektive einzelne Teilschritte des Prozesses – zu unterstützen, neutral zu begleiten oder auch im gewünschten Sinne zu lenken. Ein Berater muss verstehen, auf welche Weise sich entsprechende Initiativen in Unternehmen formieren. Es wird von ihm erwartet, dass er seinem Auftraggeber handlungsorientierte Ratschläge unterbreitet, die die Initiativen, die seiner Beauftragung zugrunde liegen, zu einer **Problemlösung** im Sinne des Klienten führen (siehe Kapitel 3). Um dies zu bewerkstelligen, muss der Berater (a) dazu in der Lage sein, die betriebswirtschaftlichen, aber auch die psychologischen Einflussgrößen der angestrebten Problemlösung zu verstehen, (b) bei der Einschätzung der Klientensituation analytisch zu abstrahieren und das betreffende Problem in seine wesentlichen Komponenten zu zerlegen, und zugleich auch (c) das Zusammenwirken einzelner Teilaspekte und deren Einbindung in ihren übergeordneten Kontext aus isolierten, oft inkompatiblen strategischen Initiativen zu überschauen, die in einem Unternehmen um die Aufmerksamkeit und die knappen Ressourcen der Mitarbeiter konkurrieren und von unterschiedlichen Akteuren oft unabgestimmt oder sogar in Konkurrenz zueinander vorangetrieben werden.

Andererseits nehmen auch Unternehmensberater Einfluss auf die Formierung strategischer Initiativen. Indem sie bestimmte Sichtweisen im Unternehmen und in seinem Umfeld akzentuieren und diese durch Erfahrungsberichte und Praxisbeispiele erfolgreicher Unternehmen im Management legitimieren, tragen sie dazu bei, dass neue Leitbilder und neue Managementprinzipien in strategischen Initiativen aufgegriffen und verfolgt werden. Berater sind in diesem Sinne also nicht nur Problemlöser, sie sind als **Sinnstifter** zugleich auch konzeptionelle Wegbereiter neuer Managementideologien (siehe Kapitel 4). Transportiert werden diese Ideologien mithilfe von Beratungs- bzw. Managementkonzepten, die vor allem über Bestseller, Artikel in Managementzeitschriften, Seminare und Kongresse einem breiten Diskurs zugeführt werden. Die Beispiele für erfolgreiche Managementkonzepte, die von Unternehmensberatern erdacht und propagiert wurden, sind vielfältig; die Leitgedanken des Shareholder Value zählen ebenso dazu wie die Ideen des Lean Management oder des Business Process Reengineering.

Der Zusammenhang zwischen dem Leistungsspektrum von Strategieberatern und den in einem Unternehmen verfolgten strategischen Initiativen ist in Abbildung 1-3 dargestellt: Die von Beratern propagierten Ideologien beeinflussen durch Diskurse, in denen neue Managementideen, neues Denken und neue Leitbilder verbreitet werden, die Formierung strategischer Initiativen in Unternehmen. Zugleich ziehen Berater ihrerseits aus den strategischen Initiativen, die sie bei ihren Klienten beobachten, Ideen und Ansatzpunkte für die Entwicklung neuer Managementideologien. Die strategischen Initiativen, die in einem Unternehmen verfolgt werden, sind ihrerseits Auslöser von Beratungsprojekten, die darauf abzielen, konkrete strategische oder operative Problemstellungen im Tagesgeschäft des Unternehmens zu bewältigen. Die Art und Weise, wie Berater zur Lösung der betreffenden Probleme beitragen, beeinflusst dabei wiederum den weiteren Verlauf der zugrunde liegenden strategischen Initiativen.

Im Bereich der Sinnstiftung versuchen Unternehmensberater auf die strategischen Initiativen in Unternehmen Einfluss zu nehmen, indem sie innovative Managementkonzepte entwickeln und diese im Rahmen weitreichender Diskurse propagieren. Ihr Ziel ist es, beratungskonforme strategische Initiativen zu initiieren und im Sinne der propagierten Leitbilder zu lenken, um auf diese Weise neue

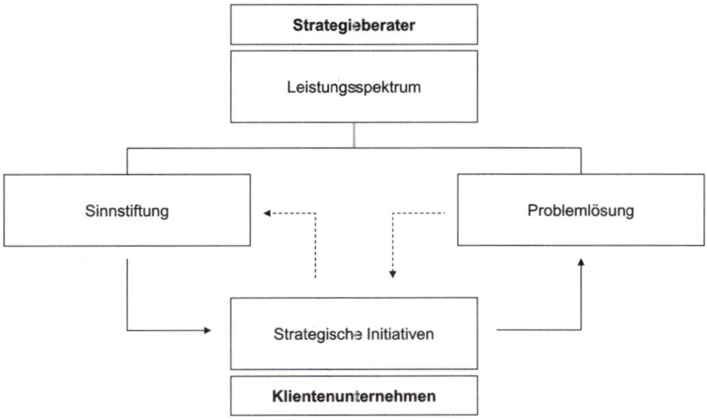

Abb. 1-3: Der Zusammenhang zwischen strategischen Initiativen und dem Leistungsspektrum von Strategieberatern

Beratungsbedarfe zu wecken. Kommt es in der Folge eines entsprechenden Diskurses zu einem Beratungsauftrag, dann reichen die in den zugrunde liegenden Konzepten beschriebenen Ideen und Leitbilder jedoch üblicherweise nicht aus, um die spezifischen Problemstellungen eines Klienten zu lösen. Ein Management*konzept* ist das Gedankengerüst, um mit einem Klienten über seine Probleme zu diskutieren und um ihn für neuartige Managementideen zu interessieren. Um einen konkreten Auftrag zufriedenstellend zu bearbeiten, bedarf es jedoch konkreter Management*methoden* – bestimmter Beratungsverfahren, die dazu geeignet sind, die aktuelle und die angestrebte Situation des Klienten zu verstehen, einen geeigneten Lösungsweg zu entwickeln, diesen dem Klienten zu vermitteln und, wenn der Klient dem Vorschlag des Beraters zustimmt, letztendlich auch umzusetzen. **Managementkonzepte** können somit als allgemeine, theoretisch oder auch empirisch begründete Regeln verstanden werden, die als konditionale normative Denkmodelle zum Ausdruck bringen, wie Führung in Unternehmen nach Ansicht der Protagonisten des Konzepts vollzogen werden sollte. Sie dienen vornehmlich der Ideologiebildung im Rahmen meinungsbildender Diskurse. Bei **Managementmethoden** hingegen handelt es sich um die in Beratungsverfahren konkretisierte und auf die Lösung spezifischer praktischer Probleme ausgerichtete Operationalisierung der in Managementkonzepten propagierten Ideen.

Im Rahmen der Problemlösung mit Hilfe entsprechender Methoden stehen einem Berater zwei prinzipielle Vorgehensweisen offen (siehe Abb. 1-4): Er kann für jeden Klienten einen individuellen Lösungsweg entwickeln oder auf standardisierte Problemlösungsverfahren zurückgreifen. Bei der individuellen Problemlösung erfindet der Berater – pointiert gesprochen – das Rad in jedem Projekt aufs Neue. Dabei greift er auf die Wissens- und Erfahrungspotenziale zurück, die in der Beratung vorhanden sind, und kombiniert sie entsprechend der spezifischen Bedürfnisse eines bestimmten Klienten zu einer maßgeschneiderten Beratungsmethode, die möglichst optimal auf die konkrete Problemsituation im Klientenunternehmen zugeschnitten ist. Die Entwicklung der zum Einsatz kommenden Methode ist somit ein integraler Bestandteil des Problemlösungsprozesses, wobei Strategieberater auf eine Vielzahl erprobter, zum Teil selbst entwickelter, zum Teil allgemein zugänglicher Problemlösungsmodule im Sinne eines **Methodenbaukastens** – der so genannten „Toolbox" eines Beraters – aufbauen, die sie zu einer auf die spezifischen Bedürfnisse eines Klienten abgestimmten Gesamtleistung individuell miteinander verknüpfen. Bei der standardisierten Problemlösung unterstellt der Berater hingegen eine prinzipielle Gleichartigkeit und Übertragbarkeit bestimmter Arbeitsschritte von einem Projekt auf ein nächstes. So greift er zur Problemlösung auf ein vorstrukturiertes methodisches Instrumentarium zurück. Er nutzt eine einmal festgelegte Kombination bestimmter Hilfsmittel – z.B. Analyse-, Diagnose- und Entscheidungsinstrumente, Prognosetechniken etc. –, die in einem formalisierten Beratungsverfahren als vorab festgelegte Methode auf die Lösung häufig auftretender praktischer Probleme zugeschnitten ist.

Die Vorteile standardisierter Beratungsmethoden sind vielfältig. Zunächst können sie über eine Routinisierung von Arbeitsschritten, über Lernkurveneffekte, über eine Reduktion der Fehlerquote und des Trial-and-Error-Anteils an der Problemlösung dazu beitragen, die Kosten der Beratung zu senken, ohne dass (wesentliche) Abstriche bei der Qualität der Problemlösung in Kauf genommen werden müssen. Darüber hinaus können standardisierte Vorgehensweisen dazu beitragen, ein schnelles Wachstum einer Beratung zu bewältigen: Sie weisen eine vergleichsweise geringe Personenbindung auf, so dass neue, unerfahrene Mitarbeiter schneller eingearbeitet und ihre kreativen Fähigkeiten effektiver dort eingesetzt werden können, wo sie einen möglichst hohen Beitrag zur Wertschöpfung und Profilbildung leisten.

Für einen Klienten dienen standardisierte Beratungsprodukte zudem als Signale für die Qualität und die Leistungsfähigkeit einer Beratung (vgl. auch *Schade* 2000, S. 261). So sind standardisierte „Beratungsprodukte" leichter kommunizierbar als individuelle Leistungen. Sie ermöglichen es einem Berater, für bestimmte standardisierte Vorgehensweisen ein Markenbild aufzubauen, sich zu profilieren und vom Wettbewerb abzuheben. Zu diesem Zweck werden standardisierte Methoden häufig selbst wieder schematisiert und das darin enthaltene intellektuelle Kapital in allgemeiner Form als spezifischer Beratungs- bzw. **Managementansatz** eines bestimmten Beratungsunternehmens in anschaulicher Form am Markt positioniert. Managementansätze nehmen in diesem Sinn eine Mittelposition zwischen Managementkonzepten und Managementmethoden ein. Sie bilden das spezifische methodische Repertoire eines Beratungsunternehmens

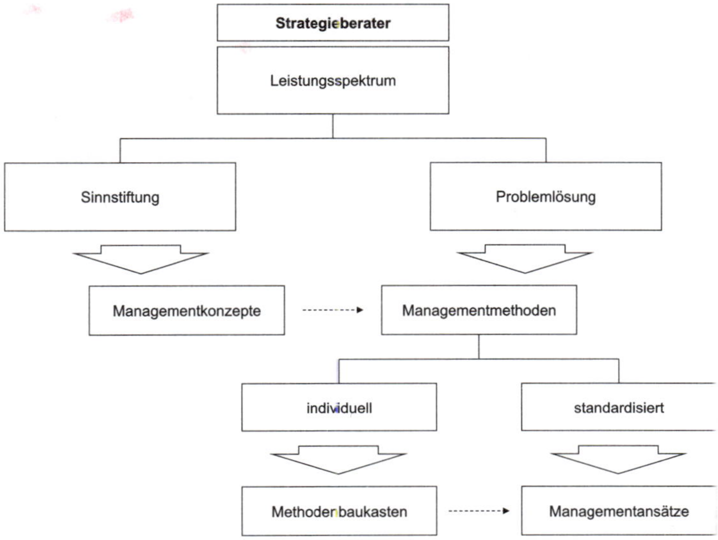

Abb. 1-4: Konzeptionelle Verankerung und Standardisierung von Beratungsleistungen (Quelle: In Anlehnung an Fink/Knoblach 2003, S. 29)

in Bezug auf ein übergeordnetes Managementkonzept ab – einerseits, um das Konzept handhabbar zu machen, andererseits, um im Rahmen meinungsbildender Diskurse besondere eigene Fähigkeiten herauszustellen. Ein Beispiel ist etwa der EVA-Ansatz des Beratungsunternehmens *Stern Stewart* (Managementansatz), der ein konkretes, finanzwirtschaftlich geprägtes Instrumentarium umfasst (Managementmethoden), das ein Unternehmen dazu in die Lage versetzt, die Ideen und Leitbilder des übergeordneten Shareholder-Value-Gedankens (Managementkonzept) in ein praktikables System zur wertorientierten Unternehmensführung umzusetzen.

Mit der Anwendung standardisierter Beratungsansätze sind jedoch auch verschiedene Nachteile verbunden. Sie verursachen zumeist erhebliche Forschungs- und Entwicklungskosten, wobei der Beratungsmarkt deutlichen Konjunktur- und Modezyklen unterliegt (siehe auch Abschnitt 4.2). In einer Rezession sind tendenziell eher solche Problemlösungen gefragt, die helfen, Kosten zu senken, in einem konjunkturellen Hoch sind es hingegen eher solche, die wachstumsfördernd wirken. Je höher der Standardisierungsgrad eines Ansatzes ausfällt, desto schwieriger ist es, ihn auf entsprechend veränderte Gegebenheiten anzupassen. Standardisierte Beratungsansätze folgen somit einem ausgeprägteren Lebenszyklus als individuelle Problemlösungsmethoden. Die Geschwindigkeit, mit der sie diesen Zyklus durchlaufen, wird dabei nicht nur von externen Konjunktur- und Modetrends, sondern auch durch ihre Imitierbarkeit bestimmt. Diese wiederum fällt umso höher aus, je standardisierter ein Ansatz gestaltet ist und je vehementer und transparenter er am Markt propagiert wird. Einmal entwickelt, zwingen die kurzen Lebenszyklen, die gegebenenfalls hohe Imitierbarkeit und die in der Regel beträchtlichen Entwicklungskosten einen Managementberater dazu, den betreffenden Ansatz möglichst intensiv zu nutzen. Aus der Sicht eines Klienten ist hiermit das Risiko verbunden, dass die von einem Berater vorgefertigten Lösungsmuster unbedacht und vorschnell auf einen spezifischen Kontext angewendet werden, ohne eine individuelle Problemanalyse vorzunehmen. Ähnliches gilt, wenn Verfahren, die in einem bestimmten Unternehmen als „Best Practice" – als beste bekannte Lösung einer Branche oder auch branchenübergreifend – erkannt wurden, auf ein fremdes Unternehmen übertragen werden. Ob eine solche Übertragung erfolgreich ist, bleibt fraglich, denn nicht selten kommen außergewöhnliche Erfolge gerade durch eine schwer zu kopierende Andersartigkeit und nicht durch ein Streben nach einer überlegenen Sammlung von Standard-Lösungsansätzen zustande (vgl. *Kieser* 1998b, S. 65 f.).

In der Praxis wird ein Berater üblicherweise eine „eher" standardisierte oder individualisierte Vorgehensweise wählen. Die vollkommene Standardisierung eines Beratungsverfahrens ist aufgrund der Einzigartigkeit der zugrunde liegenden Problemsituationen kaum realisierbar. Andererseits ist eine immer neue „Erfindung" gleichartiger Komponenten zeitraubend und kostenintensiv und daher sowohl aus Berater- als auch aus Klientensicht kaum befriedigend. Folglich sollte jede Problemlösung auf einer Kombination aus standardisierten und einzigartigen Elementen beruhen. Der Übergang von vollkommener Individualität zu maximaler Standardisierung vollzieht sich dabei fließend auf einer Art „Standardisierungskontinuum" (vgl. *Dichtl* 1998, S. 23). Dabei ist vor allem zu bedenken, dass eine Standardisierung der Beratungs*methoden* nicht im gleichen Ausmaß zu einer Standardisierung der Beratungs*ergebnisse* führen kann. Diese unterliegen vielmehr zahlreichen externen Einflüssen, die sich der Kontrolle einer Unternehmensberatung entziehen. Insbesondere sind sie in hohem Maße abhängig vom „Faktor Mensch" – von den Beratern und Klienten, die die entwickelten Verfahren letztendlich anwenden, da ihr Umgang mit den standardisierten Ansätzen selbst nicht standardisierbar ist.

Die konzeptionelle Verankerung und der Standardisierungsgrad von Beratungsleistungen stehen in einer engen Beziehung zur strategischen Positionierung eines Beraters. In Abbildung 1-5 ist dieser Zusammenhang veranschaulicht: Die Value Proposition eines Beratungsunternehmens bestimmt die grundsätzliche Ausrichtung seines Leistungsspektrums – die Breite der angebotenen Leistungspalette respektive die Fokussierung auf bestimmte Aspekte ebenso wie die grundlegende Positionierung, etwa als kreativer Stratege, als harter Rationalisierer oder als krisenerprobter Sanierer. Aufbauend auf diesem leitenden Gedanken positioniert sich eine Beratung zu bestimmten branchenbezogenen oder branchenübergreifen-

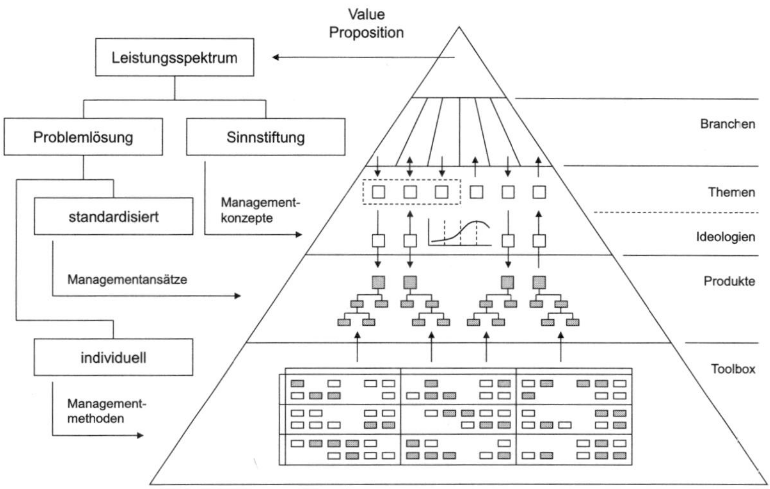

Abb. 1-5: Der Zusammenhang zwischen dem Leistungsspektrum von Strategieberatern und ihrer Positionierung

den Themen mit darauf abgestimmten Managementkonzepten, die einer bestimmten themenbezogenen Ideologie Raum schaffen sollen. Manche dieser Konzepte werden entwickelt, um damit auf bestehende Themen zu reagieren, andere Konzepte sind dazu gedacht, ein entsprechendes Interesse an den korrespondierenden Themen selbst erst zu generieren. Zudem werden bestehende Themen, die ursprünglich in einer bestimmten Branche entstanden sind, von Beratern bisweilen auch in andere Branchen hineingetragen, in denen vergleichbare Problemstellungen existieren oder in Zukunft zu erwarten sind. Mit einigen Themen beschäftigen sich Berater dabei intensiver als mit anderen. Manche werden von ihnen vorwiegend besetzt, um mit einem Klienten über die aktuellen Problemstellungen in seinem Geschäft angemessen diskutieren zu können, ohne dass ein signifikanter Beratungsbedarf zu erwarten ist. Anders verhält es sich mit Themen, die bereits eine maßgebliche Nachfrage nach korrespondierenden Beratungsleistungen aufweisen oder erkennen lassen, dass sich eine solche Nachfrage in absehbarer Zeit entwickeln wird. Ist das entsprechende Beratungsvolumen ausreichend attraktiv und ist damit zu rechnen, dass sich bestimmte themenbezogene Arbeitsschritte von Klient zu Klient respektive von Projekt zu Projekt übertragen lassen, oder erscheint es zweckmäßig, sich durch eine spezifische Vorgehensweise vom Wettbewerb abzuheben, wird eine Beratung erwägen, einen eigenen Managementansatz zu konzipieren und diesen – gewissermaßen als Beratungsprodukt – zu vermarkten. Die methodische Basis für die Gestaltung eines entsprechenden Managementansatzes bildet die Toolbox der Beratung, die ihrerseits auch die

Grundlage für das Angebot individueller Beratungsleistungen zu dem betreffenden Thema darstellt.

Eine weitere Gestaltungsdimension des Leistungsspektrums von Strategieberatern betrifft den **organisatorischen Ansatzpunkt** ihrer Beratungsleistung im Klientenunternehmen. Dieser spiegelt die Komplexität der klientenspezifischen Organisationsstrukturen und der damit verbundenen Diversität von Managementaufgaben wider: Mit zunehmender Differenzierung des Leistungsangebots eines Unternehmens ist üblicherweise auch eine Differenzierung der Aufbauorganisation in unabhängige, marktorientierte Divisionen, Sparten oder Geschäftsbereiche verbunden. Diese bieten dem verantwortlichen Management ein hohes Maß an Autonomie und Eigenverantwortung, so dass es schneller und flexibler auf veränderte Umweltbedingungen reagieren kann als das Gesamtunternehmen. Zudem bewirken sie eine höhere Transparenz der verschiedenen Geschäftsaktivitäten sowie eine leichtere Abwicklung von Unternehmenszukäufen und Desinvestitionen. In den einzelnen Geschäftsbereichen erfolgt üblicherweise eine weitere organisatorische Aufgliederung nach betrieblichen Funktionen, wie etwa Einkauf, Produktion oder Vertrieb.

Je nachdem, auf welcher der dargestellten organisatorischen Ebenen – Gesamtunternehmen oder Geschäftsbereich – eine Führungsposition angesiedelt ist, sind die von den entsprechenden Funktionsträgern wahrzunehmenden Managementaufgaben und somit auch die Ansatzpunkte der Strategieberatung ganz unterschiedlicher Art. Dementsprechend lassen sich zwei organisatorische Beratungsebenen unterscheiden: die Unternehmensebene und die Geschäftsbereichsebene (siehe Abb. 1-6). Das Leistungsspektrum der Beratung auf **Unternehmensebene** zielt darauf ab, den *Wert* eines Unternehmens für seine Anteilseigner (Shareholder) und andere Anspruchsgruppen (Stakeholder) zu maximieren. Entsprechende Beratungsleistungen liegen vor allem in der Unterstützung eines Klienten bei der grundlegenden Segmentierung seiner Märkte respektive seiner Umwelt in strategische Geschäftsfelder, in der Ermittlung des Beitrags einzelner Geschäftsfelder zur Wertsteigerung des Gesamtunternehmens und der Ableitung entsprechender Handlungsempfehlungen – etwa die Stärkung von Kerngeschäften, den Rückzug aus Randgeschäften und den Aufbau von Neugeschäften. Im Mittelpunkt der Beratung auf **Geschäftsbereichsebene** steht die Befähigung eines Klienten, sich im unmittelbaren Wettbewerb in den bearbeiteten Geschäftsfeldern zu behaupten. Das primäre Ziel besteht somit in der Erringung *strategischer Wettbewerbsvorteile*, die den Erfolg des Geschäftsbereichs am Markt sicherstellen. Das korrespondierende Leistungsspektrum von Strategieberatern umfasst die Unterstützung des Klienten bei der Wahl der strategischen Stoßrichtung und ihrer Verankerung in den Führungssystemen des Geschäftsbereichs.

In den folgenden Kapiteln wird die in diesem Abschnitt aufgestellte Klassifikation strategischer Beratungsleistungen als Bezugsrahmen für die Darstellung

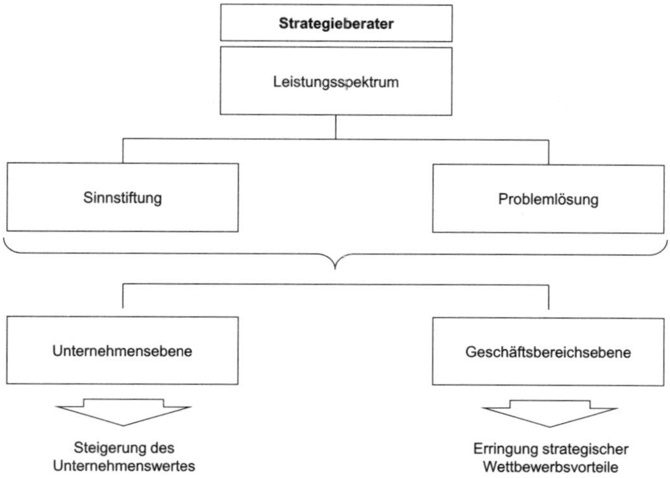

Abb. 1-6: Organisatorische Ansatzpunkte der Strategieberatung (Quelle: In Anlehnung an Fink/Knoblach 2003, S. 17)

der wichtigsten Konzepte, Methoden und Ansätze der Strategieberatung herangezogen. Eine Übersicht zum Aufbau des Buches, die sich aus der in Abbildung 1-3 aufgezeigten Struktur herleitet, ist in Abbildung 1-7 wiedergegeben. In Kapitel 2 werden zunächst verschiedene theoretische Modelle zur Erklärung strategischer Initiativen vorgestellt, die – wie oben erläutert – als kausale Auslöser strategischer Beratungseinsätze angesehen werden können. Kapitel 3 befasst sich mit den wichtigsten Aspekten der Problemlösung als originärer Aufgabe eines Strategieberaters. In Kapitel 4 werden die Grundlagen der Sinnstiftung, also der Entwicklung und Verbreitung neuer Managementideologien behandelt. Kapitel 5 und 6 widmen sich dem konkreten Leistungsspektrum von Strategieberatern. In Kapitel 5 werden die wichtigsten Konzepte, Methoden und Ansätze zur Beratung auf Unternehmensebene dargestellt, in Kapitel 6 folgt eine Auswahl von Konzepten, Methoden und Ansätzen, die auf der Ebene eines Geschäftsbereichs zum Einsatz gelangen. Diese idealtypische Abgrenzung lässt sich allerdings nicht an allen Stellen trennscharf vollziehen, da manche Beratungsleistungen grundsätzlich auf unterschiedlichen organisatorischen Ebenen ansetzen können. So sind beispielsweise Geschäftsbereiche oftmals wie kleine „Unternehmen im Unternehmen" aufgestellt, mit entsprechenden Untereinheiten, Produkten und Marktsegmenten, so dass einige Konzepte, Methoden und Ansätze sowohl auf Unternehmens- als auch auf Geschäftsbereichsebene zum Einsatz kommen können. Der Leser wird für seinen spezifischen Fall zu entscheiden wissen, auf welcher Ebene er eine bestimmte Beratungsleistung ansetzen kann.

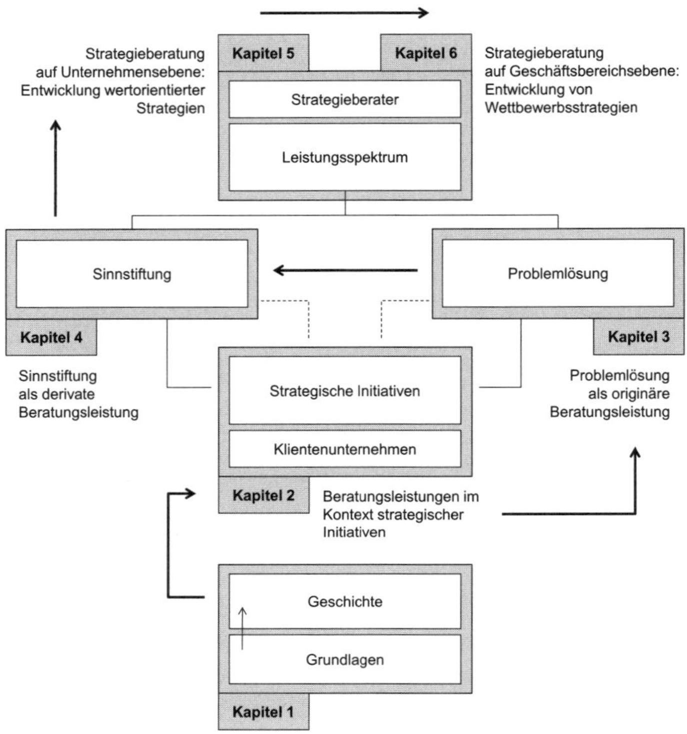

Abb. 1-7: Aufbau des Buches

Bevor in den kommenden Kapiteln die genannten Aspekte behandelt werden, soll in den folgenden Abschnitten ein kurzer Blick auf die historische Entwicklung der Beratungsbranche im Allgemeinen und der Strategieberatung im Speziellen geworfen werden.

1.2 Geschichte und Struktur der Beratungsbranche

Historisch betrachtet hat die Beratungsbranche im Laufe ihres Bestehens sechs wesentliche Entwicklungsstadien durchlebt: Initialisierung, Professionalisierung, Internationalisierung, Differenzierung, Konsolidierung und Revitalisierung (vgl. hierzu und im Folgenden *McKenna* 1995; *McKenna* 2001; *Fink* 2004; *Fink* 2005; *Fink/Knoblach* 2005; eine Übersicht der Epochen und ihrer wichtigsten Ereignisse ist in Abb. 1-8 dargestellt).

Es ist historisch gesehen kaum möglich, den Beginn der **Initialisierungsphase** exakt festzusetzen. Ein Datum hat rückblickend jedoch eine besondere Bedeutung erlangt: Am 9. April 1930 erschien im amerikanischen Wirtschaftsmagazin *Business Week* ein Artikel, der zu den Meilensteinen in der Geschichte der Unternehmensberatung zählt. An diesem Tag, inmitten der Wirren der Weltwirtschaftskrise, wurden die Leser des Magazins zum ersten Mal auf eine neue Branche hingewiesen: die der Management Consultants. *James O. McKinsey*, Wirtschaftsprofessor an der *University of Chicago*, argumentierte in dem Beitrag, dass die Zahl der professionellen Helfer des Managements so stark angestiegen sei, dass nun wiederum ein neuer Typ des Helfers benötigt werde, der die Unternehmensführung sicher durch das Dickicht professioneller Dienstleistungen lotsen könne – er nannte ihn „Management Consultant". Es ginge sicherlich zu weit, dieses Ereignis als Geburtsstunde der Unternehmensberatung zu bezeichnen. Andererseits darf der konstruktive Beitrag des Artikels nicht unterschätzen werden. Bereits seit den 1920er Jahren wuchs in den USA das Angebot professioneller Managementdienstleistungen stetig an. Vor allem beratende Ingenieure, die sich als „Management Engineers" bezeichneten, Anwaltskanzleien, Wirtschaftsprüfer und Geschäftsbanken entwickelten ein breites Angebotsspektrum, das sie aus ihrem jeweiligen fachlichen Blickwinkel vornehmlich regional ansässigen Unternehmen offerierten. Erst als sich der Begriff des Management Consultants in der Geschäftswelt etablierte, bildete sich allmählich ein konsistentes Profil heraus, das eine eigene Branche entstehen ließ.

Als erste bedeutende Station in der Geschichte des Beratungsmarktes wird heute zumeist das Jahr 1886 angeführt. Es ist das Gründungsjahr der Firma *Arthur D. Little*, die sich selbst als „älteste Unternehmensberatung der Welt" bezeichnet. Korrekter wäre es jedoch, vom ältesten Unternehmen zu sprechen, das sich im Laufe der Zeit zu einer Unternehmensberatung im heutigen Sinne entwickelte. Begonnen hatten die Firmengründer *Arthur Dehon Little* und *Roger Griffin* mit chemischen Analysen für Pharmazeutika, Farben, Öle, Fette, Seifen, Düngemittel, Mineralien, Eisen, Stahl, Wasser und Nahrungsmittel. Unter dem Namen *Griffin and Little, Chemical Engineers* griffen sie damit eines der Themen auf, das zu dieser Zeit viele Handels- und Industrieunternehmen beschäftigte: die Produktreinheit. Immer mehr Firmen begannen in diesen Jahren Geschäftsbeziehungen zu Lieferanten in entfernten Ländern aufzubauen. Um sicherzustellen, dass die Puder, Metalle und Flüssigkeiten, die sie dort bezogen, nicht verunreinigt, verfälscht oder veraltet waren, beauftragten sie professionelle Chemiker mit der Prüfung der erstandenen Waren. Bis *Arthur D. Little* begann, neben technischen auch betriebswirtschaftliche Beratungsleistungen anzubieten, sollten jedoch noch viele Jahre vergehen. So nimmt neben *Arthur D. Little* auch die 1914 in Chicago als Spezialist für Marktstudien gegründete Firma *Booz & Company* für sich in Anspruch, die älteste aller Unternehmensberatungen zu sein.

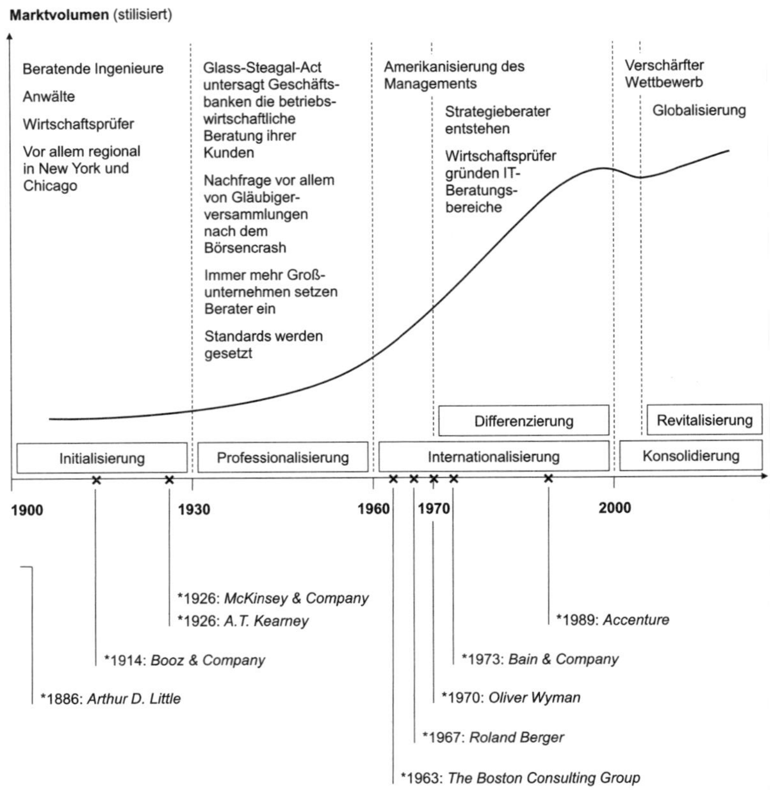

Abb. 1-8: Historie der Beratungsbranche
(Quelle: In Anlehnung an Fink/Knoblach 2005)

Die Pioniere, die das Feld der Unternehmensberatung in den 1920er Jahren erschlossen und später, ab den 1930er Jahren, dominierten, gingen ausnahmslos aus kleinen Partnerschaften oder Kanzleien hervor. In New York und Chicago, den damaligen wirtschaftlichen Zentren der USA, begannen sich in den 1920er Jahren Wirtschaftsprüfer, Anwälte und Ingenieure den Unternehmen ihrer Region als externe Experten für die Bereiche Planung, Organisation und Produktion anzubieten. Sie wurden vor allem vom mittleren Management engagiert, um spezielle operative, meist abteilungsbezogene Probleme zu analysieren. Ihr Geschäft entwickelte sich zunächst nur langsam. Bis in die 1930er Jahre hinein war es kaum einer der Firmen gelungen, über ihre Gründungspartner hinaus zu wachsen. Doch schon bald sollte der erste Boom der Branche einsetzen. Bereits Mitte der 1930er Jahre griffen Hunderte amerikanischer Großunternehmen regelmäßig auf die Unterstützung externer Berater zurück – und dies in zunehmend sensibleren Unternehmensbereichen. Neben operativen Rationalisierungsmaßnamen rückten Verbesserungen im Bereich der Unternehmensführung und der Finanzierung immer stärker in den Fokus der Berater.

In den 1930er Jahren, im Zeichen der Weltwirtschaftkrise, begann die **Professionalisierung** der Branche. Zahlreiche Industrieunternehmen konnten damals ihren Zahlungsverpflichtungen gegenüber ihren Geldgebern nicht mehr nachkommen, und so traten viele Banken und Investmenthäuser, die in Gläubigerversammlungen die Kontrolle über die Geschäfte ihrer Schuldner übernommen hatten, an externe Ratgeber heran, um sich bei der finanziellen Sanierung der Unternehmen unterstützen zu lassen. Zu diesen Ratgebern zählten neben Wirtschaftsprüfern vor allem auch Anwaltskanzleien. Darunter auch *Jones Day*, damals die führende Kanzlei in Cleveland. Die Aufträge, die die Gläubiger an *Jones Day* herantrugen, waren in der Regel stärker betriebswirtschaftlich als rechtlich geprägt. Und so beauftragte die Kanzlei einen in Managementfragen geschulten Mitarbeiter mit ihrer Betreuung – den jungen Anwalt *Marvin Bower*, einen Absolventen der *Harvard Business School.*

Bower erkannte schnell, dass die damals üblichen betriebswirtschaftlichen Analysen wenig professionell waren. Die Gläubigerversammlungen, die er betreute entwarfen detaillierte Sanierungsprogramme in rechtlicher und finanzieller Hinsicht. Doch niemand kümmerte sich um grundsätzliche Aspekte des Managements wie Strategien, Umsatzerwartungen oder effiziente Strukturen – all die Dinge, deren Missmanagement die Krise vieler Unternehmen im Grunde verursacht hatte. *Bower* spürte, dass es eines spezialisierten Unternehmens bedurfte, das sich dieser Themen in der gleichen professionellen Weise annahm, wie es Anwaltskanzleien in juristischen Dingen taten. Doch ihm war kein solches Unternehmen bekannt – bis er 1932 auf *James O. McKinsey* traf, der wenige Jahre zuvor begonnen hatte, eine Firma ganz in diesem Sinne aufzubauen.

McKinsey war 1926 an der *University of Chicago* zum Professor für Business Policy berufen worden. Und noch im gleichen Jahr hatte er neben seiner Hochschultätigkeit ein eigenes Unternehmen gegründet – *James O. McKinsey & Company.* Die frühen Aufträge seiner Firma bestanden vor allem aus Buchprüfungen für seine Klienten. Erst nach und nach gelang es ihm, auch bei Führungsentscheidungen vermehrt als Ratgeber hinzugezogen zu werden. Doch *McKinsey* wollte mehr erreichen. Er wollte nicht, wie die meisten Berater dieser Zeit, als reiner Experte für eine effiziente Produktion engagiert werden. Er wollte seine Klienten vielmehr davon überzeugen, dass ein guter Berater nicht nur angeschlagene, ineffiziente Firmen bei der Rationalisierung, sondern auch – und gerade – gesunde Unternehmen bei der Erschließung von Wachstumspotenzialen maßgeblich unterstützen konnte. Das Geschäft von *McKinsey* entwickelte sich vielversprechend. 1929 nahm er seinen ersten Partner hinzu: *Andrew Thomas Kearney*, der zuvor als Direktor der Marktforschung bei einem großen Kunden beschäftigt war. Weitere Partner folgten, das Geschäft prosperierte. 1932, als *McKinsey* auf *Bower* traf, beschäftigte sein Unternehmen bereits 15 Partner, Berater und Wirtschaftsprüfer – und hatte neben der Zentrale in Chicago gerade eine Zweigniederlassung in New York eröffnet. *McKinsey* fand Gefallen an den Ideen des jungen Anwalts und bot ihm einen Posten in New York an. Eine Entscheidung, die sein Unternehmen und die gesamte Branche in den folgenden Jahren maßgeblich prägen sollte.

Die 1930er Jahre boten *McKinsey* und den anderen Pionieren der Beraterbranche ein passendes Umfeld, um ihre Ideen zu realisieren. Denn nicht nur die Folgen der Rezession begünstigten die Nachfrage nach einer externen Unterstützung des Managements durch professionelle Berater. Auch eine politische Entscheidung trug ihren Teil dazu bei. Im Jahre 1933 wurde in den USA im so genannten *Glass-Steagall Act* die Trennung von Geschäfts- und Investmentbanken festgeschrieben. Ein Schritt, der ungeahnte Konsequenzen für die Entwicklung des Beratungsmarktes haben sollte. Bis zu diesem Zeitpunkt wurden viele Tätigkeiten von Geschäftsbanken wahrgenommen, die heute zum typischen Leistungsspektrum von Managementberatern zählen. Denn der *Glass-Steagall Act* untersagte den Geschäftsbanken nicht nur die Emission und den Handel von Aktien, er verbot es den Banken zudem, ihre bisherigen betriebswirtschaftlichen Beratungs- und Reorganisationsaktivitäten fortzuführen. In der Folge prosperierte das Geschäft vieler junger Beratungsfirmen, da sich zahlreiche Unternehmen mit entsprechenden Problemen nun nicht mehr an ihre Bank, sondern an Berater wandten. So bescherten die 1930er Jahre Beratungsfirmen in den USA beträchtliche Wachstumsraten.

Für das Unternehmen von *James O. McKinsey* waren diese Jahre mir erheblichen Veränderungen verbunden. Mitte der 1930er Jahre erhielt der Firmengründer von einem Kunden, dem renommierten Chicagoer Warenhaus *Marshall Field*, das Angebot, dem Unternehmen als neuer Firmenchef beizutreten. Ein Angebot, das in Wirtschaftskreisen des ganzen Landes viel Aufmerksamkeit erregte. Nachdem sich abzeichnete, dass *McKinsey* den Posten annehmen und sein eigenes Unternehmen in neue Hände legen würde, boten ihm zahlreiche Berater und Wirtschaftsprüfer an, ihre Firmen mit seiner zusammenzuführen. *McKinsey* entschied sich für *Scovell, Wellington & Company*. Mit Firmenchef *C. Oliver Wellington* einigte er sich darauf, dass aus dem Merger zwei Partnerschaften hervorgehen sollten: Die Wirtschaftsprüfungsgesellschaft *Scovell, Wellington & Company* und die Managementberatung *McKinsey, Wellington & Company*. Am 18. November 1935 wurde der Zusammenschluss vertraglich besiegelt.

Bereits einen Monat zuvor hatte *McKinsey* seinen neuen Posten in der Geschäftsleitung von *Marshall Field* angetreten. Er war nun CEO des Unternehmens, Herr über 17.000 Mitarbeiter und die gesamte Führungsmannschaft. Es war kein leichter Einstig für *McKinsey*, doch er legte auch wenig Wert darauf, sich Freunde zu machen. Wer nicht auf seiner Seite stand, der hatte das Unternehmen zu verlassen. *McKinsey* machte den Job, für den man ihn geholt hatte. In nur sechs Monaten löste er einen von zwei Geschäftsbereichen vollständig auf. 1.200 Angestellte verloren ihren Arbeitsplatz, *McKinsey* erhielt Morddrohungen – und das Unternehmen schrieb wieder schwarze Zahlen.

Doch *McKinsey* machte auch Fehler. Als er die Qualitätsstandards unter Kostengesichtspunkten reduzierte, verärgerte er die klassenbewussten Angestellten ebenso wie die Eigentümer des traditionsreichen Hauses. Sein oberlehrerhaftes Auftreten führte zu erheblichen Spannungen mit den übrigen Führungskräften. Zu spät beglichene Rechnungen belasteten die Kreditwürdigkeit des Unternehmens, nachlässige Angaben für die Hauptversammlung verärgerten den Aufsichtsrat. Zwar wiesen die Bücher 1937 schließlich einen ansehnlichen Gewinn von 3 Millionen Dollar aus, doch als der Aufsichtsrat *McKinsey* dazu veranlasste, detailliertere Zahlen vorzulegen, kamen fatale Fehlentscheidungen zum Vorschein. Anfang November 1937 sahen die Eigentümer des Unternehmens schließlich keine andere Möglichkeit mehr, als ihrem obersten Manager in einem persönlichen Gespräch zu eröffnen, dass man sich zum Ende des Jahres von ihm trennen werde. Doch es sollte anders kommen: Am 30. November 1937 verstarb *McKinsey*, gezeichnet von den Strapazen seiner Arbeit, im Alter von 47 Jahren an den Folgen einer Lungenentzündung.

Die negativen Schlagzeilen, die nach *McKinseys* Tod über ihn und seine Tätigkeit bei *Marshall Field* verbreitet wurden, schlugen auch auf seine alte Firma zurück. Nachdem *McKinsey* aus dem Unternehmen ausgeschieden war, hatte *Andrew Thomas Kearney*, immer schon zweiter Mann neben *McKinsey*, die Leitung des Büros in Chicago übernommen. In New York tat es ihm mit *Horace G. Crockett* ein erfahrener Berater von *Scovell, Wellington & Company* gleich. *Marvin Bower*, der nun in New York die Position des zweiten Mannes bekleidete, und sein neuer Chef *Crockett* harmonierten gut. Sie mieteten ein repräsentatives Büro an der Wall Street; ihre Beratung war gut ausgelastet, denn mit dem Merger hatten sie ein umfangreiches Projekt für die *US Steel Corporation* übernommen. Im Mai 1937 erreichte sie dann jedoch ein unheilvolles Schreiben: *Wellington* ließ sie wissen, dass die *US Steel Corporation* ihre Studie beenden werde. Über die Hälfte des Umsatzes, den die Firma erzielte, resultierte aus diesem einen Auftrag – ein Verlust, der nur schwerlich zu verkraften war. Im November 1937 kam dann mit dem unerwarteten Tod von *McKinsey* ein weiterer Schlag hinzu. Die negative Presse, die in der Folge verbreitet wurde, tat ein Übriges. 1938 reichten die Gewinne des profitablen Büros in Chicago schließlich nicht mehr aus, um die defizitären Geschäfte der Niederlassung in New York auszugleichen.

Im Frühjahr 1939 ergriff *Marvin Bower* die Initiative. In einem vertraulichen Schreiben an *Crockett* und *Kearney* stellte er einen Reorganisationsvorschlag zur Diskussion: Die Gründung einer neuen Beratungsfirma mit dem Namen

McKinsey & Company. Diese sollte, mit *Crockett* als geschäftsführendem Gesellschafter, die defizitären Büros in Boston und New York übernehmen. *Wellington* sollte die Wirtschaftprüfung *Scovell, Wellington & Company* in den Strukturen fortführen, die sie vor dem Merger mit den Beratern besessen hatte. Die Partner des Chicagoer Büros schließlich sollten unter dem Namen *McKinsey, Kearney & Company* ihre eigene Firma weiterführen, die eng mit der neuen Beratung in New York verbunden blieb. *Bowers* Plan wurde von allen Beteiligten akzeptiert. Er selbst setzte die entsprechenden Verträge auf und handelte die Details der Reorganisation aus.

In der neuen Firma etablierte *Bower* ein bis heute wohl einzigartiges Wertesystem und einen entsprechenden Verhaltenskodex. Er bestand auf eine professionelle Geschäftssprache, die sich stark an die Terminologie einer Kanzlei anlehnte: Kunden nannte man Klienten, Aufträge hießen Engagements und ein Geschäftsbereich war eine Practice – bis heute wird diese Terminologie von den meisten großen Beratungsgesellschaften aufrechterhalten. Auch andere Formalien der Branche wurden von *Bower* begründet – etwa das in der Branche weit verbreitete Up-or-Out-Prinzip oder der beratertypische Dresscode.

Während des zweiten Weltkriegs übernahmen viele Berater immer häufiger Projekte für die amerikanische Regierung. *Booz, Fry, Allen & Hamilton* etwa unterstützten die *US Navy* bei der Neuausrichtung ihrer Strukturen und bei der Straffung wichtiger Prozesse. *Arthur D. Little* entwickelten den *Kleinschmidt*-Destillierapparat, eine Einrichtung zur Umwandlung von Salzwasser in Trinkwasser, die es der amerikanischen Marine ermöglichte, den durchschnittlichen Aktionsradius ihrer Schiffe zu verdoppeln. Aber auch feindliche U-Boote wurden mit Hilfe eines von *Arthur D. Little* erdachten Verfahrens aufgespürt. Eine frühe Anwendung des Operations Research, die die Berater nach dem Krieg auf die Führung von Unternehmen übertrugen. In den 1950er Jahren hatte sich in der Branche eine klare Hierarchie herausgebildet, die von drei Unternehmen angeführt wurde. Alle drei dieser Firmen hatten ihren Ursprung in Chicago, sie alle rekrutierten ihre Nachwuchskräfte vornehmlich unter den besten Absolventen der *Harvard Business School*. Es waren die Firmen *Booz, Allen & Hamilton, Cresap, McCormick & Paget* und *McKinsey & Company*.

Bei *McKinsey* verspürte *Marvin Bower* nach dem Ende des zweiten Weltkriegs, dass die Zeit gekommen war, die eigene Beratung entweder wieder mit den Partnern von *McKinsey, Kearney & Company* zu vereinen, oder den bestehenden Verbund aufzulösen und ein eigenes Büro in Chicago zu eröffnen. Zwar hatten die beiden Firmen 1939 vereinbart, dass sie ihre Bilanzen austauschen, sich gegenseitig über Kundenbeziehungen informieren und auch sonst eng kooperieren wollten. Doch insgesamt waren kaum nennenswerte Aktivitäten entstanden. Im Gegenteil. In einigen Bereichen konkurrierten die beiden Firmen mittlerweile aktiv um Kundenaufträge.

Im Frühjahr 1946 entwarf *Bower* ein Konzept für eine Zusammenführung der beiden Firmen. Doch die Chicagoer Gesellschafter lehnten ab. Und so entschieden sich die Partner in New York, die Verbindung mit *Kearneys* Unternehmen zu lösen. *Bower* wurde beauftragt, die entsprechenden Verhandlungen zu führen. Nach langen Diskussionen erreichte er schließlich einen Kompromiss: Die Chicagoer Firma sollte zukünftig als *A.T. Kearney & Company* firmieren. Im Gegenzug akzeptierte er als Kaufpreis für den Namen *McKinsey* eine Vereinbarung, die *Kearney* für fünf Jahre eine Kommission auf alle Umsätze garantierte, die *McKinsey & Company* mit Neukunden in zehn ausgewählten Bundesstaaten im amerikanischen Mittleren Westen realisieren würde.

In den frühen 1960er Jahren begannen die ersten amerikanischen Berater, ihre Aktivitäten über den heimischen Markt hinaus auch auf Europa auszuweiten. Hier stießen sie auf keinen nennenswerten Wettbewerb, dafür jedoch auf eine erhebliche Nachfrage, die ihre **Internationalisierung** immer weiter vorantrieb. Ab Mitte der 1960er Jahre dominierten amerikanische Firmen weltweit den Markt für Beratungsleistungen. Und sie trugen in erheblichem Maße dazu bei, dass sich amerikanische Managementpraktiken in aller Welt verbreiteten. Die massive Durchdringung der europäischen Wirtschaft mit den Ideen und Leitbildern der Dezentralisierung und der Langfristplanung in den 1960er Jahren ist insofern weniger ein ungeplanter Entwicklungsprozess als das Ergebnis der aktiven Vermarktung der ersten Produkte der internationalisierenden Beratungsbranche.

Es gibt wohl kaum ein anderes Beratungsunternehmen, das die Entwicklung des Beratungsmarktes zu dieser Zeit so nachhaltig beeinflusst hat, wie die *Boston Consulting Group*. Die Ideen ihres Gründers, *Bruce Henderson*, und der zahlreichen kreativen Köpfe, die das Unternehmen seither hervorgebracht hat, gelten zu Recht als Wegbereiter des strategischen Managements. Begonnen hat die Geschichte von „*BCG*" im Jahr 1963. In diesem Jahr erhielt *Henderson*, der nach mehreren Jahren im Management des US-Technologiekonzerns *Westinghouse Corporation* 1959 die Leitung des Geschäftsbereichs Management Services von *Arthur D. Little* übernommen hatte, von einem seiner Kunden ein herausforderndes Angebot: Die *Boston Safe Deposit and Trust Company* bat ihn, eine eigene Beratungsabteilung aufzubauen. *Henderson* legte damit den Grundstein für die *Boston Consulting Group* – zunächst als Geschäftsbereich der Bank mit ihm selbst als einzigem Mitarbeiter.

1964 beschäftigte *BCG* bereits sechs Berater, im folgenden Jahr hatte sich ihre Zahl auf zwölf verdoppelt. Um im wettbewerbsintensiven Umfeld von Hunderten größeren und bekannteren Beratungsunternehmen zu bestehen, benötigte das Unternehmen jedoch ein Alleinstellungsmerkmal – eine bestimmte Kompetenz, die es von seinen Konkurrenten abhob. Es erschien *Henderson* unabdingbar, nicht als Generalist am Markt zu konkurrieren, sondern eine profitable Nische zu finden, in der sich das Unternehmen etablieren konnte. Die Berater ließen ihrer

Kreativität freien Lauf, doch für alle Spezialisierungsmöglichkeiten fand man schnell zahlreiche andere Firmen, die das betreffende Feld bereits besetzt hatten. Der Findungsprozess war bereits merklich ins Stocken geraten, als *Henderson* das Thema Strategie als mögliche Option einbrachte. Seinen Partnern erschien es zunächst noch zu vage, zu unbekannt und nicht selbsterklärend. Doch das war genau, wonach *Henderson* suchte. Ein Thema, das so neu war, dass es die Beratung noch selbst definieren konnte.

So wurde der Strategiebegriff in den 1960er und 1970er Jahren maßgeblich von der *Boston Consulting Group* und anderen Beratungsunternehmen, die das Thema nach und nach ebenfalls aufgriffen, geprägt. Heute ist er nahezu untrennbar mit der Führung von Unternehmen verbunden. Seinen Ursprung hat das Wort „strategos" – eine Verbindung der griechischen Vokabeln „stratos" (Heer) und „agos" (Führer) – jedoch im griechischen Militär. Hier stand es zunächst für die Funktion und die Aufgaben eines Generals. Im Laufe der Zeit entwickelte es sich zu einer allgemeineren Bezeichnung für „die Kunst der Heeresführung" – für die psychologischen und verhaltensorientierten Fähigkeiten, mit denen ein General seine Funktion und seine Aufgaben ausfüllte. Zu Zeiten von *Perikles* (etwa 450 v.Chr.) wurde der Begriff weiter generalisiert und stand ganz allgemein für Administration, für Führung, Redekunst und Macht. Knapp einhundert Jahre später, in den Streitmächten von *Alexander dem Großen*, dominierte dann erneut der militärische Bezug. Der Strategiebegriff bezeichnete nun die Fähigkeit, Truppen einzusetzen, um Widersacher zu überwinden und ein einheitliches globales Herrschaftssystem zu etablieren.

Nicht nur in der griechischen Antike, auch in neuerer Zeit wurde der Strategiebegriff vorwiegend im militärischen Bereich geprägt. *Carl von Clausewitz* (1780 bis 1831) interpretierte ihn im 19. Jahrhundert als „Gebrauch des Gefechts zum Zwecke des Krieges." Sein wohl prominentester Schüler, der preußische Generalfeldmarschall *Helmuth Graf von Moltke* (1800 bis 1891), in den Augen vieler Historiker einer der größten Militärstrategen aller Zeiten, bezeichnete eine Strategie kurz und prägnant als „Fortbildung des ursprünglich leitenden Gedankens entsprechend den stets sich ändernden Verhältnissen." Eine Strategie sollte in seinem Verständnis eine Art übergeordnete Leitlinie bilden. Sie sollte die grundlegende Richtung vorgeben, an der man seine Aktivitäten ausrichtet, und sie sollte stetig weiterentwickelt werden, wenn sich die äußeren Umstände ändern. In einem Aufsatz über taktisch-strategische Kriegsführung schrieb *Moltke*: „Nur der Laie glaubt in dem Verlauf eines Feldzuges die konsequente Durchführung eines im Voraus gefassten, in allen Einzelheiten überlegten und bis ans Ende festgehaltenen, ursprünglichen Gedankens zu erblicken. Gewiss wird der Feldherr seine großen Ziele stetig im Auge behalten, unbeirrt darin durch die Wechselfälle der Begebenheiten, aber die Wege, auf welchen er sie zu erreichen hofft, lassen sich auf weit hinaus nie mit Sicherheit feststellen.“ (*Großer Generalstab* 1900, S. 291 f.).

In den 1940er Jahren wurden strategische Aspekte zum ersten Mal aus dem militärischen auf den ökonomischen Bereich übertragen. Der ungarische Mathematiker *John von Neumann* und der österreichische Wirtschaftswissenschaftler *Oskar Morgenstern* legten in ihrem 1944 erschienenen Buch „Spieltheorie und ökonomisches Verhalten“ die Grundlagen für eine entsprechende Theorie. Sie verstehen eine Strategie als eine Folge von Einzelschritten, die darauf ausgerichtet ist, ein vorab definiertes Ziel zu erreichen. Dabei entspricht die konkrete Strategie eines Spielers einem vollständigen Plan, der sowohl die eigenen Aktionen als auch die des Gegners simultan und vorausschauend berücksichtigt und für alle denkbaren Situationen eine richtige Wahlmöglichkeit bereithält (vgl. *Neumann/Morgenstern* 1967). Zunächst interessierte sich wiederum vor allem das Militär für die Erkenntnisse von *Neumann* und *Morgenstern*, denn ihre Theorie war gut geeignet, die Dynamik des Kalten Krieges zu verstehen und das Gleichgewicht der Abschreckung zwischen Ost und West zu erhärten. Doch auch Ökonomen entwickelten zusehends Interesse an strategischen Fragestellungen.

In den 1960er Jahren schließlich übertrug *Igor Ansoff* den Strategiebegriff erstmals auf den Bereich des Managements (vgl. *Ansoff* 1965). *Ansoff* fasst Strategien als Handlungsvorgaben auf, die aus den Unternehmenszielen abgeleitet werden und die der Steigerung des langfristigen Erfolgs eines Unternehmens dienen. Sie werden durch vergangene und zukünftige Veränderungen in der Unternehmensumwelt beeinflusst und können diese selbst entweder aktiv gestalten oder reaktive Anpassungen vorsehen. Strategien legen dabei die allgemeine Richtung fest, in die sich ein Unternehmen langfristig entwickeln will. Sie treffen Aussagen über die Positionierung des Unternehmens sowie über die Allokation von finanziellen, personellen und anderen Ressourcen. Um tatsächlich realisiert zu werden, müssen sie durch nachgeordnete, operative Maßnahmen präzisiert bzw. ausgefüllt werden. Die Ideen von *Ansoff* fielen in eine Zeit, in der die Grundgedanken einer neuen Planungslehre zunehmend die in der Nachkriegszeit vorherrschenden Konzepte abzulösen begannen. Die gerade zu Ende gehende Phase der Planung (etwa 1945 bis 1960) war vor allem auf die Gestaltung der Finanzströme eines Unternehmens ausgerichtet. Ausgehend von der Überlegung, dass sich alle wirtschaftlichen Aktivitäten in monetären Größen abbilden lassen, bildete zu dieser Zeit die Budgetierung das zentrale Instrument der Unternehmensplanung. Zudem wurden Planungsmodelle für einzelne Leistungsbereiche eines Unternehmens ausgearbeitet, etwa zur Bestellmengenoptimierung in der Beschaffung, zur Optimierung des Produktionsprogramms oder zur Optimierung der Preispolitik. Hierbei kam den Verfahren des Operations Research eine herausragende Bedeutung zu. Die sich anschließende Phase der Langfristplanung (etwa 1960 bis

1973) stellte demgegenüber den Aspekt der weitsichtigen, vorausschauenden Disposition in den Mittelpunkt. Langfristige Prognosen gewannen zunehmend an Bedeutung, die auf einer quantitativen Fortschreibung vergangener Trends in die Zukunft beruhten. Auf ihrer Basis wurden die bis dato jährlich neu ermittelten Budgets für mehrere Jahre als Planungsgrundlage festgelegt. Zudem wurde versucht, die aus der Phase der Planung bekannten Partialmodelle des Operations Research auf das gesamte Unternehmen auszudehnen.

Als Diskontinuitäten in der Unternehmensumwelt – allen voran die Ölkrise des Jahres 1973 – die Zweckmäßigkeit von Extrapolationsverfahren, Gesamtunternehmensmodellen und rein quantitativen Planungssystemen zunehmend in Frage stellten, begann die Phase der Strategischen Planung (etwa 1973 bis 1980). An die Stelle einer vergangenheitsorientierten Verlängerung von Trends in die Zukunft hinein rückte eine systematische Analyse der zukünftigen Chancen und Risiken eines Unternehmens. Im Vordergrund stand die Umweltanalyse, da die Unternehmensumwelt als Ursprung zukünftiger Chancen und Risiken angesehen wurde. Aus einem Abgleich der zukünftigen externen Anforderungen mit den internen Stärken und Schwächen eines Unternehmens sollte sein langfristiges Erfolgspotenzial vorausschauend optimiert werden. In den 1980er Jahren schließlich gewann die Innovations- und Anpassungsfähigkeit eines Unternehmens zunehmend an Bedeutung. Globalisierte Märkte, eine Verschiebung der Marktmacht zugunsten der Abnehmer, immer kürzere Produktzyklen und vergleichbare Entwicklungen lenkten die Aufmerksamkeit der Unternehmensführung verstärkt auf so genannte „weiche Faktoren“. Es begann die Phase des Strategischen Managements (etwa seit 1980), in der die Strategische Planung um die Berücksichtigung sozio-psychologischer und politischer Variablen sowie die Implementierung und Kontrolle der aufgestellten Pläne erweitert wurde. Fragestellungen, die die Mitarbeiter, die Organisation, die Kultur sowie die Informations- und Kommunikationsstrukturen eines Unternehmens betreffen, gewannen zunehmend an Bedeutung.

Bereits in den 1970er Jahren entwickelte sich die Strategieberatung zur Paradedisziplin der Unternehmensberatung. Die 1970er Jahre sollten jedoch auch die erste große Herausforderung für die Branche darstellen. Die Weltwirtschaft steckte in heftigen Turbulenzen. Nicht nur die Ölkrise versetzte zahlreiche Unternehmen in Unruhe, auch der Aufstieg Japans zu einer führenden Wirtschaftsnation stellte viele traditionelle Managementansätze in Frage. In Europa begann der Divisionalisierungsprozess der großen Konzerne langsam abzuklingen, der einen nicht unerheblichen Teil des Beratungsgeschäfts ausgemacht hatte. Zudem begann eine Zeit zunehmender **Differenzierung** des Beratungsspektrums. Relativ junge, spezialisierte Berater – allen voran die *Boston Consulting Group* – gewannen mehr und mehr Anteile in einzelnen Segmenten der Branche, die sich nach und nach als solche herausbildeten. Diese Berater profilierten sich mit innovativen, zeitgemäßen Methoden, die sich standardisieren und von Klient zu Klient bzw. von Projekt zu Projekt übertragen ließen. Und sie umwarben ihre Kunden mit modernen Marketingstrategien.

So verloren die etablierten Beratungsunternehmen immer mehr Kunden und auch immer mehr gute Nachwuchskräfte an die neue Konkurrenz. Der Ansatz, den die meisten Firmen bis dahin verfolgten, war der eines Generalisten. Man vertraute auf die Qualifikation gut ausgebildeter Berater, die nicht versuchten, vorgefertigte Managementmethoden auf die spezifische Situation eines Kunden zu übertragen, sondern vielmehr jedes Kundenproblem grundlegend analysierten und individuell lösten. Die Basis hierfür waren Büros vor Ort, die eine langfristige, intensive Beziehung zu den betreuten Kunden gewährleisteten. Doch nun begannen sich die Konventionen des Beratungsgeschäfts zu ändern. Die *Boston Consulting Group* bot vorgefertigte Analyseinstrumente für strategische Probleme an, sie betreute ihre Kunden primär von ihrer Zentrale in Boston aus, flog Methoden- und Branchenexperten zu den Projektmeetings ein – und hatte Erfolg. Die klassische Beratung, die sich auf Projekte von zwei bis drei Monaten fokussierte, im wesentlichen in den eigenen Büros vollzogen wurde und in einen detaillierten schriftlichen Report mündete, verlor zunehmend an Bedeutung. Berater wurden zu Partnern ihrer Kunden, die ihre Problemlösungen im gemeinsamen Team erarbeiteten, die Umsetzung ihrer Empfehlungen begleiteten und mehr Zeit beim Kunden verbrachten. Lange schriftliche Ausarbeitungen wurden zunehmend um persönliche Erläuterungen ergänzt, weiche Talente wie Präsentations- und Moderationstechniken gewannen an Bedeutung.

Doch nicht nur junge, flexible Strategieberatungen machten den etablierten Unternehmen zu schaffen. Die großen, zuvor reinen Wirtschaftsprüfungsunternehmen richteten zunehmend eigene Beratungsabteilungen ein. Bereits 1954 hatte die Prüfungsgesellschaft *Arthur Andersen* den Grundstein für diese Entwicklung gelegt. Als erste Wirtschaftsprüfung etablierte sie eine „IT-Practice" – einen auf Informationstechnologie spezialisierten Beratungsbereich. Die Erfindung des Computers lag damals gerade einmal zehn Jahre zurück, und die Mehrzahl der Produzenten versuchte die Wirtschaftsprüfer noch davon zu überzeugen, dass sich dieser kaum für den Einsatz im Geschäftsleben eigne. Doch bereits im selben Jahr unterstützen die Berater den US-Konzern *General Electric* bei der Einführung eines Großrechnersystems zur computergestützten Gehaltsabrechnung in seinem Werk in Louisville. Das System, das sie entwickelten, war die erste kommerzielle Anwendung eines Computers in den USA, das zugrunde liegende Projekt das erste Systemintegrationsprojekt der Geschichte.

Im Laufe der 1970er und 1980er Jahre überstieg das Wachstum des Beratungsgeschäfts von *Arthur Andersen* das Wachstum der Wirtschaftsprüfung bereits bei weitem. 1989 entschied sich die Führung des Unternehmens unter dem Druck der für das Beratungsgeschäft verantwortlichen Partner zu einem für die Wirtschaftsprüfungsbranche bis dahin einzigartigen Schritt: *Arthur Andersen* wurde in zwei Geschäftsbereiche aufgespalten – einen Wirtschaftsprüfungsbereich, der weiterhin unter dem bekannten Namen firmierte, und einen Beratungsbereich, dem man den Namen *Andersen Consulting* gab. *Andersen Consulting* erhielt damals nahezu vollständige Autonomie in finanzieller, strategischer und operativer Hinsicht. Die Firma verblieb jedoch gemeinsam mit *Arthur Andersen* unter dem Dach der neu gegründeten Holding *Andersen Worldwide*, die beide Geschäftsbereiche kontrollierte. Heute hat sich *Andersen Consulting* vollständig von den ehemaligen Mutter- und Schwestergesellschaften, die kurz nach der Jahrtausendwende in der Folge von Bilanzmanipulationen des Energiekonzerns *Enron* zerschlagen wurden, gelöst und firmiert unter dem Namen *Accenture.*

Die Globalisierung der Wirtschaft, die Expansion vieler Unternehmen und nicht zuletzt die Restrukturierung ganzer Branchen – vor allem im Auftrag der *Treuhandanstalt* im wiedervereinigten Deutschland – bescherten den Beratern auch in den 1990er Jahren ein prosperierendes Geschäft. Hinzu kamen die Umstellung der europäischen Wirtschaft auf den Euro, die Neuausrichtung zahlreicher Computersysteme auf das neue Jahrtausend und nicht zuletzt der Höhenflug der Börsen in den Zeiten der New Economy. Als die Börsenblase jedoch platzte und die Weltwirtschaft in eine Krise abzurutschen drohte, hatten auch die Berater dieser Entwicklung wenig entgegenzusetzen. Im Gegenteil; auch ihre Branche wurde von ausbleibenden Aufträgen, Budgetkürzungen und von einem vorübergehenden Vertrauensverlust hart getroffen. In dieser Situation nahm der Wettbewerbsdruck für die Berater unweigerlich zu, weil der Markt selbst nicht mehr stark wuchs und jeder Einzelne nur noch auf Kosten der Anderen sein eigenes Geschäft ausdehnen konnte. Dies wurde für viele Beratungsunternehmen zu einer völlig neuen Erfahrung. Entsprechende Strategien, um auf entsprechende Situationen zu reagieren, hatten sie ihren Klienten immer wieder aufgezeigt – nun galt es, diese im eigenen Haus umsetzen.

Doch nicht nur wirtschaftliche Zwänge drängten die Branche in diesen Jahren zur **Konsolidierung**. Auf Druck der amerikanischen Börsenaufsicht *SEC*, die mehrfach die Unvereinbarkeit von Prüfung und Beratung angemahnt hatte, da ein Prüfer nicht neutral agieren könne, wenn er zugleich die Entscheidungen eines Unternehmens als Berater beeinflusst, trennten sich die wichtigsten Wirtschaftsprüfungsgesellschaften von ihren Beratungstöchtern. So verkaufte etwa *PricewaterhouseCoopers* seine Tochter *PwC Consulting* an *IBM*, die Beratungssparte von *Ernst & Young* wurde mit 18.000 Mitarbeitern und einem Umsatz von etwa 3,5 Milliarden Euro von der IT-Beratung *Capgemini* übernommen, *KPMG* brachte seine Beratung unter dem Namen *BearingPoint* an die Börse.

Beratung	Umsatz in Euro	Mitarbeiter
McKinsey & Company	630.000.000	2.000
Roland Berger Strategy Consultants	365.000.000	790
The Boston Consulting Group	361.500.000	1.370
Booz & Company	252.000.000	580
Oliver Wyman	207.000.000	540
Bain & Company	191.000.000	430
A.T. Kearney	185.000.000	548
Droege & Comp.	122.000.000	240
Arthur D. Little	78.500.000	250
Horváth & Partners	56.800.000	211

Abb. 1-9: Die führenden Strategieberatungsunternehmen in Deutschland 2007 (Quelle: Lünendonk 2008)

Die Stagnation des Beratungsgeschäfts sollte jedoch nicht von Dauer sein. Bereits seit 2005 befindet sich die Branche, vor allem getrieben durch die zunehmende Globalisierung der Weltwirtschaft, wieder auf einem soliden Wachstumskurs, der – ganz im Sinne einer **Revitalisierung** – den Boomzeiten in den 1980er und 1990er Jahren kaum nachzustehen scheint. Nach Schätzungen des *Bundesverbands Deutscher Unternehmensberater* waren auf dem deutschen Beratungsmarkt im Jahr 2007 rund 14.000 Unternehmen tätig. Der Markt ist jedoch hoch konzentriert; das Topsegment der attraktivsten Beratungskunden, dem zumeist all diejenigen Unternehmen zugerechnet werden, die einen Jahresumsatz von mindestens 500 Millionen Euro erwirtschaften, wird von einigen wenigen Beratungsfirmen dominiert. In Abbildung 1-9 sind die zehn in Deutschland führenden Managementberatungsfirmen aufgeführt, die ihren Schwerpunkt in der Strategieberatung setzen. Nicht berücksichtigt sind dabei die Strategieberatungsaktivitäten von IT-Beratern wie *Accenture*, *IBM* oder *Capgemini*, sowie die der großen Wirtschaftsprüfungskonzerne *KPMG*, *PricewaterhouseCoopers*, *Ernst & Young* und *Deloitte*, die nach ihrem partiellen Rückzug aus dem Beratungsgeschäft nun auch in diesem Bereich wieder Fuß zu fasen versuchen.

2. Beratungsleistungen im Kontext strategischer Initiativen

2.1 Strategische Initiativen als Auslöser von Beratungseinsätzen

In Kapitel 1 wurde bereits erläutert, dass strategische Beratungseinsätze grundsätzlich auf strategische Initiativen zurückzuführen sind. Diese werden in einem Unternehmen von unterschiedlichen Interessensgruppen auf unterschiedlichen Hierarchieebenen zum Teil innerhalb, zum Teil aber auch außerhalb der offiziellen Kanäle vorangetrieben, um die zukünftige Entwicklung des Unternehmens – und zumeist auch die der eigenen Karriere – in eine bestimmte, von den Initiatoren und Promotoren der betreffenden Initiativen gewünschte Richtung zu lenken. In diesem Kontext werden Strategieberater beauftragt, um die Formierung und Implementierung der betreffenden Initiativen fachlich zu unterstützen, neutral zu begleiten oder auch im gewünschten Sinne zu lenken, indem sie helfen, konkrete, mit einer strategischen Initiative verbundene Problemstellungen im Tagesgeschäft des Unternehmens zu bewältigen. Über die Art und Weise, wie Berater zur Lösung der betreffenden Probleme beitragen, beeinflussen sie unmittelbar den weiteren Verlauf der Initiativen. Zudem nehmen sie indirekt Einfluss auf die generelle Formierung strategischer Initiativen, indem sie in der Rolle eines Sinnstifters neue Leitbilder und neue Managementprinzipien entwickeln und diese durch Erfahrungsberichte und Praxisbeispiele erfolgreicher Unternehmen im Management und bei dessen wichtigsten Bezugsgruppen – Kapitalgebern, Aufsichtsgremien etc. – legitimieren. So beeinflussen die von Beratern propagierten Ideologien direkt (Problemlösung) und indirekt (Sinnstiftung) die Formierung und den Verlauf strategischer Initiativen in ihren Klientenunternehmen, wobei sie die zugrunde liegenden Ideen und Ansatzpunkte für die Entwicklung neuer Managementideologien nicht selten aus den strategischen Initiativen ableiten, die sie bei ihren Klienten beobachten.

Für ein Beratungsunternehmen ist es vor diesem Hintergrund unerlässlich, ein fundiertes Verständnis dafür zu entwickeln, auf welche Weise sich strategische Initiativen in Unternehmen herausbilden, wie und wo sie entstehen, wie sie an Einfluss gewinnen und wie sie im betrieblichen Alltag wirksam werden. In verschiedenen Erklärungsansätzen wird versucht, ein Verständnis für diese Vorgänge zu entwickeln. Zu den wichtigsten zählen das Strategiemodell der *Harvard Business School*, das Modell der Strategischen Planung, die Strategieformierung als Prozess der Ressourcenallokation, die Strategieformierung zwischen induziertem und autonomem Verhalten sowie die Strategieformierung zwischen emergenten und intendierten Prozessen. Im Ergebnis liefern diese Erklärungsansätze kein einheitliches Bild der Formierung strategischer Initiativen; sie sensibilisieren vielmehr für verschiedene, sich teilweise ergänzende, teilweise widersprechende Aspekte. Während die beiden erstgenannten Erklärungsansätze **präskriptiver** Natur sind, versuchen die drei letztgenannten die Formierung strategischer Initiativen **deskriptiv** zu erfassen. In den folgenden Abschnitten werden die Erkenntnisse der verschiedenen Modelle vorgestellt, ihre Gemeinsamkeiten und Unterschiede diskutiert sowie ihre Relevanz für die Gestaltung strategischer Beratungsleistungen aufgezeigt.

2.2 Formierung strategischer Initiativen in Unternehmen

2.2.1 Präskriptive Erklärungsansätze

Die Unterscheidung deskriptiver und präskriptiver Erklärungsansätze bezieht sich auf die grundlegende Zielsetzung, die mit einem Ansatz verfolgt wird. Während deskriptive Erklärungsansätze versuchen, die Formierung strategischer Initiativen in Unternehmen auf der Basis empirischer Beobachtungen möglichst neutral-beschreibend abzubilden, geben präskriptive Erklärungsansätze konkrete Handlungsempfehlungen vor, die darlegen, in welcher Weise strategische Initiativen von den beteiligten Akteuren gestaltet werden sollten. Sind deskriptive Erklärungsansätze also *be*schreibender Natur, so besitzen präskriptive Ansätze einen *vor*schreibenden Charakter. Sie beruhen auf der Annahme, dass ein Unternehmen das Ergebnis bewusster, zweckrationaler Planung und Gestaltung ist und dass die Handlungen innerhalb der Strukturen eines Unternehmens ebenfalls zweckrational geleitet sind – oder zumindest sein sollten. Zu den bedeutendsten präskriptiven Erklärungsansätzen zählen (1) das Modell der *Harvard Business School* und (2) das Modell der Strategischen Planung.

2.2.1.1 Das Modell der Harvard Business School

Eines der ersten Modelle, das sich mit Strategieprozessen befasste, wurde 1965 von Mitgliedern der *Harvard Business School* vorgestellt (vgl. *Learned/Christensen/Andrews/Guth* 1965). Es unterteilt den Strategieprozess in zwei zeitlich aufeinander folgende Phasen: die Formulierung und die Implementierung einer Strategie. Im Rahmen der **Formulierung** steht die Entscheidung im Vordergrund, welche strategischen Maßnahmen ergriffen werden sollen. Hierzu müssen Chancen und Risiken identifiziert, die materiellen, technischen, finanziellen und

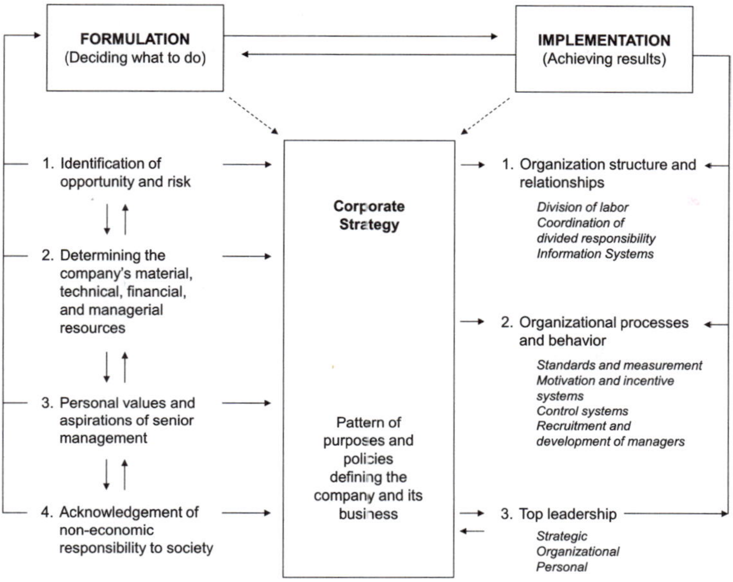

Abb. 2-1: Das Strategiemodell der Harvard Business School
(Quelle: Andrews 1987, S. 22)

managementbezogenen Ressourcen des Unternehmens bestimmt, die persönlichen Wertvorstellungen und Ziele des Topmanagements beachtet und die Verantwortung des Unternehmens gegenüber der Gesellschaft gewürdigt werden. Aus dem Zusammenspiel dieser Faktoren resultiert die Unternehmensstrategie. Sie wird definiert als Entscheidungsmuster, das die Zielvorstellungen eines Unternehmens bestimmt, die Grundsätze, Pläne und Verhaltensregeln zum Erreichen dieser Ziele festlegt und aufzeigt, welche Geschäfte das Unternehmen verfolgen wird, welche Art ökonomischer und menschlicher Organisation es ist bzw. sein will und welche ökonomischen und außerökonomischen Leistungen es für seine Anteilseigner, seine Mitarbeiter, seine Kunden und für die Gesellschaft erbringen will (vgl. *Andrews* 1987). Ist die Strategie eines Unternehmens formuliert, beginnt die Phase der **Implementierung.** Nun müssen die gedanklich-planerischen strategischen Entscheidungen in faktische, administrative Tätigkeiten überführt und die angestrebten Ergebnisse realisiert werden. Hierzu müssen die organisatorischen Strukturen, Beziehungen, Prozesse und Verhaltensweisen sowie der Führungsstil des Managements in adäquater Weise gestaltet werden. In Abbildung 2-1 sind die Zusammenhänge des Modells zusammenfassend dargestellt.

Die Gedanken der *Harvard Business School* haben die Entwicklung des Strategischen Managements nachhaltig geprägt. Noch heute basieren weite Teile der betriebswirtschaftlichen Strategielehre und auch der formalen Strategiebildung in der Praxis auf ihrem Grundgerüst – insbesondere auf der konzeptionellen Zweiteilung des Strategieprozesses in die Stufen Formulierung und Implementierung. Die weite Verbreitung des Modells und seine bisweilen sehr unkritische Anwendung, sei es in der ursprünglichen Form oder in einer modifizierten Variante, bergen jedoch die Gefahr, die dem Modell zugrunde liegenden Hypothesen allzu leichtfertig in das eigene Denken und Handeln zu übernehmen, ohne sich ihrer bewusst zu sein. So wird im *Harvard*-Modell insbesondere von den folgenden **Annahmen** ausgegangen (vgl. *Müller-Stewens/Lechner* 2001, S. 44):

- Die Bildung einer Strategie wird als Entscheidungsprozess aufgefasst, in dessen Verlauf richtungweisende Vorgaben für das Verhalten und die Entwicklung des Unternehmens fixiert werden.
- Strategien sind somit das explizit formulierbare Resultat eines aktiven, zielgerichteten, bewussten und rationalen Denkvorganges.
- Strategien werden als einzelfallspezifisch angesehen. Sie berücksichtigen die Einzigartigkeit der individuellen Umstände, denen sich ein Unternehmen gegenübersieht. Allgemeingültige Leitlinien zum Inhalt von Strategien existieren nicht.
- Die Verantwortung für die Formulierung einer Strategie liegt in den Händen des Topmanagements. Es fällt die entsprechenden Entscheidungen und kontrolliert ihre Umsetzung. Die Restorganisation führt die in der Strategie formulierten Vorgaben lediglich aus.
- Der Strategieprozess folgt einer vorgegebenen Sequenz klar definierter Phasen. Erst wenn eine Strategie formuliert ist, kann sie kommuniziert und somit implementiert werden.

Aus den Annahmen des Modells ist seine präskriptive Natur unmittelbar ersichtlich: Auf der Grundlage einer plausiblen Argumentation wird ein theoretisches Denkschema zum Ablauf von Strategiebildungsprozessen entworfen, das zur Ableitung normativer Gestaltungsempfehlungen herangezogen wird.

Kritisch zu bedenken ist, dass die getroffenen Annahmen durch die einseitige Fokussierung auf Entscheidungsprozesse zu einer theoretischen Vereinfachung des Strategieprozesses führen. Alle für die Strategiebildung relevanten Gesichtspunkte, die nicht in explizite Entscheidungen münden oder auf expliziten Entscheidungen beruhen, finden im Modell der *Harvard Business School* keine Beachtung. Dies schränkt die Allgemeingültigkeit des Modells insofern ein, als dass sich Ereignisse, die für die Strategiebildung bedeutend sind, nicht immer als Ergebnis eines bewussten, rationalen Denkvorganges einstellen, sondern durchaus auch unbewusst, irrational oder im Diskurs entstehen können. Zudem ist die konzeptionelle Zweiteilung des Strategieprozesses in die Phasen der Formulierung und der Implementierung zwar analytisch hilfreich, ob die Formierung von Strategien in der Praxis auch tatsächlich diesem Muster folgt, bleibt jedoch offen. Das *Harvard*-Modell geht davon aus, dass die Beziehung zwischen Entscheidungen (Formulierung) und Handlungen (Implementierung) strikt sequenziell abgebildet werden kann. In der Praxis gehen Handlungen jedoch häufig Entscheidungen zeitlich und inhaltlich voraus, schaffen irreversible Fakten und werden erst im Nachhinein rationalisiert und legitimiert.

2.2.1.2 Das Modell der Strategischen Planung

Auch das Modell der Strategischen Planung beruht wie das Modell der *Harvard Business School* auf einer rationalen Analyse der aktuellen Situation und der zukünftigen Chancen und Risiken, denen sich ein Unternehmen gegenübersieht. Die aus dieser Analyse abgeleiteten Strategien legen die allgemeine Richtung fest, in die sich ein Unternehmen langfristig entwickeln will. Sie treffen Aussagen über die Positionierung des Unternehmens sowie über die Allokation von finanziellen, personellen, materiellen und immateriellen Ressourcen. Um tatsächlich realisiert zu werden, müssen sie durch nachgeordnete, operative Maßnahmen präzisiert bzw. ausgefüllt werden.

Der wesentliche Unterschied zum Modell der *Harvard Business School* besteht in einer detaillierten, formalisierten Aufgliederung der beiden Phasen Formulierung und Implementierung. Diese werden in zahlreiche Arbeitsschritte unterteilt und mit ausführlichen Fragenkatalogen und Checklisten unterlegt. Ebenso reichhaltig wie die Gliederungsschritte manch eines Planungsmodells – *Ansoff* etwa führt in der von ihm vorgeschlagenen Variante 57 verschiedene Arbeitsfelder an (vgl. *Ansoff* 1965) – ist die kaum zu überschauende Anzahl der bis heute von Wissenschaftlern, Beratungsgesellschaften und Unternehmen entworfenen Modellvariationen. Die meisten von ihnen basieren jedoch auf einer identischen **Grundlogik** (vgl. *Müller-Stewens/Lechner* 2001, S. 45): Man beginnt mit einer Definition der unternehmerischen Ziele, analysiert das Unternehmen und seine Umwelt, entwirft und bewertet strategische Optionen, wählt eine dieser Optionen zur Umsetzung aus, strukturiert mit Hilfe von Maßnahmenplänen, Budgets und Zeitplänen den Umsetzungsprozess, kontrolliert den Fortschritt und die erzielten Ergebnisse und greift bei negativen Abweichungen vom angestrebten Soll gegebenenfalls korrigierend ein.

In der wissenschaftlichen Auseinandersetzung mit Strategieprozessen wird die Strategische Planung vielfach als eine dem Strategischen Management vorgelagerte Evolutionsstufe angesehen (vgl. z.B. *Welge/Al-Laham* 1999; *Bea/Haas*

1997; *Gluck/Kaufman/Walleck* 1980). Die Strategische Planung wird dominiert von „harten“ Faktoren, von einer auf nachhaltige Wertsteigerung ausgerichteten Unternehmens- und einer auf Wettbewerbsvorteile abzielenden Geschäftsbereichsstrategie. Das strategische Management hingegen berücksichtigt auch „weiche“ Faktoren. Es betont die Bedeutung einer gemeinsamen Vision, eines kollektiven Wertesystems und einer verbindenden Unternehmenskultur.

Verglichen mit dem Modell der *Harvard Business School* sind die Strategische Planung und das Strategische Management deutlich stärker formalisiert. Während die Vertreter des *Harvard*-Modells einen einfachen, informellen Strategiebildungsprozess vorschlagen, der vom Topmanagement initiiert und verantwortet wird, verlagert die Strategische Planung die Zuständigkeit in den Bereich eigener Abteilungen und gibt diesen formale, vorstrukturierte Planungssysteme an die Hand. In den 1970er und 1980er Jahren griffen viele Unternehmen das Konzept der Strategischen Planung auf. Stabsabteilungen wurden eingerichtet, die in großen Konzernen oft mehrere hundert Mitarbeiter beschäftigten und zumeist unmittelbar dem Vorsitzenden des Vorstands unterstellt wurden. Sie sollten in regelmäßigen Planungszyklen die Geschicke des Unternehmens systematisch und vorausschauend lenken. Hierzu griffen sie nicht selten auf methodische Empfehlungen und operative Unterstützung von Unternehmensberatern zurück, die die Evolution der Strategischen Planung durch die von ihnen entwickelten Ansätze und Instrumente stark geprägt haben.

Auch wenn das Modell der Strategischen Planung in der Praxis heute nicht mehr mit dem gleichen Enthusiasmus verfolgt wird, so hat es sich doch in den meisten Großunternehmen als fester Bestandteil der Unternehmensführung etabliert. Seine Vorteile liegen vor allem darin, dass Unternehmen durch die stark formalisierten Handlungsschritte dazu angehalten werden, sich klare Ziele zu stecken, sich systematisch mit ihrer Umwelt und mit den eigenen Stärken und Schwächen auseinanderzusetzen, diese regelmäßig zu analysieren, strategische Optionen zu entwickeln, diese Optionen systematisch und rational zu bewerten, sich für eine Option zu entscheiden und diese strukturiert umzusetzen. Zudem verbessert die formalisierte Vorgehensweise die Kommunizierbarkeit strategischer Vorhaben.

In jüngerer Zeit mehrte sich jedoch auch die Kritik an der Strategischen Planung (vgl. insb. *Mintzberg* 1994). Diese geht soweit, dass der grundsätzliche Sinn und Zweck des Modells in Frage gestellt wird. Denn, so die Kritiker, der Umstand, dass unsere Zukunft prinzipiell nicht vorhersehbar ist, kann auch durch noch so intelligente Planungsmechanismen nicht überwunden werden. Je schneller sich die Umsysteme verändern, in die ein Unternehmen eingebunden ist – seine Märkte, seine Wettbewerber, seine Kapitalgeber etc. – desto geringer ist die Chance, mit den ausgewählten Strategien erfolgreich zu sein. Zudem wird die Diskrepanz zwischen der abstrakten Strategieformulierung auf der Grundlage „harter“ Fakten durch strategische Planungsabteilungen einerseits und den vielen bedeutenden Details andererseits hervorgehoben, die nur an der operativen Basis gewonnen werden können und die sich häufig eher auf Intuition als auf Analytik gründen. Ein weiterer Kritikpunkt besteht darin, dass sich Kreativität und Ideenreichtum, die für die Entwicklung erfolgreicher Strategien unerlässlich sind, nicht in einen formalen Strategieprozess zwängen lassen. Daher wird gefordert, Strategien nicht auf der Führungsebene eines Unternehmens zu beschließen, sondern die sich im Unternehmen ohnehin entwickelnden strategischen Initiativen gezielt zu fördern und voranzutreiben.

Angesichts der Vielzahl an Argumenten, die sowohl für als auch gegen das Modell der Strategischen Planung angeführt werden, ist in zahlreichen empirischen Studien versucht worden, die Frage zu klären, ob sich das Vorhandensein einer Strategischen Planung positiv auf den Erfolg eines Unternehmens auswirkt (vgl. *Armstrong* 1982, 1986; *Shrader/Taylor/Dalton* 1984). Die Ergebnisse der Studien sind allerdings kaum weniger widersprüchlich als die oben dargestellten theoretischen Positionen. Manche belegen einen positiven Zusammenhang, andere tun dies nicht. Für das Modell der Strategischen Planung spricht jedoch, dass die große Mehrzahl der Studien die Verwendung eines strategischen Planungsansatzes befürwortet.

2.2.2 Deskriptive Erklärungsansätze

Die Annäherung an den Strategieprozess, die in deskriptiven Erklärungsansätzen gewählt wird, unterscheidet sich von präskriptiven Modellen dahingehend, dass sie nicht versuchen, theoretisch plausible, idealtypische Prozessabläufe „auf dem Papier" zu entwerfen, sondern die realen Gegebenheiten in Unternehmen möglichst akkurat abzubilden. Im Mittelpunkt deskriptiver Ansätze steht also weniger die Frage „Wie *sollten* Strategieprozesse ablaufen?" als vielmehr „Wie laufen sie *tatsächlich* ab?". Gleichwohl werden auch in vielen deskriptiven Ansätzen aus den beobachteten Gegebenheiten letztendlich Gestaltungsempfehlungen für eine verbesserte Strategiebildung abgeleitet. Dabei wird nicht wie in präskriptiven Modellen davon ausgegangen, dass Unternehmen das Ergebnis einer zweckrationalen Planung und Gestaltung sind, sondern das Resultat komplexer Entwicklungsprozesse, innerhalb derer der rationale Konstruktionswille nur eine von mehreren Einflussgrößen ist. Die meisten deskriptiven Ansätze basieren auf Prozessmodellen, die in empirischen Langzeitstudien entwickelt und verifiziert wurden. Zu den wichtigsten zählen (1) die Strategieformierung als Prozess der Ressourcenallokation, (2) die Strategieformierung zwischen induziertem und autonomem Verhalten sowie (3) die Strategieformierung zwischen emergenten und intendierten Prozessen.

2.2.2.1 Strategieformierung als Prozess der Ressourcenallokation

Eine der ersten empirischen Studien zum Strategieprozess kam bereits 1970 zu dem Ergebnis, dass einer formalen, regelmäßigen Strategieplanung eine weit geringere Bedeutung für die tatsächliche Formierung von Strategien in Unternehmen zukommt, als dies präskriptive Erklärungsmodelle erwarten lassen (vgl. *Bower* 1970). Eine wichtigere Rolle als vermutet spielt hingegen der Prozess der Ressourcenallokation. Auf der Grundlage dieser Erkenntnis wurde ein empirisch gestütztes Prozessmodell entworfen, das die Strategieformierung in drei Phasen einteilt. Diese werden als Definition, Impetus und struktureller Kontext bezeichnet. In der ersten, der **Definitionsphase**, wird eine strategische Initiative auf den Weg gebracht – und zwar nicht vom Topmanagement, sondern auf der Ebene der Geschäftseinheiten. Hier entstehen die ursprünglichen Ideen, hier werden entsprechende Projekte aufgesetzt und vorangetrieben. Im Vordergrund stehen dabei vor allem technische und ökonomische Kriterien. Die weitere Entwicklung der Projekte entscheidet sich in der zweiten, der **Impetusphase**. Nun spielt vor allem die Haltung der den Geschäftseinheiten vorgesetzten Manager auf Divisionsebene eine entscheidende Rolle, denn sie befinden über den Fortgang oder den Abbruch der Projekte. Hierbei orientieren sie sich unter anderem am Status und an der Erfahrung des Projektleiters, vor allem aber an der Risikobereitschaft der ihnen vorgesetzten Manager auf Unternehmensebene und an der Nützlichkeit der Initiative für ihre eigenen Zwecke – denn die Divisionsleiter sind sich durchaus der Tatsache bewusst, dass die Entscheidung für die „richtigen" strategischen Projekte maßgeblich für ihre eigene Karriere und ihre Aufstiegschancen im Unternehmen ist. Im Vordergrund stehen nun machtpolitische Verhandlungsprozesse, die zum Teil innerhalb, zum Teil aber auch außerhalb der offiziellen Kanäle ablaufen. Die Unternehmensleitung selbst, so die empirischen Befunde, nimmt nur indirekten Einfluss auf den Strategieprozess. Sie bestimmt über organisatorische Strukturen und administrative Systeme den **strukturellen Kontext**, der den generellen Rahmen für die Entwicklung strategischer Initiativen bildet. Während strategische Initiativen in der Definitions- und in der Impetusphase bottom-up, also von unten nach oben getrieben werden, wird der strukturelle Kontext top-down, also von der Unternehmensspitze nach unten vorgegeben. Die Ressourcenallokation auf die verschiedenen strategischen Initiativen resultiert in der Folge aus einem Wechselspiel der einzelnen Teilprozesse.

Dem Erklärungsansatz folgend, konkurrieren bottom-up getriebene strategische Initiativen also um die Aufmerksamkeit des obersten Managements und um knappe Unternehmensressourcen. Aus dem spezifischen Verlauf der Interaktion zwischen den verschiedenen Managementebenen ergeben sich letztendlich die faktischen strategischen Verhaltensmuster (vgl. *Noda/Bower* 1996).

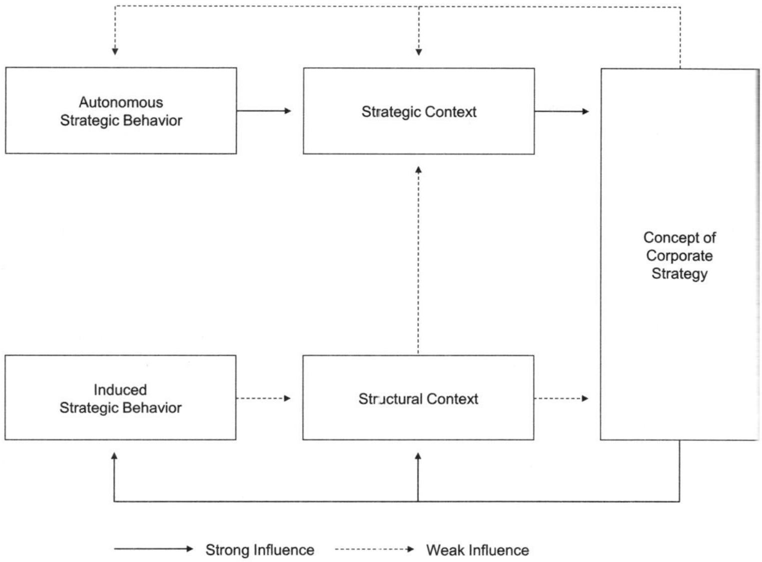

Abb. 2-2: Strategieformierung zwischen induziertem und autonomem Verhalten (Quelle: Burgelman 1983, S. 65)

2.2.2.2 Strategieformierung zwischen induziertem und autonomem Verhalten

Die Erkenntnisse, die aus dem Modell der Strategieformierung als Prozess der Ressourcenallokation hervorgegangen sind, wurden in der Folge in verschiedenen Studien aufgegriffen und weitergeführt. Beachtung fand vor allem ihre Anwendung auf eine spezielle Form strategischer Initiativen: die Entstehung neuer Geschäftsfelder in divisionalisierten Unternehmen (vgl. *Burgelman* 1983). Ausgehend von diesem Untersuchungsgegenstand ließ sich empirisch zeigen, dass die Definitions- und die Impetusphase nicht nur von einem strukturellen Kontext, sondern auch von einem **strategischen Kontext** beeinflusst werden (siehe Abb. 2-2). Dieser Zusammenhang lässt sich wie folgt erklären: Strategische Initiativen, die den Eintritt in ein neues Geschäftsfeld zum Inhalt haben, korrespondieren üblicherweise nicht mit der bestehenden Unternehmensstrategie, da diese de facto die Grundlage für die Definition der aktuellen Geschäftsfelder bildet. Kommt eine entsprechende Initiative im Unternehmen auf, muss die Unternehmensleitung entscheiden, ob sie diese Initiative zulässt, obgleich sie in mehr oder weniger starkem Widerspruch zu den aktuell verfolgten Strategien steht und sich außerhalb des vorgegebenen strukturellen Kontextes entwickelt hat, oder ob sie die Initiative unterbindet. Der Prozess, in dem das mittlere Management versucht, auf die Unternehmensleitung einzuwirken, um sie zu einer Anpassung der Unternehmensstrategie zu bewegen und neue, risikobehaftete Aktivitäten zuzulassen, wird als strategischer Kontext bezeichnet.

Das aus den empirischen Beobachtungen zur Entstehung neuer Geschäftsfelder abgeleitete allgemeine Erklärungsmodell des Strategieprozesses unterscheidet zwei Prozessstränge: induzierte strategische Verhaltensweisen und autonome strategische Verhaltensweisen. **Induzierte strategische Verhaltensweisen** folgen den Vorgaben der bestehenden Unternehmensstrategie. Das Topmanagement fördert sie auf der Grundlage der gegenwärtigen strategischen Ausrichtung des Unternehmens und setzt ihnen durch den strukturellen Kontext gleichzeitig einen Rahmen, innerhalb dessen sie sich entwickeln können – etwa durch geeignete Zielvereinbarungen, Planungssysteme und Kontrollmechanismen. Die auf diese Weise entstehenden strategischen Initiativen sind unweigerlich konform mit der vorhandenen Unternehmensstrategie. Andererseits ist ihr innovativer Charakter jedoch relativ gering, da sie die bestehende Strategie lediglich bestätigen und inkrementell fortschreiben, ohne ihr entscheidende neue Impulse zu verleihen.

Anders ist dies bei **autonomen strategischen Verhaltensweisen**. Denn, so die empirisch gestützte Erkenntnis des Modells, auch außerhalb des vorgegebenen strukturellen Rahmens formieren sich in der Praxis immer wieder strategische Initiativen, die von der bestehenden strategischen Grundausrichtung des Unternehmens bisweilen erheblich abweichen können. Auch diese Initiativen versuchen sich im Wettbewerb um knappe Unternehmensressourcen durchzusetzen. Dies kann ihnen jedoch nur dann gelingen, wenn sie offiziell anerkannt werden und somit eine ihnen konforme Angleichung der Unternehmensstrategie erfolgt. Hierzu initiieren die Protagonisten der Initiativen auf der Ebene des mittleren Managements zahlreiche Aktivitäten, um die Unternehmensleitung von einer Überprüfung und letztendlich von einer Veränderung ihrer strategischen Position zu überzeugen. In der Terminologie des Modells schaffen sie hiermit den strategischen Kontext der Strategiebildung. Ist das mittlere Management mit seinen Aktivitäten erfolgreich, werden die autonomen strategischen Verhaltensweisen nachträglich legitimiert, die Unternehmensstrategie wird – entsprechend umfassend – angepasst.

Insgesamt lässt sich festhalten, dass der Einfluss der Unternehmensstrategie auf autonome strategische Verhaltensweisen vergleichsweise gering ist, die Auswirkungen erfolgreicher autonomer Verhaltensweisen auf die Unternehmensstrategie hingegen relativ groß. Genau gegenläufig kann – aus den oben beschriebenen Gründen – das Verhältnis zwischen der bestehenden Unternehmensstrategie und induzierten strategischen Verhaltensweisen charakterisiert werden.

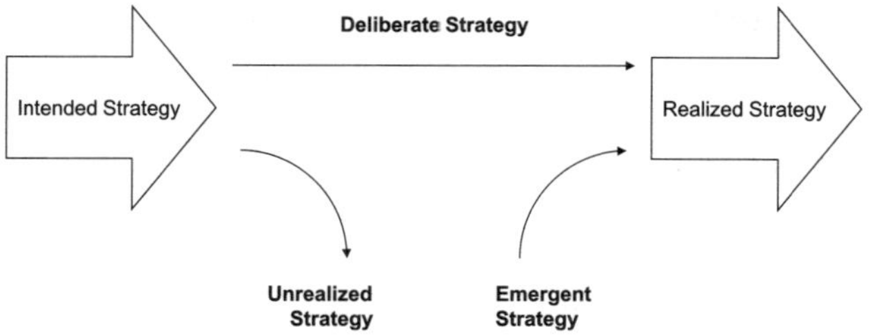

Abb. 2-3: Strategieformierung zwischen intendierten und realisierten Strategien (Quelle: Mintzberg/Waters 1985)

2.2.2.3 Strategieformierung zwischen emergenten und intendierten Prozessen

Ein weiterer deskriptiver Erklärungsansatz stellt auf der Grundlage mehrerer Fallstudien die zentrale Annahme präskriptiver Modelle in Frage, dass Strategien zunächst analytisch formuliert und dann implementiert werden. Vielmehr, so argumentiert der führende Protagonist dieser Denkschule, *Henry Mintzberg*, weichen die letztendlich realisierten Strategien eines Unternehmens oft deutlich von den ursprünglich beabsichtigten Strategien ab. Auf der Grundlage empirischer Untersuchungen unterscheidet *Mintzberg* drei **Arten von Strategien** (siehe Abb. 2-3): beabsichtigte Strategien (Deliberate Strategies), die vom Management gewollt sind und auch so wie geplant umgesetzt werden – diese entsprechen im Grundsatz den Annahmen präskriptiver Strategiemodelle –, nicht realisierte Strategien (Unrealized Strategies), die ursprünglich gewollt sind, die sich jedoch bei ihrer Umsetzung als undurchführbar erweisen und daher letztendlich aufgegeben werden, und emergente Strategien (Emergent Strategies), die sich, ohne dass sie als solche explizit formuliert wurden, aus einzelnen, nicht zusammenhängenden Handlungen zu einem kohärenten strategischen Muster formen (vgl. *Mintzberg* 1987, 1994; *Mintzberg/McHugh* 1985; *Mintzberg/Waters* 1985).

Die empirischen Arbeiten *Mintzbergs* kommen zu dem Schluss, dass die Relevanz der vom Topmanagement beabsichtigen Strategien in präskriptiven Modellen überschätzt wird. In der Praxis, so sein Befund, finden sich nur selten die Bedingungen, die erforderlich sind, um die ursprünglich intendierten Strategien tatsächlich umzusetzen. In den meisten Fällen resultieren strategische Mischformen, die zwischen den Gegenpolen emergenter und intendierter Strategien angesiedelt sind. Welche strategischen Initiativen sich letztendlich durchsetzen, wird in anderen Untersuchungen, die in *Mintzbergs* Sinne von einem emergenten Strategieprozess ausgehen, einem breit angelegten Konsens auf der Grundlage interner Entscheidungen und externer Ereignisse zugeschrieben (vgl. *Quinn* 1980,

1995). In erfolgreichen Unternehmen formt das Topmanagement diesen Studien zufolge Handlungs- und Ereignisströme in proaktiver, rationaler und inkrementeller Weise zu expliziten Strategien. Dieser Vorgang wird auch als **logischer Inkrementalismus** bezeichnet.

Als Kritik an den Arbeiten *Mintzbergs* wird angeführt, dass diese zwar die Bedeutung emergenter Strategien herausarbeiten, dass für deren Entstehung im Unternehmen jedoch eine unzulängliche Erklärung geliefert wird (vgl. *Müller-Stewens/Lechner* 2001, S. 51). *Mintzberg* geht davon aus, dass emergente Strategien aus den Aktivitäten eines einzelnen Meinungsführers, eines kleinen Managementteams, anderer Gruppierungen im Unternehmen oder des Kollektivs als Ganzem hervorgehen. Der Begriff der Emergenz steht jedoch für das plötzliche Auftreten einer Qualität, die gerade nicht durch die Eigenschaften der beteiligten Akteure oder ihrer Beziehungen zueinander erklärt werden kann. Sie entsteht vielmehr durch eine selbstorganisierende Prozessdynamik, die in einer unbeabsichtigten Ordnung resultiert. Diese Präzisierung ist insofern bedeutend, als dass die Klassifikation einer Strategie in dem von *Mintzberg* gewählten Sinne in Abhängigkeit der Perspektive eines Akteurs unterschiedlich ausfallen kann. Wenn eine strategische Initiative von einer kleinen Gruppe intendiert vorangetrieben wird, kann sie für den Rest des Unternehmens, der von dieser Initiative zunächst nichts weiß, eine emergente Entwicklung darstellen. Als entscheidendes Charakteristikum einer emergenten Strategie sollte daher im eigentlichen Wortsinn die unbeabsichtigte Entfaltung eines strategischen Musters gewählt werden, das nicht aus wohlüberlegten Aktivitäten einzelner Akteure, sondern aus selbstorganisierenden Prozessen erwächst.

2.3 Implikationen für die Strategieberatung

Deskriptive und präskriptive Erklärungsansätze betrachten den Strategieprozess aus unterschiedlichen Perspektiven. Während präskriptive Modelle die Sichtweise einer Führungskraft einnehmen und aufzeigen, was getan werden sollte, wählen deskriptive Modelle die Position eines externen Beobachters und analysieren „von außen“ die faktische Formierung von Strategien im Unternehmen. Für die Gestaltung strategischer Beratungsleistungen sind beide Perspektiven gleichermaßen von Bedeutung: Ein Strategieberater muss verstehen, auf welche Weise sich strategische Initiativen in der Klientenorganisation de facto formieren – einerseits, um dies bei der Erarbeitung seiner Problemlösung zu berücksichtigen, andererseits, um nicht selbst zum Spielball konkurrierender Interessen zu werden, deren Protagonisten ihre eigenen Initiativen mithilfe des Beraters oder auch gegen ihn durchzusetzen versuchen. Direkte und indirekte Beeinflussungsversuche müssen als solche erkannt, politische Manöver unterschiedlicher Interessensgruppen – die sich gegenseitig zu überzeugen versuchen, miteinander verhandeln und sich bisweilen in offener Konfrontation gegenüberstehen – bei der Lösungsfindung einkalkuliert werden. Hierzu muss ein Strategieberater die Rolle eines neutralen Beobachters einnehmen und die faktischen Gegebenheiten erfassen und verstehen.

Andererseits ist es die ureigene Aufgabe eines Beraters, seinen Klienten handlungsorientierte, präskriptive Ratschläge zu unterbreiten. Um dies zu tun, muss er die Position des neutralen Beobachters verlassen und explizite Gestaltungsempfehlungen entwickeln. So stehen Unternehmensberater vor der heiklen Aufgabe, möglichst unvoreingenommene, rationale Empfehlungen auszusprechen, dabei jedoch die Umsetzbarkeit dieser Empfehlungen innerhalb des faktischen strukturellen und strategischen Kontextes im Klientenunternehmen nicht aus den Augen zu verlieren. Top-down kommunizierte Vorgaben, die im Rahmen eines formalen strategischen Planungsprozesses festgeschrieben werden, müssen dabei ebenso beachtet werden wie bottom-up vorangetriebene Initiativen, emergente Prozesse und mühevoll ausgehandelte Kompromisse. Dabei muss sich ein Berater bewusst sein, dass seine Gestaltungsempfehlungen nicht notwendiger Weise tatsächlich so wie von ihm vorgelegt operativ umgesetzt werden. Sie konkurrieren vielmehr im Kontext aller strategischen Initiativen, die im Klientenunternehmen vorangetrieben werden. Der Grad ihrer Umsetzung ist letztendlich das Ergebnis einer selbstorganisierenden Prozessdynamik. Die Gestaltung von Beratungsleistungen kann und darf sich somit nicht ausschließlich auf die Problemlösung im Rahmen einer einzelnen strategischen Initiative konzentrieren, sondern muss vielmehr – soweit dies einem Berater in der Praxis möglich ist – die Einflussnahme und das Zusammenspiel aller relevanten Initiativen beachten.

3. Problemlösung als originäre Beratungsleistung

3.1 Managementprobleme als Objekte der Strategieberatung

Die Ergebnisse deskriptiver Studien zur strategischen Führung in Unternehmen legen den Schluss nahe, dass das in der betriebswirtschaftlichen Theorie vorherrschende Bild der zielorientiert planenden, koordinierenden und überwachenden Führungskraft in der Praxis nur selten anzutreffen ist. Insbesondere die Arbeiten *Mintzbergs* zeigen, dass der Tagesablauf vieler Manager weit weniger durch strukturierte, systematische Aktivitäten gekennzeichnet ist als vielmehr durch zahlreiche kurze Gespräche, langwierige Sitzungen und die gelegentliche Durchsicht schriftlicher Unterlagen. Auch wenn diese Tätigkeiten für einen Außenstehenden keinen klaren Regeln zu folgen scheinen, so resultiert daraus doch letztendlich das geordnete Gefüge eines funktionierenden Unternehmens. *Gomez* und *Probst* (1999) charakterisieren ein Unternehmen auf der Grundlage dieses empirischen Kontextes als ein System vielfältig miteinander verknüpfter Problemlösungsaktivitäten. Der Alltag von Führungskräften, so ihre Argumentation, ist nicht von methodisch durchdachten Tätigkeiten geprägt, sondern durch die Auseinandersetzung mit immer neuen, meist willkürlich auftretenden, einfachsten bis komplexesten Problemstellungen – bezüglich der Ausführung operativer Arbeiten bei sich wandelnden Rahmenbedingungen ebenso wie im Hinblick auf die Durchsetzung der von den Führungskräften verfolgten strategischen Initiativen. Die Aufgabe von Strategieberatern kann vor diesem Hintergrund darin gesehen werden, ihren Klienten im Rahmen eines von der Beratung nach methodischen Gesichtspunkten gestalteten Problemlösungsprozesses zur Seite zu stehen, durch den die Bemühungen der Klienten zur Problemlösung unterstützt und ihre Kompetenzen zur Bewältigung des Problems verbessert bzw. erweitert werden. Versteht man Strategieberater in diesem Sinne als „Problemlösungsgehilfen" des Managements, so stellen sich zunächst zwei grundlegende Fragen: Wie lässt sich ein Problem generell als solches charakterisieren? Und: Was macht ein Problem zu einem Managementproblem?

Umgangssprachlich lässt sich ein Problem als eine ungewollte Abweichung von einem angestrebten Wunschzustand charakterisieren. Der Begriff ist negativ belegt, der Handlungsdruck, der aus einem Problem erwächst, zielt darauf ab, eine bestehende Unzulänglichkeit abzubauen. In der Praxis der Unternehmensführung ist es jedoch erforderlich, den **Begriff des Problems** sehr viel weiter zu fassen

Ein Problem ist in diesem Kontext ganz allgemein ein Anlass zum Handeln. Zwar beruht ein Problem auch hier auf einer Abweichung von einem angestrebten Soll- zu dem realisierten Ist-Zustand, doch kann diese Abweichung durchaus auch positiver Natur sein. Wenn ein Unternehmen etwa ein Umsatzwachstum von 10 Prozent eingeplant hat, tatsächlich jedoch einen Anstieg um 25 Prozent realisiert, so ist dies sicherlich eine erfreuliche Begebenheit – und somit kein Problem im landläufigen Sinne. Im Alltag der Unternehmensführung jedoch ist es ein Problem, denn es wird zwar kein Leidensdruck geschaffen, wohl aber ein Druck zum Handeln.

Dabei ist es wichtig, Probleme möglichst klar von Symptomen abzugrenzen, denn in der Unternehmenspraxis werden auftretende Schwierigkeiten nicht selten als Probleme eingeordnet, obwohl es sich bei ihnen tatsächlich nur um die beobachteten Merkmale – also um Symptome – tiefer liegender Ursachen handelt. *Holtz* (1985, S. 89) führt in diesem Zusammenhang an, dass sich Unternehmensberater häufig mit einer der drei folgenden Situationen konfrontiert sehen: (a) Der Klient kann sein tatsächliches Problem definieren und weiß in groben Zügen, welche Hilfestellung er durch den Berater benötigt. (b) Der Klient ist sich bewusst, dass er sein eigentliches Problem nur durch die Schilderung unbefriedigender Einzelsituationen umreißen kann und deshalb Hilfe bei der exakten Problemdefinition benötigt. (c) Der Klient glaubt, das Problem eindeutig definiert zu haben, hat aber nur die Symptome erfasst oder das Problem einem falschen Bereich zugeordnet; er erwartet jedoch, dass sich der Berater seinem Urteil anschließt.

Um die Situation eines Klienten zu ergründen, muss ein Unternehmensberater in jedem Fall versuchen, eine möglichst präzise Kausalkette aufzustellen, die die beobachteten Symptome auf ihre letztendliche Ursache – das tatsächliche Problem also – zurückführt. *Malik* weist in diesem Zusammenhang jedoch zu Recht darauf hin, dass ein komplexes Problem anfänglich fast nie spezifiziert werden kann (vgl. *Malik* 1996, S. 260). In vielen Fällen bestehen lediglich unscharfe Absichtserklärungen bezüglich der angestrebten Lösung – und sei es nur, dass man weiß, dass es „so wie bisher" nicht weitergehen kann. Die Ursachen hierfür werden oftmals von unterschiedlichen Beteiligten ganz unterschiedlich interpretiert. Dabei kommt dem Bezugsrahmen, der zur Definition des „tatsächlichen" Problems zugrunde gelegt wird, eine maßgebliche Bedeutung zu. Ein Berater wird ebenso wie sein Klient ein ganz anderes Problemverständnis besitzen und somit auch bei seiner Lösung zu ganz anderen Schlussfolgerungen kommen, je nachdem, von welchen Grundannahmen er ausgeht (vgl. ähnlich *Malik* 1996, S. 19 ff.). Solche Prämissen über das Wesen des Erkenntnisobjektes – etwa einen bestimmten Markt, eine betriebswirtschaftliche Funktion oder einen organisatorischen Prozess – erscheinen ihren Vertretern oftmals so selbstverständlich und trivial, dass sie ohne weitere Analyse als unproblematisch und (natur)gegeben hingenommen werden. Viele dieser Prämissen werden dabei gar nicht explizit bedacht, sondern stillschweigend als faktisch akzeptiert. Ein Beispiel mag dies verdeutlichen (*Levitt* 1960, S. 45): Amerikanische Eisenbahngesellschaften haben sich über Jahrzehnte als Schienentransportdienstleister definiert, nicht als Anbieter von Transportdienstleistungen im Allgemeinen. Dieses Selbstverständnis hat dazu geführt, dass sie es lange Zeit versäumten, strategische Allianzen mit Fluggesellschaften, Mietwagenfirmen und anderen Dienstleistern einzugehen, die ihr Angebot hätten ergänzen können.

Auch Konflikte innerhalb eines Unternehmens, etwa zwischen Marketing und Produktion oder zwischen Controlling und Informatik, können häufig auf unterschiedlichen Prämissen über Probleme und ihre Hintergründe beruhen – auf unterschiedlichen Grundannahmen, von denen die Konfliktparteien ausgehen, ohne, dass sie sich dessen immer bewusst sind. Die Schlussfolgerungen, die von den Kontrahenten gezogen werden, und die daraus abgeleiteten Handlungsempfehlungen können sich zutiefst widersprechen und zu heftigen Auseinandersetzungen führen, wobei die Bereitschaft aller Beteiligten, die Problematik erneut zu überdenken, zumeist sehr gering ist, da sie ohnehin davon ausgehen, sie diskutierten über ein identisches Erkenntnisobjekt. Nicht selten offenbart eine genauere Analyse jedoch, dass man über ganz unterschiedliche Dinge spricht. Das Erkennen der Realität und damit des „tatsächlichen" Problems ist ein weit schwierigeres Phänomen als allgemein angenommen. Die Begabung des Menschen, im Geiste unterschiedliche Realitäten zu konstruieren, die in sich jeweils konsistent sein können, führt dazu, dass überall dort, wo Realität gestaltungsfähig ist, wo für Mitarbeiter eines Unternehmens das real ist, was sie für real halten, die Fähigkeit eines Beraters von entscheidender Bedeutung ist, zuordnen zu können, welche Prämissen zu welchen wahrgenommenen Problemen führen, um Trugschlüsse als solche zu erkennen. Denn ein Problem ist niemals unabhängig von den Personen, die es definieren; ein Problem als solches gibt es nicht. Erst wenn eine Person in einer bestimmten Situation vor dem Hintergrund ihrer individuellen – selbst gesetzten oder extern vorgegebenen – Zielsetzungen einen subjektiven Handlungsdruck empfindet, wird diese Situation zu *ihrem* Problem.

In diesem Zusammenhang erlangt die Unterscheidung zwischen **Problem und Aufgabe** an Bedeutung. Bei gleicher Zielsetzung kann die gleiche Situation für eine Person ein Problem, für eine andere Person hingegen „nur" eine Aufgabe darstellen. Dies kann zum einen auf das verfügbare Methodenwissen zurückzuführen sein, zum anderen auf das persönliche Involvement, also auf motivationale und emotionale Aspekte. Wenden wir uns zunächst der Bedeutung des verfügbaren Methodenwissens zu: Für eine Person kann es ein echtes Problem darstellen, den Ausdruck $10{,}5^{2}$ im Kopf zu berechnen. Für eine andere Person hingegen ist dies lediglich eine Aufgabe, nämlich dann, wenn sie weiß, dass sich $10{,}5^{2}$ auch als $(10 + 0{,}5)^{2}$ darstellen und mithilfe der binomischen Formel vergleichsweise leicht als $10^2 + 2 \times 10 \times 0{,}5 + 0{,}5^2 = 100 + 10 + 0{,}25 = 110{,}25$ berechnen lässt. Dieses einfache Beispiel lässt sich auf zahllose betriebswirtschaftliche Bereiche übertragen; etwa auf das Wissen darüber, auf welche Weise ein neues Geschäftsfeld bewertet werden kann, wie die Vorteilhaftigkeit einer Investition zu ermessen ist oder wie bestehende betriebswirtschaftliche Prozesse effizienter gestaltet werden können. Auch die Bedeutung des zweiten Faktors, der ein Problem von einer Aufgabe unterscheidet – das persönliche Involvement – lässt sich anhand eines Beispiels verdeutlichen: Eine Führungskraft, die ihr eigenes Unternehmen in einer schwierigen Situation vor der Insolvenz bewahren muss, empfindet dies als existenzielles *Problem*. Für einen externen Berater hingegen ist es eine – gegebenenfalls schwierige – *Aufgabe*, die Führungskraft bei ihren Bemühungen zu unterstützen. Beide Beispiele verdeutlichen, dass auch bei identischer Zielsetzung die Probleme eines Klienten nicht unmittelbar zu den Problemen eines Beraters werden; zum einen, weil ein geeigneter Berater über das methodische Rüstzeug verfügt, um das Problem des Klienten zu lösen, zum anderen, weil er persönlich weniger stark involviert ist als der Klient selbst.

Wenden wir uns noch einmal dem eigentlichen Problembegriff zu. Die eingangs angeführte vierstufige **Grundstruktur** eines betriebswirtschaftlichen Problems – zwischen einem gegebenen *Ist-Zustand* und einem angestrebten *Sollzustand* besteht eine positiv oder negativ empfundene *Lücke*, die bei einem Entscheider einen subjektiven *Handlungsdruck* erzeugt – bleibt relativ abstrakt. Vor allem in der psychologischen Forschung wurden zahlreiche Typologien entwickelt, die versuchen, Probleme anhand unterschiedlicher Kriterien greifbar zu machen und zu systematisieren. Am häufigsten anzutreffen ist die Abgrenzung verschiedener Problemkategorien auf Basis der Klarheit, mit der ihr Ist- und ihr Zielzustand definiert sind. So unterscheidet etwa *Reitman* (1965) vier Klassen von Problemen: solche, bei denen der Ist- und der Zielzustand gut definiert sind, solche, bei denen der Ist-Zustand gut, der Zielzustand hingegen schlecht definiert ist, solche, bei denen der Ist-Zustand schlecht, der Zielzustand indes gut definiert ist, und solche, bei denen sowohl Ist- als auch Zielzustand schlecht definiert sind. Auch die im deutschen Sprachraum wohl bekannteste Klassifikation von Problemen beruht auf einem ähnlichen Prinzip. *Dörner* (1979) unterscheidet hinsichtlich der Art der „Barrieren", die zur Problemlösung überwunden werden müssen, drei Problemtypen: Die erste Kategorie bilden so genannte **Transformationsprobleme**. Hier sind sowohl der Ist- als auch der Zielzustand klar definiert, und auch die zur Zielerreichung erforderlichen Mittel sind bekannt. Unklar ist jedoch, in welcher Reihenfolge oder Kombination diese Mittel eingesetzt werden müssen. Hieraus resultiert eine Barriere, die eine Transformation des Ist- in den Zielzustand zunächst verhindert. Ein Berater, der etwa für einen Klienten überprüfen soll, ob eine geplante Investition bestimmten Rentabilitätszielen gerecht wird, kennt zwar die hierzu benötigten Instrumente, er muss deren Anwendung jedoch zunächst an die spezifische Situation des Klienten anpassen. Die zweite Problemkategorie bezeichnet *Dörner* als **synthetische Probleme**. Hier sind der Ist- und der Zielzustand zwar gut definiert, die zur Problemlösung erforderlichen Mittel müssen jedoch erst erstellt (synthetisiert) werden. Dies ist etwa dann der Fall, wenn ein Berater nicht auf standardisierte Problemlösungsverfahren zurückgreifen kann, sondern für seinen Klienten einen individuellen Lösungsweg entwickeln muss. Eine dritte Problemkategorie entsteht, wenn der Ist-Zustand und die zur Verfügung stehenden Mittel zwar bekannt sind, hinsichtlich des Zielzustands jedoch Unklarheit besteht. *Dörner* spricht in diesem Fall von **dialektischen Problemen**, da die Ermittlung des anzustrebenden Zielzustands und damit die Lösung des Problems einen dialektischen Prozess erforderlich macht, in dessen Verlauf alternative Vorstellungen über das Ziel entwickelt, geprüft, korrigiert und verworfen werden, bis schließlich eine geeignete Zieldefinition gefunden ist. Ein Berater, der einen Klienten bei der Formulierung seiner strategischen Ziele unterstützt, ist mit diesem Problemtyp konfrontiert.

Nicht nur im betriebswirtschaftlichen Zusammenhang ist offensichtlich, dass die beschriebenen Problemtypen nur in den seltensten Fällen in ihrer Reinform auftreten. In der Praxis ist man in aller Regel gezwungen, sich mit Mischformen auseinanderzusetzen. Dies gilt nicht nur für die von *Dörner* aufgestellte Klassifikation, sondern auch für andere gebräuchliche Problemtypologien (vgl. z.B. *Brander/Kompa/Peltzer* 1985; *Arbinger* 1997): etwa die Unterscheidung nach der Anzahl der Elemente (einfache vs. komplexe Probleme), nach der Anzahl und Dichte der Verknüpfungen zwischen den Elementen (gering vs. hoch vernetzte Probleme), der Bekanntheit der Verknüpfungen und der Wirkungsbeziehungen (transparente vs. intransparente Probleme), der Anzahl der Ziele (Probleme mit einem vs. Probleme mit mehreren, eventuell konfliktären Zielen), der Anzahl der beteiligten Personen (individuelles vs. kollektives Problemlösen), der zur Problemlösung verfügbaren Zeit (Probleme mit vs. Probleme ohne Zeitdruck) oder der bestehenden Rivalität (Probleme mit vs. Probleme ohne Gegenspieler). Wenngleich für jede der genannten Klassifikationen gute Gründe angeführt werden können, entbehren sie doch nicht einer gewissen Beliebigkeit. Zudem ist keine der Klassifikationen erschöpfend in dem Sinne, dass sie dazu in der Lage wäre, das gesamte Spektrum möglicher Probleme abzudecken. Dabei kommt es innerhalb der Klassifikationen, wie eingangs angeführt, in der Praxis beinahe immer zu Überschneidungen der Kategorien. Selten liegen die definierten Problemtypen in Reinform vor. Auch sind die Kriterien, anhand derer die Problemtypen unterschieden werden, nicht immer unabhängig voneinander – teilweise bedingen sie sich gegenseitig, teilweise schließen sie einander aus. Letztendlich bleibt die grundsätzliche Frage, ob es überhaupt möglich und sinnvoll sein kann, Probleme unabhängig von einem individuellen Problemlöser zu klassifizieren. Insofern erscheint es zweckmäßig, zunächst an der relativ einfachen, jedoch ebenso abstrakten vierstufigen Grundstruktur zur Definition eines betriebswirtschaftlichen Problems festzuhalten.

Nachdem der Problembegriff als solcher umrissen ist, bleibt die Frage, welche Eigenschaften ein Problem zu einem **Managementproblem** werden lassen. Um diese Frage zu beantworten, ist es sinnvoll, zunächst den Managementbegriff als solchen näher zu betrachten. In funktionaler Hinsicht beschreibt er sämtliche Aufgaben, die zur Steuerung eines arbeitsteilig organisierten Unternehmens erforderlich sind. Diese Aufgaben tragen als so genannte Querschnittsfunktionen durch eine Strukturierung und Koordination der übrigen, als Sach- oder Fachfunktionen bezeichneten betrieblichen Leistungsprozesse – etwa Einkauf, Fertigung, Vertrieb – dazu bei, die Ziele eines Unternehmens auf möglichst effiziente Weise zu erreichen. In der betriebswirtschaftlichen Literatur sind zahlreiche funktionale, aufgabenbezogene Klassifikationen des Managements aufgestellt worden (vgl. z.B. *Staehle* 1999; *Steinmann/Schreyögg* 1990; *Carroll/Gillen* 1987). Zu den wesentlichen Managementaufgaben zählen demnach Planungs-, Organisations- und Führungsfunktionen. In institutioneller Hinsicht bezeichnet Management die Träger entsprechender Funktionen. Dies umfasst – in einem breiten, der anglo-amerikanischen Terminologie angelehnten Begriffsverständnis – sämtliche Positionen eines Unternehmens, die mit Weisungsbefugnissen ausgestattet sind. Der damit erfasste Personenkreis reicht prinzipiell vom Vorstandsvorsitzenden bis zum Meister. Für den deutschen Sprachraum ist diese weite Begriffsauslegung jedoch unüblich. Hier wird der Managementbegriff meist nur auf die ersten zwei bis drei Ebenen der Unternehmensleitung angewendet (vgl. *Reuter* 1993, Sp. 2665). Folgt man dieser engeren Begriffsauslegung, so kann ein Managementproblem als eine Abweichung von einem angestrebten Soll- zu dem realisierten Ist-Zustand verstanden werden, die im Aufgabenbereich der obersten Leitungsebenen eines Unternehmens – also in der Planung, Organisation oder Führung – einen Handlungsdruck entstehen lässt.

In Anlehnung an die oben angeführten Problemtypologien (und unter Inkaufnahme der mit ihnen verbundenen Kritikpunkte) unterscheiden *Gomez* und *Probst* (1999, S. 17 ff.) drei **Typen von Managementproblemen** – einfache, komplizierte und komplexe: Einfache Probleme sind durch wenige Einflussgrößen, eine geringe Anzahl an Verknüpfungen zwischen diesen Größen und durch eine weitgehende Stabilität der Beziehungen gekennzeichnet. Komplizierte Probleme zeichnen sich durch eine Vielzahl von Einflussfaktoren aus, die relativ stark miteinander verknüpft sind, wobei sich das Verknüpfungs- und Interaktionsmuster im Zeitablauf kaum ändert. Komplexe Probleme sind ebenfalls durch eine Vielzahl weitläufig miteinander verknüpfter Einflussgrößen gekennzeichnet. Im Gegensatz zu komplizierten Problemen ändern sich jedoch Art und Intensität der Beziehungen im Zeitablauf. Auch können neue Einflussfaktoren hinzukommen, bisherige können ihre Bedeutung verlieren. Das Muster der Zusammenhänge ist somit einem dynamischen Wandel unterworfen.

Je nachdem, ob es sich um ein einfaches, um ein kompliziertes oder ein komplexes Managementproblem handelt, können unterschiedliche Problemlösungstechniken zum Einsatz kommen. Während einfache Probleme von einer erfahrenen Führungskraft häufig ohne explizite methodische Unterstützung auf der Grundlage ihres „gesunden Menschenverstandes" gelöst werden können, sind komplizierte Probleme aufgrund der vielfältigen Einflussfaktoren auf diese Weise kaum zu bewältigen. Ein umfassendes mathematisches Instrumentarium zur Lösung komplizierter Probleme wurde im Bereich des Operations Research entwickelt. So kann etwa mit Hilfe der Netzplantechnik der Ablauf verschiedener Problemlösungsaktivitäten im Hinblick auf die Zeit-, Kosten- und Ressourcenplanung optimiert werden (vgl. z.B. *Reichert* 1994; *Domschke/Drexl* 2005). Zur Bewältigung komplexer Probleme hingegen sind die statisch angelegten Methoden des Operations Research nur wenig geeignet. Um die Dynamik komplexer Probleme und ihre vielfältigen Wechselwirkungen abzubilden, haben sich vor allem die Praktiken des vernetzten Denkens, die auf der Systemtheorie und der Kybernetik beruhen, als zweckmäßige erwiesen (vgl. z.B. *Forrester* 1961, 1971; *Vester/Hessler* 1980; *Gomez/Probst* 1987; *Ulrich/Probst* 1988).

Das Grundschema eines **idealtypischen Problemlösungsprozesses**, unabhängig davon, ob es sich um ein einfaches, ein kompliziertes oder ein komplexes Problem handelt, ist in Abbildung 3-1 wiedergegeben (vgl. *Brauchlin* 1978, S. 77). Die Problemlösung wird in diesem Modell als Ergebnis eines Informationsverarbeitungsprozesses verstanden, der mit der Ermittlung des Ist-Zustandes und der Festsetzung des angestrebten Soll- bzw. Zielzustandes beginnt. Aus der Diskrepanz zwischen Soll und Ist ergibt sich das Problem. Um es zu lösen, werden die Ist-Situation analysiert und aufbauend darauf Alternativen zur Veränderung dieser Situation entworfen. Auf der Grundlage der Sollvorgabe, der Situationsanalyse und der identifizierten Alternativen werden Konsequenzen ermittelt und bewertet, die diejenigen Entscheidungen und Handlungen aufzeigen, die zur Lösung des Problems erforderlich sind.

Letztendlich treten die Elemente dieses Grundschemas in jedem Problemlösungsprozess auf. Allerdings lässt das Schema offen, wie in den einzelnen Schritten konkret vorzugehen ist und auf welche Art die einzelnen Schritte miteinander verknüpft werden. Um dies nicht der Intuition des Problemlösers allein zu überlassen, ist der Prozess in verschiedenen Ansätzen und Modellen weiter verfeinert worden. Drei grundsätzliche – jedoch nicht überschneidungsfreie – Herangehensweisen lassen sich dabei unterscheiden: **psychologische Ansätze**, die, ausgehend vom menschlichen Erleben und Verhalten, versuchen, effektive Such- bzw. Entdeckungswege in Form objektiv begründeter Lern- und Denkschritte aufzuzeigen, **analytische Ansätze**, die ein Problem in möglichst feine logische Einzel-

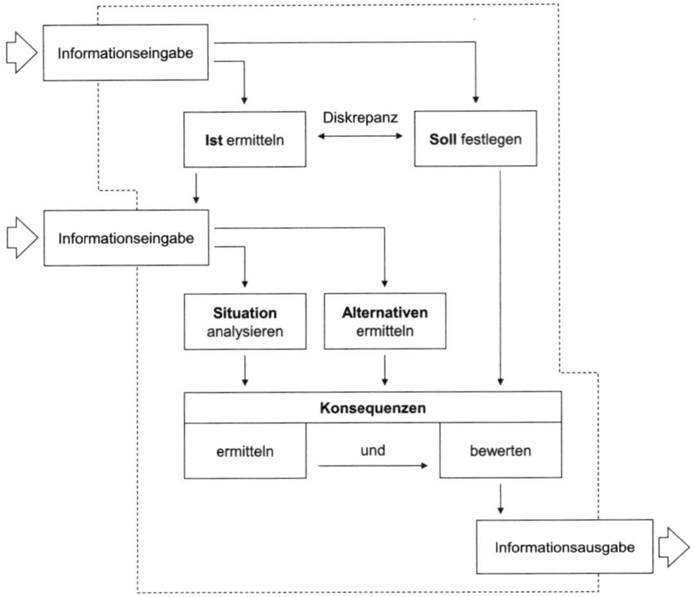

Abb. 3-1: Grundschema des Problemlösungsprozesses (Quelle: Brauchlin 1978, S. 77)

aspekte aufspalten, für diese einzelnen Aspekte Teillösungen entwickeln und durch eine Verknüpfung der einzelnen Lösungsteile zu einer Gesamtlösung gelangen, sowie **holistische Ansätze**, die die Problemlösung aus einem ganzheitlichen Prinzip ableiten und die einzelnen Aspekte eines Problems nicht separieren, sondern als ein eng vermaschtes Netz mit komplexen wechselseitigen Abhängigkeiten und Rückkopplungen verstehen. In den folgenden Abschnitten werden unterschiedliche Ansätze zur Präzisierung des idealtypischen Problemlösungsprozesses dargestellt, die diesen drei Sichtweisen entstammen: Ansätze der Gestalt- und der Kognitionspsychologie (psychologische Perspektive), das Mittel-Zweck-Schema, das Pyramidenprinzip, das Falsifikationsprinzip und die Entscheidungstheorie (analytische Perspektive) sowie der System-Dynamics-Ansatz und der Ansatz des vernetzten Denkens (holistische Perspektive).

3.2 Problemlösungsverfahren

3.2.1 Psychologische Ansätze des Problemlösens

Die wissenschaftliche Psychologie hat im Verlauf ihrer gut einhundertjährigen Geschichte bereits früh begonnen, sich mit der Thematik des Problemlösens auseinanderzusetzen. Als Teildisziplin der so genannten Allgemeinen Psychologie, die sich in grundlegender Weise mit dem Erleben und Verhalten von Personen befasst, sind zahlreiche problemlösungsbezogene Fragestellungen aufgeworfen entsprechende Forschungsmethoden entwickelt und theoretische Erklärungsmodelle vorgestellt worden, die in ihrer Gesamtheit als **Psychologie des Problemlösens** angesehen werden können (vgl. *Arbinger* 1997). Zu den zentralen Inhalten dieser Forschungsrichtung zählen vor allem die Fragestellungen, auf welche Weise Menschen Probleme lösen, welche geistigen Prozesse dabei ablaufen, unter welchen Bedingungen Probleme erfolgreich bewältigt werden und welche Faktoren dazu führen, dass eine Problemlösung misslingt. Dabei ist es ein Anliegen der Disziplin, Antworten zu finden, die die betreffenden Bedingungen und Prozesse nicht lediglich deskriptiv erfassen, sondern auch präskriptiv aufzeigen, wie man sich verhalten sollte, um ein Problem erfolgreich zu meistern.

Bei der Gestaltung geeigneter Forschungsdesigns haben die Vertreter der Problemlösungspsychologie von Beginn an einen Ansatz verfolgt, der die wissenschaftliche Auseinandersetzung mit den genannten Fragestellungen auch heute noch prägt: Als Probleme werden den untersuchten Problemlösern künstliche Situationen vorgegeben, die einen „rätselhaften" oder „puzzleartigen" Charakter besitzen und die ihre Möglichkeiten, auf bestehende Erfahrungen und vorhandenes Wissen zurückzugreifen, auf ein Minimum reduzieren. Das wahrscheinlich bekannteste Beispiel ist der 1883 von dem französischen Mathematiker *Edouard Lucas* entwickelte und als Spiel verkaufte „Turm von Hanoi" (siehe Abb. 3-2). Das Problem besteht darin, einen aus mehreren unterschiedlich großen, lose auf einen Stab aufgereihten Scheiben bestehenden Turm unter Zuhilfenahme eines zweiten Stabes auf einen dritten umzuschichten. Als Restriktion gilt, dass bei jedem Zug nur eine einzelne Scheibe bewegt werden, und dass nie eine größere auf einer kleineren Scheibe zu liegen kommen darf (vgl. *Welsh* 1991; *Wansart* 1990; *Fillbrandt* 1986, 1987; *Ahlum-Heath/DiVesta* 1986; *Kotovsky/Hayes/Simon* 1985; *Karat* 1982; *Klahr/Robinson* 1981; *Anzai/Simon* 1979; *Luger/Bauer* 1978; *Luger* 1976; *Simon* 1975; *Klix/Rautenstrauch-Goede* 1967). Mit der Auswahl von Forschungsdesigns dieser Art ist zwangsläufig eine Einschränkung des Untersuchungsgegenstands und eine Entfernung von realen Problemstellungen verbunden. Erst in jüngerer Zeit hat sich die psychologische Forschung verstärkt auch praxisnäheren und komplexeren Problemen zugewandt. Ein wesentlicher Auslöser hierfür ist ein verändertes und erweitertes Verständnis menschlichen

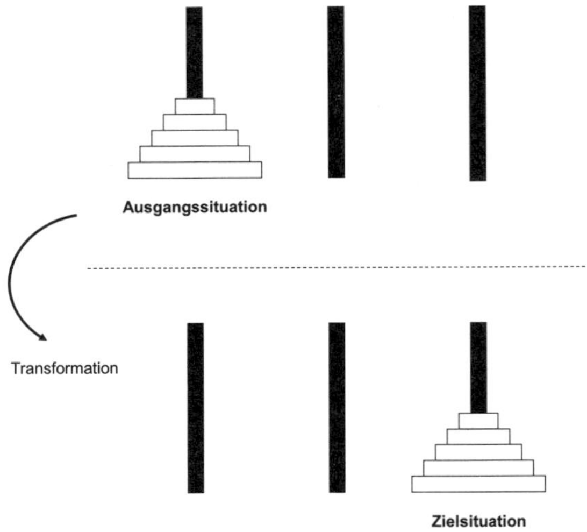

Abb. 3-2: Der Turm von Hanoi

Wissens. So wird das vorhandene Wissen einer Person in neueren Forschungsansätzen nicht mehr ausgeklammert, sondern explizit als ein wesentlicher Bestimmungsfaktor des Problemlösens betrachtet.

Die historischen Wurzeln der psychologischen Problemlösungsforschung sind untrennbar verbunden mit der Anfang des zwanzigsten Jahrhunderts in Deutschland entstandenen Gestaltpsychologie. Ihre Vertreter – allen voran *Wolfgang Köhler*, *Max Wertheimer* und *Kurt Koffka* – formulierten die zentralen Fragestellungen, die auch heute noch kennzeichnend sind für das Forschungsprogramm der Disziplin. Während des zweiten Weltkrieges kam die Auseinandersetzung mit der Thematik in Deutschland dann jedoch fast vollständig zum Erliegen. Und auch die Forschung in den USA, die damals geprägt war von den Ideen und Leitgedanken des Behaviorismus, brachte rückblickend kaum neue Erkenntnisse über die psychologischen Prozesse des Problemlösens – bestand der Ansatz des Behaviorismus doch gerade darin, innere, geistige Prozesse aus der Betrachtung auszuklammern. Erst im Zuge der so genannten „kognitiven Wende" innerhalb der Psychologie, die in den 1960er Jahren eine Abkehr von den Ideen des Behaviorismus einläutete, erlangten geistige Problemlösungsprozesse erneut ein großes wissenschaftliches Interesse. Als richtungweisende Publikation gilt in diesem Zusammenhang das 1972 erschienene Buch „Human Problem Solving" von *Alan Newell* und *Herbert Simon*. Die von den Autoren vorgestellte Konzeption des menschlichen Problemlösens als Informationsverarbeitungsprozess hat die psychologische Auseinandersetzung mit der Problemlösungsthematik nachhaltig geprägt. Im Folgenden werden die Ansätze der beiden genannten psychologischen Strömungen – (1) der Gestaltpsychologie und (2) der Kognitionspsychologie – zur Erklärung und Gestaltung von Problemlösungsprozessen näher beleuchtet.

3.2.1.1 Die Ansatzpunkte der Gestaltpsychologie

Die Gestaltpsychologie entstand zu Beginn des zwanzigsten Jahrhunderts als spezielle Disziplin der Allgemeinen Psychologie im Zuge einer Gegenbewegung zu der von *Wilhelm Wundt* begründeten Elementenpsychologie. Das zentrale Postulat von *Wundt*, der 1879 in Leipzig das erste psychologische Laboratorium gegründet hatte, besagt, dass sich geistige Prozesse in kleinste, unzerlegbare Elemente wie Empfindungen und Assoziationen zergliedern lassen. Gegen diese These wandten sich vor allem *Max Wertheimer*, *Kurt Koffka* und *Wolfgang Köhler* als bekannteste Vertreter der Gestaltpsychologie. Belege für die Richtigkeit ihrer eigenen Auffassungen fanden sie im Bereich der menschlichen Wahrnehmung. In zahlreichen Experimenten konnten sie aufzeigen, dass sich Einzelwahrnehmungen nicht ohne weiteres zu einer Gesamtwahrnehmung aufaddieren lassen. Erst das „Ganze" – also auch Kontextfaktoren, Erfahrungen, Einstellungen etc. – begründet die Wahrnehmungsleistung (vgl. *Katz* 1968; *Metzger* 1953). Ein Beispiel mag dies veranschaulichen: „Es gibt zwar keine fröhlichen, traurigen oder feierlichen Töne, aber es gibt fröhliche, traurige und feierliche Melodien, obgleich diese nur aus solchen Tönen bestehen und nichts daran von außen hinzukommt." (*Metzger* 1975, S. 317). Bekannt wurde vor allem der aus der Gestaltpsychologie hervorgegangene Merksatz: Das Ganze ist mehr als die Summe seiner Teile. Als Schlüsselarbeit der Disziplin gilt der 1890 von dem österreichischen Philosophen *Christian von Ehrenfels* verfasste Artikel „Über Gestaltqualitäten", in dem er auf den ganzheitlichen Charakter von Wahrnehmungsprozessen hinweist – unter anderem wiederum am Beispiel von Melodien, die er als „etwas anderes" ansieht als die Summe der einzelnen Töne, aus denen sie sich zusammensetzen. Denn, so seine Argumentation, sie werden auch dann noch erkannt, wenn sie in eine andere Tonart transponiert wurden – sofern die Anordnungsbeziehung zwischen den Tönen erhalten bleibt. Die wesentliche Grundlage der so genannten Frankfurter bzw. später Berliner Schule um *Wertheimer*, *Koffka* und *Köhler*, die ihre Blütezeit in der Weimarer Republik erlebte und international Beachtung fand, war eine 1910 von *Wertheimer* vorgelegte experimentelle Arbeit zum so genannten Phi-Phänomen (dem Bewegungssehen bei abwechselnd aufleuchtenden Punkten). Als weitere Wahrnehmungsphänomene, die sich nicht allein aus der physikalischen Reizgrundlage erklären lassen, wurden z.B. Figur-Grund-Differenzierungen, Kippfiguren und optische Täuschungen untersucht. Über hundert Gestaltgesetze, wie etwa das Gesetz der Prägnanz, das Gesetz der

Nähe oder das Gesetz der Ähnlichkeit, sollten die allgemeine geistige Wahrnehmungsorganisation erklären.

Die Grundgedanken der Gestaltpsychologie wurden bald auf weitere Gebiete, insbesondere die Psychologie des Denkens und Problemlösens, übertragen (vgl. *Köhler* 1921; *Wertheimer* 1925; *Duncker* 1935). Im Wesentlichen wird das Problemlösen dabei als ein Prozess der **Umstrukturierung** aufgefasst – als ein Prozess also, in dessen Verlauf ein Problem von einem Problemlöser unvermittelt in einem völlig neuen Licht gesehen wird. „Der Knoten ist geplatzt.“ „Der Groschen ist gefallen.“ „Ich hatte einen Geistesblitz“. „Mir ist ein Licht aufgegangen.“ Diese und andere umgangssprachlichen Redewendungen zeugen von der hohen praktischen Nähe einer entsprechenden Theorie des Problemlösens. Ihre zentralen Aussagen können wie folgt in Thesenform zusammengefasst werden (vgl. ausführlich *Ohlsson* 1984a):

- Jede Situation verkörpert eine *Struktur* respektive eine *Gestalt*, die aus den verschiedenen in ihr enthaltenen Relationen resultiert. Zu den wichtigsten strukturellen Relationen zählen beispielsweise Zentrum und Peripherie oder Teil und Ganzes.
- Eine Struktur kann *Kräften* unterschiedlicher Stärke ausgesetzt sein. Wenn die in einer Situation wirkenden Kräfte im Ungleichgewicht sind, steht die Situation unter *Spannung*. Die Orte, an denen unausgeglichene Kräfte auftreten, werden als Lücken oder Störregionen bezeichnet.
- Eine *Umstrukturierung* verändert die strukturellen Beziehungen einer Situation. Hierdurch kann sich das Zusammenspiel der Kräfte verändern, so dass insbesondere Lücken geschlossen werden können.
- *Probleme* sind Situationen, in denen eine Lücke besteht zwischen dem, was man hat, und dem, was man will. *Problemlösen* bedeutet, eine Situation solange sukzessiven Umstrukturierungen auszusetzen, bis diese Lücke geschlossen ist.
- Umstrukturierungen erfolgen grundsätzlich in Richtung eines besseren strukturellen Gleichgewichts.
- Eine notwendige Voraussetzung für die Umstrukturierung einer Situation besteht darin, dass in dieser Situation unausgeglichene Kräfte wirken.
- Eine Umstrukturierung ist umso wahrscheinlicher, je genauer der Problemlöser die Anforderungen der Situation und das Ziel analysiert hat und je häufiger vorangegangene Lösungsversuche erfolglos waren.
- Eine Umstrukturierung ist ein Ereignis mit unwillentlichem Charakter, das heißt, sie wird von einem Problemlöser als etwas erlebt, das „passiert“, und nicht als etwas, das er aktiv „tut“.

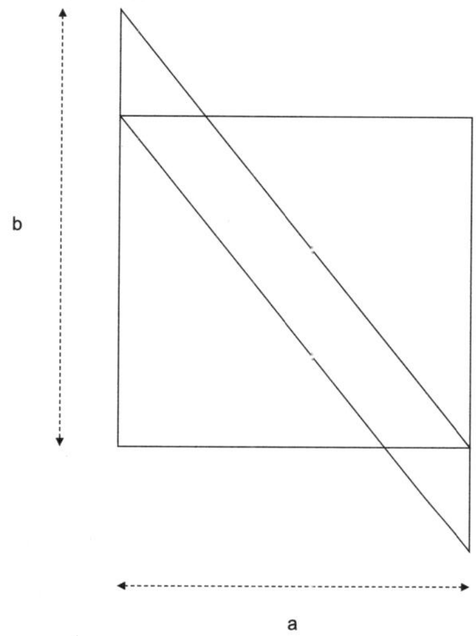

Abb. 3-3: Geometrieproblem nach Wertheimer

Umstrukturierungen sind zudem häufig damit verbunden, dass der Problemlöser die Situation in einem völlig neuen Licht sieht, dass er eine gewisse Überraschung empfindet, weil ihm neue Aspekte ersichtlich wurden, die er in der betreffenden Situation nicht erwartet hatte, und dass er die Lösung nun als völlig selbstverständlich empfindet und nur schwer oder gar nicht zu seiner alten Sichtweise auf das Problem zurückkehren kann.

Der Prozess der Umstrukturierung soll im Folgenden in Anlehnung an ein von *Wertheimer* formuliertes Geometrieproblem veranschaulicht werden (vgl. *Wertheimer* 1925, 1963): In Abbildung 3-3 ist ein Quadrat und ein darüber liegendes schmales Parallelogramm dargestellt. Die Strecken a und b sind bekannt. Wie lässt sich daraus die Gesamtfläche der beiden Figuren berechnen? Da in der Problemstellung explizit ein Quadrat und ein Parallelogramm genannt werden, ist es nahe liegend, dass ein Problemlöser die Figur zunächst als zwei separate Objekte wahrnimmt (siehe Zeichnung I in Abbildung 3-4). Das entsprechende geometrische Wissen vorausgesetzt, lässt sich das Problem durch Addition der Einzelflächen des Quadrats a^2 und des Parallelogramms $a \times (b - a)$ wie folgt lösen: $a^2 + a \times (b - a) = a^2 + ab - a^2 = ab$. Dieser Lösungsweg kann jedoch nur dann beschritten werden, wenn dem Problemlöser die hierzu benötigten Formeln bekannt sind. Ist dies der Fall, so ist keine Umstrukturierung erforderlich. Falls dem Problemlöser jedoch beispielsweise die Formel zur Berechnung der Fläche des Parallelogramms nicht geläufig ist, wird er im Verlauf einer eingehenden Analyse möglicherweise feststellen, dass die Figur auch als zwei einander überlappende Dreiecke wahrgenommen werden kann (siehe Zeichnung II in Abbildung

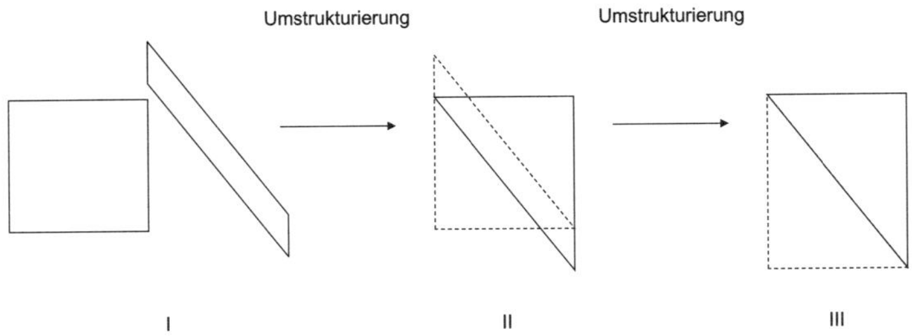

Abb. 3-4: Umstrukturierungen des Geometrieproblems

3-4). Dies entspräche einer ersten Umstrukturierung. Hat man die beiden Dreiecke erst einmal als solche identifiziert, ist es nicht ganz einfach, zur anfänglichen Sichtweise zurückzukehren. Nun ist es allerdings möglich, das Problem mithilfe einer einfachen Formel zur Berechnung der beiden Dreiecksflächen zu lösen: ab/2 + ab/2 = ab. Steht dem Problemlöser die betreffende Formel nicht zur Verfügung, bringt ihn die erste Umstrukturierung nicht weiter; er muss die Analyse des Ausgangsproblems fortsetzen. Möglicherweise entdeckt er nun, dass die Figur auch als ein aus zwei Dreiecken zusammengesetztes Rechteck wahrgenommen werden kann (siehe Zeichnung III in Abbildung 3-4). Diese zweite Umstrukturierung erlaubt nun die Anwendung der einfachen Formel zur Berechnung der Fläche eines Rechtecks, die bereits die Lösung enthält: ab.

Natürlich muss der Problemlösungsprozess nicht zwangsläufig genau so ablaufen wie hier beschrieben. Es ist durchaus möglich, dass ein Problemlöser die Figur unmittelbar als ein Rechteck wahrnimmt, das sich aus zwei Dreiecken zusammensetzt. In diesem Fall ist das Problem sofort – ohne Umstrukturierung – gelöst. Umstrukturierungsheurismen sind immer dann erforderlich, wenn der Problemlöser eine fehlerhafte oder unzureichende Sichtweise auf das Problem besitzt. Es stellt sich die Frage, auf welche Weise eine solche Fehlauffassung entsteht. Hierfür kommen verschiedene Ursachen in Betracht (vgl. *Arbinger* 1997, S. 70 ff.), von denen im Folgenden diejenigen näher betrachtet werden sollen, die für Unternehmensberater besondere Relevanz besitzen: Zunächst können **Vorerfahrungen** des Klienten eine Rolle spielen. Hat er in der Vergangenheit gelernt, dass bestimmte Lösungswege häufiger zum Erfolg führen als andere, werden die weniger erfolgreichen für ein neues Problem unter Umständen nicht mehr in Betracht gezogen, obwohl sie prinzipiell bekannt sind und gerade jetzt angebracht wären. Einerseits handelt ein Problemlöser durchaus vernünftig, wenn er seine Erfahrungen in eine neue Problemsituation einbringt, andererseits kann hierdurch der Blick auf die Lösung verstellt und ein unbefangener, neutraler Zugang zu einem Problem verhindert werden. In der Praxis kommt dies häufig in der Formel „Das haben wir schon immer so gemacht" zum Ausdruck.

Im Extremfall kann das vorab erworbene Wissen einen Festigkeitsgrad annehmen, der so gut wie allen Anfechtungen gewachsen ist. In diesem Fall spricht die Gestaltpsychologie von **Fixierung**. Eine weitere mögliche Ursache für eine unzureichende Sichtweise eines Problems besteht in der Neigung, Dinge in einem gewohnten Zusammenhang zu sehen bzw. in der Schwierigkeit, sie aus diesem Zusammenhang herauszulösen. Diese **Gebundenheit** kann die Lösung eines Problems immer dann behindern, wenn originelle, kreative Wege eingeschlagen werden müssen, die von der Norm abweichen. In Situationen, in denen Vorerfahrung, Fixierung und Gebundenheit das Erkennen einer geeigneten Lösung verhindern, kann ein externer Berater durch seinen unvoreingenommenen Blick „von außen" neue Impulse geben. Dabei darf jedoch nicht übersehen werden, dass auch ein Berater nicht frei ist von der Gefahr, seine in anderen Projekten erworbenen Erfahrungen vorschnell auf die Problemsituation eines neuen Klienten zu übertragen.

3.2.1.2 Die Ansatzpunkte der Kognitionspsychologie

Die Kognitionspsychologie ist ein Teilgebiet der Allgemeinen Psychologie, das sich mit den Kognitionen und den kognitiven Prozessen des Menschen befasst. Der Begriff „Kognition" steht dabei als Sammelbezeichnung für alle Vorgänge und Strukturen des Gewahrwerdens und Erkennens. In dieser Formulierung zeigt sich bereits eine wichtige Unschärfe, die mit dem Kognitionsbegriff einhergeht: er wird einerseits im Sinne eines Prozesses und andererseits im Sinne des aus dem Prozess hervorgehenden Produktes verwendet. Die folgenden Konstrukte sind eng mit der Kognition verbunden: Wahrnehmung, Vorstellung, Urteil, Gedächtnis, Lernen, Denken, Erinnern aber auch Vermutung, Erwartung, Plan und Problemlösen. Die Kognitive Psychologie beschäftigt sich vor allem mit jenen Zuständen und Prozessen, die zwischen der Reizaufnahme und dem daraus resultierenden Verhalten liegen. Hierzu gehören vor allem die menschliche Informationsverarbeitung und die Handlungssteuerung.

Aus dem Blickwinkel der Informationsverarbeitung lässt sich das Lösen von Problemen als ein Prozess beschreiben, der aus zwei Hauptphasen besteht: dem Aufbau einer **Problemrepräsentation** – synonym spricht man auch von einem Problemraum – und der eigentlichen Lösung des Problems, die aus einer **Lösungssuche** innerhalb des Problemraums resultiert. Die Problemrepräsentation bzw. der Problemraum verkörpert dabei die spezifische Sichtweise, die ein Problemlöser auf eine bestimmte Situation hat. Beim Aufbau des Problemraums versucht er das Problem zu erfassen – er versucht es zu „verstehen" –, indem er es zu seinem vorhandenen Wissen in Beziehung setzt. Er vergegenwärtigt sich die Ausgangslage, präzisiert den Zielzustand und überlegt, welche Lösungsmöglichkeiten prinzipiell in Frage kommen. Hierbei kann es dazu kommen, dass beim Problemlöser aufgrund bestimmter Merkmale, die das Problem aufweist, ein bestimmtes **Lösungsschema** aktiviert wird. Ein solches Schema kann als ein bestimmter Ausschnitt der Wissensstruktur des Problemlösers verstanden werden, der auf einen bestimmten Problemtyp bezogen ist. Es enthält Informationen über die typische Zielsetzung, über einschränkende Bedingungen und die passenden Lösungswege. Nehmen wir etwa an, ein Produktmanager erhielte aus der Marktforschung seines Unternehmens die Information, dass durchschnittlich 27 Prozent aller unzufriedenen Kunden das von ihm betreute Produkt an das Unternehmen zurücksenden. Im abgelaufenen Geschäftsjahr sei es zu 135 solcher Retouren gekommen. Von wie vielen unzufriedenen Kunden muss das Unternehmen insgesamt ausgehen? Bei dem Produktmanager werden diese Informationen vermutlich ein Schema aktivieren, das die allgemeine Lösungsprozedur Grundwert = 100 × Prozentwert ÷ Prozentsatz enthält. Zur Beantwortung der Frage ist es jetzt nur noch erforderlich, die Leerstellen des Schemas auszufüllen und die Rechenoperation auszuführen: 100 × 135 ÷ 27 = 500. In gleicher Weise werden bestimmte Merkmale eines Problems bei einem erfahrenen Berater bestimmte Schemata aktivieren – etwa zur Optimierung von Geschäftsprozessen oder zur Abwendung einer finanziellen Krise. Wird ein entsprechendes Schema nicht aktiviert – entweder, weil das erforderliche Wissen fehlt, oder, weil die Problemrepräsentation unangemessen ist –, wird der Lösungsprozess ganz anders aussehen. Kognitionspsychologische Untersuchungen zeigen, dass in diesen Fällen zumeist ein Suchprozess initiiert wird (vgl. *Arbinger* 1988). Dieser wird häufig vergleichsweise „primitiv" gestaltet, indem etwa nach dem Muster von Versuch und Irrtum willkürliche Ausprägungskombinationen der Gestaltungsvariablen ausprobiert werden, er kann jedoch auch gezielt ausgerichtet sein, etwa in der Form, dass das zugrunde liegende Problem in einfacher zu handhabende Teilprobleme zerlegt wird (siehe hierzu auch Abschnitt 3.2.1.2).

Die Suche im Problemraum – unabhängig davon, ob ein bestimmtes Schema aktiviert wurde oder nicht – lässt sich weiter präzisieren (vgl. *Ohlsson* 1984b, S. 118). Hierzu nutzt die kognitive Psychologie eine spezielle Terminologie. Die Suche findet in einem so genannten **Suchraum** statt, der zwei Bestandteile aufweist: einen Satz von Zuständen und einen Satz von Operatoren. Aus dem Satz der **Zustände** kommt zweien eine besondere Bedeutung zu, dem Ausgangs- und dem Zielzustand. Der Ausgangszustand beschreibt die vorliegende Problemsituation, der Zielzustand die angestrebte Lösungssituation. Als **Operatoren** werden alle Verfahren bezeichnet, die geeignet sind, einen Zustand in einen anderen zu überführen. Da zwischen dem Ausgangszustand und dem Zielzustand in aller Regel eine größere Lücke existiert, die nicht „in einem Schritt" geschlossen werden kann, müssen beide durch eine Abfolge verschiedener Zwischenzustände miteinander verbunden werden, die durch die Anwendung von Operatoren erzeugt werden. Eine solche Verknüpfung mehrerer Zustände wird als **Pfad** bezeichnet. Die Suche ist abgeschlossen, wenn der „richtige" Pfad gefunden ist, also derjenige, der zur Lösung des Problems führt.

Zur Beschreibung des menschlichen Problemlösens unterscheidet die Kognitionspsychologie zudem zwischen einer externen und einer internen Suche. Eine **externe Suche** vollzieht sich in der Realität. Die Zustände sind tatsächliche Situationen, die Operatoren faktische Eingriffe. Wenn etwa ein Unternehmen auf der Suche nach einer optimalen Gestaltung eines bestimmten Geschäftsprozesses diesen Prozess immer wieder verändert, solange, bis er die gewünschten Zielkriterien erfüllt, dann entspricht dies einer externen Suche. Dass ein solches Vorgehen negative Effekte mit sich bringen kann, ist unmittelbar einsichtig. Die reale Prozessneugestaltung kostet Zeit und Mühe, die Geduld und Einsicht der betroffenen Mitarbeiter wird strapaziert, die immer neuen Veränderungen verhindern Lerneffekte und dergleichen mehr. Die **interne Suche** kann diese negativen Konsequenzen vermeiden. Sie findet nicht in der Realität, sondern quasi „im Geiste" in einem mentalen Problemraum statt. Die Zustände sind keine realen Situationen, sondern Wissenszustände, also geistige Abbilder der realen Situationen. Die Operatoren sind geistige Prozesse, die einen Wissenszustand in einen anderen überführen. Die Zielsetzung der internen Suche entspricht dabei der Zielsetzung der externen: Es soll ein Pfad gefunden werden, der den Ausgangs- in den Zielzustand überführt. Der entscheidende Vorteil der internen Suche besteht darin, dass die im Geiste vorgenommenen Veränderungen keine realen Folgen nach sich ziehen. Eine Prozessvariante, die im obigen Beispiel bereits „auf dem Papier" nicht zielführend ist, würde nicht weiter verfolgt, die Suche in eine andere Richtung fortgeführt.

Einer der bekanntesten Problemlösungsheurismen, der der Kognitionspsychologie entstammt, ist die **Mittel-Ziel-Analyse**. Vor allem zur Computersimulation menschlichen Denkens kommt ihr eine bedeutende Rolle zu. Sie beginnt mit einem Vergleich der Ausgangs- und der Zielsituation sowie einer Analyse der Gemeinsamkeiten und der Unterschiede zwischen den beiden Zuständen. Die ermittelten Differenzen werden anschließend in eine Rangordnung gebracht. Auf der Grundlage dieser Rangordnung werden Operatoren zur Beseitigung der Unterschiede gesucht und die Anwendungsbedingungen für diese Operatoren überprüft. Liegen die Bedingungen zur Anwendung eines Operators nicht vor, werden Zwischenziele formuliert, die seine Anwendung möglich machen. An dieser Stelle beginnt die Methodik im Prinzip wieder mit dem ersten Schritt. Es wird der Ausgangszustand mit dem neuen Zielzustand verglichen, Gemeinsamkeiten und Unterschiede werden aufgelistet, in eine Rangfolge gebracht, geeignete Operatoren gesucht, ihre Anwendungsbedingungen überprüft und – sofern diese Bedingungen gegeben sind – die Operatoren zur Anwendung gebracht. Nach dem gleichen Muster werden alle bestehenden Unterschiede beseitigt, bis schließlich der Zielzustand erreicht ist.

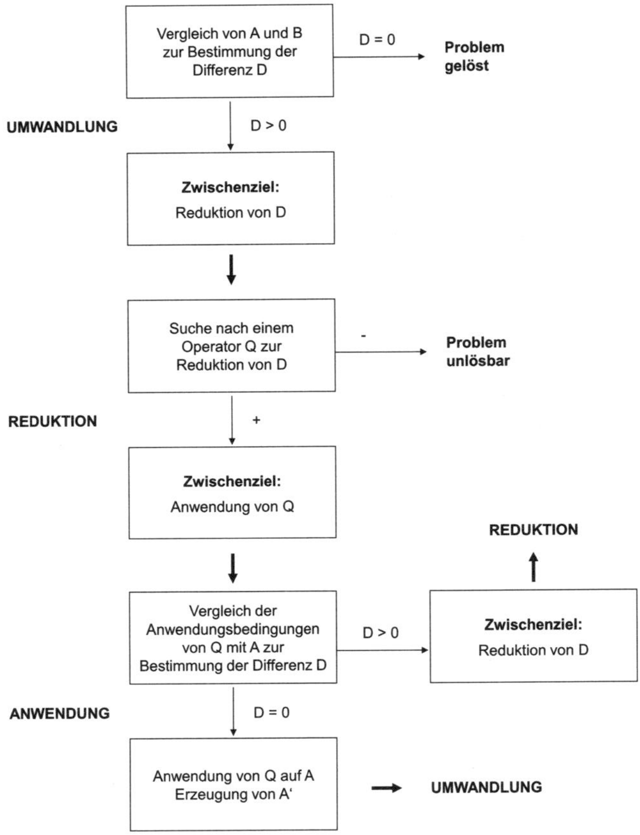

Abb. 3-5: Struktur des General Problem Solver
(Quelle: Newell/Simon 1972, S. 417)

Die Strukturen der Mittel-Ziel-Analyse sind im Programm des **General Problem Solver** abgebildet worden (siehe Abb. 3-5; vgl. *Newell/Shaw/Simon* 1958; *Ernst/Newell* 1969; *Newell/Simon* 1972). Dieser besteht aus drei rekursiv miteinander verknüpften Teilprozessen. Das Prinzip der Rekursivität meint dabei, dass ein Prozess sich selbst enthalten bzw. sich selbst aufrufen kann. Im General Problem Solver wird dieses Prinzip folgendermaßen umgesetzt: Das Teilprogramm „Umwandlung“ vergleicht zwei Zustände A und B und bestimmt die Differenz D. Besteht zwischen den beiden Zuständen kein Unterschied (D = 0), dann ist das betreffende (Teil-)Problem gelöst. Unterscheiden sich die Zustände (D > 0), dann wird das Zwischenziel gesetzt, die Differenz zu verringern und das Teilprogramm „Reduktion“ aufgerufen. Dieses sucht nach einem Operator Q, der dazu geeignet ist, die Differenz zu beseitigen. Existiert kein entsprechender

Operator, dann ist das betrachtete (Teil-)Problem unlösbar. Wird hingegen ein geeigneter Operator gefunden, wird das Zwischenziel gesetzt, diesen Operator zur Anwendung zu bringen; es wird das Programm „Anwendung" aufgerufen. Dieses führt einen Vergleich zwischen dem Zustand A und dem Zustand A'' durch, in dem der betreffende Operator Q anwendbar ist. Wenn die Anwendungsbedingungen für Q gegeben sind – wenn also zwischen A und A'' keine Unterschiede bestehen (D = 0) –, wird Q angewandt. Hierdurch wird der Zustand A in den neuen Zustand A' überführt. Im Anschluss wird wiederum das Programm „Umwandlung" aufgerufen, das nun mit den beiden Zuständen A' und B einen erneuten Durchlauf startet. Liegen die Anwendungsbedingungen für den Operator Q hingegen nicht vor (D > 0), wird das Zwischenziel gesetzt, die Differenz zwischen A und A'' zu reduzieren. Dies führt wiederum dazu, dass das Programm „Reduktion" aufgerufen und ein Operator Q' gesucht wird, der dazu in der Lage ist, dies zu leisten. Findet sich ein entsprechender Operator, wird das Programm „Anwendung" aufgerufen und A in A'' überführt. Nun liegen die Bedingungen zur Anwendung des ursprünglichen Operators Q vor, dessen Anwendung A'' in A' umwandelt. Ist dies geschehen, folgt ein Rücksprung an den Beginn des Programms.

Die wechselseitige Verknüpfung der Teilprogramme macht den Charakter der Rekursivität aus: Das Umwandlungsprogramm enthält das Reduktionsprogramm, dieses enthält das Anwendungsprogramm, das seinerseits wiederum das Reduktionsprogramm und das Umwandlungsprogramm enthält. Die Bearbeitung der verschiedenen Ziele und Teilziele folgt dabei dem Prinzip der Stapelverarbeitung. Neu hinzukommende Ziele werden immer zu oberst auf dem Stapel abgelegt. Ihre Abarbeitung erfolgt von oben nach unten. Bearbeitet wird dabei immer nur ein Ziel zur gleichen Zeit. Erst wenn dieses erreicht ist, wird es vom Stapel entfernt und die darunter liegenden Ziele in Angriff genommen. Die Formulierung neuer (Zwischen-)Ziele dient dabei immer der Erreichung zuvor formulierter (Zwischen-)Ziele. Anhand der beschriebenen Struktur des General Problem Solver wird zudem ein grundsätzliches Merkmal des kognitionspsychologischen Problemverständnisses deutlich: Die Problemlösung ist kein linearer Prozess, Rücksprünge sind jederzeit möglich, der gesamte Prozess kann mehrmals durchlaufen werden – solange, bis eine adäquate Lösung gefunden ist.

3.2.2 Analytische Ansätze des Problemlösens

Das zentrale Charakteristikum analytischer Problemlösungsverfahren besteht darin, Probleme zunächst in sinnvolle Teilaspekte zu zerlegen, um durch eine separate Analyse und anschließende Aggregation dieser Teilaspekte zu einer Gesamtlösung zu gelangen. Insgesamt basieren analytische Verfahren jedoch nicht nur auf diesem einen, sondern auf vier wesentlichen **Kernelementen** (vgl. ähnlich *Malik* 1996, S. 256): auf ex ante postulierten Zielsystemen und Prioritäten, von denen angenommen wird, dass sie konsistent und weitgehend stabil sind, auf einer logischen Zergliederung und Strukturierung einzelner Problemaspekte, auf einer Ziel-Mittel-Zuordnung zur Definition von Lösungsansätzen sowie auf akkuraten, operationalisierbaren und stabilen Beurteilungskriterien. Als rationale Entscheidung gilt die Wahl einer Lösungsalternative, wenn gezeigt werden kann, dass sie unter den gegebenen Bedingungen die Zielsetzung bestmöglich erfüllt. Dabei wird quantitativen Aspekten häufig eine sehr große Bedeutung beigemessen und versucht, auch qualitative Gesichtspunkte durch Punktbewertungsverfahren oder ähnliche Methoden quantifizierbar zu machen.

Analytische Problemlösungsverfahren sind üblicherweise Teil einer klar vorgegebenen Abfolge aufeinander aufbauender Problemlösungsschritte. Vor allem die Verfahren der Unternehmensberatung *McKinsey* haben diese **sequenzielle Vorgehensweise** stark beeinflusst. Bereits Anfang der 1970er Jahre charakterisierten die Berater die einzelnen Stufen des Problemlösungsprozesses in ihrem Handbuch „Sequential Analysis" anhand von fünf Fragen, die es sukzessive zu beantworten gilt (vgl. *Holland* 1972): Was ist das Problem? In welchem Bereich tritt es auf? Warum existiert es? Was könnte man tun, um es zu lösen? Was sollte man tun, um es zu lösen? – Nahezu alle führenden Beratungsunternehmen haben ähnliche Vorgehensweisen entwickelt, die ebenfalls auf dem Prinzip der sequenziellen Lösungsfindung beruhen. Die Anzahl und die Reihenfolge der einzelnen Lösungsschritte variieren dabei von Verfahren zu Verfahren, die meisten von ihnen basieren jedoch auf einer identischen Grundlogik: Im Zentrum steht die Idee der rationalen Wahl einer geeigneten Problemlösung. Hierzu werden zunächst alle Ziele und Wertvorstellungen identifiziert, die die Auswahl der Problemlösung beeinflussen, und in eine widerspruchsfreie und stabile Rangordnung gebracht (Zielbildung). Im Anschluss wird das Problem möglichst akkurat erfasst und in seine einzelnen Bestandteile zerlegt (Problemstrukturierung). Hierauf aufbauend werden die prinzipiellen Lösungsalternativen identifiziert, die geeignet sind, die gesetzten Ziele unter Berücksichtigung der vorhandenen Wertvorstellungen zu erreichen, wobei die Folgen der Umsetzung einer jeden Alternative möglichst genau abgeschätzt werden (Problemanalyse). Im letzten Schritt schließlich werden geeignete Handlungsempfehlungen entwickelt, die auf derjenigen Lösungsalternative aufbauen, die eine maximale Zielerreichung erwarten lässt (Lösungsfindung im engeren Sinne). In den folgenden Abschnitten werden verschiedene Verfahren vorgestellt, die die einzelnen Schritte dieser Grundlogik methodisch unterstützen: (1) das Mittel-Zweck-Schema zur Zielbildung, (2) das Pyramidenprinzip zur Problemstrukturierung, (3) das Falsifikationsprinzip zur Problemanalyse und (4) die Verfahren der normativen Entscheidungstheorie zur Lösungsfindung im engeren Sinne.

3.2.2.1 Das Mittel-Zweck-Schema zur Zielbildung

Ein Problem wurde eingangs als eine Lücke zwischen einem gegebenen Ist-Zustand und einem angestrebten Sollzustand definiert, die bei einem Entscheider einen subjektiven Handlungsdruck erzeugt. Während der Ist-Zustand üblicherweise objektiv oder zumindest intersubjektiv überprüfbar beschrieben werden kann, bestehen bezüglich des Sollzustands häufig nur unscharfe Absichtserklärungen, etwa in der Form, dass die Qualität der eigenen Produkte verbessert, der Umsatz gesteigert oder einfach nur die bestehende Situation verändert werden muss. Um ein Problem zu lösen – um die Lücke zwischen Ist und Soll zu schließen – bedarf es jedoch einer präziseren Angabe, wie der angestrebte Sollzustand definiert sein soll. Ein Berater wird ebenso wie sein Klient ein ganz anderes Problemverständnis besitzen und somit auch bei seiner Suche nach einer Lösung zu ganz anderen Schlussfolgerungen gelangen, je nachdem, von welchen Zielvorstellungen er bei der Problemdefinition ausgeht. Aufbauend auf diesen Überlegungen bildet die **Formulierung eindeutiger Ziele** in analytischen Verfahren den Ausgangspunkt des Problemlösungsprozesses. Ein Ziel wird dabei als ein zukünftiger Zustand der Realität verstanden, der von einem Entscheidungsträger – einer Person oder einer Gruppe von Personen – angestrebt wird. Analytische Verfahren gehen grundsätzlich von einem rational handelnden Entscheidungsträger aus. Der Zielzustand dient ihm bei der Auswahl einer von mehreren möglichen Handlungs- bzw. Problemlösungsalternativen als ex ante festgelegtes Entscheidungskriterium. Die Wahl einer Lösungsalternative gilt dann als rational, wenn gezeigt werden kann, dass sie die formulierte Zielsetzung besser erfüllt als alle übrigen Handlungsmöglichkeiten.

Die Bedeutung, die ex ante postulierten, konsistenten und weitgehend stabilen Zielen im Problemlösungsprozess zukommt, wird von den Vertretern analytischer Verfahren anhand verschiedener **Funktionen** begründet, die Zielen zugesprochen werden. So können diese (a) den handelnden Akteuren im Problemlösungsprozess Orientierung bieten; sie erlauben es, (b) alle Aktivitäten auf den angestrebten Sollzustand auszurichten, ohne die dafür erforderlichen Handlungen und Entscheidungen im Einzelnen vorzugeben; auch tragen konsistente Ziele dazu bei, (c) die in verschiedenen, oft unabhängig voneinander ablaufenden Problemlösungsprozessen getroffenen Entscheidungen zu harmonisieren und auf die Erfüllung übergeordneter Unternehmensziele hin zu koordinieren; zudem lassen sich (d) Problemlösungen nach ihrer Umsetzung im Hinblick auf ihren tatsächlichen Beitrag zur Zielerreichung kontrollieren, es können Abweichungen vom angestrebten Ziel analysiert und Vergleiche mit anderen Maßnahmen durchgeführt werden.

Eine Voraussetzung hierfür ist, dass die betreffenden Ziele hinreichend genau formuliert wurden – so, dass es möglich ist, nach ihnen zu handeln. Eine solche

Operationalisierung umfasst üblicherweise fünf Dimensionen (vgl. *Wild* 1982, S. 58): den Zielinhalt (*was* soll erreicht werden?), das Zielausmaß (*wie viel* soll erreicht werden?), den zeitlichen (*wann* soll es erreicht werden?), den räumlichen (*wo* soll es erreicht werden?) und den personellen Bezug (*wer* ist verantwortlich?). Ein Beispiel mag dies verdeutlichen: Das Ziel „Erhöhung des Marktanteils" beschreibt zwar den Zielinhalt, es bleibt jedoch im Hinblick auf die übrigen Dimensionen unpräzise. Ein hinreichend genau formuliertes Ziel könnte etwa lauten: „Erhöhung des Marktanteils (Zielinhalt) in Zentraleuropa (räumlicher Bezug) um 10 Prozent (Zielausmaß) innerhalb von zwei Jahren (zeitlicher Bezug) durch die verantwortlichen Niederlassungsleiter (personeller Bezug)." Erst ein entsprechend operationalisiertes Ziel eignet sich zur Selektion möglicher Problemlösungsalternativen, bietet den handelnden Akteuren eine hinreichende Orientierung und ermöglicht eine sinnvolle Kontrolle der Zielerreichung.

Problemlösungsprozesse sind in der Regel nicht nur auf ein, sondern auf mehrere Ziele hin ausgerichtet. Im allgemeinen Sprachgebrauch und auch in der wirtschaftswissenschaftlichen Literatur wird in diesem Zusammenhang häufig von den Zielen *eines Unternehmens* gesprochen. In der betrieblichen Praxis sind es jedoch die Führungskräfte des Unternehmens – und nicht das Unternehmen als Institution –, die über verschiedene Zielalternativen entscheiden und die letztendliche Zielauswahl formulieren. Entsprechend handelt es sich bei den Zielen, die einem Problemlösungsprozess zugrunde liegen, immer um die **Ziele von Menschen** und nicht originär um die Ziele einer Institution, auch wenn sie sich im Laufe der Zeit zu Institutionszielen verfestigen können (vgl. *Macharzina* 1999, S. 157). Problematisch ist dabei, dass in der Regel nur eine geringe Schnittmenge konsensfähiger Ziele existiert, die von allen Mitgliedern eines Unternehmens akzeptiert und mitgetragen werden (vgl. *Seiwert* 1989, S. 341 ff.). In der traditionellen Betriebswirtschaftslehre wird dieses Problem oft pragmatisch gelöst, indem auf die ursprüngliche Vorstellung eines Einpersonenunternehmens zurückgegriffen wird. Die Ziele des Unternehmers werden entsprechend als Ziele des Unternehmens aufgefasst. Der Unternehmer – oder, in modifizierter Form, das von ihm mit der Geschäftsführung betraute Topmanagement – handelt im Namen des Unternehmens und kann für das Unternehmen verbindliche Entscheidungen treffen. Dabei wird davon ausgegangen, dass ein zielkonformes Handeln der übrigen Unternehmensmitglieder durch eine interne Bekanntmachung der Ziele, durch die Gewährung materieller Anreize und durch Verhaltenskontrollen sichergestellt werden kann (vgl. *Müller* 1977, S. 3).

Die empirische Forschung zu Entscheidungsprozessen zeigt jedoch, dass sich Unternehmensziele in der Praxis üblicherweise in einem kooperativen, interessenpluralistischen Aushandlungsprozess herausbilden, auf den sowohl unternehmensinterne Interessengemeinschaften als auch externe Anspruchsgruppen – etwa Banken, Kunden, Lieferanten – mit unterschiedlicher Intension und unterschiedlicher Intensität Einfluss nehmen (vgl. *Cyert/March* 1963). Um diesem Umstand Rechnung zu tragen, ist es zweckmäßig, die verschiedenen Ziele, die in einem Unternehmen verfolgt werden, als Elemente eines komplexen Zielsystems aufzufassen, die nach explizit oder implizit festgelegten Kriterien geordnet werden und in horizontaler und vertikaler Beziehung zueinander stehen (vgl. *Bidlingmaier/Schneider* 1976, Sp. 4733). Als wichtigste **Ordnungskriterien** werden in der Literatur Rang, Präferenz, Zielbeziehung, Zuordnungsbereich und Fristigkeit genannt (vgl. z.B. *Adam* 1996, S. 107 ff.; *Heinen* 1991, S. 14 ff.; *Strebel* 1981, S. 459). Der Rang eines Ziels beschreibt seinen Stellenwert im Sinne einer Mittel-Zweck-Beziehung in Relation zu den anderen Zielen innerhalb eines hierarchisch gegliederten Zielsystems. Rangunterschiede werden durch Klassenbildungen zum Ausdruck gebracht. So unterscheidet man beispielsweise Ober- und Unterziele, Haupt- und Nebenziele oder Primär- und Sekundärziele. Eine Ordnung von Zielen nach Präferenzen respektive nach Prioritäten basiert demgegenüber nicht auf einer Mittel-Zweck-Beziehung, sondern auf der relativen Wichtigkeit unterschiedlicher Ziele. Das Verhältnis von Rang und Präferenz ist dadurch gekennzeichnet, dass Rangunterschiede stets auch Präferenzunterschiede zum Ausdruck bringen (ranghöhere Ziele besitzen eine höhere Präferenz als rangniedrigere Ziele), Präferenzunterschiede ihrerseits jedoch nicht immer mit Rangunterschieden einhergehen. Leisten gleichrangige Ziele einen unterschiedlichen Beitrag zur Erfüllung eines ranghöheren Ziels, so besitzen diejenigen Ziele, die einen höheren Beitrag leisten, eine höhere Präferenz. Nicht immer sind dabei alle Ziele miteinander kompatibel; manche von ihnen ergänzen sich, andere entfalten gegenläufige Wirkungen. Zielbeziehungen wie diese lassen sich in drei grundlegende Klassen einteilen: Stehen zwei Ziele in keinem Zusammenhang zueinander, beeinflusst das Erreichen eines Ziels die des anderen also weder in positiver noch in negativer Hinsicht, so spricht man von Zielneutralität. Wenn die zum Erreichen eines Ziels erforderlichen Maßnahmen zugleich auch dem Erreichen eines anderen Ziels dienlich sind, wird dies als Zielkomplementarität bezeichnet. Behindert die Erreichung eines Ziels diejenige eines anderen, so spricht man von Zielkonkurrenz Nicht immer beziehen sich alle Ziele eines Zielsystems auf sämtliche Einheiten des betreffenden Unternehmens. Manche von ihnen lassen sich einzelnen Unternehmenseinheiten zuordnen – etwa einer Sparte, einem Funktionsbereich oder einer Abteilung. Entsprechend lässt sich ein Zielsystem nach Zuordnungsbereichen strukturieren, beispielsweise in Ziele der Marketingabteilung, Ziele der Produktion, Ziele einer Niederlassung usw. Zudem können Ziele nach ihrer Fristigkeit geordnet werden. Üblich ist hierbei eine Unterscheidung in einen kurz-, mittel- und langfristigen Planungshorizont.

In der Praxis wurden bereits relativ früh erste Zielordnungsschemata aufgestellt, die einer besseren Unternehmenssteuerung dienen sollen. Zu den bekanntesten zählt das 1922 von der Firma *Du Pont* entworfene Kennzahlensystem, das in Ab-

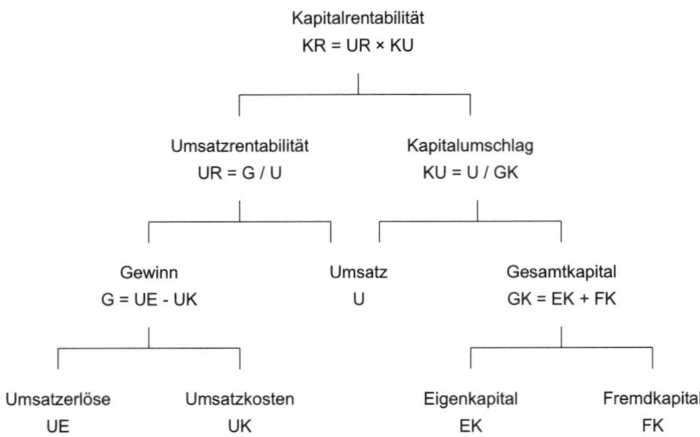

Abb. 3-6: Das Du-Pont-Kennzahlensystem

bildung 3-6 wiedergegeben ist. Alle Zielordnungsschemata dieser Art basieren auf einer funktionalen **Mittel-Zweck-Beziehung** (vgl. *Heinen* 1966): Auf jeder Stufe eines Zielsystems – mit Ausnahme der obersten – nimmt ein Ziel sowohl die Rolle eines Mittels als auch die eines Zweckes ein. Untergeordnete Ziele sind Mittel zum Erreichen der Ziele auf der nächst höheren Ebene der Zielhierarchie – sie dienen also dem Zweck, diese höherrangigen Ziele zu realisieren. Für nachrangige Ziele hingegen stellen sie ihrerseits den übergeordneten Zweck dar. Dieses Mittel-Zweck-Schema ist kennzeichnend für alle hierarchisch strukturierten Zielsysteme. Nach *Heinen* (1976) unterscheidet man dabei grundsätzlich zwei Varianten: einen deduktiven und einen induktiven Aufbau. Das **deduktiv orientierte Mittel-Zweck-Schema** resultiert aus den definitionslogischen Beziehungen zwischen den Zielen eines Unternehmens im Sinne einer Rangbildung. In Abbildung 3-7 ist das von *Heinen* aufgestellte deduktiv orientierte Mittel-Zweck-Schema der wichtigsten Unternehmensziele wiedergegeben, in dem die Gesamtkapitalrentabilität als Oberziel formuliert wird. Kritisch anzumerken ist dabei, dass nicht auf allen Ebenen eine starke, geschweige denn eine eindeutige Mittel-Zweck-Beziehung vorliegt (vgl. *Macharzina* 1999, S. 161). Verdeutlichen lässt sich dies beispielsweise anhand der Beziehungsketten Gewinn / Umsatz / Kosten auf der einen Seite und Eigenkapital / Marktmacht auf der anderen. Die letztgenannte Mittel-Zweck-Beziehung wird in der Praxis üblicherweise deutlich schwächer ausgeprägt sein als die erstgenannte.

Da empirische Befunde nahe legen, dass die Gesamtkapitalrentabilität in der Praxis nicht das letztendliche Ziel des Erwerbsstrebens bildet, hat *Heinen* dem deduktiv orientierten ein **induktiv orientiertes Mittel-Zweck-Schema** gegenübergestellt, das die in der Praxis zu beobachtenden Zielkonflikte, Mehrfachzielsetzungen und kausale Kopplungen hierarchisch gleichrangiger Zielen stärker

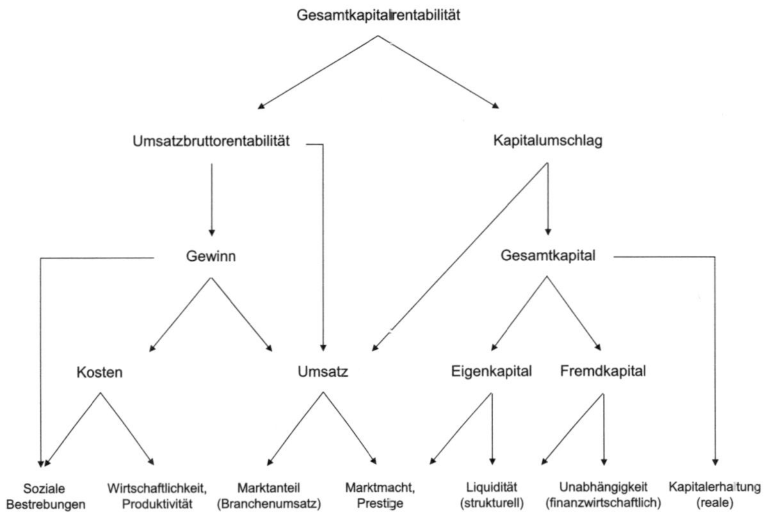

Abb. 3-7: Deduktiv orientiertes Mittel-Zweck-Schema (Quelle: Heinen 1976)

berücksichtigt (siehe Abb. 3-8). Als zentrales Unternehmensziel wird dabei die Eigenkapitalrentabilität angesetzt. Da die Erwirtschaftung von Gewinnen nicht automatisch zu einer Erhöhung der Liquidität und zur Erhaltung des Kapitals bzw. zu Wachstum führt – Entscheidungen zur Gewinnverwendung und die Liquiditätswahrscheinlichkeit beeinflussen den Grad der kausalen Kopplung zwischen diesen Größen –, werden diese beiden Ziele nicht in den Mittelpunkt des Schemas gestellt. Aus dem induktiv orientierten Mittel-Zweck-Schema ist zudem ersichtlich, zwischen welchen Zielen Konkurrenzsituationen entstehen können. Wie beim deduktiven Zielsystem sind auch hier nur die wichtigsten Zielbeziehungen eines Unternehmens abgebildet.

3.2.2.2 Das Pyramidenprinzip zur Problemstrukturierung

Beim Pyramidenprinzip handelt es sich streng genommen *nicht* um ein Problemlösungsverfahren, sondern um eine generelle Methodik zur Strukturierung komplexer Gedankengänge jeglicher Art. Entwickelt wurde es Ende der 1960er Jahre von der damaligen *McKinsey*-Beraterin *Barbara Minto*, mit dem Ziel, die Stringenz und Klarheit von Präsentationen und anderen Geschäftsdokumenten auf der Basis logischer Gestaltungsregeln zu verbessern (vgl. *Minto* 2002). In dieser Hinsicht hat sich das Pyramidenprinzip heute in nahezu allen führenden Beratungsunternehmen als Standard etabliert. Aufgrund seiner konsequenten inhaltlichen

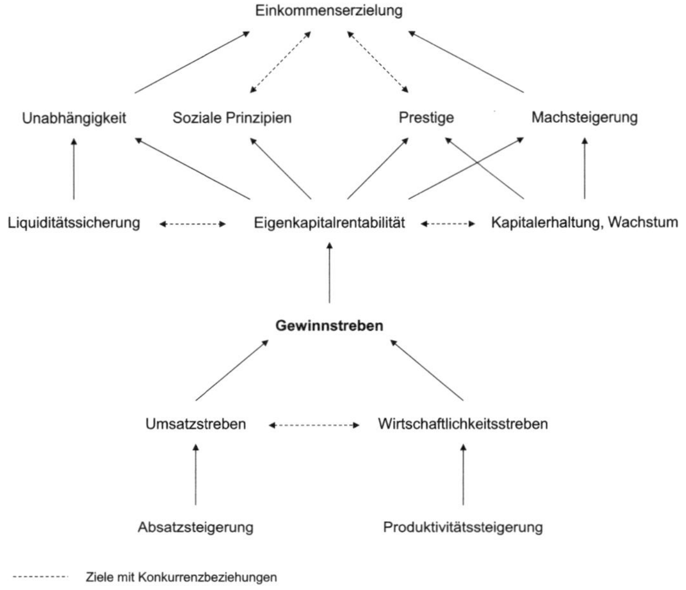

Abb. 3-8: Induktiv orientiertes Mittel-Zweck-Schema (Quelle: Heinen 1976)

Logik eignet es sich jedoch nicht nur zur Erarbeitung aussagekräftiger Argumentationsketten, sondern in gleichem Maße auch zur Strukturierung von Managementproblemen.

Die Komplexität der meisten Managementprobleme macht es erforderlich, dass zunächst alle Teilaspekte des Problems und ihre Interdependenzen akkurat erfasst werden, bevor mit der Entwicklung und Überprüfung möglicher Lösungsalternativen begonnen wird. So werden etwa Unternehmen in Geschäftseinheiten unterteilt, ihre Umwelt in Geschäftsfelder, ihre Ziele – wie im letzten Abschnitt dargestellt – in Ober- und Unterziele. Die methodische Grundlage hierfür bildet die Technik der Segmentierung. Das Pyramidenprinzip kann eine solche Zerlegung eines Problems in kleinere Teilprobleme systematisch unterstützen. Es basiert auf der menschlichen Eigenschaft, Informationen unwillkürlich zu ordnen und in Gruppen zu gliedern. Indem übergeordnete und untergeordnete Problemaspekte gezielt herausgearbeitet und in Beziehung zueinander gesetzt werden, entsteht eine geordnete Problemstruktur, die eine systematische Analyse von Einzelaspekten und deren Auswirkung auf den zugrunde liegenden Gesamtzusammenhang ermöglicht. Der logische Aufbau der Analysestruktur entlang der Gestaltungsregeln des Prinzips führt dazu, dass die betrachteten Aspekte immer die Form einer Pyramide annehmen – mit dem Ausgangsproblem an der Spitze,

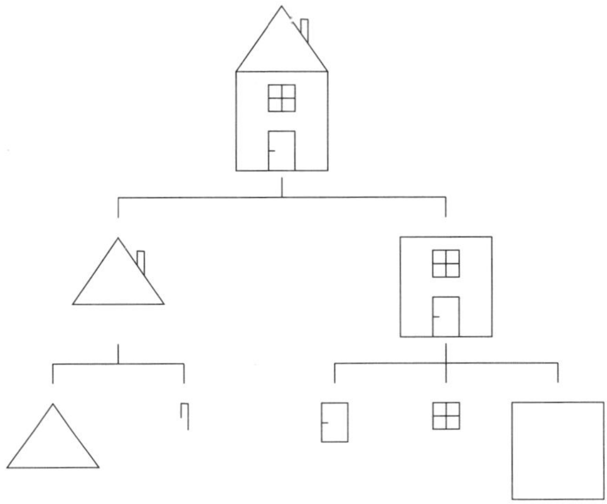

Abb. 3-9: Problemstrukturierung mit Hilfe des Pyramidenprinzips

das immer weiter in seine Teilprobleme herunter gebrochen wird (siehe beispielhaft Abb. 3-9).

Eine der zentralen Gestaltungsregeln bei der Konstruktion einer entsprechenden Pyramide besteht darin, dass jede einzelne ihrer Stufen die so genannte **MECE-Bedingung** (sprich „mißi“) erfüllen muss. Das bedeutet, die Problemstruktur muss sowohl „mutually exclusive“ (ME) als auch „collectively exhaustive“ (CE) sein. Mutually exclusive ist sie dann, wenn sich einzelne Teilaspekte, die auf ein und derselben Ebene der Pyramide angeordnet sind, inhaltlich nicht überschneiden. Collectively exhaustive ist die Problemstruktur, wenn die auf einer jeden Ebene angeordneten Teilaspekte den auf der nächst höheren Ebene stehenden Problemaspekt jeweils vollständig abdecken.

Die Gestaltungsregeln des Pyramidenprinzips lassen sich auf vielfältige betriebswirtschaftliche Problemstellungen anwenden – etwa um Absatzmärkte zu gliedern, Kundengruppen zu strukturieren, Weisungsbefugnisse zu klären, Zielhierarchien aufzustellen, finanzielle Strukturen zu analysieren etc. Zu den wichtigsten problemlösungsbezogenen Varianten des Pyramidenprinzips zählen die Aufgabenanalyse, die Kernfragenanalyse und die Sequenzanalyse (die Anwendung des Prinzips in dieser Form ist eng verwandt mit dem Konzept der Logikbäume; vgl. *Minto* 2002, S. 126 ff.). Bei der **Aufgabenanalyse** (siehe Abb.3-10) handelt es sich um die einfachste Variante einer Pyramidenstruktur. Mit ihrer Hilfe lassen sich nahezu alle erdenklichen Zusammenhänge stufenweise in immer feinere Teilaspekte untergliedern. Dabei werden die einzelnen Elemente der Pyrami-

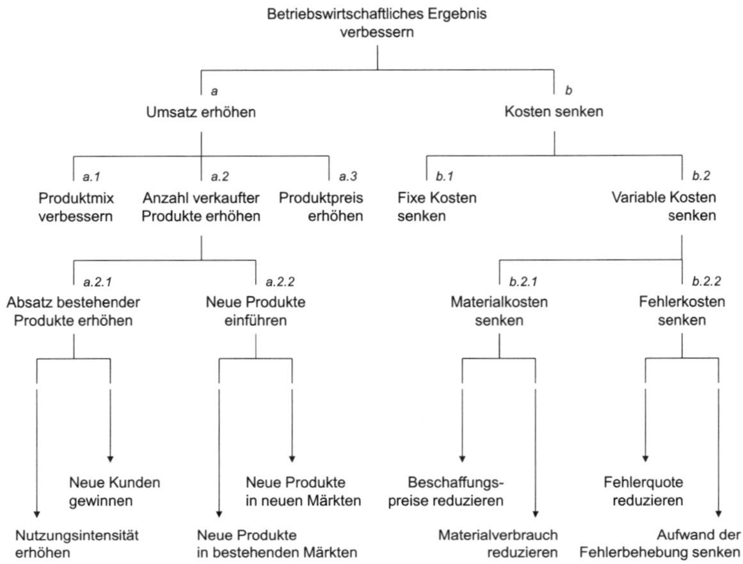

Abb. 3-10: Beispiel einer Aufgabenanalyse

de als Aufgaben formuliert, die dazu beitragen, die Aufgabe der jeweils übergeordneten Ebene zu erfüllen. Von der Spitze der Pyramide, an der die betreffende Gesamtaufgabe steht, gelangt man zur jeweils nächsten Ebene, indem das *Wie* oder das *Was* herausgearbeitet wird. Besteht die Gesamtaufgabe beispielsweise darin, die Ergebnissituation eines Unternehmens zu verbessern, wird die nächste Ebene durch die Beantwortung der Frage nach dem *Wie* gebildet: Die Ergebnissituation lässt sich entweder (a) durch eine Erhöhung des Umsatzes oder (b) durch eine Senkung der Kosten verbessern. *Was* könnte nun wiederum getan werden, um den Umsatz zu erhöhen? Es könnte (a.1) der Produktmix verbessert, (a.2) die Anzahl der verkauften Produkte gesteigert, oder (a.3) der Produktpreis erhöht werden. *Wie* lässt sich die Anzahl der verkauften Produkte steigern? Indem (a.2.1) der Absatz bestehender Produkte erhöht wird oder (a.2.2) neue Produkte auf den Markt gebracht werden. Die Aufgabenstruktur wird schließlich so weit herunter gebrochen, bis auf der untersten Ebene der Pyramide eine Liste konkreter Ansatzpunkte zur Entwicklung und Überprüfung möglicher Lösungsansätze resultiert.

Bei der **Kernfragenanalyse** werden die einzelnen Elemente der Pyramide nicht als Aufgaben, sondern als Fragen formuliert. Im Vergleich zur Aufgabenanalyse erfordert die Konstruktion einer entsprechenden Pyramidenstruktur in der Regel eine höhere Vorkenntnis über das zugrunde liegende Problemfeld, da die Analyse durch die Formulierung der Fragen und ihre Anordnung bereits in gewisse Bah-

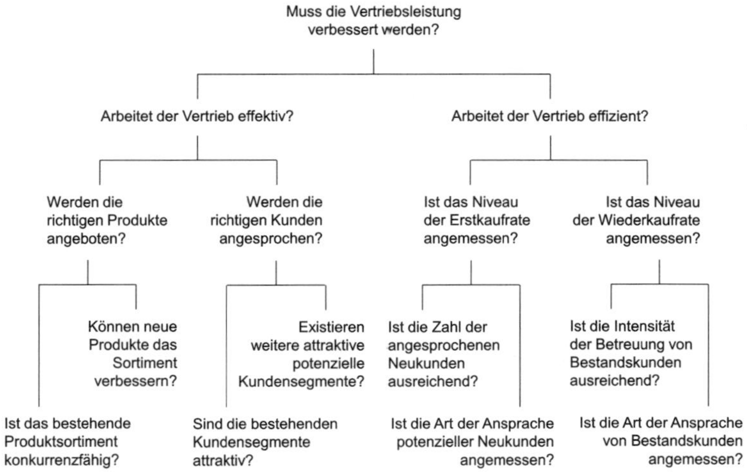

Abb. 3-11: Beispiel einer deduktiven Kernfragenanalyse

nen gelenkt wird. Man unterscheidet zwei Varianten der Kernfragenanalyse: die deduktive und die dichotome. In Abbildung 3-11 ist eine beispielhafte deduktive Analysestruktur dargestellt. Hierbei wird die Ausgangsfrage – analog zur Vorgehensweise der Aufgabenanalyse – in immer detailliertere Teilfragen herunter gebrochen. Um etwa die im Beispiel gewählte Ausgangsfrage zu beantworten, ob die Vertriebsleistung eines Unternehmens verbessert werden muss, ist zu klären ob der Vertrieb effektiv und effizient arbeitet. Um zu klären, ob die Ausrichtung des Vertriebs effektiv ist, muss überprüft werden, ob die richtigen Produkte angeboten und die richtigen Kunden angesprochen werden. Um die Frage zu beantworten, ob die richtigen Produkte angeboten werden, muss die Konkurrenzfähigkeit des bestehenden Sortiments überprüft und die Möglichkeit zur Aufnahme neuer Produkte beleuchtet werden.

Die dichotome Kernfragenanalyse unterscheidet sich von dieser Vorgehensweise in der Hinsicht, dass sowohl die Ausgangsfrage als auch die einzelnen Teilfragen jeweils als Ja/Nein-Fragen formuliert werden. Hierbei ist darauf zu achten, dass solche Fragen, die grundsätzlichen Entscheidungsrichtungen trennen, tendenziell auf höheren Strukturebenen anzusiedeln sind. Eine dichotome Kernfragenanalyse resultiert auf der untersten Stufe der Pyramide in konkreten Handlungsoptionen. Dies erfordert in der Regel ein noch tiefer gehendes Problemverständnis, als dies bereits bei der deduktiven Kernfragenstruktur vorausgesetzt wird. In Abbildung 3-12 ist wiederum am Beispiel einer Vertriebsproblematik eine dichotome Kernfragenanalyse dargestellt. Den Ausgangspunkt bildet die Frage, ob die Vertriebsleistung zielkonform ist. Ist dies der Fall, dann besteht derzeit kein Handlungsbedarf. Ist sie es nicht, stellt sich die Frage, ob der Ver-

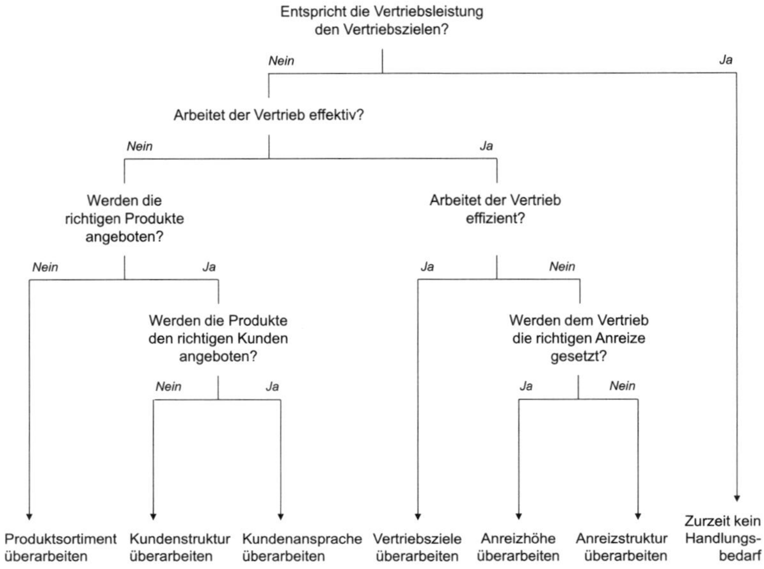

Abb. 3-12: Beispiel einer dichotomen Kernfragenanalyse

trieb effektiv arbeitet. Falls dem so ist, gilt es die Effizienz des Vertriebs zu überprüfen, falls nicht, ist die Eignung der angebotenen Produkte in Frage zu stellen. Werden nicht die richtigen Produkte angeboten, ist die Handlungsebene der Pyramide erreicht: das Produktsortiment muss überarbeitet werden. Für den Fall, dass bereits die richtigen Produkte im Sortiment sind, stellt sich die Frage, ob diese Produkte den richtigen Kunden angeboten werden. Falls ja, muss die Kundenansprache überarbeitet werden, falls nein, die Kundenstruktur.

Die anspruchsvollste problemlösungsbezogene Variante des Pyramidenprinzips ist die **Sequenzanalyse**. Sie berücksichtigt nicht nur die logische Struktur eines Problems, sondern darüber hinaus auch die Reihenfolge, in der mögliche Lösungsschritte gegebenenfalls umgesetzt werden müssen. Ein Beispiel mag dies verdeutlichen (vgl. *Minto* 2002, S. 129 f.): Bei der Analyse eines Konsumgüterunternehmens legen verschiedene Indikatoren nahe, dass die Marketingaktivitäten für ein bestimmtes Produkt unzulänglich sind. Die Werbeausgaben sind zu gering bemessen, die laufenden Kampagnen sprechen die falschen Zielgruppen an, die Verkaufsförderung wird nur nachlässig betrieben und die Kunden, die das Produkt kaufen, nutzen es nicht intensiv genug. Als Ergebnis resultiert ein unbefriedigender Marktanteil. In Fällen wie diesem müssen die identifizierten Schwachstellen auf der obersten logischen Ebene korrigiert werden, bevor nachgelagerte Probleme angegangen werden. So wäre es beispielsweise nicht zielführend, die Intensität der Werbung durch zusätzliche Mittel zu erhöhen, bevor

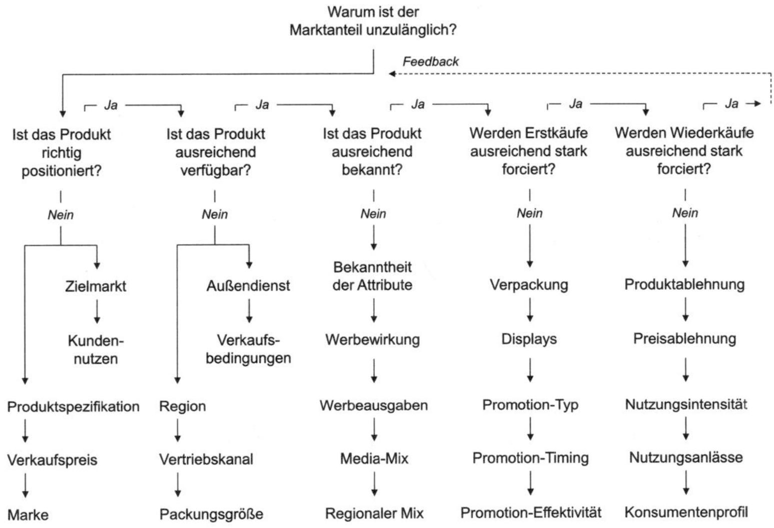

Abb. 3-13: Beispiel einer Sequenzanalyse
(Quelle: In Anlehnung an Holland 1972)

eine zielgruppenkonforme Werbewirkung sichergestellt ist. In Abbildung 3-13 ist eine entsprechende Sequenzanalyse für das betrachtete Beispiel dargestellt. Wie im Fall der dichotomen Kernfragenanalyse besteht auch hier die oberste Ebene der Pyramide aus mehreren Ja/Nein-Fragen. Diese sind entlang einer vorgegebenen Sequenz zu beantworten: Zunächst wird geklärt, ob das Produkt richtig positioniert ist. Nur wenn das der Fall ist, ist es sinnvoll, sich mit seiner Verfügbarkeit auseinanderzusetzen. Sofern auch diese in ausreichendem Maße sichergestellt ist und trotzdem nicht die angestrebten Verkaufszahlen erzielt werden, muss der Bekanntheitsgrad des Produktes überprüft werden. Wird dieser als ausreichend beurteilt, muss in einem nächsten Schritt geklärt werden, ob Erstkäufe ausreichend forciert werden, und, sofern dies der Fall ist, ob das Wiederkaufverhalten der Kunden intensiv genug gefördert wird. Die sequenzielle Struktur der einzelnen Elemente setzt sich in der gleichen Weise auch auf den nachgelagerten Ebenen der Pyramide fort. Falls keine der aufgestellten Analyselinien ein Problem zu Tage bringt, beginnt die Analyse erneut mit dem ersten Schritt – einer Überprüfung der Zielmarktdefinition und des Kundennutzens.

Zweifelsohne wird die sequenzielle Natur des Pyramidenprinzips am Beispiel der sukzessiven Vorgehensweise der Sequenzanalyse besonders deutlich. Doch nicht nur diese, auch alle anderen Varianten des Pyramidenprinzips folgen einer vorgegebenen Abfolge aufeinander aufbauender Problemlösungsschritte. Vereinfacht lässt sich diese Abfolge wie folgt charakterisieren: Konstruiert wird

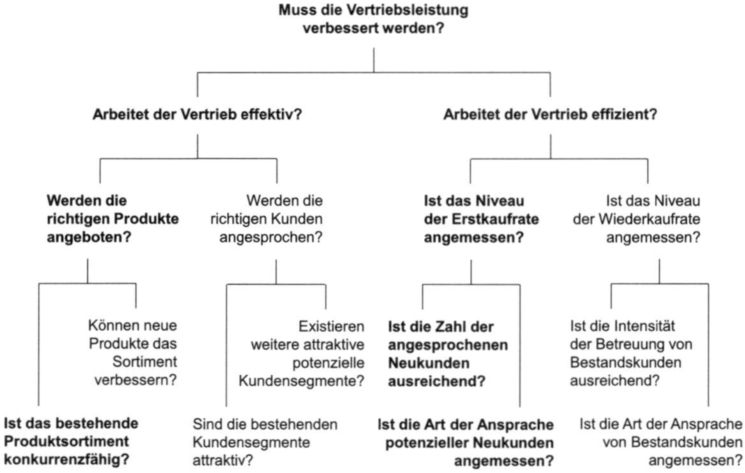

Abb. 3-14: Beispielhafte Key Driver einer Pyramidenstruktur

eine Pyramide von oben nach unten, bearbeitet werden die einzelnen Elemente von unten nach oben. Die Komplexität vieler Managementprobleme führt in Verbindung mit zeitlichen Restriktionen und knappen Ressourcen in der Praxis jedoch häufig dazu, dass von einer strikten Einhaltung dieser Sequenz abgewichen wird. Um die Komplexität eines Problems zu reduzieren und den Bearbeitungsaufwand in akzeptablen Grenzen zu halten, werden im Anschluss an die Konstruktion der Pyramide häufig zunächst die **Key Driver** herausgearbeitet, also diejenigen Faktoren, die den größten Einfluss auf die Problemstellung ausüben. Hierzu wird die Pyramide schrittweise von ihrer Spitze bis zur untersten Ebene dahingehend analysiert, welche Veränderungen einzelner Elemente die größte Auswirkung auf das ihnen unmittelbar übergeordnete Element ausüben. Diejenigen Elemente auf ein und derselben Ebene, die nicht als Key Driver klassifiziert wurden, werden nicht weiter betrachtet, da sie selbst und damit auch die unter ihnen gruppierten Elemente eine vergleichsweise geringe Auswirkung auf das Gesamtergebnis besitzen. In Abbildung 3-14 ist eine beispielhafte Key-Driver-Struktur (dunkel hervorgehoben) auf der Grundlage der in Abbildung 3-11 dargestellten Kernfragenanalyse wiedergegeben.

Die primäre **Zielsetzung** des Pyramidenprinzips besteht im Rahmen der Bearbeitung von Managementproblemen darin, die zugrunde liegende Problemstruktur möglichst „auf einen Blick“ zu veranschaulichen und die Komplexität der Lösungsfindung durch einen klaren, logischen Aufbau sowie gegebenenfalls durch eine Fokussierung auf Key Driver handhabbar zu machen. Diese unter Praktikabilitätsgesichtspunkten sicherlich erstrebenswerten Ziele bieten allerdings auch Anlass zur **Kritik**. So ist die mithilfe des Pyramidenprinzips entwickelte Problemstruktur, wenn sie einmal aufgestellt wurde, relativ starr und somit nur auf solche Probleme anwendbar, deren grundlegende Zusammenhänge sich im Verlauf der Problembearbeitung bzw. im Verlauf der Geltungsdauer der erarbeiteten Lösung nicht verändern. Diskontinuitäten und überraschende Entwicklungen sind in den Strukturen des Pyramidenprinzips kaum fassbar. Zudem bedingt eine Komplexitätsreduktion unweigerlich eine vereinfachte Sicht auf die Welt. Werden die falschen Schwerpunkte gesetzt, maßgebliche Teilprobleme zu Unrecht von der Analyse ausgeschlossen oder wichtige Wechselwirkungen zwischen einzelnen Aspekten der Problemstellung vernachlässigt, wächst die Gefahr, die Güte der Problemlösung den bestehenden Ressourcen- und Zeitrestriktionen zu opfern. Trotz dieser sicherlich berechtigten Kritikpunkte ist das Pyramidenprinzip – in seiner ursprünglichen Form oder in einer abgewandelten Variante – das in der Beratungspraxis vermutlich meistgenutzte Verfahren zur Strukturierung von Managementproblemen.

3.2.2.3 Das Falsifikationsprinzip zur Problemanalyse

Während das Pyramidenprinzip zur Strukturierung von Managementproblemen eingesetzt wird, dient das Falsifikationsprinzip der anschließenden Entwicklung und Überprüfung möglicher Lösungsalternativen. Dabei zielt der Einsatz eines Beraters im Allgemeinen darauf ab, Probleme *so* zu lösen, dass der gefundene Lösungsvorschlag über die bloße subjektive Meinung und Vermutung im Bereich der alltäglichen Erfahrung hinausgeht. Der Gültigkeitsanspruch ist insoweit intersubjektiv, als die Ergebnisse und Lösungen eines Beraters nicht nur von ihm als Urheber, sondern auch von allen anderen beteiligten Personen als „adäquat" und „objektiv" anerkannt werden sollen, weil er nachweislich „richtig" ist. Es stellt sich jedoch die Frage, wie und durch wen beurteilt werden kann, ob ein Lösungsvorschlag diese Eigenschaften tatsächlich besitzt.

Die so genannte „Offenbarungstheorie der Wahrheit" (vgl. *Albert* 1971) fordert, dass alle Aussagen und Tatbestände, die zur Lösungsfindung herangezogen werden, auf eine sichere Quelle zurückzuführen sind, die mit absoluter und unzweifelhafter Autorität ausgestattet ist, so dass zweifelsfrei entschieden werden kann, ob eine Information bzw. eine Behauptung zutrifft – ob sie „wahr" ist – oder nicht. Sofern Informationen unterschiedlich interpretiert werden können, wird der Absolutheitsanspruch der Quelle durch Kontrollinstanzen gewährleistet, die verbindlich entscheiden, welche der unter Umständen widersprüchlichen Interpretationen als zutreffend zu erachten und welche zu verwerfen ist. In der Beratungspraxis wird eine Quelleninterpretation häufig durch externe Instanzen – etwa Universitäten, Forschungsinstitute oder dergleichen –, bisweilen aber auch durch die Beratung selbst oder durch den Klienten legitimiert.

Im Gegensatz zu dieser Vorgehensweise kennt das auf die wissenschaftstheoretischen Überlegungen des Kritischen Rationalismus von *Karl Popper* zurückgehende Falsifikationsprinzip keine absolut sichere Erkenntnisquelle und keine letztverbindliche Entscheidungsinstanz. Der Prozess des Problemlösens wird vielmehr als „systematisches Raten“ aufgefasst, dessen Ergebnis eine mehr oder weniger gute Annäherung an die Wahrheit liefert, niemals aber die Wahrheit selbst. Die Qualität einer Problemlösungsalternative wird durch die Objektivität des Problemlösungsprozesses bestimmt. Diese kommt darin zum Ausdruck, dass eine Problemlösungsalternative lediglich vorläufig gerechtfertigt wird, indem der Nachweis erbracht wird, dass sie bisher auch der scharfsinnigsten Kritik standzuhalten scheint (vgl. *Popper* 1969, S. 106). Ziel einer entsprechenden Problemanalyse ist die Eliminierung falscher Lösungsvorschläge. Es wird nicht nach positiven Belegen für die Richtigkeit einer möglichen Lösung gesucht, sondern nach Informationen und Argumenten, die im Widerspruch zu den aufgestellten Thesen stehen – die diese *falsifizieren*.

Wie das Pyramidenprinzip, so wurde auch die Vorgehensweise des Falsifikationsprinzips in der Praxis maßgeblich von der Unternehmensberatung *McKinsey* geprägt (vgl. *Rasiel* 1999, S. 8 ff.; *Rasiel/Friga* 2001, S. 15 ff.). Der **Grundgedanke** besteht in einer Umkehr des intuitiven Problemlösungsverhaltens, das zunächst wie folgt beschrieben werden kann: Ist die Strukturierung eines Problems abgeschlossen, beginnt die Lösungsfindung im engeren Sinne üblicherweise mit einer detaillierten Analyse einzelner Problemaspekte – etwa der identifizierten Key Driver auf der untersten Ebene der Pyramide –, die sukzessive entlang der aufgestellten Struktur zu einem Lösungsansatz verdichtet werden. Die Vorgehensweise des auf die Beratungspraxis übertragenen Falsifikationsprinzips hingegen besteht darin, unmittelbar im Anschluss an die Problemstrukturierung eine Hypothese aufzustellen, die die erwartete Lösung für das Problem vorweg nimmt. Erst danach folgt eine detaillierte Analyse entlang der aufgestellten Problemstruktur, in deren Rahmen Fakten und Argumente gegeneinander abgewogen werden, die die eingangs aufgestellte Hypothese stützen oder aber dafür sprechen, sie zu verwerfen.

Die Formulierung der Ausgangshypothese und die Strukturierung der weiteren Analyse kann auf dem Pyramidenprinzip aufgebaut werden. Die einfachste Variante, um aus einer Problemstruktur eine Hypothesenstruktur zu generieren, besteht darin, die vermuteten Antworten auf die in einer Kernfragenanalyse aufgestellten Einzelfragen zusammenzutragen und zu verdichten. Von der Spitze der Pyramide gelangt man in einer Hypothesenstruktur auf die jeweils nachgeordnete Ebene, indem die Frage nach dem *Warum* beantwortet wird. In Abbildung 3-15 ist dies am Beispiel der in Abbildung 3-14 dargestellten Vertriebsproblematik veranschaulicht. Den Ausgangspunkt bildet die Hypothese, dass die Vertriebsleistung verbessert werden sollte, indem die Erstkaufrate gesteigert wird.

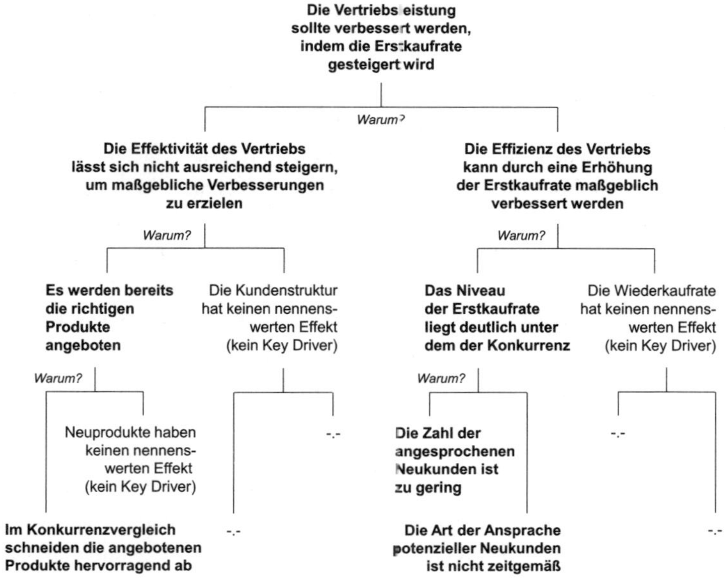

Abb. 3-15: Beispiel einer Hypothesenstruktur

Warum ist dies der Fall? Weil sich einerseits die Effektivität des Vertriebs nicht ausreichend steigern lässt, um eine maßgebliche Verbesserung der Vertriebsleistung zu erzielen, und weil andererseits durch eine Erhöhung der Erstkaufrate eine nennenswerte Verbesserung der Effizienz des Vertriebs erreicht werden könnte. *Warum* ist dies zu erwarten? Weil das Niveau der Erstkaufrate deutlich unter dem der Konkurrenz liegt. *Warum* bewegt sich die Erstkaufrate auf solch niedrigem Niveau? Weil die Zahl der angesprochenen Neukunden zu gering und die Art der Neukundenansprache nicht zeitgemäß ist.

Auf jeder Ebene der Hypothesenstruktur müssen sowohl diejenigen Argumente berücksichtigt werden, die die übergeordnete Hypothese stützen, als auch solche, die andere Lösungsmöglichkeiten als die, die in der übergeordneten Hypothese formuliert wurden, ausschließen. In Abbildung 3-15 ist dies beispielsweise auf der ersten Ebene der Pyramide ersichtlich: Hier wird nicht nur argumentiert, dass eine Erhöhung der Erstkaufrate die Vertriebseffizienz verbessern würde, sondern zugleich auch darauf hingewiesen, dass eine Steigerung der Effektivität des Vertriebs nicht als Lösungsoption in Betracht kommt. Eine solche Negativabgrenzung wird auch bereits bei der Definition der Key Driver einer Problemstruktur vorgenommen. Es ist jedoch zu unterscheiden, ob diese Definition analytisch oder rein hypothetisch erarbeitet wird; erfolgt sie hypothetisch, ist es zweckmäßig, die Hypothesenstruktur, anders als in Abbildung 3-15 dargestellt, auch bezüglich der nicht als Key Driver gekennzeichneten Faktoren weiter herunter zu brechen.

Bereits aus dem hier gewählten einfachen Beispiel wird die Bedeutung, die den problembezogenen Vorkenntnissen eines Beraters für die Aufstellung einer Hypothesenstruktur zukommt, ersichtlich: Nur wenn das branchenübliche Niveau der Erstkaufrate zumindest grob bekannt ist, kann eine Hypothese über die relative Leistung in diesem Bereich formuliert werden, nur wenn ein ausreichendes Verständnis der Mechanismen des betreffenden Geschäfts vorhanden ist, kann eine Aussage über die Ursachen einer als unbefriedigend eingestuften Leistung getroffen werden. Ein hypothesengestütztes Vorgehen erfordert von einem Berater grundsätzlich eine tiefe Sachkenntnis. Nur so kann er bereits in einer frühen Phase des Problemlösungsprozesses eine zweckmäßige Annahme über die letztendliche Lösung treffen. Andererseits muss ein Berater die uneingeschränkte Bereitschaft besitzen, eine einmal aufgestellte Hypothese und damit auch die eigene Sachkenntnis unvoreingenommen in Frage zu stellen. Der vorformulierte Lösungsansatz dient ausschließlich der Strukturierung der weiteren Analyse und darf nicht als gewünschtes Ergebnis missverstanden werden. Zeigen die im Verlauf der Analyse gesammelten Fakten, dass die Ausgangshypothese nicht aufrechterhalten werden kann, müssen entsprechende Anpassungen vorgenommen und neue Hypothesen formuliert werden, die es im Folgenden wiederum zu überprüfen gilt. Eine solch sukzessive Rekonstruktion des Lösungsansatzes resultiert in aller Regel bereits in einem frühen Stadium in einer sehr hohen Zielgenauigkeit der erarbeiteten Lösung, da die im Rahmen der Analyse zusammengetragenen Fakten unmittelbar zu Handlungsanweisungen führen – also Aufschluss darüber geben, ob im Sinne der überprüften Hypothese vorgegangen werden sollte oder nicht. Zudem liefern sie im Falle einer erforderlichen Anpassung bereits konkrete Anhaltspunkte, in welcher Weise entsprechende Veränderungen vorgenommen werden müssen.

Die Gefahr, eine einmal aufgestellte Hypothese zu schnell und zu unkritisch als endgültige Problemlösung zu akzeptieren, zählt andererseits zu den wichtigsten **Kritikpunkten** an der Vorgehensweise des Falsifikationsprinzips (so, wie es im Beratungskontext zum Einsatz kommt). Zudem wird die Schwierigkeit betont, die zur Aufstellung der Ausgangshypothese benötigte Sachkenntnis abzuschätzen. In der Praxis wird es demgegenüber häufig selbst dann als zweckmäßig angesehen, auf der Basis von Hypothesen zu arbeiten, wenn das erforderliche problembezogene Wissen nicht von vorneherein vorhanden ist. In diesem Fall wird die Ausgangshypothese zunächst durch eine vorgeschaltete Recherche von Sekundärquellen und durch Gespräche mit erfahrenen Branchenexperten abgesichert. Das hiermit verbundene Risiko, mit einer falschen Hypothese zu starten, wird dadurch relativiert, dass unabhängig davon, ob die Hypothesenstruktur auf der Basis eigener Vorkenntnisse oder auf der Grundlage recherchierter Daten aufgestellt wurde, alle eingangs getroffenen Annahmen im Verlauf der weiteren Analyse konsequent hinterfragt und gegebenenfalls revidiert werden.

3.2.2.4 Die normative Entscheidungstheorie zur Lösungsfindung

Sind für ein Problem verschiedene Lösungsalternativen entwickelt worden – mithilfe des Falsifikationsprinzips oder auch auf andere Art und Weise –, gilt es nun, sich für die Umsetzung einer dieser Alternativen zu entscheiden. Diese Entscheidung kann letztendlich nicht von einem Berater, sondern nur von seinem Klienten getroffen werden. Es ist jedoch die Aufgabe des Beraters, gegenüber seinem Klienten eine Handlungsempfehlung abzugeben, ihm also eine bestimmte Lösungsalternative aufzuzeigen, die voraussichtlich zu einer bestmöglichen Erfüllung der von ihm – dem Klienten – verfolgten Zielsetzung führen wird. Die systematische Auswahl einer entsprechenden Lösungsalternative kann durch die Verfahren der betriebswirtschaftlichen Entscheidungstheorie unterstützt werden. Grundsätzlich lassen sich dabei zwei entscheidungstheoretische Hauptrichtungen unterscheiden: die deskriptive und die normative Entscheidungstheorie. Während die deskriptive Theorie auf der Grundlage von empirisch gestützten Hypothesen versucht, das tatsächliche Zustandekommen von Entscheidungen in der Praxis zu beschreiben und zu erklären, will die normative Entscheidungstheorie aufzeigen, in welcher Weise Entscheidungsprozesse gestaltet werden *sollten*, um zu einem für den Entscheidungsträger bestmöglichen Ergebnis zu gelangen. Letztere Perspektive soll im Folgenden im Mittelpunkt der Betrachtung stehen. Dabei gehen die Vertreter der normativen Entscheidungstheorie von einem rational handelnden Entscheidungsträger aus (vgl. z.B. *Gäfgen* 1974; *Sieben Schildbach* 1994; *Bamberg/Coenenberg* 2006).

Die letztendliche Entscheidung zur *Umsetzung* einer bestimmten Problemlösung trifft – wie gesagt – immer und ausschließlich der Klient. Der Berater hingegen entscheidet darüber, welche Problemlösungsalternative er seinem Klienten *zur Umsetzung empfiehlt.* Bei der Auswahl einer Handlungsempfehlung handelt der Berater quasi als Stellvertreter bzw. als Agent seines Klienten. Er muss sich dabei gedanklich in dessen Lage versetzen und die Auswahl seiner Empfehlung nach bestem Wissen und Gewissen im Sinne seines Klienten treffen. Entsprechend wird im Folgenden nicht die Umsetzungsentscheidung des Klienten selbst betrachtet, sondern die Auswahlentscheidung des Beraters, dem seinerseits somit die Rolle eines Entscheidungsträgers zukommt. Bei einem Entscheidungsträger kann es sich dabei grundsätzlich um eine einzelne Person oder auch um eine Gruppe von Personen handeln. Die Gesamtheit der Handlungsmöglichkeiten bzw. der Problemlösungsalternativen, aus denen eine bestimmte ausgewählt werden soll, wird als **Aktionsraum** bezeichnet. Bei den verschiedenen Alternativen kann es sich sowohl um Einzelmaßnahmen als auch um ein Bündel mehrerer Maßnahmen handeln. Die Entscheidung für oder gegen eine bestimmte Problemlösungsalternative wird von den Informationen beeinflusst, die der Berater über die möglichen zukünftigen Umweltzustände besitzt, die das Ergebnis der unterschiedlichen Handlungsmöglichkeiten beeinflussen, von ihm selbst und von seinem Klienten jedoch nicht beeinflusst werden können. Beispiele für solche Umweltzustände sind etwa gesetzliche Vorschriften, zukünftige konjunkturelle Gegebenheiten oder die Entwicklung der Rohstoffpreise. Eine bestimmte Konstellation aller Umweltfaktoren, die das Ergebnis einer Handlungsmöglichkeit beeinflussen, wird als Umweltzustand bezeichnet, die Gesamtheit aller möglichen Umweltzustände als **Zustandsraum**. Der Aktionsraum und der Zustandsraum werden in einem Entscheidungsmodell so definiert, dass in einer Entscheidungssituation genau eine Handlungsmöglichkeit gewählt wird und genau ein Umweltzustand eintritt.

Da sich alle Problemlösungsaktivitäten eines Beraters und die mit ihnen verbundenen Entscheidungsprobleme auf die Zukunft beziehen, setzt die Auswahl einer bestimmten Problemlösungsalternative Informationen über zukünftige Umweltzustände voraus. Diese Informationen müssen es ermöglichen, die empfohlenen Handlungsweisen des Klienten gedanklich vorwegzunehmen und sie vorausschauend vorzubereiten. In Abhängigkeit der Wahrscheinlichkeiten, die dem Eintreffen bestimmter Umweltzustände zugeordnet werden können, unterscheidet man zwischen Entscheidungssituationen mit vollkommener und unvollkommener Information. Ist dem Berater die Gesamtheit aller möglichen Umweltzustände bekannt und kann er jedem von ihnen eine Eintrittswahrscheinlichkeit von 0 oder 1 zuordnen – weiß er also, welcher Umweltzustand mit Sicherheit eintreten wird – dann liegt ein **vollkommenes Informationssystem** vor. Bei einem **unvollkommenem Informationssystem** hingegen unterscheidet man zwei Fälle: Wenn dem Berater die Gesamtheit der Umweltzustände bekannt ist und die Wahrscheinlichkeit des Eintretens eines jeden Zustands zwischen 0 und 1 liegt, spricht man von einer **Entscheidung unter Risiko**. Die Summe der den einzelnen Umweltzuständen zugeordneten Wahrscheinlichkeiten (p_j) ist dabei gleich 1 (das heißt, es wird mit Sicherheit einer der betrachteten Umweltzustände eintreten). So könnte bei zwei möglichen Umweltzuständen A und B beispielsweise A mit 30-prozentiger Wahrscheinlichkeit (p_A = 0,3) und B mit 70-prozentiger Wahrscheinlichkeit (p_B = 0,7) eintreten. Die betreffenden Wahrscheinlichkeiten können dabei entweder objektiv ermittelt – z.B. als Grenzwerte der relativen Häufigkeiten bei identischer Wiederholung einer bestimmten Aktion – oder als subjektive Einschätzung angegeben werden – etwa aufgrund vorhandener Erfahrungen mit ähnlichen Entscheidungssituationen. Die zweite Möglichkeit, die im Falle eines unvollkommenen Informationssystems unterschieden wird, ist die, dass dem Berater die Gesamtheit der Umweltzustände zwar bekannt ist, er diesen

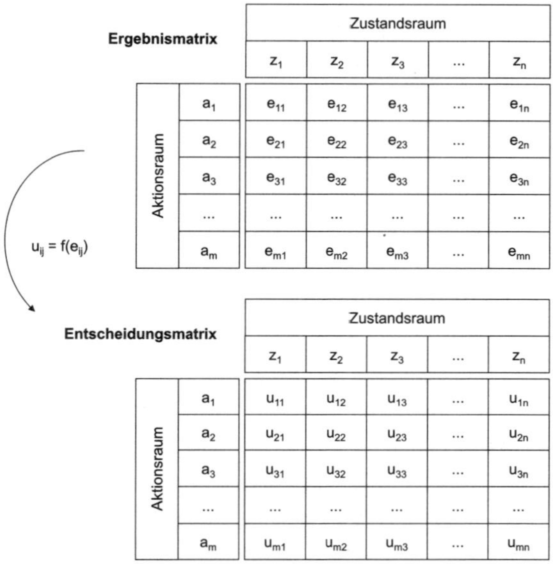

Abb. 3-16: Ergebnismatrix und Entscheidungsmatrix

aber keine objektiven oder subjektiven Wahrscheinlichkeiten zuordnen kann. In diesem Fall spricht man von einer **Entscheidung unter Unsicherheit**.

Unabhängig davon, wie das Informationssystem beschaffen ist, können die betrachteten Problemlösungsalternativen und die möglichen Umweltbedingungen in einer **Ergebnismatrix** einander gegenübergestellt werden (siehe Abb. 3-16 oben). In der Matrix selbst werden die Ergebnisse (e_{ij}) abgetragen, also die Handlungskonsequenzen, die sich bei der Wahl einer bestimmten Problemlösungsalternative (a_i) und beim Eintreten eines bestimmten Umweltzustands (z_j) ergeben. Je nachdem, ob vom Klienten des Beraters ein einzelnes oder mehrere verschiedene Ziele verfolgt werden, ist es möglich, dass ein Ergebnis nur eine Ergebnisart (etwa die prozentuale oder die absolute Umsatzveränderung eines Produktes) oder mehrere Ergebnisarten enthält (etwa Umsatz- und Kostenveränderungen unterschiedlicher Produktgruppen). Die Ergebnismatrix bildet den Ausgangspunkt für die Entscheidung des Beraters. Da sich die in ihr aufgeführten Ergebnisse jedoch in vielerlei Hinsicht unterscheiden können – etwa im Hinblick auf ihre Höhe, ihre Art und ihren zeitlichen Bezug –, müssen sie vergleichbar gemacht, also quasi „auf einen Nenner“ gebracht werden. Hierzu muss die Ergebnismatrix in eine **Entscheidungsmatrix** überführt werden (siehe Abb. 3-16 unten), indem der Berater den Ergebnissen (e_{ij}) reelle Zahlen zuordnet, die den Nutzen (u_{ij}) repräsentieren, der sich für seinen Klienten mit einem bestimmten Er-

		Zustandsraum		
		z_1	z_2	z_3
		$p_1 = 1$	$p_2 = 0$	$p_3 = 0$
Aktionsraum	a_1	15	12	60
	a_2	50	35	15
	a_3	25	40	24

Abb. 3-17: Entscheidung bei Sicherheit

gebnis verbindet. Die Ermittlung akkurater Nutzenwerte ist in der Praxis oft sehr schwierig; sie kann beispielsweise mithilfe von Punktbewertungsverfahren methodisch gestützt werden.

Die normative Entscheidungstheorie gibt einem Berater – bzw. allgemein: einem Entscheidungsträger – verschiedene Verfahren an die Hand, die ihn in die Lage versetzen, die in der Entscheidungsmatrix zusammengestellten Nutzenwerte so auszuwerten, dass er zu einer im Hinblick auf die verfolgte Zielsetzung optimalen Entscheidung bezüglich der zu realisierenden Problemlösungsalternative gelangt. Je nachdem, ob es sich um eine Entscheidung unter Sicherheit, unter Risiko oder unter Unsicherheit handelt, kommen dabei unterschiedliche Regeln zur Anwendung. Die **Entscheidungsregeln bei Sicherheit** basieren auf dem Umstand, dass ein bestimmter Zustand existiert, der mit einer (objektiven oder subjektiven) Wahrscheinlichkeit von p = 1 bzw. von 100% eintreten wird. Ist dies der Fall, dann können die zustandsbezogenen Nutzwerte, die sich bei der Realisierung der unterschiedlichen Problemlösungsalternativen ergeben, unmittelbar miteinander verglichen werden. Sofern nur eine einzige Zielsetzung verfolgt wird, entspricht dies in der Entscheidungsmatrix einer Auswahl des im Hinblick auf diese Zielsetzung maximalen Wertes in der Spalte des mit Sicherheit eintretenden Umweltzustands. In Abbildung 3-17 ist eine Situation dargestellt, in der der Zustand z_1 mit Sicherheit eintreten wird. Ein Vergleich der zugehörigen Spaltenwerte zeigt, dass in diesem Fall Problemlösungsalternative a_2 auszuwählen ist, da der ihr zugeordnete Nutzen mit einem Wert von 50 am größten ist. Werden hingegen nicht nur eine, sondern mehrere Zielsetzungen zugleich verfolgt – etwa eine Ausweitung der Umsätze, eine Flexibilisierung der Kostenstrukturen und eine geringe Personalfluktuation –, für die jeweils eigene Nutzenwerte gebildet werden, kann es zu Zielkonflikten kommen. In diesem Fall müssen die Ziele zunächst in eine Reihenfolge gebracht, die ihre Bedeutung für den Kunden widerspiegelt, oder entsprechend gewichtet werden.

Besitzt ein Berater nur unvollkommene Informationen über die zukünftigen Umweltbedingungen – trifft er seine Entscheidung also unter Risiko oder unter Un-

		Zustandsraum				
		z_1	z_2	z_3	z_4	
		$p_1 = 0{,}2$	$p_2 = 0{,}5$	$p_3 = 0{,}1$	$p_4 = 0{,}2$	Erwartungswert (μ_i)
Aktionsraum	a_1	40	60	10	30	0,2 × 40 + 0,5 × 60 + 0,1 × 10 + 0,2 × 30 = 45
	a_2	60	80	10	20	0,2 × 60 + 0,5 × 80 + 0,1 × 10 + 0,2 × 20 = 57
	a_3	40	20	80	40	0,2 × 40 + 0,5 × 20 + 0,1 × 80 + 0,2 × 40 = 34
	a_4	80	30	40	60	0,2 × 80 + 0,5 × 30 + 0,1 × 40 + 0,2 × 60 = 47

Abb. 3-18: Entscheidung bei Risiko: Die Bayes-Regel

sicherheit –, kann die Vollkommenheit seiner Informationen durch die Anwendung von Entscheidungsregeln zwar nicht verbessert werden, sie können jedoch dazu beitragen, die Konsequenzen einer Entscheidung zu verdeutlichen und zu systematisieren. Zu den wichtigsten **Entscheidungsregeln bei Risiko** zählen das Bayes-Prinzip, das $\mu\sigma$-Prinzip und der Abweichungskoeffizient. Nach dem **Bayes-Prinzip** ist diejenige Problemlösungsalternative auszuwählen, die den höchsten mathematischen Erwartungswert der Zielerreichungsgrade aufweist. Der mathematische Erwartungswert (μ_i) entspricht dabei der über alle Umweltzustände gebildeten Summe der mit den Eintrittswahrscheinlichkeiten gewichteten Zielerreichungsgrade (e_i):

$$(3\text{-}1) \qquad \mu_i = \sum_{j=1}^{n} p_j \times e_{ij}$$

In Abbildung 3-18 wird die Entscheidungsregel des *Bayes*-Prinzips anhand eines einfachen Beispiels veranschaulicht. Problemlösungsalternative a_2 weist den höchsten mathematischen Erwartungswert auf, so dass sie gemäß der *Bayes*-Regel zur Umsetzung auszuwählen ist.

Kritisch einzuwenden ist, dass die *Bayes*-Regel nur bei häufig wiederkehrenden, gleichartigen Entscheidungen zu logisch nachvollziehbaren Ergebnissen führt. Gerade in solchen betriebswirtschaftlichen Entscheidungssituationen, in denen externe Berater hinzugezogen werden, liegt diese Voraussetzung jedoch nur in den seltensten Fällen vor. Zudem vernachlässigt das *Bayes*-Prinzip die persönliche Risikoeinstellung des Beratungskunden gegenüber den verschiedenen Problemlösungsalternativen, die zur Wahl stehen. Die Entscheidungsregel unterstellt, dass sich der Kunde – beispielsweise – in Bezug auf einen sicheren Gewinn in Höhe von G einerseits und andererseits der Möglichkeit, mit einer Wahrscheinlichkeit von jeweils 0,5 einen Gewinn von 2 G bzw. gar keinen Gewinn zu erreichen, indifferent verhält. Das *Bayes*-Prinzip ist also nur dann ein angemesse-

		Zustandsraum				
		z_1	z_2	z_3	z_4	
		$p_1 = 0{,}2$	$p_2 = 0{,}5$	$p_3 = 0{,}1$	$p_4 = 0{,}2$	Erwartungswert (μ_i)
Aktionsraum	a_1	40	60	10	30	0,2 × 40 + 0,5 × 60 + 0,1 × 10 + 0,2 × 30 = 45
	a_2	60	70	10	10	0,2 × 60 + 0,5 × 70 + 0,1 × 10 + 0,2 × 10 = 50
	a_3	40	20	80	40	0,2 × 40 + 0,5 × 20 + 0,1 × 80 + 0,2 × 40 = 34
	a_4	80	30	70	60	0,2 × 80 + 0,5 × 30 + 0,1 × 70 + 0,2 × 60 = 50

Abb. 3-19: Vernachlässigung der Risikoeinstellung durch die Bayes-Regel

nes Entscheidungskriterium, wenn der Berater für einen risikoneutralen Klienten tätig ist. Andernfalls kann auf der Grundlage der *Bayes*-Regel keine eindeutige Aussage über die Vorteilhaftigkeit verschiedener Problemlösungsalternativen getroffen werden. Dies kann anhand der in Abbildung 3-19 dargestellten Situation verdeutlicht werden. Hier existieren zwei Alternativen, die einen identischen Erwartungswert aufweisen. Ein risikoneutraler Klient wäre in dieser Situation indifferent gegenüber den betreffenden Handlungsmöglichkeiten a_2 und a_4. Ein risikoscheuer Klient hingegen würde bei der Auswahl einer Problemlösungsalternative neben deren Erwartungswert auch das mit ihr verbundene Risiko berücksichtigt wissen wollen. Um dem gerecht zu werden, kann ein Berater die Streuung der Zielbeiträge um den Erwartungswert – gemessen durch die Varianz (σ^2) oder die Standardabweichung (σ) – in die Entscheidungsfindung einbeziehen. Das mit einer Problemlösungsalternative verbundene Risiko ist dabei umso größer, je höher der Wert liegt, den die Streuungsmaße annehmen.

Aus der Kombination des Erwartungswertes mit einem Streuungsmaß resultiert das **μσ-Prinzip**. Die Entscheidungsregel lautet hier: Handelt ein Berater im Auftrag eines risikoscheuen Klienten, sind bei gleichem Erwartungswert Problemlösungsalternativen mit einer niedrigeren Standardabweichung solchen mit einer höheren Standardabweichung vorzuziehen. Die Standardabweichung berechnet sich dabei nach der folgenden Formel:

(3-2) $$\sigma_i = \sqrt{\sigma_i^2}$$

mit

(3-3) $$\sigma_i^2 = \sum_{j=1}^{n} p_j \times \left(e_{ij} - \mu_i\right)^2$$

In der in Abbildung 3-19 dargestellten Situation ergeben sich für die Alternativen a_2 und a_4 somit die folgenden Werte:

$$\sigma^2_2 = 0{,}2 \times (60-50)^2 + 0{,}5 \times (70-50)^2 + 0{,}1 \times (10-50)^2 + 0{,}2 \times (10-50)^2 = 700$$

$$\sigma^2_4 = 0{,}2 \times (80-50)^2 + 0{,}5 \times (30-50)^2 + 0{,}1 \times (70-50)^2 + 0{,}2 \times (60-50)^2 = 440$$

$$\sigma_2 = \sqrt{700} = 26{,}46$$

$$\sigma_4 = \sqrt{440} = 20{,}98$$

Problemlösungsalternative a_4 ist bei Anwendung des $\mu\sigma$-Prinzips Alternative a_2 somit vorzuziehen, da sie bei einem identischen Erwartungswert ein geringeres Risiko aufweist.

Das $\mu\sigma$-Prinzip ist eine Möglichkeit, um neben der erwarteten Zielerreichung über die Streuung der Zielwerte um ihren Erwartungswert auch das mit ihr verbundene Risiko in die Entscheidungsfindung einzubeziehen. Eine andere Möglichkeit zur Berücksichtigung des Risikos besteht in der Kalkulation des **Abweichungskoeffizienten** (A). Er errechnet sich aus dem Verhältnis von Risiko zu Erwartungswert:

$$(3\text{-}4) \qquad A_i = \frac{\sigma_i}{\mu_i}$$

Der Abweichungskoeffizient fasst die beiden Beurteilungsmaßstäbe Erwartungswert und Risiko in einer Größe zusammen. Die Entscheidungsregel lautet: Je geringer der Wert ist, den der Abweichungskoeffizient annimmt, desto vorteilhafter ist eine Problemlösungsalternative. Im obigen Beispiel ist auch auf dieser Basis Alternative a_4 gegenüber Alternative a_2 vorzuziehen:

$$A_2 = \frac{\sigma_2}{\mu_2} = \frac{26{,}46}{50} = 0{,}53$$

$$A_4 = \frac{\sigma_4}{\mu_4} = \frac{20{,}98}{50} = 0{,}42$$

Die dargestellten Entscheidungsregeln haben gezeigt, dass Entscheidungen unter Risiko – sofern ein Berater für einen risikoscheuen Klienten tätig ist – immer einem Abwägen zwischen einem höheren Zielerreichungsgrad verbunden mit einem größeren Risiko auf der einen Seite und einem niedrigeren Zielerreichungsgrad mit geringerem Risiko auf der anderen Seite entsprechen. Dieser Zusammenhang lässt sich graphisch in Form von **Risikoindifferenzkurven** darstellen (siehe

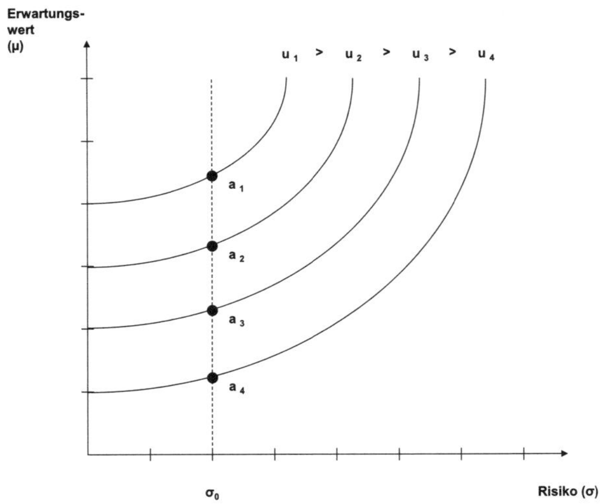

Abb. 3-20: Indifferenzkurven bei risikoscheuem Verhalten

Abb. 3-20). Sie geben an, welche Anzahl zusätzlicher Zielerreichungseinheiten ein Klient für notwendig erachtet, um eine zusätzliche Risikoeinheit zu kompensieren. Die hier gewählte Konstellation entspricht einer risikoscheuen Einstellung. Bei gleichem Risiko (σ_0) stiftet eine Alternative mit höherem Erwartungswert dem Klienten einen höheren Nutzen (u_j).

In den dargestellten Verfahren wird unterstellt, dass sich der Berater bei seiner Entscheidung einzig an den Nutzenerwartungen und an den Risikopräferenzen seines Klienten orientiert. In der Praxis ist jedoch davon auszugehen, dass ein Berater auch eigene Nutzen- und Risikobewertungen einer Lösungsalternative in Bezug auf sein eigenes Geschäft anstellt. Nicht immer sind der Klientennutzen und der Nutzen des Beraters dabei deckungsgleich. Sieht ein Berater etwa die Möglichkeit, einem Klienten zunächst eine suboptimale Problemlösung zu empfehlen, um im Rahmen eines Folgeprojektes weitere Verbesserungspotenziale aufzuzeigen, kann er sein Einkommen und seinen eigenen Nutzen auf diese Weise unter Umständen auf Kosten des Klienten steigern. In gleicher Weise verbindet sich mit der Umsetzung einer bestimmten Problemlösungsalternative für den Berater nicht das gleiche Risiko wie für seinen Klienten. Beides eröffnet ihm die grundsätzliche Möglichkeit, sich durch opportunistische Verhaltensweisen einen Vorteil zu verschaffen (vgl. *Williamson* 1985, S. 47). Ohne an dieser Stelle näher auf diesen Aspekt eingehen zu können, sei doch darauf hingewiesen, dass sich ein seriös agierender Berater bei seinen Handlungen und Entscheidungen einzig von den Nutzen- und Risikopräferenzen seines Klienten leiten lassen darf. Auch diese Prämisse beinhaltet jedoch eine gewisse Unschärfe, lässt sie doch

		Zustandsraum					
		z_1	z_2	z_3	z_4	Zeilenminima	Zeilenmaxima
Aktionsraum	a_1	40	60	10	30	10	60
	a_2	60	80	10	20	10	80
	a_3	40	20	70	40	20	70
	a_4	70	30	40	60	30	70

Abb. 3-21: Entscheidung bei Unsicherheit (I): Die Minimax- und Maximax-Regeln

offen, wie der Klient konkret zu definieren ist – als Person des Auftraggebers, als Gruppe der beteiligten Entscheider, als Institution des beratenen Unternehmens etc.

Bisher wurde davon ausgegangen, dass ein Berater dem Eintritt aller relevanten Umweltzustände eine Wahrscheinlichkeit zuordnen kann. Ist dies nicht der Fall, kann die Auswahl einer Problemlösungsalternative durch verschiedene **Entscheidungsregeln bei Unsicherheit** unterstützt werden. Zu den wichtigsten zählen die Minimax-Regel, die Maximax-Regel, die *Hurwicz*-Regel, die *Savage-Niehans*-Regel und die *Laplace*-Regel (vgl. *Wöhe* 1996, S. 164 ff.). Unabhängig davon, für welche dieser Regeln sich ein Berater entscheidet, werden die verschiedenen Problemlösungsalternativen zunächst hinsichtlich des Nutzens, den sie seinem Klienten stiften, bewertet und in einer Entscheidungsmatrix zusammengestellt (siehe Abb. 3-16 unten). Bei Anwendung der **Minimax-Regel** basiert die Entscheidung des Beraters auf dem Maximum der Zeilenminima, also auf dem Wert, der für den Klienten bei Eintritt des ungünstigsten Umweltzustands am besten ist. In dem in Abbildung 3-21 dargestellten Beispiel würde demzufolge Lösungsalternative a_4 ausgewählt und damit sichergestellt, dass der Nutzen des Klienten nicht unter einen Wert von 30 absinkt. Bei der Minimax-Regel handelt es sich um ein sehr pessimistisches Entscheidungskriterium. Die Orientierung am besten der schlechtest-möglichen Ergebnisse kann immer dann sinnvoll sein, wenn es sich um eine Entscheidungssituation handelt, in der ein oder mehrere Konkurrenten des Klienten versuchen, das Ergebnis der angestrebten Problemlösung durch ihre eigenen Aktivitäten möglichst negativ zu beeinflussen. In einer indifferenten und damit nicht von vorneherein feindlichen Umwelt hingegen erscheinen andere Entscheidungsregeln zweckmäßiger. So geht etwa die **Maximax-Regel** von sehr optimistischen Erwartungen aus. Bei ihrer Anwendung orientiert sich ein Berater bei seiner Entscheidung am Maximum der Zeilenmaxima, also an dem Wert, der für seinen Klienten bei Eintritt des günstigsten Umweltzustandes am besten ist. In Abbildung 3-21 würde entsprechend Alternative a_2 ausgewählt. Der extreme Optimismus, der dieser Entscheidung zugrunde

		Zeilenextremwerte		
		Zeilenmaxima × λ	Zeilenminima (1-λ)	Summe
Aktionsraum	a_1	60 × 0,7 = 42	10 × 0,3 = 3	42 + 3 = 45
	a_2	80 × 0,7 = 56	10 × 0,3 = 3	56 + 3 = 59
	a_3	70 × 0,7 = 49	20 × 0,3 = 6	49 + 6 = 55
	a_4	70 × 0,7 = 49	30 × 0,3 = 9	49 + 9 = 58

Abb. 3-22: Entscheidung bei Unsicherheit (II): Die Hurwicz-Regel

liegt, ist in der Unternehmenspraxis jedoch kaum anzutreffen. Er entspricht eher dem Verhalten eines Glücksspielers.

Die **Hurwicz-Regel** kombiniert die optimistische Sichtweise der Maximax-Regel mit der pessimistischen Grundhaltung der Minimax-Regel. Hierzu wird ein Optimierungsparameter (λ) definiert, der das Risikobewusstsein des Klienten abbildet; er kann Werte von 0 bis 1 annehmen. Die Zeilenmaxima der Entscheidungsmatrix werden mit λ multipliziert, die Zeilenminima mit (1- λ). Zur Auswahl empfohlen wird diejenige Alternative, deren Zeilensumme den höchsten Wert erreicht. Je optimistischer die Grundeinstellung eines Klienten eingeschätzt wird, desto größer muss der Wert für λ gewählt werden. Ein Wert von λ = 1 entspricht dabei der optimistischen Grundhaltung der Maximax-Regel, ein Wert von λ = 0 der pessimistischen Einstellung der Minimax-Regel. In Abbildung 3-22 ist beispielhaft ein Wert von λ = 0,7 angesetzt, der eine positive Haltung zum Ausdruck bringt. In diesem Fall ist Alternative a_2 die vorteilhafteste Handlungsmöglichkeit. In der Praxis besteht die größte Schwierigkeit bei der Anwendung der *Hurwicz*-Regel darin, einen adäquaten Wert für den Optimierungsparameter zu ermitteln.

Die wie das Minimax-Prinzip in ihrer Grundhaltung pessimistische **Savage-Niehans-Regel** empfiehlt, dass sich ein Berater – bzw. allgemein: ein Entscheider – nicht unmittelbar an den absoluten Nutzenwerten, sondern an einer Minimierung des höchstmöglichen Nachteils orientieren soll, der aus einer Fehleinschätzung der Umweltsituation resultieren kann. Dieser Nachteil wird als Differenz zwischen dem zu erwartenden und dem maximalen Nutzen operationalisiert, den man hätte erreichen können, wenn mit Sicherheit bekannt gewesen wäre, dass der betreffende Umweltzustand eintreten werde. Zur Entscheidungsfindung werden zunächst die Spaltenmaxima der Entscheidungsmatrix ermittelt, also die beim Eintritt eines bestimmten Umweltzustands mithilfe der auf diesen Zustand bezogen bestmöglichen Problemlösungsalternative erzielbaren Nutzenwerte (siehe Abb. 3-23 oben). Auf dieser Grundlage wird für jeden Nutzenwert der Ent-

		Zustandsraum			
		z_1	z_2	z_3	z_4
Aktionsraum	a_1	40	60	10	30
	a_2	60	80	10	20
	a_3	40	20	70	40
	a_4	70	30	40	60
Spaltenmaxima		70	80	70	60

		Zustandsraum				
		z_1	z_2	z_3	z_4	Maximales Risiko
Aktionsraum	a_1	30	20	60	30	60
	a_2	10	0	60	40	60
	a_3	30	60	0	20	60
	a_4	0	50	30	0	50

Abb. 3-23: Entscheidung bei Unsicherheit (III): Die Savage-Niehans-Regel

scheidungsmatrix der maximal mögliche Nachteil ermittelt, indem die Differenz zwischen dem jeweiligen Spaltenmaximum und den einzelnen Nutzenwerten gebildet wird (siehe Abb. 3-23 unten). Aus diesen Differenzwerten wird für jede Problemlösungsalternative das Zeilenmaximum – also das maximale Risiko – ermittelt. Zur Auswahl wird schließlich diejenige Alternative empfohlen, bei der das maximale Risiko am geringsten ist. In Abbildung 3-23 ist dies Problemlösungsalternative a_4.

Die **Laplace-Regel** ist vergleichbar mit einer Entscheidung auf der Grundlage von Erwartungswerten in einer Risikosituation. Da ein Berater im Fall einer Entscheidung unter Unsicherheit den möglichen Umweltzuständen keine Wahrscheinlichkeiten zuordnen kann, wird davon ausgegangen, dass kein Grund für die Annahme besteht, dass die Umweltzustände mit unterschiedlichen Wahrscheinlichkeiten eintreten werden. Das heißt, alle Umweltzustände werden als gleich wahrscheinlich angesehen und alle in der Entscheidungsmatrix aufgeführten Nutzenwerte mit der gleichen Wahrscheinlichkeit gewichtet. Die *Laplace*-Regel geht somit von einer neutralen Haltung des Klienten gegenüber der mit der Umweltentwicklung verbundenen Unsicherheit aus. In dem in Abbildung 3-24 dargestellten Beispiel führt dies zur Auswahl der Problemlösungsalternative a_4.

Zusammenfassend kann festgehalten werden, dass die dargestellten Entscheidungsregeln bei Unsicherheit nicht zu identischen Ergebnissen führen. Im hier gewählten Beispiel wird zweimal Problemlösungsalternative a_2 (Maximax-Regel

		Zustandsraum				
		z_1	z_2	z_3	z_4	
Gewicht		1/4	1/4	1/4	1/4	Summe
Aktionsraum	a_1	40 × 1/4	60 × 1/4	10 × 1/4	30 × 1/4	140 × 1/4 = 35,0
	a_2	60 × 1/4	70 × 1/4	10 × 1/4	10 × 1/4	150 × 1/4 = 37,5
	a_3	40 × 1/4	20 × 1/4	80 × 1/4	40 × 1/4	180 × 1/4 = 45,0
	a_4	80 × 1/4	30 × 1/4	70 × 1/4	60 × 1/4	240 × 1/4 = 60,0

Abb. 3-24: Entscheidung unter Unsicherheit (IV): Die Laplace-Regel

und *Hurwicz*-Regel) sowie dreimal Alternative a_4 (Minimax-Regel, *Savage-Niehans*-Regel und *Laplace*-Regel) am vorteilhaftesten eingestuft. Jede dieser Regeln basiert auf einer ganz bestimmten Annahme hinsichtlich der Risikoeinstellung des Klienten, was häufig als Kritikpunkt angeführt wird. Andererseits wird dem Berater durch ihre Anwendung jedoch bewusst, welches Risikoverhalten sich mit einer Entscheidung verbindet, so dass sich die Transparenz der Entscheidungssituation erhöht.

3.2.3 Holistische Verfahren zur Lösungsfindung

Anders als analytische Problemlösungsverfahren versuchen holistische Verfahren nicht, ein Problem möglichst fein zu zergliedern, sondern – im Gegenteil – alle relevanten Aspekte und deren Zusammenwirken möglichst in ihrer Gesamtheit zu erfassen. Entstanden sind sie aus der grundlegenden Kritik an analytischen Verfahren, dass diese aufgrund ihres Postulats relativ stabiler Zielsysteme, Prioritäten und Problemstrukturen nur sehr begrenzt berücksichtigen können, dass jede Problemlösung nur von vorübergehender Natur ist und dass bei jedem Lösungsweg mit unbeabsichtigten Nebenwirkungen gerechnet werden muss, die nicht selten selbst wieder zu neuen Problemen führen. Besondere Bedeutung erlangt diese Limitation, wenn man – wie Eingangs dieses Kapitels dargelegt – davon ausgeht, dass ein wesentliches Charakteristikum komplexer Managementprobleme eben gerade in einer ausgeprägten Dynamik besteht respektive die Dynamik eines Problems einer der Gründe für dessen Komplexität ist. Dies führt dazu, dass aufgrund ständiger Veränderungen der relevanten Rahmenbedingungen eine einmal gefundene Problemlösung immer wieder in neuem Licht betrachtet und überdacht werden muss.

Holistische Verfahren tragen diesem Umstand dadurch Rechnung, dass der Problemlösungsprozess als „Kreislauf“ verstanden wird: Probleme entstehen, sie werden aufgespürt und gelöst, es entstehen neue Probleme und der Kreislauf beginnt von vorne. Zudem beruhen sie nicht wie analytische Verfahren auf einer sequenziellen, sondern auf einer **iterativen Vorgehensweise**. Illustrativ lässt sich diese wie folgt veranschaulichen: Man beginnt mit der Definition des Problems, untersucht die wechselseitigen Abhängigkeiten der Problemkomponenten, identifiziert mögliche Ansatzpunkte zur Überwindung der wichtigsten Schwierigkeiten, stellt fest, dass die ursprüngliche Problemdefinition unzureichend war, kehrt zurück zum ersten Schritt und revidiert die ursprüngliche Definition, springt nun direkt zum vierten Schritt, geht wieder zurück zum dritten etc. Holistische Verfahren haben somit den Charakter eines Versuchs-Irrtums-Prozesses oder präziser, eines blinden Variations- und selektiven Bewahrungsprozesses (vgl. *Gomez/Malik/Oeller* 1975). In Anlehnung an *Karl Popper* lässt sich dieser in seiner einfachsten Form wie folgt darstellen: Den Ausgangspunkt bildet ein Problem, das im Rahmen einer Situationsanalyse untersucht wird. Als Ergebnis resultiert eine versuchsweise Lösung, die einer ersten tentativen Hypothese entspricht. Im nächsten Schritt werden Fehler in der versuchsweisen Lösung eliminiert, es resultieren neue Lösungen, die ihrerseits sowohl das Ergebnis des vorangegangenen Prozesses bilden als auch den Ausgangspunkt weiterer Problemlösungsaktivitäten (vgl. *Popper* 1972). Die Vertreter holistischer Problemlösungsverfahren gehen von der Annahme aus, dass ein blinder Variations- und selektiver Bewahrungsprozess notwendig und zugleich hinreichend ist für jeden Erkenntnisgewinn und somit auch für jede Art von Problemlösung. In Ansätzen ist der blinde Variations- und selektive Bewahrungsprozess auch dem (analytischen) Falsifikationsprinzip der Beratungspraxis zu eigen. Auch hier werden einmal getroffene Annahmen, wenn neue Erkenntnisse dies erforderlich machen, wieder revidiert. Das Falsifikationsprinzip weist demzufolge sowohl Elemente analytischer als auch holistischer Verfahren auf. Vom Wesen her ist es jedoch in analytischen, sequenziellen Denkmustern verhaftet.

Holistische Verfahren basieren auf den Denkansätzen der **Systemtheorie** und der **Kybernetik** (vgl. *Wiener* 1948; *Bertalanffy* 1951; *Ashby* 1956). Diese versuchen, die Kennzeichen und Gesetzmäßigkeiten unterschiedlichster komplexer Systeme mit Hilfe einheitlicher Definitionen und Werkzeuge greifbar und gestaltbar zu machen. Dabei gehen sie davon aus, dass keine Größe eines Systems unabhängig von den anderen Systemgrößen darstellbar ist. Die entsprechenden Ideen wurden schon früh von den Wirtschafts- und Sozialwissenschaften aufgegriffen und auf Unternehmen und andere soziale Institutionen übertragen (vgl. z.B. *Beer* 1959, 1966; *Ulrich* 1968). Ein zentrales Charakteristikum der Systemtheorie besteht dabei in der Forderung nach einem konsequenten „Denken in Kreisläufen" respektive einem „vernetzten Denken". Die erste operative Umsetzung solcher Denkweisen in ein praktisch handhabbares Problemlösungsverfahren wurde von *Jay W. Forrester* entwickelt. Sein Ansatz der System Dynamics, der konzeptionell auf dem regelungstechnischen Blockdiagrammdenken aufbaut, untersucht auf der Grundlage mathematischer Modellrechnungen das Stabilitätsverhalten von Unternehmen und anderen dynamischen Systemen. Während die von *Forrester* konzipierten Methoden allgemeinen Charakter besitzen und nicht nur im Management, sondern in verschiedenen Bereichen mit gesellschaftlicher Relevanz eingesetzt werden, wurde an der *Universität St. Gallen* eine Methodik entwickelt, die explizit auf die Bewältigung komplexer Managementprobleme zugeschnitten ist – die Methode des vernetzten Denkens. Auch diese Vorgehensweise beruht auf den Grundgedanken des System-Dynamics-Ansatzes, im Gegensatz zu den Arbeiten von *Forrester* verzichtet sie jedoch zugunsten einer praxisgerechten Handhabung auf die Aufstellung und Simulation komplexer mathematischer Modelle. Die Grundlagen (1) des System-Dynamics-Ansatzes und (2) des vernetzten Denkens werden in den folgenden Abschnitten behandelt.

3.2.3.1 Der System-Dynamics-Ansatz

Der System-Dynamics-Ansatz zielt darauf ab, die Theorien der Kybernetik und der Systemtheorie in Form einer mathematischen Modellierungstechnik zu operationalisieren, um sie auf diese Weise für praktische Problemstellungen nutzbar zu machen. Entwickelt wurde der Ansatz Ende der 1950er Jahre von *Jay W. Forrester* am *Massachusetts Institute of Technology* (vgl. *Forrester* 1961, 1969, 1971). Die ursprüngliche Intention bestand darin, mit Hilfe des Ansatzes Entscheidungs- und Problemlösungsprozesse in Unternehmen (Industrial Dynamics) zu untersuchen, doch schon bald wurde er auch auf die Simulation der Abläufe einer Stadt (Urban Dynamics) und später der gesamten Welt (World Dynamics) übertragen. Breite öffentliche Beachtung erfuhr der Ansatz erstmals in den 1970er Jahren durch die Veröffentlichung des Forschungsberichtes „The Limits to Growth", einer vom *Club of Rome* beauftragten Studie zu den globalen Problemen des Bevölkerungswachstums, der Nahrungsmittelversorgung, des Abbaus natürlicher Ressourcen und der Umweltverschmutzung (*Meadows* 1972). Heute kommt er in den verschiedensten Bereichen zum Einsatz, etwa zur Untersuchung von Krankheits- und Epidemieverläufen, zur Prognose der Entwicklung des Internets oder zur Simulation der Abläufe in physikalischen und biologischen Systemen (vgl. *Ossimitz* 1990).

Die System-Dynamics-Methodik bietet die Möglichkeit, kausale Bezüge zwischen den verschiedenen Elementen eines Systems abzubilden, so dass eine Prognose der zukünftigen Entwicklung des Gesamtsystems auf dem dynamischen, bisweilen zeitlich verzögerten Zusammenspiel der Elemente aufgebaut werden kann. Die Struktur des Problemlösungsprozesses ist dabei maßgeblich vom Denken in Regelkreisen geprägt. Unternehmen oder andere dynamische soziale Systeme werden als Netze vermaschter positiver und negativer **Rückkopplungsschleifen** aufgefasst. Eine Entscheidung für einen bestimmten Lösungsansatz, die unter dem Einfluss eines gegebenen Systemzustands getroffen wird, löst eine Aktion aus, die wiederum eine Veränderung des Systemzustands bewirkt. Aus den wahrgenommenen Veränderungen – also den Konsequenzen der Entscheidung – werden Informationen für weiterführende Problemlösungsschritte abgeleitet. Da die Komplexität entsprechender Systeme kaum zu überschauen ist, werden sie ihrerseits in Subsysteme unterteilt, wobei jedes dieser Subsysteme wieder als eine eigene Einheit betrachtet werden kann. Der Aufbau eines System-Dynamics-Modells basiert dabei auf dem Prinzip geschlossener Systemgrenzen, das heißt, auf einer eindeutigen Abgrenzung des betrachteten Systems von seinem Metasystem respektive seiner Umwelt. Dabei werden ausschließlich die für die Analyse bedeutenden Strukturkomponenten erfasst und dem Systemverhalten zugrunde gelegt. Bei der Definition der Systemgrenzen besteht jedoch ein grundsätzlicher Konflikt: Einerseits muss die Abgrenzung so eng wie möglich gezogen werden, um ausschließlich relevante Interaktionen der Systemelemente präzise analysieren zu können, andererseits birgt ein zu hoher Aggregationsgrad das Risiko eines Informationsverlustes.

Mathematisch wird ein System-Dynamics-Modell durch ein nicht-lineares Differenzengleichungssystem dargestellt. Als Variablen des Modells unterscheidet man dabei zum einen Zustands- bzw. Bestandsgrößen (Level), die den jeweils aktuellen Status des Systems angeben, und zum anderen Fluss- bzw. Stromgrößen (Raten), die Veränderungen der Zustandsvariablen im Zeitablauf bewirken. Als Bestandsgröße akkumuliert ein Level alle Nettoeffekte, die seinen Anfangswert im Laufe der Zeit durch Zu- und Abflüsse verändern. Diese Zu- und Abflüsse innerhalb eines bestimmten Betrachtungszeitraums – und damit auch die Flüsse zwischen verschiedenen Leveln – werden durch die betreffenden Raten determiniert. Sie zeigen anhand von Entscheidungsregeln auf, in welcher Weise eine Abweichung des beobachteten Systemzustands von einem definierten Zielzustand in eine Aktion transformiert wird. Die diesbezüglichen Entscheidungsregeln werden in Ratengleichungen formalisiert, die die laufenden Entscheidungen bestimmen und sich in den aktuellen Werten der Ratenvariablen niederschlagen Die beiden beschriebenen Variablengruppen – Level und Raten – sind notwendig und hinreichend zugleich, um eine Rückkopplungsschleife eines System-Dynamics-Modells abzubilden. Zusätzliche Hilfsvariablen (Auxiliaries) werden nur eingesetzt, um komplizierte Ratengleichungen zu entflechten; sie können prinzipiell durch eine schrittweise Substitution eliminiert werden. Die Berechnung des Systemverhaltens schließlich erfolgt mit Hilfe einer entsprechenden Simulationssoftware (vgl. *Schönenborn* 2004, S. 44).

Ein System-Dynamics-Modell setzt sich aus einer Vielzahl verschiedener Rückkopplungsschleifen zusammen, die eng miteinander vernetzt sind. Man unterscheidet hierbei positive (gleichgerichtete) und negative (gegenläufige) Rückkopplungen. Eine positive Schleife führt zu einer in der Wirkungsrichtung gleichlaufenden Veränderung des Systemzustands: Ausgehend von einem gegebenen Status Quo werden durch die Entscheidung für einen bestimmten Lösungsansatz Aktionen ausgelöst, die die Bestandsgröße immer weiter von ihrem Ausgangswert divergieren lassen. Nehmen wir etwa an, ein Unternehmen reagiere auf Umsatzverluste mit einer Kürzung des Forschungs- und Entwicklungsbudgets. Mittelfristig wird dies dazu führen, dass die Innovationskraft des Unternehmens abnimmt, so dass es an Wettbewerbsstärke verliert und der Umsatz weiter sinkt. Sofern das Unternehmen sein Entscheidungsverhalten nicht ändert und auch auf diesen Rückgang wieder mit einer Budgetkürzung im Entwicklungsbereich reagiert, beginnt der beschriebene Kreislauf von vorne und der Umsatz nimmt letztendlich immer weiter ab. Positive bzw. gleichgerichtete Rückkopplungsschleifen wie diese führen grundsätzlich zu Wachstums- oder Schrumpfungsprozessen vergleichbarer Art. Negative bzw. gegenläufige Rückkopplungen hingegen sind zielsuchend. Das heißt, eine Differenz zwischen dem beobachteten Ist-Zustand und einem angestrebten Sollzustand wird durch einen negativen Rückkopplungseffekt kompensiert. Reagiert ein Unternehmen etwa auf eine zu geringe Absatzmenge mit einer Preissenkung, führt dies entlang der betreffenden Preis-Absatz-Funktion zu einer erhöhten Nachfrage, die – wenn der Effekt stark genug ist – ihrerseits bewirkt, dass das Absatzziel erreicht oder sogar überschritten wird. Behält das Unternehmen im Falle einer Zielüberschreitung sein Entscheidungsverhalten bei, reagiert es auf die gestiegene Nachfrage nun mit einer Preiserhöhung, so dass die Absatzmenge wieder abnimmt. Im Laufe der Zeit führt ein solcher Anpassungsprozess über eine asymptotische oder oszillierende Annäherung an den Zielzustand zu einem Gleichgewicht.

In Abbildung 3-25 ist ein beispielhafter exponentieller Wachstumsprozess in der Symbolik des System-Dynamics-Ansatzes dargestellt: Der Zuwachs (Z) eines Kapitalbetrages (K) in einer Periode (t) hängt vom Kapitalbetrag selbst und von einem konstanten Modellparameter ab. Mathematisch lässt sich dies wie folgt ausdrücken:

(3-5) $$Z_t = 0{,}1 \times K_{t-1}$$

(3-6) $$K_t = K_{t-1} + Z_t$$

Konkrete Anhaltspunkte dafür, welche Variablen in ein Simulationsmodell aufgenommen werden sollten, in welcher Weise diese aufeinander einwirken und wie mit Hilfe von Teilsimulationen Anregungen zur zielgerichteten Einflussnahme auf eine gegebene Situation genommen werden kann, liefern die Arbeiten von *Vester* (vgl. z.B. *Vester/Hessler* 1980; *Vester* 1992). Sie gelten als eine der wichtigsten Weiterentwicklungen des Ansatzes. In den USA haben zudem die Arbeiten von *Senge* zu seiner Verbreitung beigetragen (vgl. *Senge* 1990). *Senge*, der den Ansatz von *Forrester* mit den Ideen des organisationalen Lernens verknüpfte,

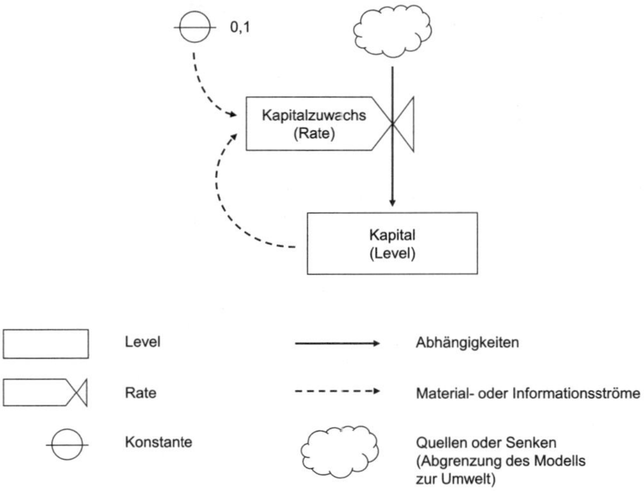

Abb. 3-25: Beispiel eines exponentiellen Wachstumsprozesses

entwickelte Archetypen von Kreisläufen für bestimmte Problemstellungen in Unternehmen und anderen sozialen Institutionen. Seine Arbeiten haben jedoch eher den Charakter einer Denkschule als den einer praktikablen Problemlösungsmethodik.

Die Methoden *Forresters* waren insbesondere im Hinblick auf die von ihm zur Prognose der globalen Entwicklung aufgestellten Weltmodelle zum Teil heftiger **Kritik** ausgesetzt (vgl. z.B. *Apel* 1975, 1979). So stellte sich etwa der von ihm vorausgesagte globale Kollaps, der sich unter anderem in einer Bevölkerungsexplosion und in erschöpften Rohstoffen manifestieren sollte, nicht so wie prognostiziert ein. Zudem erweckt die formale mathematische Vorgehensweise *Forresters* eine gewisse Scheingenauigkeit, die de facto nicht gegeben ist. Der Großteil der Kritik am System-Dynamics-Ansatz richtet sich jedoch nicht gegen methodische Aspekte, sondern gegen den Umstand, dass in vielen der mit Hilfe des Ansatzes aufgestellten Modelle die mathematischen Fundamente nicht oder nur unzureichend wissenschaftlich dokumentiert sind und sich somit einer neutralen Überprüfung entziehen (vgl. *Schwarz/Ewaldt* 2002, S. 171).

3.2.3.2 Der Ansatz des vernetzten Denkens

Auch im Ansatz des vernetzten Denkens finden sich viele der im System-Dynamics-Ansatz beschriebenen Grundideen – etwa das Denken in Kreisläufen und die Berücksichtigung von Rückkopplungsschleifen. Um die Akzeptanz der zugrunde liegenden Theorien auch außerhalb der Wissenschaft zu erhöhen und um ihre Handhabung besser auf die Anforderungen der Unternehmenspraxis zuzuschneiden, verzichtet die Methodik des vernetzten Denkens jedoch auf eine Aufstellung und Simulation komplexer mathematischer Modelle. Sie wendet sich vielmehr mit einer praktikablen Vorgehensweise explizit an Führungskräfte in Unternehmen, die mit ihrer Hilfe in die Lage versetzt werden sollen, komplexe Managementprobleme ohne externe Hilfe zu bewältigen. Gleichwohl kann die empfohlene Problemlösungsmethodik in derselben Weise auch von externen Beratern genutzt werden, um Klienten bei der Lösung ihrer Probleme zu unterstützen. Entwickelt wurde der Ansatz des vernetzten Denkens, der auf den Grundlagen der systemtheoretischen Schule der *Universität St. Gallen* aufbaut, in der zweiten Hälfte der 1980er Jahre von *Gomez*, *Probst* und *Ulrich* (vgl. *Gomez /Probst* 1987; *Ulrich/Probst* 1988).

In der Methodik des vernetzten Dankens wird der Problemlösungsprozess in mehreren Schritten abgebildet. Deren Anzahl wurde von anfangs sieben (1987) auf zunächst sechs (1991) und schließlich auf fünf (1995) reduziert. Die folgenden Schritte bilden heute die Grundstruktur des Ansatzes: Ein Problem muss entdeckt, seine Zusammenhänge und Spannungsfelder müssen verstanden, Gestaltungs- und Lenkungsmöglichkeiten erarbeitet, Lösungsalternativen beurteilt und eine passende Problemlösung schließlich umgesetzt und im Unternehmen verankert werden. Die vordergründige Analogie zu sequenziellen Vorgehensweisen besteht dabei nur auf den ersten Blick. Denn während sequenzielle Verfahren grundsätzlich einer fest vorgegebenen Abfolge von Lösungsschritten folgen, verstehen holistische Ansätze wie der des vernetzten Denkens die einzelnen Schritte des Problemlösungsprozesses nicht als starr miteinander verknüpft, sondern – im Sinne iterativer Verfahren – als vernetzte Module mit wechselseitigen Abhängigkeiten und Rückkopplungen. Um dieses „Denken in Kreisen" bildlich zu illustrieren, wird üblicherweise die in Abbildung 3-26 gezeigte Darstellungsweise gewählt. Aus didaktischen Gründen werden die einzelnen Schritte im weiteren Verlauf aufeinanderfolgend betrachtet (vgl. *Gomez/Probst* 1999).

Den ersten Schritt bildet die **Problemidentifikation**. Auf die Bedeutung, die dem jeweiligen Bezugsrahmen zur Definition des „tatsächlichen" Problems zukommt, und auf die Schwierigkeiten, ein komplexes Problem anfänglich überhaupt zu spezifizieren, wurde eingangs dieses Kapitels bereits hingewiesen. Indem sich ein Berater bewusst in unterschiedliche Positionen versetzt, unterschiedliche Perspektiven einnimmt und auf diese Weise seinen eigenen Bezugsrah-

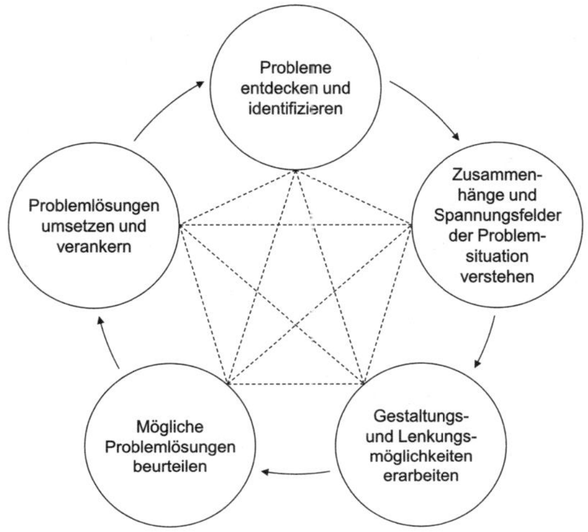

Abb. 3-26: Problemlösungsschritte des vernetzten Denkens (Quelle: Gomez/Probst 1999, S. 27)

men variiert, kann er unterschiedliche Aspekte eines Problems und deren Auswirkungen auf die für die Problemstellung relevanten Interessensgruppen nachvollziehbar machen. Dabei müssen je nach Problemlage neben unternehmensinternen Standpunkten auch die von außenstehenden Parteien einbezogen werden – von Kunden, Lieferanten, Kapitalgebern etc. Auf der Grundlage der so gewonnenen Einsichten müssen die Systemgrenzen des Problemfelds gezogen, entsprechende Unternehmenszwecke definiert und – vergleichbar mit den Key Drivern analytischer Modelle – Schlüsselfaktoren abgeleitet werden, durch deren Zusammenspiel die Dynamik des Systems im Wesentlichen geprägt wird. Wählt man für ein börsennotiertes Unternehmen beispielsweise eine wirtschaftliche Perspektive, so kann sein Zweck darin gesehen werden, Aktionärsnutzen respektive Shareholder Value zu schaffen. Zu den Schlüsselfaktoren zählen in diesem Fall Größen wie die realisierten Verkäufe und Erträge, die vom Unternehmen getätigten Investitionen, die Forschungs- und Entwicklungsleistung, die hieraus entstehenden Innovationen, die Qualität des Produktprogramms, der Kundennutzen, die Stärke der Konkurrenz und die eigene Wettbewerbsposition. Wird hingegen eine umweltbezogene Perspektive eingenommen, besteht der Zweck eines Unternehmens darin, nachhaltige Produkte und Verfahren zu entwickeln, die ihre Bestimmung sicher, energiesparend und mit minimaler Umweltbelastung erfüllen. Schlüsselfaktoren wären in diesem Fall Größen wie etwa die Qualität der Produktionsanlagen, die Umweltschädigung oder die gesellschaftliche Akzeptanz.

Nachdem die Problemsituation definiert ist, werden im nächsten Schritt ihre **Zusammenhänge und Spannungsfelder** herausgearbeitet. Wie der System-Dynamics-Ansatz, so basiert auch der Ansatz des vernetzten Denkens auf der Abbildung von Problemstrukturen in Form von Kreisläufen. Entsprechend wird zur Analyse der Zusammenhänge zunächst ihr zentraler Wirkungskreislauf identifiziert. Als Basis hierfür dienen die im ersten Schritt identifizierten Perspektiven, Zwecke und Schlüsselfaktoren. Wurden zur Problemidentifikation noch ganz bewusst verschiedene Perspektiven eingenommen, so gilt es nun, eine dieser Perspektiven auszuwählen, die für die Problemlösung als zentral oder zumindest als primus inter pares angesehen wird. Um die betreffenden Schlüsselfaktoren in Form eines Kreislaufes abzubilden, wird zunächst das Ziel bestimmt, das entsprechend der gewählten Perspektive erreicht werden soll; wird im obigen Beispiel eine wirtschaftliche Perspektive gewählt, wäre dies etwa ein angemessener Kundennutzen. Ausgehend hiervon wird nun einerseits untersucht, welche Mittel erforderlich sind, um dieses Ziel zu erreichen – im hier beschriebenen Fall etwa ein qualitativ hochwertiges Produktprogramm –, und wie andererseits die Zielerreichung gemessen werden kann – beispielsweise durch die Höhe der erzielten Verkäufe. Führt man diese Vorgehensweise für alle Schlüsselfaktoren fort, resultiert der im Zentrum von Abbildung 3-27 dargestellte Wirkungskreislauf. Im vorliegenden Beispiel ist dieser Kreislauf selbstverstärkend, das heißt, alle betrachteten Größen stehen in einer positiven Abhängigkeit voneinander, die in der Abbildung durch Pluszeichen gekennzeichnet ist. Eine solche Selbstverstärkung kann sich sowohl in einem Aufschwung als auch in einem Abschwung manifestieren.

Ist der zentrale Wirkungskreislauf identifiziert, wird das Beziehungsnetzwerk sukzessive ausgebaut. Hierzu wird zunächst die dem Wirkungskreislauf zugrunde liegende Perspektive – im hier gewählten Beispiel also die wirtschaftliche Sicht – auf Basis der verbleibenden Schlüsselfaktoren (Innovationen, Konkurrenz, Wettbewerbsposition) weiter präzisiert. Ist dies geschehen, muss die nächste Perspektive eingenommen werden, um die diesbezüglichen Schlüsselfaktoren in das Netwerk einzuarbeiten. In Abbildung 3-27 ist dies am Beispiel der umweltbezogenen Perspektive mit den im ersten Schritt exemplarisch beschriebenen Schlüsselfaktoren dargestellt. Sind sämtliche Beziehungen der Problemstruktur beschrieben, müssen ihre zeitlichen Abhängigkeiten und ihre Intensitäten ermittelt werden. Im vorliegenden Fall wurden zur Darstellung der zeitlichen Struktur drei Kategorien definiert – kurz-, mittel- und langfristig –, die in Abbildung 3-27 durch unterschiedliche Pfeilstärken symbolisiert werden. Die Intensität der Beziehungen kann entweder durch Zahlenangaben im Netzwerk festgehalten oder mithilfe einer Einflussmatrix analysiert werden, die die einzelnen Elemente des Netzwerks einander paarweise gegenüberstellt (vgl. *Vester/Hessler* 1980; *Vester* 1992). Als Ausdruck der Intensität der Beziehungen werden dabei üblicher-

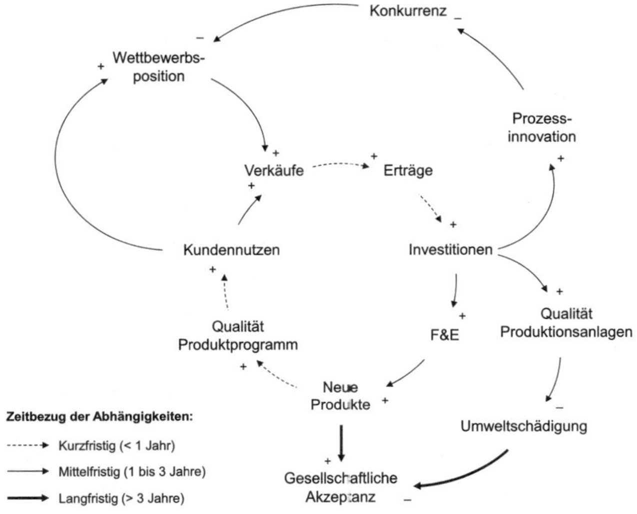

Abb. 3-27: Beispiel eines Beziehungsnetzwerks
(Quelle: In Anlehnung an Gomez/Probst 1999, S. 79)

weise Werte von 1 (als numerisches Äquivalent einer schwachen Beziehung) bis 3 (als Äquivalent einer starken Beziehung) vergeben.

Wenn das Netzwerk aufgestellt ist, werden im dritten Schritt die **Gestaltungs- und Lenkungsmöglichkeiten** erarbeitet, die einem Unternehmen im Rahmen der Problemlösung zur Verfügung stehen. Hierzu werden diejenigen Elemente des Netzwerks, die unmittelbar vom Unternehmen – respektive von der mit der Problemlösung befassten Führungsebene – beeinflusst werden können, von solchen Elementen abgegrenzt, die außerhalb des betreffenden Einflussbereiches liegen. Zudem werden diejenigen Größen identifiziert, die als Indikatoren der Zielerreichung dienen können. Während die lenkbaren Größen – im obigen Beispiel etwa die Investitionen oder die Qualität der Produktionsanlagen –Ansatzpunkte für Strategien und Maßnahmen bilden, zeigen die nicht lenkbaren Größen – etwa die Konkurrenz oder die gesellschaftliche Akzeptanz – die Rahmenbedingungen der Problemsituation auf, die mithilfe von Szenarien erfasst und in Eventualstrategien berücksichtigt werden müssen. Die beobachteten Indikatoren – etwa Verkäufe und Erträge – geben zu erkennen, ob die vorgenommenen Eingriffe in das System die gewünschte Wirkung erzielen.

Auf der Grundlage der vorhandenen Gestaltungs- und Lenkungsmöglichkeiten werden im vierten Schritt **mögliche Problemlösungen** verglichen und beurteilt. Die Methodik des vernetzten Denkens verfolgt dabei explizit *nicht* das Ziel, eine aus der Perspektive des Problemlösers – des Beraters oder seines Auftraggebers etwa – optimale Lösung im Unternehmen durchzusetzen, da selbst eine theoretisch „richtige" Lösung durch mögliche Widerstände anderer Interessensgruppen in der Praxis ihre Wirkungskraft verlieren oder sogar kontraproduktiv wirken kann. Aus diesem Grund löst sich die Methodik des vernetzten Denkens von abstrakten Optimalitätskriterien und zielt stattdessen darauf ab, die Eigendynamik der Problemsituation möglichst geschickt im Sinne des Problemlösers zu nutzen. Hierzu wurden konkrete Lenkungsregeln aufgestellt, die der Beurteilung der in Betracht gezogenen Lösungsalternativen dienen (vgl. *Gomez/Probst* 1999, S. 171 ff.). Qualitativen Aspekten wird dabei die gleiche Stellung eingeräumt wie quantitativen Größen. Um letztere zu evaluieren, wird auf die Methoden und Instrumente des Wertmanagements zurückgegriffen (siehe auch Kapitel 5).

Ist eine Problemlösung ausgewählt, muss diese im Unternehmen **umgesetzt und verankert** werden. Dabei ist zu beachten, dass eine Problemlösung immer auf einer bestimmten Führungsebene und in einem bestimmten Kontext entwickelt wurde; ihre Umsetzung jedoch betrifft verschiedene Ebenen und Bereiche, die in der Regel nicht die gleiche Kultur, die gleichen Aufgaben und die gleiche Sprache teilen. Reaktionen und Verhaltensweisen verschiedener Akteure, die mit ein und derselben Problemlösung konfrontiert sind, können daher stark voneinander abweichen. Die Realisierung einer Lösung kann somit nicht einheitlich, sondern nur für jede Ebene und für jeden Bereich individuell gestaltet werden. Der Ansatz des vernetzten Denkens versteht die Umsetzung dabei als einen Prozess, der maßgeblich von einer nicht kalkulierbaren Eigendynamik geprägt ist, die sich aus unvorhergesehenen Reaktionen und Verhaltensweisen von Kunden, Konkurrenten und eigenen Mitarbeitern, aus Selbstverstärkungseffekten und Selbstorganisationsphänomenen ergibt. Um den Umsetzungsprozess dennoch planbar zu gestalten, werden im Rahmen eines ganzheitlichen Controllings Fortschritte erfasst, Abweichungen ermittelt und Korrekturmaßnahmen eingeleitet. Dabei wird eine schrittweise, evolutionäre Umsetzung der Problemlösung angestrebt, um Eigensteuerungspotenziale zu nutzen, die das Systemverhalten zielgerichtet korrigieren. Da der Umsetzung einer Lösung und ihrer Einbettung in das Unternehmensgeschehen in der Praxis eine ebenso bedeutende Rolle zukommt wie der eigentlichen Lösungsfindung, wurde der Ansatz des vernetzten Denkens in neueren Arbeiten um zwei weitere Dimensionen ergänzt, die diesem Aspekt besondere Aufmerksamkeit beimessen. *Gomez* und *Probst* bezeichnen diese Dimensionen als „unternehmerisches Handeln" und „persönliches Überzeugen" (vgl. *Gomez/Probst* 1999). Unternehmerisches Handeln wird dabei als Umsetzung der gefundenen Lösung „im Interesse des Ganzen" verstanden. Persönliches Überzeugen bezieht sich vor allem auf die beispielgebende Funktion von Führungskräften und auf ihre Entschlossenheit, die den Umsetzungserfolg in entscheidendem Maße beeinflussen können. Die in Abbildung 3-26 dargestellten Problemlösungsschritte des vernetzten Denkens wurden entsprechend um die beiden genannten Dimensionen erweitert.

3.3 Implikationen für die Strategieberatung

In den vorangegangenen Abschnitten ist deutlich geworden, dass sich psychologische, analytische und holistische Verfahren in ihrer Herangehensweise an betriebswirtschaftliche Probleme grundsätzlich voneinander unterscheiden. Während psychologische Verfahren das menschliche Verhalten im Problemlösungsprozess in den Mittelpunkt stellen, bauen analytische Verfahren auf einer möglichst feinen Zergliederung eines Gesamtproblems auf, um einzelne Aspekte logisch zu strukturieren, wohingegen holistische Verfahren versuchen, alle relevanten Gesichtspunkte und deren Zusammenwirken möglichst ganzheitlich zu erfassen. Für die Gestaltung von Beratungsleistungen sind alle drei Perspektiven gleichermaßen von Bedeutung: Ein Unternehmensberater muss wissen, wie Menschen Probleme lösen, welche geistigen Prozesse dabei ablaufen, unter welchen Bedingungen eine Problemlösung gelingen oder scheitern kann. Insbesondere muss sich ein Berater eine kritische Haltung gegenüber eigenen Lösungsschemata bewahren. Wenn er das Problem eines Klienten betrachtet, wird er es unwillkürlich zu seinem vorhandenen Wissen in Beziehung setzen. Er vergegenwärtigt sich die Ausgangslage, präzisiert den Zielzustand und überlegt, welche Lösungsmöglichkeiten prinzipiell in Frage kommen. Dabei muss er darauf achten, dass aufgrund bestimmter Merkmale, die das Problem aufweist, nicht vorschnell ein bestimmtes Lösungsschema aktiviert wird, das die in Betracht gezogenen Lösungswege unangemessen limitiert. Auch muss ein Berater dazu in der Lage sein, bei der Einschätzung einer Klientensituation analytisch zu abstrahieren und ein Problem in seine wesentlichen Komponenten zu zerlegen, um die grundlegenden Problemstrukturen zu erfassen und die erkannten Symptome auf ihre Ursachen zurückzuführen. Dabei darf er jedoch weder das Zusammenwirken einzelner Teilaspekte der Problemstellung aus den Augen verlieren, noch deren Einbettung in ihren übergeordneten Kontext aus isolierten, oft inkompatiblen strategischen Initiativen. Nicht selten machen es die Gegebenheiten in der Praxis allerdings unumgänglich, auf eine eingehende Betrachtung aller relevanten Abhängigkeiten zu verzichten. Meist sind es Zeitdruck und Kapazitätsengpässe, die dazu führen, dass die Komplexität des Problemlösungsprozesses durch eine Fokussierung auf diejenigen Aspekte, die den größten Erfolg versprechen, durch das Arbeiten mit Hypothesen und letztendlich auch durch eine bewusste Vernachlässigung bestimmter Abhängigkeiten und Wechselwirkungen auf ein handhabbares Maß reduziert wird.

Die Erfassung der Problemstrukturen bildet dabei nur einen – wenn auch wesentlichen – Teilschritt des Problemlösungsprozesses. Alle Verfahren münden letztendlich in eine Identifikation und Bewertung prinzipieller Handlungsoptionen, von denen es die im Sinne des Klienten bestmögliche auszuwählen gilt. Hierbei kommt den Daten, Fakten, Annahmen und Meinungen, die der Evaluation der Handlungsalternativen zugrunde gelegt werden, eine zentrale Rolle zu. Während ein Problem – unabhängig davon, ob es in der Form einer Pyramide oder eines Netzwerks formalisiert oder lediglich implizit erfasst wurde, – von einer erfahrenen Führungskraft, die im Tagesgeschäft eines Unternehmens mit den betreffenden Aufgaben befasst ist, meist intuitiv beurteilt wird, legen Berater auch dann, wenn sie selbst über umfassende Erfahrung verfügen, großen Wert auf eine unvoreingenommene Haltung und eine kritische Distanz zu bestehenden Entscheidungsroutinen. Um mögliche Handlungsoptionen zu identifizieren und zu bewerten, vertrauen sie weniger auf ein wie auch immer geartetes „Bauchgefühl“, als vielmehr auf akkurat erhobene, objektive Fakten. Dies trägt einerseits dazu bei, ihr unvermeidliches Wissensdefizit im Tagesgeschäft des Klienten auszugleichen, und erhöht andererseits die Rationalität der entwickelten Handlungsempfehlung. Ein Berater muss sich jedoch bewusst sein, dass die Unvorhersehbarkeit der Zukunft, für die er seine Handlungsempfehlungen entwirft, ein grundlegendes, nicht lösbares Phänomen darstellt und dass sich viele „harte“ Fakten bei näherer Betrachtung als relativ „weich“ erweisen können. Letzteres lässt sich etwa am Beispiel quantitativer Aussagen verdeutlichen, die, da sie als objektiver gelten, bei der Beurteilung möglicher Handlungsoptionen qualitativen Aussagen häufig vorgezogen werden. Jeder quantitativen Aussage liegt jedoch immer eine qualitative Vorentscheidung darüber zugrunde, wie ein Problemaspekt definiert, abgegrenzt und schließlich gemessen werden soll (vgl. *Müller-Stewens/Lechner* 2001, S. 81). Eine solche qualitative Vorgabe kann von Fall zu Fall mehr oder weniger zweckmäßig sein, sie blendet jedoch grundsätzlich alternative Sichtweisen – zumindest vorübergehend – aus. Durch eine Überbetonung quantitativer Fakten entsteht somit die Gefahr der Scheinrationalisierung – etwa, wenn der „exakte“ Kapitalbarwert eines Investitionsobjektes zu einem Großteil aus dem Restwert stammt oder durch geringfügige Variationen des zugrunde gelegten Diskontierungssatzes erheblich verändert werden kann. Es liegt in der Verantwortung eines Beraters, Aussagen, die auf Prognosen beruhen, nicht als faktisch darzustellen, die getroffenen Annahmen offenzulegen, auf Unsicherheiten hinzuweisen und alternative Interpretationen ebenso wie gegensätzliche Positionen kenntlich zu machen.

4. Sinnstiftung als derivate Beratungsleistung

4.1 Managementkonzepte als Mittel zur Komplexitätsreduktion

Strategieberater sind – das haben die Ausführungen des letzten Kapitels gezeigt – in erster Linie Problemlöser. In ihrem Bemühen, den immer neuen Herausforderungen ihrer Klienten mit geeigneten Mitteln entgegenzutreten, sind sie jedoch zugleich auch als „Produzenten“ von neuem Managementwissen tätig. Zahlreiche Ideen und Konzepte der modernen Unternehmensführung wurden ursprünglich von Beratern entwickelt, um ihren Klienten innovative Lösungsmöglichkeiten für operative und vor allem strategische Probleme aufzuzeigen. Viele dieser Ideen zählen heute zu den Klassikern der Unternehmensführung, nicht selten prägten sie das betriebswirtschaftliche Leitbild einer ganzen Epoche. So wurde etwa bereits der Ausklang des neunzehnten Jahrhunderts dominiert vom Scientific Management des Unternehmensberaters *Frederick Winslow Taylor*. Knapp einhundert Jahre später standen die 1970er Jahre vor allem im Zeichen des Portfolioansatzes der *Boston Consulting Group*. In den 1980ern folgte eine Ausrichtung auf strategische Wettbewerbsvorteile und Wettbewerbsstrategien, vor allem in Deutschland löste zudem die Unternehmensberatung *McKinsey* mit ihrer Gemeinkostenwertanalyse eine nachhaltige Kostensenkungswelle aus. Und auch in den 1990er Jahren beeinflussten zahlreiche Managementkonzepte – von Lean Management bis Business Process Reengineering, von Shareholder Value Management bis zur Konzentration auf Kernkompetenzen – die allgemeine Anschauung, wie Managementprobleme zu lösen sind. In diesem Sinne sind Strategieberater nicht nur Problemlöser, sie sind als Sinnstifter zugleich auch konzeptionelle Wegbereiter neuer Managementideologien.

Transportiert werden diese Ideologien mithilfe von **Managementkonzepten**, in denen allgemeine, theoretisch oder empirisch fundierte Erkenntnisse über Ziel/Mittel-Beziehungen formuliert werden, die als konditionale normative Denkmodelle zum Ausdruck bringen, wie Führung in Unternehmen nach Ansicht der Protagonisten des Konzepts vollzogen werden sollte. Sie dienen dazu, allgemeine betriebswirtschaftliche Regeln zu formulieren, zu akzentuieren und zu verbreiten, die sich im Management eines Unternehmens in einer bestimmten Denkhaltung manifestieren. Ihr Anspruch ist es, auf diese Weise die Qualität der Unternehmensführung durch ein ideologiekonformes schnelles und zielgerichtetes Handeln zu erhöhen. Gemeinsam mit weiteren Promotoren – etwa Buchverlagen, Wirtschaftsmagazinen und Vertretern führender Business Schools – werden die Konzepte über Bücher, Beiträge in Managementzeitschriften, Vorträge und Kongresse einem breiten Diskurs zugeführt.

Wenngleich die „Erfolgsquote" manch eines Konzeptes auch in Frage stehen mag – *Michael Hammer* und *James Champy* etwa, die Protagonisten des Business Process Reengineering, sprechen selbst davon, dass 70 bis 80 Prozent entsprechender Projekte scheitern (vgl. *Straub/Forchhammer* 1995, S. 9) – neigen nicht wenige Führungskräfte dazu, regelmäßig hohe Summen in die Umsetzung der gerade aktuellen Trends zu investieren. Es stellt sich die Frage, woran es liegt, dass sich Topmanager immer wieder auf neue Ideologien und Konzepte einlassen. Die Gründe hierfür sind vielschichtig. Zunächst muss davon ausgegangen werden, dass das Management eines Unternehmens dem grundsätzlichen Ziel folgt, die Wettbewerbsposition des eigenen Unternehmens zu stärken. In Anbetracht der zunehmenden Komplexität, Intransparenz und Dynamik der meisten Märkte sehen sich viele Führungskräfte jedoch mehr und mehr diffusen, unstrukturierten Situationen gegenüber, in denen der Weg zu einer starken Position alles andere als klar vorgezeichnet ist. In einem solch mehrdeutigen Kontext können Managementkonzepte Orientierung liefern. Sie sind in der Regel gut strukturiert, ihr Nutzen wird von ihren Protagonisten anhand zahlreicher Praxisbeispiele und Erfahrungsberichte erfolgreicher Unternehmen dokumentiert und sie erlauben ein schnelles, zielgerichtetes Handeln. Dies ermöglicht es einer Führungskraft, die **Komplexität ihrer Entscheidungssituation** zu reduzieren, indem sie sich nicht länger an der Unüberschaubarkeit ihres Unternehmens und seiner Umwelt, sondern an dem von ihr wahrgenommenen wettbewerbsstrategischen Potenzial eines bestimmten Managementkonzepts orientiert. Wird dieses Potenzial zur Stärkung der Wettbewerbsposition des eigenen Unternehmens als hinreichend empfunden, dann wird das Konzept aufgegriffen und an die eigene Situation angepasst.

Ob ein Unternehmen durch die Anwendung eines Konzeptes tatsächlich seine Wettbewerbsposition verbessert, ist aufgrund vielschichtiger Wirkungszusammenhänge auch im Nachhinein – wenn überhaupt – nur schwer zu ermitteln. Häufig wird eine entsprechende Prüfung im Detail allerdings auch gar nicht verlangt. Viele Managementkonzepte gelten – zumindest für eine bestimmte Zeit – als über alle Zweifel erhabene „Best Practice", das Unternehmen, das sie einsetzt, als fortschrittlich geführt. Managementkonzepte können somit den Status sozialer Normen erlangen. Sie werden zu „Rationalitätsmythen", die soziale Ziele bestimmen und zugleich festlegen, welche Mittel zur rationalen Verfolgung dieser Ziele angemessen sind (vgl. *Kieser* 1998a, S. 202 f.; *Walgenbach* 1995, S. 275). Sowohl in der Unternehmenspraxis als auch in der betriebswirtschaftlichen Literatur werden Managementkonzepte aus diesem Grund bisweilen als inhaltsleere Trends geschmäht, ebenso häufig jedoch auch als sinnstiftende Leitbilder gepriesen. Die Wahrheit liegt wohl irgendwo zwischen diesen Extremen. Ob wissenschaftlich belegt oder in der Praxis erprobt, ob von Beratern erdacht oder im Unternehmen gewachsen – kein Managementkonzept kann für sich in Anspruch nehmen, jedwede wirtschaftliche Schwierigkeit aus dem Weg zu räumen und alle Unternehmen zum kollektiven Erfolg zu führen. Doch wäre es ebenso falsch, sich neuen Konzepten von vorneherein zu verschließen – auch dann, wenn sie vielleicht nur einen im Grunde bekannten aber in Vergessenheit geratenen Aspekt erfolgreicher Unternehmensführung in neuer Form akzentuieren.

Um sich unvoreingenommen mit Managementkonzepten auseinanderzusetzen, müssen sowohl Berater als auch ihre Klienten wissen, auf welche Weise neue Konzepte entstehen, welchen Nutzen sie einem Unternehmen stiften, in welche Konzepte investiert werden sollte und zu welchem Zeitpunkt entsprechende Investitionen am aussichtsreichsten sind. In verschiedenen Erklärungsansätzen wird versucht, ein Verständnis für diese Fragestellungen zu entwickeln und Führungskräften eine fundierte Entscheidungshilfe an die Hand zu geben. Zu den wichtigsten zählen das Modell des Management Fashion Setting, das Rationalmodell der Wertschöpfungskette für Managementwissen, das klassische Lebenszyklusmodell, und das erweiterte Lebenszyklusmodell. Während die beiden erstgenannten Erklärungsansätze als formale **Prozessmodelle** konzipiert sind, versuchen die beiden letztgenannten den Verbreitungsgrad respektive das wettbewerbsstrategische Potenzial von Managementkonzepten im Zeitablauf in Form von **Lebenszyklen** zu erfassen. Das verbindende Element aller vier Ansätze besteht darin, dass sie die Evolution neuer Ideen und Leitgedanken in Form von Managementkonzepten als „Moden“ auffassen. In den folgenden Abschnitten werden die wichtigsten Erkenntnisse der verschiedenen Modelle vorgestellt, ihre Gemeinsamkeiten und Unterschiede diskutiert sowie ihre Relevanz für die Gestaltung von Beratungsleistungen aufgezeigt. Zudem werden **konstruktivistische Denkmuster** zur Erklärung von Managementmoden betrachtet.

4.2 Managementmoden als Träger von Managementideologien

4.2.1 Prozessmodelle zur Erklärung von Managementmoden

Managementkonzepte wie etwa Business Process Reengineering, Shareholder Value Management oder Lean Production dienen, wie oben erläutert, der Akzentuierung und Verbreitung einer bestimmten betriebswirtschaftlichen Ideologie. In Prozessmodellen wird versucht, die Entstehung und Verbreitung entsprechender Konzepte – respektive die Entstehung des zugrunde liegenden Managementwissens im Allgemeinen – und die Rolle von Unternehmensberatern in den betreffenden Prozessen deskriptiv abzubilden. Im Mittelpunkt stehen dabei die Fragen, warum und auf welche Weise immer neue Managementkonzepte entworfen werden und somit neues Managementwissen entsteht. Im Folgenden werden zwei Prozessmodelle näher betrachtet: (1) das Modell des Management Fashion Setting und (2) das Rationalmodell der Wertschöpfungskette für Managementwissen.

4.2.1.1 Das Modell des Management Fashion Setting

Das Modell des Management Fashion Setting (vgl. *Abrahamson* 1996) beruht auf einer kritischen Haltung gegenüber den ideologiebildenden Aktivitäten von Unternehmensberatern. Diese werden vornehmlich als Instrument in einem von Beratern initiierten Kreislauf des Unsicherheitsstiftens und des Sicherheitsgewährens verstanden, der zu einem sich selbst verstärkenden Wachstum des Beratungsmarktes beiträgt (vgl. *Jackall* 1988, S. 142 ff.). Vertreter dieser Perspektive gehen von der Annahme aus, dass die Position eines Managers grundsätzlich mit zwei fundamentalen Bedürfnissen verbunden ist: dem Bedürfnis nach Vorhersehbarkeit und Kontrolle einerseits und dem Bedürfnis nach Anerkennung und Identität andererseits. Gut strukturierte Managementkonzepte, die auf möglichst einfachen Ursache/Wirkungs-Beziehungen beruhen, können diese Bedürfnisse bedienen, indem sie den von ihnen adressierten Managern ein Gefühl der Sicherheit, Planbarkeit und Kontrollierbarkeit vermitteln, Anerkennung liefern und ihr Selbstbild bestärken.

Der tatsächliche betriebswirtschaftliche Nutzen entsprechender Konzepte wird von den Vertretern des Management Fashion Setting hingegen grundsätzlich in Frage gestellt. Vielmehr wird den Konzepten zugeschrieben, selbst zu dem Kontroll- und Identitätsverlust beizutragen, zu dessen Abhilfe sie letztendlich eingesetzt werden sollen (vgl. z.B. *Fincham* 1999; *Clark/Fincham* 2002; *Griseri* 2002). Unternehmensberater sind in diesem Verständnis keine Produzenten von originärem Managementwissen, sondern letztendlich Akteure in einem Prozess der Entwicklung und Verbreitung von **Managementmoden** (siehe Abb. 4-1). Der Begriff der Mode wird im allgemeinen Sprachgebrauch häufig mit ästhetischen Aspekten in Verbindung gebracht. Er steht für die in einem bestimmten Zeitraum und in einer bestimmten sozialen Gruppe als zeitgemäß geltenden Überzeugungen und Verhaltensweisen – etwa die Art sich zu kleiden, die Art zu sprechen oder die Vorliebe, bestimmte Markenprodukte zu konsumieren. Moden basieren dabei auf einer bewussten Andersartigkeit ihrer Anhänger (vgl. *Groys* 1999, S. 46): Wenn sich alle betrachteten Subjekte nur partiell voneinander unterscheiden, verletzt die Mode diese scheinbare Gleichheit, indem sie irgend-

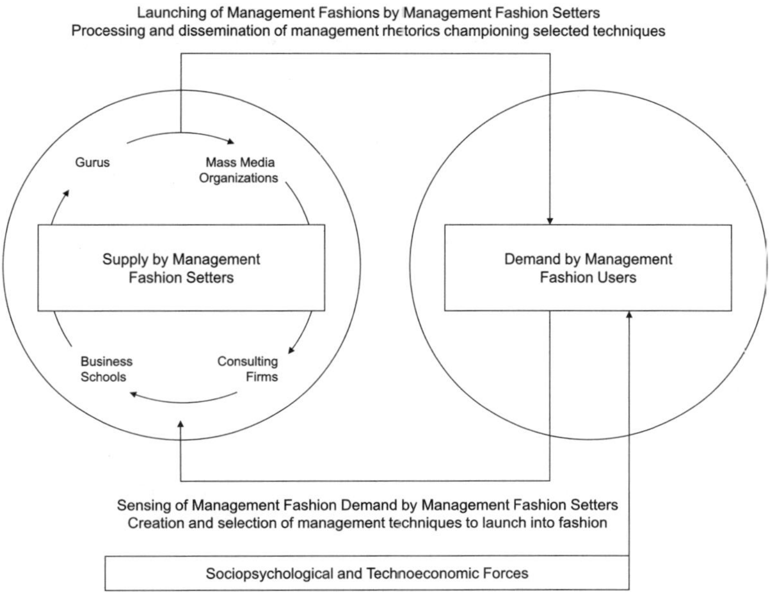

Abb. 4-1: Der Prozess des Management Fashion Setting (Quelle: Abrahamson 1996, S. 265)

einen Unterschied aus all den partiellen Unterschieden als wesentlicher und wertvoller heraushebt. Auf diese Weise schafft sie eine Distanz zwischen den Anhängern der Mode und ihrer Umwelt, wobei die herausgestellten Unterschiede von den Anhängern der Mode als besonders werthaltig definiert werden. Das, was in einer bestimmten sozialen Gruppe als modern und werthaltig gilt, unterliegt dabei einem zyklischen Wandel. Eine Mode ist zeitlich befristet und wird infolge gesellschaftlicher Prozesse der Auf-, Um- und Neubewertung immer wieder durch neue, dann als zeitgemäß geltende Überzeugungen und Verhaltensweisen revidiert.

Auch in der Führung von Unternehmen lassen sich entsprechende Moden beobachten, die – auch wenn sie sich inhaltlich in weiten Teilen oft sehr ähneln – verschiedene spezifische Aspekte des Managements als wesentlich und werthaltig betonen. Deutlich wird dies etwa in der populären Forderung, Unternehmen sollten sich auf besondere Fähigkeiten konzentrieren (Kernkompetenzen), um das eigene Unternehmen zu verschlanken (Lean Management), wobei – vereinfacht gesprochen – all diejenigen Unternehmensprozesse, die man am Markt günstiger oder in besserer Qualität beziehen kann, an Partner ausgelagert werden sollten (Business Process Outsourcing). Indem einzelne Aspekte besonders akzentuiert und so zum konstitutiven Charakteristikum einer Managementmode erhoben werden, entfalten sie die gleiche Wirkung, wie sie bei klassischen Moden zu beobachten ist (vgl. *Fink* 2003, S. 53): Sie schaffen neue, zeitlich begrenzte soziale Codes, bestimmte Verhaltensmuster und einen ihnen entsprechenden Gruppenkonformismus; auf diese Weise ermöglichen sie eine gesellschaftliche Elitehaltung, eine Werthierarchie und ein System von Bewertungskriterien, deren Geltung innerhalb der betreffenden sozialen Gruppe – etwa bei den Angehörigen der Geschäftsleitung, der Aufsichtsgremien und des mittleren Managements eines Unternehmens, aber auch bei Kapitalgebern, Analysten etc. – ohne weitere Prüfung anerkannt ist.

In Abbildung 4-1 ist das im Modell des Management Fashion Setting angenommene Wechselspiel zwischen dem Angebot von und der Nachfrage nach Managementmoden dargestellt. Zu den Schöpfern von Managementmoden werden neben Unternehmensberatern auch Business Schools, Managementgurus und Massenmedien gezählt, die auf schwache Nachfragesignale mit entsprechenden Angeboten reagieren und mithilfe einer ausgefeilten Rhetorik die eigentlichen Nachfrageschübe auslösen. Da jede Mode respektive jedes Managementkonzept jedoch einzelne Facetten zu Lasten anderer überbetont, resultiert letztendlich ein pendelartiger Auf- und Abschwung von Modewellen. Der Wechsel von Mode zu Mode respektive von Konzept zu Konzept ist dabei vordergründig eher durch Revolution denn durch Evolution geprägt. Die in neuen Managementkonzepten propagierten Leitbilder bauen zumeist nicht auf denen ihrer unmittelbaren Vorgänger auf, sie versuchen vielmehr, diese zu ersetzen. So dramatisieren neue Konzepte nicht selten die sich abzeichnenden Problemfelder ihres Vorgängers, heben diese mit Nachdruck heraus, um die bislang gültige Kernthese selbst diametral zu drehen, so dass eine entsprechende Gegenmode entspringt: Auf Dezentralisation folgt Zentralisation, auf eine Periode der Innenorientierung der Blick nach Außen, auf Lean Management eine Welle des Wachstums und der Integration.

Betrachtet man die Entwicklung über mehrere dieser Innovationszyklen hinweg, so stellt man jedoch fest, dass immer wieder neue Konzepte entstehen, in die die Promotorengemeinschaft aus Wissenschaftlern, Gurus, Medien und Beratern ihre bestehenden, im Rahmen der vorangegangenen Managementmoden erworbenen Fertigkeiten einbringen kann. Die kurzfristigen Revolutionen münden somit in einen langfristigen Evolutionsprozess. Dabei lässt sich beobachten, dass verschiedene Managementkonzepte zu „Evolutionsclustern" zusammengefasst werden können – zu homogenen Gruppen inhaltlich zusammengehöriger Grundgedanken, die sich in zeitlicher Hinsicht nicht parallel, sondern sequenziell entwickeln (vgl. *Fink/Knoblach/Wamser* 2005).

Die Grundgedanken des Management Fashion Setting wurden von *Ernst* und *Kieser* in einem Feedback-Modell zur Erklärung der Funktionsweise des Beratungsmarktes weitergeführt (siehe Abb. 4-2; vgl. *Ernst/Kieser* 2002). Den Aus-

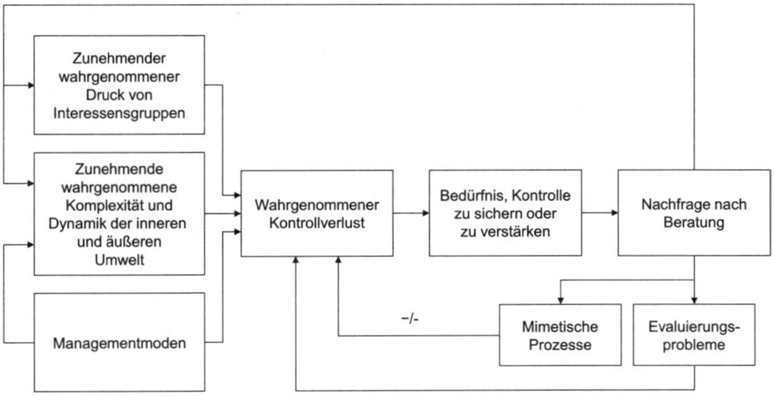

Abb. 4-2: Die selbstverstärkende Wirkung des Beratungsmarktes (Quelle: Ernst/Kieser 2002, S. C6)

gangspunkt bilden drei Faktoren: (a) der zunehmende wahrgenommene Druck, den unterschiedliche Interessensgruppen auf das Management ausüben, (b) die zunehmende wahrgenommene Komplexität und Dynamik der inneren und äußeren Unternehmensumwelt sowie (c) die selbstverstärkenden Effekte des Fashion Setting, die im Auf und Ab von Managementmoden zum Ausdruck kommen. Diese Faktoren führen zu einem zunehmenden wahrgenommenen Kontrollverlust im Management und damit einhergehend zu einem zunehmenden Bedürfnis, die eigenen Kontrollmöglichkeiten zu sichern oder auszubauen. Hieraus entsteht im Management eine Nachfrage nach externen Beratungsleistungen, um den wahrgenommenen Druck der relevanten Interessensgruppen abzubauen und die wahrgenommene Komplexität und Dynamik der Unternehmensumwelt zu meistern. Dabei wird berücksichtigt, dass modische Managementkonzepte üblicherweise in mehr oder weniger standardisierter Form zum Einsatz kommen – im Sinne mimetischer Prozesse durch das Kopieren bestimmter Verfahrensweisen und durch die Übertragung so genannter „Best Practices“. Zwar sind sich die für den Einsatz der Konzepte verantwortlichen Manager bewusst, dass sich durch eine solche Imitation keine Wettbewerbsvorteile erzielen lassen, andererseits verringert eine Imitation das Risiko, beständige Wettbewerbsnachteile hinnehmen zu müssen. Die betreffenden mimetischen Prozesse können den wahrgenommenen Kontrollverlust dementsprechend sowohl erhöhen als auch mindern. Hinzu kommen Evaluierungsprobleme, die es erschweren, Beratungsleistungen und Beratungsergebnisse zu bewerten. So kann die Nachfrage nach Beratungsleistungen aufrechterhalten werden, ohne dass die Reputation des Beratungsangebots dadurch beeinträchtigt würde. Kritisch anzumerken bleibt indes, dass das Modell von *Ernst* und *Kieser* nicht dazu in der Lage ist, den Rückgang der Beratungsnachfrage zu erklären, der sich nach dem Jahr 2000 einstellte, obwohl der objektive Druck auf das Management damals erheblich zunahm.

Die wesentliche **Kritik** am Modell des Management Fashion Setting und darauf aufbauender Erklärungsansätze besteht darin, dass sie auf einer allzu kritischen Perspektive gegenüber den ideologiebildenden Aktivitäten von Strategieberatern beruhen und den betriebswirtschaftlichen Nutzen von Managementkonzepten grundsätzlich in Frage stellen. So nimmt die Kritik an Managementmoden in der Betriebswirtschaftslehre heute bisweilen selbst Züge einer eigenen Modewelle an.

4.2.1.2 Das Rationalmodell der Wertschöpfungskette für Managementwissen

Wie im Modell des Management Fashion Setting wird Unternehmensberatern auch im Rationalmodell der klassischen Wertschöpfungskette für Managementwissen nicht die Rolle eines Produzenten originären Wissens beigemessen, sondern lediglich die eines Akteurs im Rahmen der allenfalls modisch aufbereiteten Wissensdistribution (vgl. *Mazza/Alvarez/Comas* 2001). Gemeinsam mit Autoren, Buchverlagen und der Wirtschaftspresse tragen sie dazu bei, dass aktuelle Managementpraktiken in der Führung von Unternehmen Verbreitung finden (siehe Abb. 4-3). Unternehmen gelten in diesem Verständnis ihrerseits nicht als Produzenten, sondern ausschließlich als Nachfrager von Managementwissen; es wird ihnen die Rolle eines passiven „Konsumenten" zugeschrieben.

Vor allem dieser Aspekt hat zu erheblicher **Kritik** an den Annahmen des Rationalmodells geführt. Zwar fragen Unternehmen in der Praxis tatsächlich in nicht unerheblichem Maße Managementwissen nach – etwa in Form von Absolventen, Studien, Gutachten und Weiterbildungsangeboten aus dem Bereich der Wissenschaft oder in Form von Beratungsleistungen, Analysen, Markteinschätzungen und berufserfahrenen Praktikern aus dem Bereich der Unternehmensberatung –, doch betreiben sie in zumindest vergleichbarem Ausmaß auch eine „Eigenfertigung" von Managementwissen in Form von internen Kompetenzzentren, Maßnahmen zur Führungskräfteentwicklung und nicht zuletzt durch die Übernahme von erfolgreichen Ideen und Konzepten anderer Unternehmen.

Und auch die Rolle von Unternehmensberatern ist in der Praxis nicht limitiert auf die reine Distribution des in der akademischen Welt entwickelten Managementwissens. Zwar ist nicht zu leugnen, dass viele Managementkonzepte, die von Unternehmensberatern propagiert werden, ihren methodischen Ursprung in der wissenschaftlichen Managementforschung haben; nicht selten liegt der Mehrwert der ideologiebildenden Aktivitäten von Beratern vor allem darin, abstrakte Konzepte der Wissenschaft durch eine praxistaugliche Rhetorik und durch eine

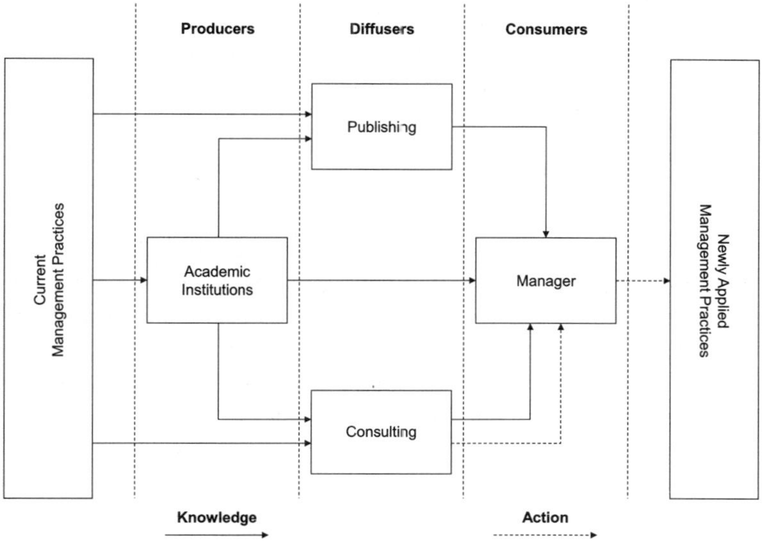

Abb. 4-3: Das Rationalmodell der Wertschöpfungskette für Managementwissen (Quelle: Mazza/Alvarez/Comas 2001, S. 13)

anwendungsbezogene Adaption der zugrunde liegenden Ideen für die Unternehmenspraxis zugänglich zu machen und somit zu ihrer Distribution beizutragen. Andererseits kann nicht bestritten werden, dass viele Ideen und Konzepte des modernen Managements, die heute zum Allgemeingut der akademischen Forschung und Lehre gezählt werden, ihre Wurzeln im Bereich der Unternehmensberatung haben.

4.2.2 Lebenszyklusmodelle zur Erklärung von Managementmoden

Im Gegensatz zu Prozessmodellen, die die Entstehung und Verbreitung von Managementkonzepten formal abbilden, untersuchen und beschreiben Lebenszyklusmodelle die Verbreitung und das wettbewerbsstrategische Potenzial von Managementkonzepten im Zeitablauf. Dabei wird die Annahme zugrunde gelegt, dass die zeitliche Entwicklung eines Konzepts in der Form eines Lebenszyklus' abgebildet werden kann, dass Managementkonzepte also nach ihrer Entstehung bezogen auf bestimmte Indikatoren einem gleichförmigen Verlauf folgen und dass ihre Existenz (prinzipiell) endlich ist. Auf dieser Grundlage werden charakteristische Phasen herausgearbeitet, die Aussagen über die Vorteilhaftigkeit eines Konzepts aus der Perspektive eines Anwenders ermöglichen. Dabei lassen sich zwei grundsätzliche Erklärungsansätze unterscheiden: (1) das klassische Lebenszyklusmodell und (2) das erweiterte Lebenszyklusmodell. Ihre Grundlagen werden in den folgenden Abschnitten erläutert.

4.2.2.1 Das klassische Lebenszyklusmodell

Im klassischen Lebenszyklusmodell wird die zeitliche Entwicklung eines Managementkonzepts anhand seines **Verbreitungsgrades** analysiert. Hierunter wird der prozentuale Anteil der Unternehmen in der relevanten Grundgesamtheit – z.B. einer Branche, einer Region etc. – verstanden, der die Ziele, Normen und Methoden verfolgt, die dem Leitbild eines bestimmten Managementkonzepts entspringen. Dabei wird – wie im Modell des Management Fashion Setting – davon ausgegangen, dass die Verbreitung von Managementkonzepten den gleichen Mustern folgt, wie sie auch für Moden typisch sind. Führungskräfte, die sich auf eine entsprechende Mode einlassen, verfolgen dabei in der Regel zwei Ziele zugleich: das Management des von ihnen geführten Unternehmens und das Management der eigenen Karriere. Denn nicht nur „moderne" Managementkonzepte gelten häufig für eine bestimmte Zeit als über alle Zweifel erhaben, auch das Management, das sie einsetzt, gilt als führungsstark, fortschrittlich und kompetent (vgl. auch *Kieser* 1998a, S. 202). Mit der Zeit lässt diese positive Spannung jedoch nach, der innovative Charakter eines Konzepts wird archiviert und valorisiert, die Wertgrenzen verschieben sich – und die nächste Managementmode wird initiiert.

Allgemein kann die Verbreitung von Moden im Zeitablauf als Glockenkurve beschrieben werden: Den frühen Pionieren, die eine neue Modeströmung aufgreifen, folgen mehr und mehr Nachahmer, bis die Mode schließlich abgegriffen ist und eine Neuorientierung erfolgt. Überträgt man dies auf Managementkonzepte, so durchlaufen auch diese, ähnlich wie Produkte oder Branchen, einen **Lebenszyklus**. Idealtypisch kann dieser durch vier Phasen beschrieben werden: Thematisierung, Expansion, Dominanz und Dethematisierung (siehe Abb. 4-4; vgl. *Fink/Knoblach* 2002, S. 27 f.; *Fink/Knoblach* 2003, S. 241 f.).

In der **Thematisierungsphase** werden die ersten Diskurse zu einem neuen Konzept initiiert, die ersten Koalitionen aus Wissenschaftlern, Beratern und anderen Promotoren bilden sich heraus. Der Verbreitungsgrad des Konzepts ist in dieser Phase noch relativ gering und durch moderate Zuwachsraten gekennzeichnet. Ist ein Diskurs erfolgreich, stimmen in der Regel jedoch sehr schnell weitere Akteure in die Verbreitung der zugrunde liegenden Ideen ein. In der Konsequenz resultiert ein sich mehr und mehr aufschaukelnder Prozess: Je bereitwilliger ein Diskurs von potenziellen Anwendern des betreffenden Konzeptes aufgegriffen wird, desto mehr Promotoren beteiligen sich an ihm. Je mehr Promotoren sich be-

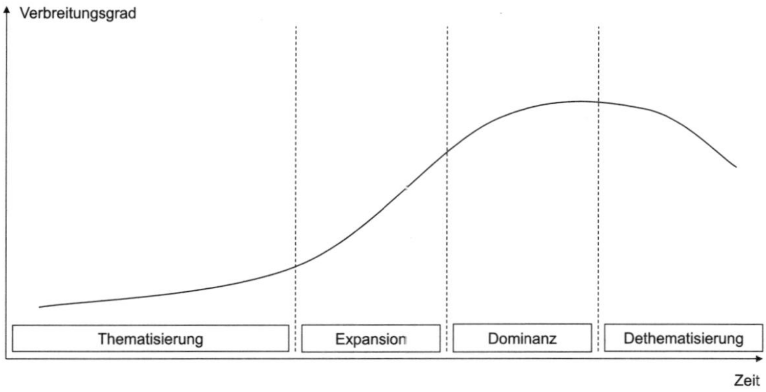

Abb. 4-4: Klassischer Lebenszyklus eines Managementkonzepts (Quelle: Fink/Knoblach 2003, S. 241)

teiligen, desto vehementer werden die Ideen in den Markt getragen und desto schwieriger ist es für potenzielle Anwender, sich dem Diskurs zu entziehen – bzw. desto bereitwilliger werden sie sich ihm öffnen. So treffen die propagierten Ideen und Leitbilder in der **Expansionsphase** schließlich auf eine immer größere Akzeptanz. Mehr und mehr Unternehmen gehen dazu über, das Konzept methodisch umzusetzen, während es zugleich von einer wachsenden Promotorengemeinschaft aufgegriffen und mit zunehmender Vehemenz in den Markt getragen wird. Sein Verbreitungsgrad steigt folglich stark an. In der **Dominanzphase** besitzt ein Konzept die höchste Akzeptanz. Die vertretenen Ideen sowie die daraus abgeleiteten Methoden werden zur allgemein anerkannten Norm. Diese Phase ist nur noch durch ein moderates, sich weiter abschwächendes und zuletzt sogar negatives Wachstum gekennzeichnet, nun jedoch ausgehend von einem relativ hohen Verbreitungsgrad. In der **Dethematisierungsphase** schließlich setzt ein Wechsel der Denkhaltung ein. Die vertretenen Ideen gelten nicht mehr als neu und innovativ, sie haben sich abgenutzt, Schwächen erkennen lassen und müssen neuen Konzepten weichen. Immer mehr Akteure distanzieren sich von den ehemals propagierten Ideen und schließen sich in neuen Promotorengemeinschaften zusammen, um die Folgemode zu initiieren.

Ein wesentlicher **Kritikpunkt** des Modells betrifft weniger seine generelle, deskriptive Aussagekraft als vielmehr die Gefahr einer Fehlinterpretation im Sinne einer Gesetzeshypothese. Die in der Praxis zu beobachtenden Lebenszyklen von Managementkonzepten – das haben die vorstehenden Ausführungen gezeigt – folgen keiner autonomen Gesetzmäßigkeit. Sie lassen sich maßgeblich durch die absatzpolitischen Instrumente der an den zugrunde liegenden Diskursen beteiligten Promotoren beeinflussen. Auch durchlaufen nicht alle Managementkonzepte den gesamten Lebenszyklus in der skizzierten Form. Manche von ihnen werden

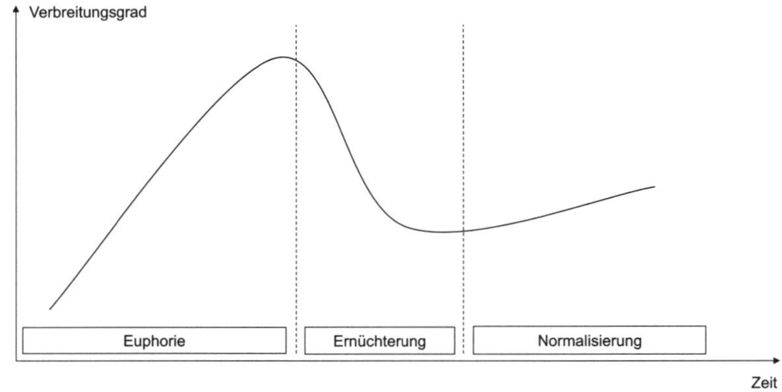

Abb. 4-5: Idealtypischer Verlauf einer Hype-Kurve

bereits frühzeitig durch andere verdrängt oder aufgegeben, entweder weil das von ihren potenziellen Anwendern wahrgenommene wettbewerbsstrategische Potenzial nicht ausreicht oder weil konkurrierende Konzepte als leistungsfähiger wahrgenommen werden. Zudem wird als Kritikpunkt an dem oben dargestellten grundsätzlichen Verlauf des Lebenszyklus angeführt, dass vor allem die Verbreitung technologienaher Managementkonzepte in der Praxis häufig einem anderen Muster folgt, das in Form einer „Hype-Kurve“ abgebildet werden kann (siehe Abb. 4-5): Einer anfänglichen Phase überschwänglicher Begeisterung für ein neues Konzept (Hype) folgt zunächst eine Phase der massiven Ernüchterung, bevor sich eine Normalisierung im Umgang mit den vorhandenen Potenzialen des Konzepts einstellt.

Gesicherte empirische Erkenntnisse über den tatsächlichen Verlauf eines Lebenszyklus' lassen sich grundsätzlich erst rückblickend gewinnen. Eine fundierte Prognose seiner Entwicklung, vor allem auch hinsichtlich der Verweildauer eines Konzepts in den einzelnen Phasen des Zyklus, ist vorab kaum möglich. Vor diesem Hintergrund kann ein Managementkonzept strenggenommen erst dann als Management*mode* klassifiziert werden, wenn es den gesamten Lebenszyklus durchlaufen hat. Denn erst dann, am Ende der Dethematisierungsphase, zeigt sich, dass es nicht von Dauer war und nicht in den stabilen Instrumentenbestand der Betriebswirtschaftslehre eingegangen ist, sondern infolge gesellschaftlicher Umbewertungsprozesse durch neue, dann als zeitgemäß geltende Konzepte abgelöst wurde – und damit das konstitutive Charakteristikum einer Mode erfüllt.

Grundsätzlich ist es nicht einfach, die Lebenszyklusphase zu bestimmen, in der sich ein Konzept befindet, oder seine zukünftigen Entwicklungspotenziale abzuschätzen. So leistet das Modell zwar einen wesentlichen Erklärungsbeitrag zum

Verständnis der Existenz von Managementmoden und zu ihrer Beeinflussung durch die beteiligten Akteure, es gibt jedoch keine unmittelbare Handlungsempfehlung hinsichtlich der Vorteilhaftigkeit von Investitionen in die betrachteten Konzepte.

4.2.2.2 Das erweiterte Lebenszyklusmodell

Im Unterschied zum klassischen Lebenszyklusmodell konzentriert sich das erweiterte Modell nicht allein auf Veränderungen des Verbreitungsgrades eines Konzepts im Zeitablauf, sondern zusätzlich auch auf die damit einhergehenden Veränderungen des **wettbewerbsstrategischen Potenzials**, das ihm von potenziellen Anwendern beigemessen wird. Es stellt dabei die eingangs angeführte These in den Mittelpunkt, dass eine Führungskraft ein bestimmtes Konzept vor allem aus einem Grund verfolgt: um die Wettbewerbsposition des von ihr geführten Unternehmens zu verbessern – und damit letztendlich auch die eigenen Karrierechancen. Ist dies der Fall, dann muss sich auch die Umsetzung eines Managementkonzepts letztendlich am ökonomischen Kriterium eines Kosten/Nutzen-Kalküls messen lassen. Das heißt, die Umsetzung muss sich zumindest langfristig wirtschaftlich auszahlen und somit positiv in der Rentabilität des Unternehmens niederschlagen. Um dies zu verifizieren, ist es erforderlich, sämtliche umsatz- und kostenbezogenen Auswirkungen, die aus der Umsetzung des betreffenden Konzepts resultieren, sorgfältig zu prüfen und ökonomisch abzuwägen. Wie bei allen Führungsentscheidungen ergibt sich jedoch auch hier die grundsätzliche Problematik der Messung der ökonomischen Effizienz. Dies lässt sich wie folgt veranschaulichen: Im Grundsatz entspricht die Entscheidung eines Unternehmens, ein bestimmtes Managementkonzept zu verfolgen, einer Investition in die operative Umsetzung der betreffenden Ideen und Leitgedanken. Die Anfangsauszahlung einer solchen Investition muss dabei durch die abgezinsten zukünftigen Einzahlungsüberschüsse, die aus der Umsetzung des Konzepts resultieren, überkompensiert werden, damit die Investition der Anforderung der ökonomischen Effizienz entspricht. Während die Anfangsauszahlung für die Einführung eines Managementkonzepts und auch zukünftige Auszahlungen zumindest in gewissen Grenzen abschätzbar sind, besteht auf der Einzahlungsseite ein fundamentales Zurechnungsproblem: Selbst wenn bezogen auf das Gesamtunternehmen eine exakte Messung aller zukünftigen Einzahlungen möglich wäre, so ließe sich der Einzelbeitrag, der auf die Umsetzung eines bestimmten Managementkonzepts zurückzuführen ist, nicht exakt isolieren. Ein Beispiel kann dies verdeutlichen: Entscheidet sich das Management eines Unternehmens dazu, ein Business Process Reengineering durchzuführen, dann ist es – auch im Nachhinein – nicht möglich festzustellen, ob eine Umsatzsteigerung (ökonomische Erfolgsgröße) auf eine verbesserte Ausrichtung der Geschäftsprozesse auf den

Markt (Einzelentscheidung), auf die zeitgleiche Erhöhung des Marketingbudgets (Entscheidungsinterdependenz) oder aber auf ein exogenes Nachfragewachstum (Kontexteinfluss) zurückzuführen ist bzw. in welchem Ausmaß die einzelnen Komponenten dazu beigetragen haben.

Die beschriebene Problematik bei der Ermittlung exakter Zielerreichungsbeiträge in Bezug auf ökonomische Erfolgsgrößen macht es erforderlich, qualitative Ersatzkriterien zu definieren, anhand derer die Vorteilhaftigkeit eines bestimmten Managementkonzepts bewertet werden kann. Solche Ersatzmaßstäbe, die eine Beurteilung komplexer Entscheidungstatbestände erlauben, werden auch als **Effizienzkriterien** bezeichnet; ihre Entwicklung basiert in der Regel auf einer vermuteten Mittel/Zweck-Beziehung zu den ökonomischen Zielen eines Unternehmens (vgl. *Frese* 1998, S. 251 ff.; *Link* 1996, S. 38 f.; *Hoffmann* 1980, Sp. 2270). Die Orientierung an Effizienzkriterien zielt darauf ab, auf der Grundlage dieses Wirkungszusammenhanges letztendlich eine Optimierung ökonomischer Erfolgsgrößen zu erreichen. Auch zur ökonomischen Beurteilung von Managementkonzepten kann es für ein Unternehmen somit hilfreich sein, geeignete Effizienzkriterien heranzuziehen.

Bei der Formulierung entsprechender Kriterien ist zu beachten, dass die Beziehung zwischen einem Managementkonzept als gedanklichem Konstrukt und den real-ökonomischen Konsequenzen seiner Umsetzung nie durch ein zwangsläufiges, unbedingtes Verhältnis gekennzeichnet ist, sondern durch einen potenziellen, bedingten Wirkungszusammenhang. Managementkonzepte eröffnen einem Unternehmen Handlungsmöglichkeiten, sie bergen ein methodisches Gestaltungspotenzial, das in Abhängigkeit der konkreten Kontextbedingungen, denen sich das Unternehmen gegenübersieht, erschlossen oder verworfen werden kann. Hieraus lassen sich drei prinzipielle **Anforderungen** an die Definition entsprechender Effizienzkriterien ableiten (vgl. *Fink* 2003, S. 49 f.):

- Die zur Bewertung herangezogenen Kriterien können nicht als allgemeingültige, absolute Größen, sondern lediglich als Potenzialdimensionen formuliert werden, die an der konkreten Situation eines Unternehmens und seiner Umwelt relativiert werden müssen. Die einzelnen Dimensionen kennzeichnen dabei verschiedene Ausprägungen eines grundsätzlich vorhandenen methodischen Potenzials, das jedoch nur dann wirksam wird, wenn es ein Unternehmen in einer bestimmten Situation als vorteilhaft erachtet, die prinzipiellen Möglichkeiten eines Konzepts tatsächlich wirtschaftlich umzusetzen und zu nutzen. Das Vorhandensein entsprechender Potenziale bildet somit eine notwendige, nicht aber eine hinreichende Bedingung für eine Verbesserung der Wettbewerbsposition.
- Die Effizienzkriterien müssen aus den möglichen Kontextbedingungen abgeleitet werden, denen sich ein Unternehmen gegenübersehen kann. Soll die

Eignung verschiedener Managementkonzepte zur Verbesserung der Wettbewerbsposition eines Unternehmens analysiert werden, so erscheint es zweckmäßig, den Wettbewerbskontext, in dem ein Unternehmen am Markt agiert, in den Vordergrund der Betrachtung zu stellen. In Anlehnung an die von *Porter* entwickelte Systematik wettbewerbsstrategischer Stoßrichtungen lassen sich für Managementkonzepte zwei grundlegende Potenzialdimensionen definieren (vgl. *Porter* 1997; siehe Abschnitt 6.2.2.3): ihr Differenzierungs- und ihr Kostenführerschaftspotenzial. Die erste Dimension beschreibt das Potenzial eines Konzepts, sich durch die Realisierung von Leistungsvorteilen positiv von der Konkurrenz abzugrenzen, die zweite beschreibt sein Potenzial zur Erschließung von Kostenvorsprüngen.

- Die Effizienzkriterien müssen als subjektiv wahrgenommene Potenzialdimensionen formuliert und bewertet werden. Oben ist bereits deutlich geworden, dass die Frage, ob ein Unternehmen durch die Verfolgung eines bestimmten Konzepts seine Wettbewerbsposition tatsächlich verbessern kann, aufgrund der vielschichtigen Wirkungszusammenhänge selbst im Nachhinein kaum zu beantworten ist. Das Management eines Unternehmens orientiert sich, um die Komplexität seiner Entscheidungssituation zu reduzieren, somit zwangsläufig nicht am – weil nicht oder nur zu prohibitiv hohen Kosten zu ermittelnden – objektiv vorhandenen Wettbewerbspotenzial eines Konzepts, sondern an den subjektiv wahrgenommenen Differenzierungs- und Kostenführerschaftspotenzialen.

Eine Synthese der obigen Anforderungen zeigt, dass zwei prinzipielle Effizienzkriterien zur wettbewerbsstrategisch orientierten Beurteilung von Managementkonzepten herangezogen werden können: das wahrgenommene Differenzierungspotenzial und das wahrgenommene Kostenführerschaftspotenzial. Der Beitrag, den unterschiedliche Managementkonzepte zur Verfolgung der jeweils zugrunde liegenden Wettbewerbsstrategie leisten können, ist dabei keinesfalls einheitlich. Vielmehr eignen sich bestimmte Konzepte in stärkerem Maße zur Differenzierung, andere zur Kostensenkung. Die beiden separaten Potenzialdimensionen müssen somit zu einem aggregierten Wert des gesamten wahrgenommenen wettbewerbsstrategischen Potenzials verknüpft werden. Wird vereinfachend davon ausgegangen, dass das wahrgenommene Differenzierungs- (DP) und das wahrgenommene Kostenführerschaftspotenzial (KP) in gleichem Maße zum insgesamt wahrgenommenen wettbewerbsstrategischen Potenzial (WP) eines Managementkonzepts beitragen, so kann dieses durch den folgenden funktionalen Zusammenhang beschrieben werden (vgl. *Fink* 1998, S. 35 ff.):

(4-1) $$WP = (DP + KP) \div 2$$

Dieser Zusammenhang kann nun in Form eines Portfolios mit den beiden Potenzialdimensionen DP und KP als achsenbildende Merkmale dargestellt werden. Wird für die beiden Potenzialdimensionen jeweils ein mittlerer Wert als Klassifikationsgrenze festgesetzt und vereinfachend zwischen einer geringen und einer hohen Potenzialausprägung unterschieden, so kann das in Abbildung 4-6 wiedergegebene Vier-Quadranten-Schema aufgestellt werden. Die einzelnen Quadranten repräsentieren dabei unterschiedliche Ausprägungskombinationen der zugrunde gelegten Potenzialdimensionen und ermöglichen eine wettbewerbsstrategische Einordnung unterschiedlicher Managementkonzepte (vgl. *Fink* 2003, S. 51 f.; *Fink/Knoblach* 2003, S. 237):

- Konzepte, die dem unteren linken Quadranten zuzuordnen sind, besitzen nur ein geringes wahrgenommenes wettbewerbsstrategisches Potenzial – sowohl ihr Differenzierungs- als auch ihr Kostenführerschaftspotenzial wird unterdurchschnittlich eingeschätzt. Sie eignen sich folglich nicht oder kaum zur Verfolgung einer der beiden zugrunde liegenden Wettbewerbsstrategien. Daher werden sie als wettbewerbsneutrale Managementkonzepte bezeichnet.
- Konzepte, die dem oberen linken Quadranten zugeordnet werden, sind durch ein hohes wahrgenommenes Differenzierungs- aber ein nur geringes Kostenführerschaftspotenzial gekennzeichnet. Sie können somit vor allem zur Verfolgung einer Differenzierungsstrategie beitragen.
- Spiegelbildlich zu den Konzepten des oberen linken Quadranten erklärt sich die wettbewerbsstrategische Bedeutung der Managementkonzepte, die dem unteren rechten Quadranten zuzuordnen sind. Während sie ein relativ hohes wahrgenommenes Kostenführerschaftspotenzial besitzen, ist ihr Differenzierungspotenzial vergleichsweise gering. Sie sind somit vor allem zur Unterstützung einer Kostenführerschaftsstrategie geeignet.
- Konzepte, die dem oberen rechten Quadranten des Portfolios zuzuordnen sind, kombinieren die positiven wettbewerbsstrategischen Eigenschaften von Differenzierungs- und Kostenführerschaftskonzepten. Sie weisen bezüglich beider Potenzialdimensionen hohe Werte auf und können folglich sowohl zur Verfolgung einer Differenzierungs- als auch einer Kostenführerschaftsstrategie beitragen. Darüber hinaus eignen sie sich zur Umsetzung einer Hybridstrategie (einer Kombination aus Kostenführerschaft und Differenzierung), so dass sie als Hybridkonzepte bezeichnet werden.

Die obigen Ausführungen unterstreichen den in Funktion (4-1) dargestellten Zusammenhang, der zum Ausdruck bringt, dass das wahrgenommene wettbewerbsstrategische Potenzial eines Managementkonzepts mit seinem wahrgenommenen Differenzierungs- und Kostenführerschaftspotenzial steigt. In Abbildung 4-6 wird dieser Zusammenhang durch den diagonal verlaufenden Pfeil symbolisiert. Es ist allerdings offensichtlich, dass das hier verwendete Schema auf einer will-

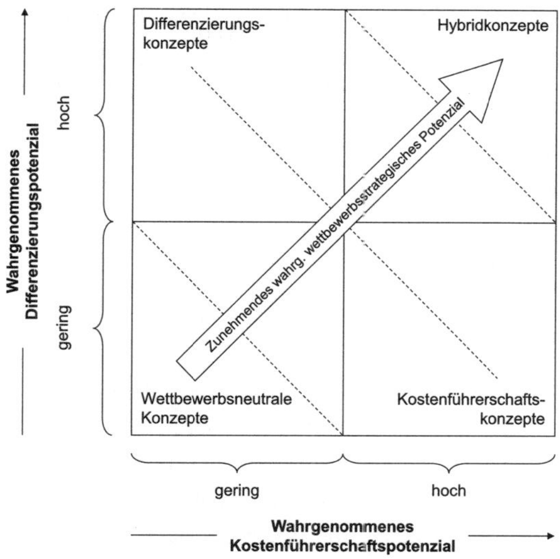

Abb. 4-6: Wettbewerbsstrategische Einordnung von Managementkonzepten (Quelle: Fink/Knoblach 2003, S. 236)

kürlichen Abgrenzung unterschiedlicher Managementkonzepte basiert bzw. in einer solchen resultiert. So können beispielsweise die relevanten Unterschiede zwischen einem wettbewerbsneutralen Managementkonzept und einem Hybridkonzept im Grenzbereich durchaus marginal ausfallen. Die typisierende Einordnung verschiedener Managementkonzepte erscheint jedoch – trotz dieser Einschränkung – geeignet, eine (grobe) Charakterisierung des grundlegenden wettbewerbsstrategischen Wesens der Konzepte vorzunehmen.

Durch eine Zusammenfassung des Verbreitungsgrades eines Konzepts und seines wahrgenommenen wettbewerbsstrategischen Potenzials kann nun ein Portfolio konzipiert werden, das eine Klassifikation von Managementkonzepten in vier idealtypische Kategorien ermöglicht (vgl. *Fink/Knoblach* 2003, S. 242 ff.; *Fink* 1998, S. 52 ff.). Dabei wird die oben vorgenommene wettbewerbsstrategische Einordnung der Konzepte um einen weiteren Aspekt ergänzt: In Gleichung (4-1) wurde davon ausgegangen, dass die beiden Potenzialdimensionen – das Differenzierungs- und das Kostenführerschaftspotenzial – in gleichem Ausmaß zum gesamten wahrgenommenen wettbewerbsstrategischen Potenzial eines Managementkonzepts beitragen. In Abhängigkeit der konkreten Wettbewerbssituation auf einem Markt kann den beiden Dimensionen jedoch eine ganz unterschiedliche Bedeutung zukommen. Es gilt also nicht nur, das wahrgenommene wettbewerbsstrategische Potenzial, sondern auch dessen wahrgenommene kontextbezogene Relevanz zu berücksichtigen. Dieser wird durch einen differenzierungs-

(G_{DP}) und einen kostenführerschaftsspezifischen Gewichtungsfaktor (G_{KP}) Rechnung getragen, in denen die relative Bedeutung der beiden Potenzialdimensionen zum Ausdruck kommt. Gleichung (4-1) kann somit wie folgt modifiziert werden:

(4-2) $WP = DP \times G_{DP} + KP \times G_{KP}$

wobei gilt: $0 \leq G_{DP} \leq 1$

$0 \leq G_{KP} \leq 1$

$G_{DP} + G_{KP} = 1$

Das entsprechend gewichtete wahrgenommene wettbewerbsstrategische Potenzial eines Konzepts wird nun als achsenbildendes Merkmal auf der Ordinate des in Abbildung 4-7 dargestellten Portfolios abgetragen. Auf der Abszisse wird ihm der Verbreitungsgrad des betreffenden Konzepts gegenübergestellt. Legt man als Klassifikationsschranken den Übergang von einem geringen zu einem hohen wettbewerbsstrategischen Potenzial einerseits und einen Verbreitungsgrad von 50 Prozent andererseits zugrunde, so lassen sich aus der resultierenden Vier-Felder-Matrix die folgenden idealtypischen **Arten von Managementkonzepten** ableiten: Spekulativkonzepte, Schrittmacherkonzepte, Schlüsselkonzepte und Basiskonzepte (in Abbildung 4-7 sind die entsprechenden Positionen von zehn Managementkonzepten wiedergegeben, wie sie im Jahr 2002 von 241 deutschen Führungskräften beurteilt wurden; vgl. *Fink* 2003, S. 55 ff.; *Fink/Knoblach* 2003, S. 244 ff. *Fink/Knoblach* 2002, S. 29 f.).

- **Spekulativkonzepte** sind Managementkonzepte, die sich noch in einem frühen inhaltlich-gestalterischen Entwicklungsstadium befinden (in der Systematik des klassischen Lebenszyklus' also im Stadium der Thematisierung). Sowohl ihr wahrgenommenes wettbewerbsstrategisches Potenzial als auch ihr Verbreitungsgrad ist (noch) vergleichsweise gering. Es werden jedoch bereits Diskurse initiiert, um die Stabilität und Wirkung der vertretenen Ideen und Leitbilder zu überprüfen. Erste risikobereite Innovatoren wenden die Konzepte zumeist im kleinen Rahmen an. Aufgrund ihres noch frühen Entwicklungsstadiums sowie der hohen Unsicherheit bezüglich ihrer Leistungsfähigkeit ist allerdings auch das zukünftige wettbewerbsstrategische Potenzial von Spekulativkonzepten nur schwer abzuschätzen.
- **Schrittmacherkonzepte** sind Managementkonzepte, die ebenfalls noch am Anfang ihrer inhaltlichen Entwicklung stehen, die jedoch – in den Augen potenzieller Anwender – bereits ein maßgebliches wettbewerbsstrategisches Potenzial erkennen lassen. Ihr Verbreitungsgrad ist noch verhältnismäßig gering, beginnt aber aufgrund des hohen wahrgenommenen Wettbewerbspotenzials zu steigen (Thematisierung/Expansion). Insbesondere für schnell agierende Pioniere zeichnet sich zu Beginn dieser Phase die Chance ab, Wett-

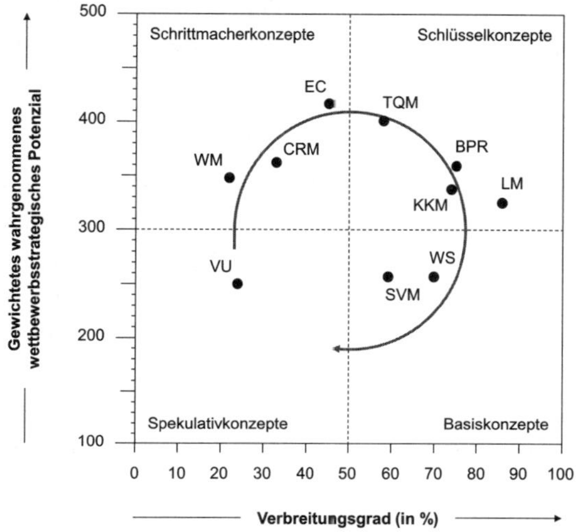

Legende: BPR = Business Process Reengineering; TQM = Total Quality Management; WM = Wissensmanagement / Lernende Organisation; CRM = Customer Relationship Management; LM = Lean Management / Rationalisierung; KKM = Kernkompetenzen-Management; SVM = Shareholder Value Management; WS = Wachstumsstrategien; EC = E-Commerce / E-Business; VU = Virtuelle Unternehmen / Vernetzte Organisation (100 Punkte: geringes Potenzial; 500 Punkte: hohes Potenzial)

Abb. 4-7: Erweiterter Lebenszyklus eines Managementkonzepts (Quelle: Fink/Knoblach 2003, S. 243)

bewerbsvorteile gegenüber einem relativ großen Anteil der Konkurrenz zu erringen, der das betreffende Konzept noch nicht verfolgt. In Anbetracht des zunehmenden Verbreitungsgrades und des wahrgenommenen Wettbewerbspotenzials beginnen zudem mehr und mehr Promotoren, die zugrunde liegenden Ideen und Leitbilder aufzugreifen, zu verbreiten und inhaltlich zu verfeinern.

- **Schlüsselkonzepte** sind Managementkonzepte, deren Ideen und Leitbilder von der Mehrheit ihrer potenziellen Anwender als maßgeblich für den Ausbau und Erhalt ihrer Wettbewerbsfähigkeit und somit als Grundlage erfolgreichen Managements anerkannt werden. Aufgrund des hohen Verbreitungsgrades von Schlüsselkonzepten beginnt ihr wahrgenommenes Potenzial zur Erringung strategischer Wettbewerbs*vorteile* zwar abzunehmen, die Umsetzung der in den Konzepten propagierten Leitgedanken gilt jedoch als essentiell, um mögliche Wettbewerbs*nachteile* zu vermeiden, so dass ihr Verbreitungsgrad weiter ansteigt (Expansion/Dominanz).
- **Basiskonzepte** schließlich sind Managementkonzepte, die von den meisten Unternehmen der relevanten Grundgesamtheit – etwa einer Branche oder einer

Wirtschaftsregion – verfolgt werden, da ihre Ideen und Leitbilder in dem betreffenden Wettbewerbsumfeld einen fest etablierten methodisch-inhaltlichen Bestandteil bilden (Dominanz). Aufgrund ihres hohen Verbreitungsgrades nimmt ihr wahrgenommenes Potenzial zur Erringung von Wettbewerbsvorteilen jedoch weiter ab. In Folge erster Berichte über Problemfelder, unerwünschte „Nebenwirkungen" und Fehlschläge, die in den nur noch maßvoll aufrechterhaltenen Diskursen aufgegriffen und verbreitet bzw. in neuen Diskursen zu nachfolgenden Managementkonzepten als Argument für einen Wechsel der Denkhaltung hervorgehoben werden, kann auch ihre wahrgenommene Bedeutung für die generelle Wettbewerbsfähigkeit und damit ihr Verbreitungsgrad zurückgehen (Dethematisierung).

Der idealtypische Lebenszyklus eines Konzepts entspricht einem kreisförmigen Verlauf durch die einzelnen Felder des Portfolios, der in Abbildung 4-7 als Pfeil symbolisiert ist. Grundsätzlich gilt allerdings auch für Managementmoden, was sich für die Mode im Allgemeinen bereits wiederholt gezeigt hat: Der Wechsel von Form, Farbe, Material etc. folgt regelmäßigen Mustern. So ist nicht selten zu beobachten, dass auch die Leitgedanken „ausgedienter" Managementkonzepte in variierter Form und neuem Gewand wieder aufleben. Ehemalige Basiskonzepte können somit erneut als Spekulativkonzepte in den Lebenszyklus eingehen und sich wiederum zu Schrittmacher- und Schlüsselkonzepten entwickeln.

Anders als im klassischen Lebenszyklusmodell wird die im erweiterten Modell aufgestellte Systematik herangezogen, um das auf die Anwendung bestimmter Managementkonzepte bezogene **Entscheidungs- und Investitionsverhalten** von Führungskräften zu analysieren und zu prognostizieren. Unterstellt man rationale Verhaltensweisen der Akteure, die sich am wahrgenommenen wettbewerbsstrategischen Potenzial eines Konzepts und an seinem Verbreitungsgrad orientieren, so lassen sich folgende Handlungsmuster erwarten: Neben der offensichtlichen Notwendigkeit, die Ideen und Leitbilder von Schlüsselkonzepten zu verfolgen, um möglichen Wettbewerbsnachteilen vorzubeugen, wird das Management eines Unternehmens vor allem versuchen, Schrittmacherkonzepte frühzeitig zu erkennen und zu nutzen, da diese – wie oben gezeigt – die entscheidenden Ansatzpunkte zur Erringung strategischer Wettbewerbsvorteile bergen und zur dauerhaften Sicherung der wettbewerbsstrategischen Stärke des Unternehmens beitragen. Zudem wird das Management versuchen, eine Überinvestition in Basiskonzepte zu vermeiden, da hier die Gefahr einer baldigen Ablösung durch Alternativkonzepte am naheliegendsten ist. Die Auswahl geeigneter Spekulativkonzepte schließlich ist die wohl heikelste Aufgabe im Rahmen der Investitionsplanung. Denn hier ist das Risiko, in ein Konzept zu investieren, das sich nicht durchzusetzen vermag und das nicht die gewünschten Erfolge bringt, am größten – schließlich sind die Ideen meist noch zu neu, als dass man zweifelsfrei beurteilen könnte, ob sie tatsächlich das Potenzial besitzen, das man sich von ihnen verspricht. Eine Investition in Spekulativkonzepte ist somit als explorative, risikobehaftete Zukunftsinvestition zu verstehen und wird nur bei entsprechender Finanzstärke und Risikobereitschaft getätigt werden.

Neben den im letzten Abschnitt bereits genannten **Kritikpunkten** am klassischen Modell wird gegenüber Lebenszyklusmodellen im Allgemeinen häufig angeführt, dass sich die Art des Wettbewerbs in einer Branche entlang des Lebenszyklus' nachhaltig verändern kann, ohne dass zu prognostizieren wäre, in welcher Form eine solche Veränderung abläuft. Vor diesem Hintergrund kann die Frage aufgeworfen werden, ob sich allein aus der Position eines Konzepts im Lebenszyklus Investitionsempfehlungen ableiten lassen, wenn gleichzeitig strukturelle Veränderungen in der Branche eines Unternehmens auftreten, die in ihrer Art nicht einer bestimmten Lebenszyklusphase eines Managementkonzepts zugeordnet werden können, andererseits jedoch die Vorteilhaftigkeit seines Einsatzes unter Umständen maßgeblich beeinflussen. Im erweiterten Modell wird dieser Kritik teilweise entsprochen, indem das wettbewerbsstrategische Potenzial selbst als erklärende Dimension des Lebenszyklus' herangezogen wird: Exogene Veränderungen des Wettbewerbs in einer Branche werden durch entsprechende Veränderungen des wahrgenommenen wettbewerbsstrategischen Potenzials und der zugrunde liegenden kontextbezogenen Gewichtungsfaktoren abgebildet. Auch diese Vorgehensweise führt jedoch dazu, dass die beobachteten Lebenszyklen erst im Nachhinein akkurat erfasst werden können, und nur in geringem Maße zu einer erhöhten Prognosegenauigkeit.

4.2.3 Konstruktivistische Überlegungen zu Managementmoden

Die bestehenden Modelle zur Erklärung von Managementmoden können durch eine konstruktivistische Perspektive gestützt und erweitert werden (vgl. *Fink/ Knoblach* 2008). Vor allem zwei Aspekte der beschriebenen Modelle – zum einen die zumindest implizit getroffene Annahme, dass die in einer Managementmode propagierten Ideen und Leitbilder im Zeitablauf weitgehend stabil, d.h. unveränderlich sind, und zum anderen die Beschränkung auf solche Moden, die einem expliziten Urheber oder einer Urhebergemeinschaft zugeschrieben werden können – erscheinen diskussionswürdig. Eine konstruktivistische Auseinandersetzung mit Managementmoden zeigt, dass Moden auch ungeplant entstehen und dass sich ihre Leitbilder im Laufe der Zeit in einem vielschichtigen Kommunikationsprozess verändern können. Dies legt eine Unterscheidung verschiedener Kategorien von Managementmoden nahe, die sich an zwei Kriterien orientiert: der Genese und der Stabilität einer Mode. Hinsichtlich ihrer Genese lassen sich Managementmoden danach unterscheiden, ob sie als solche intendiert ins Leben gerufen werden oder ihre Leitbilder in einem emergenten Prozess ungeplant entstehen. Intendierte Moden lassen sich zudem dahingehend differenzieren, ob sich die ursprünglich formulierten Ideen und Leitbilder im Laufe der Zeit so wie von ihren Schöpfern geplant verfestigen oder verschiedene nicht beabsichtigte Drehungen, Wendungen und Veränderungen durchlaufen.

Um die beschriebene Kategoriebildung zu konkretisieren, werden zunächst (1) die Grundlagen des Konstruktivismus kurz erläutert und (2) die Kernthesen konstruktivistischer Denkansätze auf Managementmoden übertragen. So kann gezeigt werden, dass die bestehenden Erklärungsansätze in weiten Teilen durch eine konstruktivistische Perspektive gestützt werden, dass sie darüber hinaus aber auch wichtige Ergänzungen erfahren können.

4.2.3.1 Begriff und Wesen des Konstruktivismus

Der Konstruktivismus ist eine relativ junge erkenntnistheoretische Position, deren Wurzeln in der Entwicklungspsychologie (*Piaget* 1981), der Kybernetik (*Glasersfeld* 1996, S. 237 ff.) und der Neurobiologie (*Maturana/Varela* 1987) liegen. Seine Kernaussage besteht darin, dass Menschen als bewusst wahrnehmende Wesen die Wirklichkeit nicht, wie es der Auffassung des Realismus entspricht, objektiv entdecken oder gar abbilden können. Vielmehr wird davon ausgegangen, dass jegliche Erkenntnis bzw. alles Wissen, wie immer es auch definiert sein mag, nur in den Köpfen von Menschen existiert, so dass es keine Möglichkeit gibt, die Realität als solche objektiv zu erfassen. Dem Menschen sind aufgrund seiner eingeschränkten kognitiven Fähigkeiten ausschließlich individuelle, subjektive Wirklichkeiten zugänglich, die er in Interaktion mit seiner physischen und sozialen Umwelt „erfindet" bzw. „konstruiert". Diese subjektiven Wirklichkeitsbilder sind indes nicht das Ergebnis eines bewussten Konstruktionsprozesses, sondern vielmehr das Resultat eines intuitiven Vorganges, bei dem Erfahrungen geordnet und mehr oder weniger widerspruchsfrei zueinander in Beziehung gesetzt werden (*Simon* 2006, S. 68).

Um dies zu illustrieren, wird vor allem auf die Erkenntnisse der Neurobiologie zurückgegriffen: Die Augen des Menschen etwa leiten elektrische Reize an das Gehirn. Diese übertragen jedoch kein Bild, sondern lediglich eine Intensität – erst das Gehirn konstruiert daraus ein Bild. Das gesehene Bild ist also kein „wahres" Abbild irgendeiner „objektiven" Realität, sondern immer eine Konstruktion des Individuums aus – einerseits – den Reizen, die von seinen Sinnesorganen geliefert werden, und – andererseits – seinen vorhandenen Erinnerungen und Interpretationen (*Foerster* 1987; 2006).

Am konsequentesten wurde die konstruktivistische Position von *Ernst von Glasersfeld* (1996) als so genannter **radikaler Konstruktivismus** ausformuliert. Die Radikalität besteht dabei im expliziten Bestreben, auf jegliche Realitätsaussagen zu verzichten. Stattdessen schlägt *von Glasersfeld* vor, solche Wirklichkeitskonstrukte, die sich im konkreten Handeln bewähren – die also zu den Zwecken passen, die man mit ihnen erreichen will – als „viabel“ zu bezeichnen. So wird der philosophische Wahrheitsbegriff im Sinne einer wahren Abbildung der Realität, von der man annimmt, sie sei vom Wahrnehmenden unabhängig, im radikalen Konstruktivismus aufgegeben und durch die Viabilität innerhalb der Erfahrungswelt des Wahrnehmenden ersetzt. *Von Glasersfeld* (1985, S. 8 f.) illustriert dies in Form einer Metapher: Ein blinder Wanderer, der zu einem Fluss jenseits eines Waldes gelangen möchte, kann zwischen den Bäumen viele Wege finden, die ihn an sein Ziel bringen. Selbst wenn er tausendmal liefe und alle gewählten Wege in seinem Gedächtnis aufzeichnen würde, hätte er doch nicht ein Bild des Waldes, sondern lediglich ein Netz von möglichen Wegen. Von den Bäumen, zwischen denen alle diese Wege liegen, sagt ihm das Netz nichts – nur dass sie sein Laufen an der einen oder anderen Stelle behindert haben. So „passt“ das Netz zwar in den wirklichen Wald – es ist für die Zwecke des Wanderers also viabel –, doch die Welt, die er erlebt, enthält weder den Wald noch die Bäume, wie sie ein Außenstehender sehen könnte.

Die Metapher verdeutlicht nicht nur die Abkehr des radikalen Konstruktivismus von einer wahren Abbildung der Realität, sie zeigt auch, dass eine Beantwortung der Frage, ob bestimmte Handlungen als viabel anzusehen sind, immer auch die Zwecke berücksichtigen muss, denen die betreffenden Handlungen dienen bzw. dienen sollen. Auf diese Weise verlieren Wirklichkeitskonstruktionen ihre ontologische Absolutheit; sie werden instrumentalistisch interpretiert und entsprechend relativiert (vgl. *Simon* 2006, S. 70). Die Aufgabe des Wahrheitsanspruchs und die Relativität von Wirklichkeitskonstruktionen bedeutet jedoch nicht, dass es im Sinne einer radikal konstruktivistischen Position beliebig wäre, welches Weltbild konstruiert wird. Die Viabilität, die an die Stelle der objektiven Wahrheit tritt, besagt ja gerade, dass nicht jedes Weltbild zur Welt passt – oder, um im Bild der obigen Metapher zu bleiben: nicht jeder Weg durch den Wald führt den Wanderer zum Fluss. So geht der radikale Konstruktivismus in dieser Hinsicht mit dem Postulat des kritischen Rationalismus konform, dass Hypothesen falsifizierbar sein müssen, denn ihre Falsifikation ermöglicht einen interpersonellen Konsens über die Welt, indem man sich darauf verständigt, welche Vorstellungen von der Welt als *falsch* zu erachten sind.

Die radikal konstruktivistische Position wurde in den letzten Jahren vermehrt aufgegriffen, um verschiedene Aspekte im Management von Unternehmen zu beleuchten (vgl. z.B. *Hejl/Stahl* 2000 und die dort angegebene Literatur). Im Vordergrund steht dabei die Annahme, dass sowohl die im Management von Unternehmen agierenden Menschen als auch ganze Unternehmen in ihrer Eigenschaft als Sozialsysteme eigengesetzlich Wirklichkeiten konstruieren und diese ihrem Handeln zugrunde legen. Dabei wird insbesondere davon ausgegangen, dass organisatorische Regeln – erstens – zunächst interpretiert werden müssen, bevor nach ihnen gehandelt werden kann, und dass sie – zweitens – auf unterschiedliche Weise interpretierbar sind (vgl. *Johnson* 1977; *Burns/Flam* 1987, S. 216 ff.). Um die für ein gemeinsames Handeln erforderliche Vereinbarkeit der Interpretationen zu erreichen, müssen die betreffenden Unternehmensmitglieder beständig miteinander kommunizieren. In diesem Sinne bildet sich der in einem Unternehmen gültige interpersonelle Konsens über die praktizierte Form des Managements auf dem Wege der Verständigung „in den Köpfen" der Unternehmensmitglieder heraus. Auch und gerade die Entwicklung neuer Managementpraktiken ist demzufolge nur durch Kommunikation zwischen den Unternehmensmitgliedern möglich, wobei es nicht um die Erfassung oder Übernahme objektiver Regeln und Tatbestände, sondern um das Verständnis der Unternehmensmitglieder über das Funktionieren ihres Unternehmens geht, um ihre subjektiven Konstruktionen der organisatorischen Wirklichkeit und ihre individuellen und interpersonellen Interpretationen (vgl. *Kieser* 1998c, S. 46).

4.2.3.2 Managementmoden aus konstruktivistischer Sicht

Die Annahmen der bestehenden Modelle zur Erklärung von Managementmoden werden durch eine konstruktivistische Perspektive im Grundsatz gestützt. So resultiert die Existenz modischer Lebenszyklen im konstruktivistischen Sinne aus einer natürlichen Auslese, die sich in negativer Form vollzieht: Leitbilder, die der Erfahrungswelt nicht standhalten, werden fragwürdig, unbrauchbar und schließlich entwertet. Wie im Modell des Management Fashion Setting sind es dabei auch aus konstruktivistischer Sicht nicht die Merkmale und Wirkungsweisen der propagierten Leitbilder selbst, die das Werden und Vergehen einer Managementmode bestimmen, sondern die kontextuellen, kommunikativen Prozesse innerhalb der Gemeinschaft ihrer Promotoren und Anwender. Die in Managementmoden verbreiteten Ideen und Grundgedanken bilden den Rahmen für zeitgemäße Interpretationen der organisatorischen Wirklichkeit. Üblicherweise bieten sie keine expliziten Lösungen für konkrete Problemsituationen, sondern verallgemeinertes „nützliches Wissen" in Form von generellen Vorgehensschritten, Regeln, Anhaltspunkten und dergleichen, die selbst einen erheblichen Freiraum für individuelle Deutungen und Sinnzuschreibungen lassen.

Bei ihrer Interpretation kommt den Skripten und Alltagstheorien der Mitarbeiter, die mit der praktischen Umsetzung der Ideen konfrontiert sind – seien sie selbst damit befasst oder von den Auswirkungen betroffen –, eine wichtige Rolle zu. Sowohl Skripte als auch Alltagstheorien werden den so genannten Schemata zugerechnet, also solchen, von der konkreten Erfahrung abstrahierten Wissensbeständen, die ein Individuum nutzt, um sozialen Informationen und Situationen Struktur und Sinn zu geben (vgl. *Gioia/Poole* 1984, S. 449 f.; *Markus/Zajonc*

1985; *March* 1994, S. 57 ff.; *Kieser* 2001 S. 304). Als **Skripten** werden dabei die im Gedächtnis einer Person gespeicherten Handlungsmuster bezeichnet, die mit bestimmten sozialen Situationen oder mit bestimmten organisatorischen Regeln korrespondieren. Sie versetzen einen Mitarbeiter in die Lage, Ereignisse und Situationen in seinem Unternehmen entsprechend der bestehenden Interpretationskonventionen zu deuten und dienen ihm zugleich als Verhaltensrichtlinien, die den betreffenden Ereignissen und Situationen als angemessen gelten. **Alltagstheorien** – auch als implizite oder subjektive Theorien bezeichnet – gründen sich demgegenüber auf ein Bündel von Annahmen, das ein Individuum heranzieht, um seine Handlungen mit den Veränderungen in seiner Umwelt in Einklang zu bringen (vgl. *Kieser* 1998c, S. 52). Im Unternehmenskontext bilden die individuellen Alltagstheorien der Mitarbeiter über ein angemessenes Handeln in Organisationen die Grundlage für die Interpretation neuer und die Weiterentwicklung bestehender organisatorischer Regeln. Dabei liefern sie zugleich Argumente für Diskussionen mit anderen Organisationsmitgliedern und für „innere Dialoge", in denen die Mitarbeiter versuchen, eigene kognitive Dissonanzen abzubauen (vgl. *Cooperrider*, 1990, S. 9 ff.).

Managementmoden nehmen in vielfältiger Weise Einfluss auf die Alltagstheorien und die Skripte von Führungskräften, von nachgeordneten Mitarbeitern, von einflussreichen Akteuren im Umfeld eines Unternehmens und damit auf die individuellen und – vor allem – auf die interpersonellen Konstruktionen der organisatorischen Wirklichkeit. Die propagierten Leitbilder fungieren dabei als „kognitive Landkarten" (vgl. *Nicolai/Simon* 2001, S. 515; *Kieser* 1998c, S. 57.): Das Lesen der gleichen Bestseller, der Besuch der gleichen Seminare und die Diskussion der gleichen Grundgedanken fördert tendenziell eine interpersonelle Angleichung der jeweiligen Alltagstheorien. Managementmoden ermöglichen auf diese Weise eine Koordination individuellen Handelns, ohne dass maßgebliche metakommunikative Aufwendungen erforderlich sind, denn Mitarbeiter, die sich in einer Situation befinden, die mit Unsicherheit behaftet ist, können sich – sobald eine Mode „greift" – bei ihren Handlungen auf die Autorität eines akzeptierten Leitbilds berufen.

Um den propagierten Leitbildern eine entsprechende Wirkung zu verleihen, bedienen sich Management Fashion Setters häufig einer Sprache, die mit Metaphern, Geschichten und Anekdoten angereichert ist. **Metaphern** – etwa das „schlanke Unternehmen", die „lernende Organisation" oder ein Prozess, bei dem „ein Rad in das andere greift" – sind kognitive Instrumente, die einen bislang wenig beachteten Bereich in der Sprache eines bekannteren Bereichs beschreiben und ihn auf diese Weise mit einer neuen Perspektive versehen (vgl. *Black* 1979; *Pielenz* 1993; *Kieser* 1998c). So kann mit der Hilfe von Metaphern geistiges Neuland erschlossen werden, indem bestehende Alltagstheorien um neue, viable Elemente erweitert werden; zugleich können Metaphern, die frühere Erfahrungen und

Denkstrukturen als falsch oder widersinnig – eben als „nicht-viabel“ – erscheinen lassen, eine bestehende Konstruktion der Wirklichkeit auflösen und eine neue nahe legen. Die Organisation eines Unternehmens etwa lässt sich als Maschine beschreiben, als Netzwerk oder als lebender Organismus. Jede dieser Metaphern hebt einzelne Facetten und Aspekte der Organisation hervor und regt zu ihrer Diskussion an – unmöglich ist es hingegen, Aspekte der Organisation zu debattieren, für die es noch keine Sprache gibt. Durch geeignete Metaphern kann eine Managementmode somit bestimmte Aspekte des Managements, die bislang kommunikativ verborgen waren, sprachlich fassbar machen und einem Diskurs zuführen, der bestehende Konstruktionen der Wirklichkeit verändert.

Geschichten und **Anekdoten** werden genutzt, um ein entsprechendes Umdenken rhetorisch anzuregen (vgl. z.B. *Bolman/Deal* 1985; *Fairhurst/Sarr* 1996; *Kieser* 1998c). Sie handeln zumeist von einzelnen Führungskräften, die mit der Anwendung der Leitbilder, die in einer Mode propagiert werden, herausragende Erfolge erzielt haben, oder von nachgeordneten Mitarbeitern, die infolge der Umsetzung der Leitbilder in ihrem Unternehmen attraktive Aufgaben wahrnehmen können, die sie vorher nicht inne hatten. Geschichten und Anekdoten dieser Art helfen Mitarbeitern beim Aufbau neuer Skripte, denn sie bereiten sie in anschaulicher, oft auch emotionaler Weise auf neue Situationen vor. Treten diese Situationen ein, führt der hohe Erinnerungswert von Geschichten dazu, dass sie aus dem Gedächtnis abgerufen werden, um ein zur Situation passendes – ein viables – Rollenmodell abzuleiten (vgl. *Martin* 1982; *Wilkins* 1983; *Gioia/Manz* 1985).

Der interpersonelle Konsens darüber, welches Rollenmodell in einer bestimmten Situation als passend anzusehen ist, wird somit maßgeblich von der in einer Managementmode verwendeten Sprache beeinflusst. Als Medium der Kommunikation eröffnet sie den Zugang zu den Wirklichkeitskonstruktionen anderer Menschen. Zwar kann aus konstruktivistischer Sicht kein Mensch die Grenzen seiner individuellen Erfahrung überschreiten, doch üben soziale Interaktionen durchaus einen formenden Einfluss auf die individuellen Wirklichkeitskonstruktionen aus. Die Dinge, die eine Person in ihrer Interaktion mit anderen Menschen als gegeben annimmt, müssen dabei in den Vorstellungen der anderen Beteiligten allerdings nur in den jeweils relevanten Aspekten vereinbar, nicht jedoch in jeglicher Hinsicht identisch sein. Kommunikation überträgt in diesem Sinne keine festen Bedeutungen, sie orientiert die Kommunikationspartner lediglich, in ihrer Kognition bestimmte Bedeutungen zu konstruieren (vgl. *Glasersfeld* 1996, S. 12).

Vor diesem Hintergrund erscheint es naheliegend, einen Aspekt der oben beschriebenen Modelle zur Erklärung von Managementmoden zu überdenken: Die – zumindest implizit getroffene – Annahme, dass die im Rahmen einer Mode propagierten Leitbilder im Zeitablauf als konstant betrachtet werden können (vgl. hierzu und im Folgenden *Fink/Knoblach* 2008). Aus konstruktivistischer Sicht sind auch sie sozial konstruiert. Auch sie bilden sich durch Kommunikation und Interaktion heraus und werden dabei immer wieder intersubjektiv interpretiert, gegebenenfalls re-interpretiert und auf diese Weise gefestigt oder verändert.

Häufig fesseln die in einer Managementmode propagierten Leitbilder ihre Anhänger gerade deshalb, weil sie als sprachliche Konstrukte mehrdeutig bleiben und vielfältige Assoziationen auslösen. Sie beinhalten an vielen Stellen abstrakte Kategorien oder Freistellen, die in variabler Weise belegt werden können und eine flexible Anpassung an wechselnde individuelle Gegebenheiten ermöglichen. Wie sich ein Leitbild selbst beschreibt und welche Interpretationen und Re-Interpretationen es bei seinen Anwendern und Promotoren auslöst, sind dabei zwei unterschiedliche Dinge: Es gibt keine „wahre" Bedeutung eines Leitbildes und auch keine diesbezügliche Autorität seines Urhebers. Was immer er auch ausdrücken wollte – einmal veröffentlicht ist ein Leitbild ein Werkzeug, das jedermann gebrauchen kann, gerade so, wie er es will und wie er es kann. Wobei nicht sicher ist, dass der Urheber es besser können muss als irgendjemand sonst. Die Bedeutung eines Leitbildes kann in diesem Sinne also durch die permanente Interaktion innerhalb der Gemeinschaft seiner Promotoren und Anwender dem gemeinsamen Gebrauch angepasst und entsprechend modifiziert oder aber gefestigt werden. Diese Überlegungen legen es nahe, im Hinblick auf die *Stabilität* der betreffenden Leitbilder zwei Arten von Managementmoden zu unterscheiden (*Fink/Knoblach* 2008): **stabile Moden**, deren ursprüngliche Leitbilder sich im Laufe der Zeit so wie von ihren Urhebern intendiert verfestigen, und **volatile Moden**, deren ursprüngliche Leitbilder im Laufe der Zeit verschiedene, von ihren Urhebern (zunächst) nicht beabsichtigte Drehungen, Wendungen und Veränderungen durchlaufen.

Eine entsprechende Unterscheidung kann sich allerdings nur auf die inhaltlichen Aspekte von Leitbildinterpretationen beziehen, nicht hingegen auf wertende. Denn Moden konstituieren qua definitionem eine Wertordnung auf Zeit. Betrachtet man ein Leitbild von seiner Entstehung bis zu seiner Aufgabe, dann impliziert dies unweigerlich eine Umbewertung: Zu Beginn seines Lebenszyklus' wird es gerade deshalb zum neuen Leitbild erhoben, weil es zur Erklärung eines bestimmten Aspekts der sozialen Wirklichkeit als viabel erachtet wird. Am Ende seines Lebenszyklus' wird es hingegen genau mit dem gegenläufigen Argument als unbrauchbar entwertet – weil es der Erfahrungswelt nicht standgehalten hat. Die Unterscheidung der inhaltlichen und der wertenden Interpretation eines Leitbildes lässt sich besonders gut an einer Mode veranschaulichen, die in den letzten Jahren so kontrovers diskutiert wurde, wie kaum eine andere: dem Shareholder Value (siehe auch Abschnitt 5.1.1). Das inhaltliche Leitbild – die Steigerung des Unternehmenswertes – blieb über den gesamten bisherigen Lebenszyklus unverändert. Seine soziale Bewertung hingegen durchlief einen ganz erheblichen Wandel. Schätzte man den Shareholder Value in Fachdiskursen zunächst als viables Instrument zur Vermeidung wertvernichtender Investitionsentscheidungen eines Unternehmens, so entwickelte er sich mit der Ausdehnung der Diskurse zu einem von weiten Teilen der Gesellschaft als illegitim empfundenen Leitbild, dem verschiedenste sozial unerwünschte Entwicklungen zugeschrieben werden (vgl. z.B. *Groh* 2000, S. 2153).

Die Unterscheidung zwischen stabilen und volatilen Moden beruht somit auf den Veränderungen der inhaltlichen und nicht der wertenden Interpretation eines Leitbildes. Dabei ist zu beachten, dass die in einer Mode propagierten Leitbilder im Sinne der in Abschnitt 4.1 beschriebenen Rationalitätsmythen sowohl die als relevant erachteten organisatorischen Ziele bestimmen und zugleich festlegen, welche Mittel zur rationalen Verfolgung dieser Ziele als angemessen gelten. Die Stabilität der inhaltlichen Leitbildinterpretationen kann somit auf zwei Ebenen erfolgen (vgl. *Fink/Knoblach* 2008): einerseits bezogen auf die als verfolgenswert propagierten Ziele (Zielstabilität) und andererseits bezogen auf die zu deren Erreichung empfohlenen Mittel (Mittelstabilität).

Bisher wurde dabei implizit davon ausgegangen, dass es sich bei den entsprechenden Moden um Konzeptmoden im eingangs beschriebenen Sinne handelt, also um solche Moden, denen ein bestimmter Urheber zugerechnet werden kann. Seine Erstinterpretation des betreffenden Leitbildes bildet die Referenz für die Einordnung einer Mode in die definierten Kategorien. *Nicolai* und *Simon* (2001, S. 504) weisen darauf hin, dass sich Managementmoden bisweilen jedoch auch herausbilden, ohne dass ihnen ein konkreter Urheber zuzurechnen ist. Sie beruhen dann auf einer selbstorganisierenden, gewachsenen Ordnung aus Regeln, Vorgehensschritten und dergleichen, die sich, ohne dass sie als solche explizit formuliert wurden, aus einzelnen, nicht zusammenhängenden Handlungen zu einem kohärenten Leitbild formen. Ein Beispiel hierfür ist etwa die Globalisierung, die nicht am Reißbrett eines Beraters oder Wissenschaftlers entstanden ist, sondern aus einer selbstorganisierenden Prozessdynamik. Es erscheint somit geboten, die beiden oben beschriebenen Modekategorien im Hinblick auf die *Genese* einer Mode um eine weitere Kategorie zu ergänzen (*Fink/Knoblach* 2008): **emergente Moden**, deren Leitbilder nicht aus wohlüberlegten Aktivitäten einzelner Akteure respektive eines Urhebers oder einer Urhebergemeinschaft, sondern aus selbstorganisierenden Prozessen erwachsen. Die beschriebenen Modekategorien sind in Abbildung 4-8 illustrativ dargestellt.

Nicht jede eigenständig gewachsene organisatorische Routine kann indes als emergente Managementmode aufgefasst werden. Emergente Moden entstehen vielmehr aus einem konsistenten Bündel unterschiedlicher Routinen, Alltagstheorien und Skripten, die sich im Laufe der Zeit zu einem mehr oder weniger fest umrissenen, modischen Leitbild verdichten. Anders als im Fall von Konzeptmoden nehmen hier also nicht „vorgefertigte" Leitbilder Einfluss auf die impliziten Organisationstheorien der handelnden Akteure.

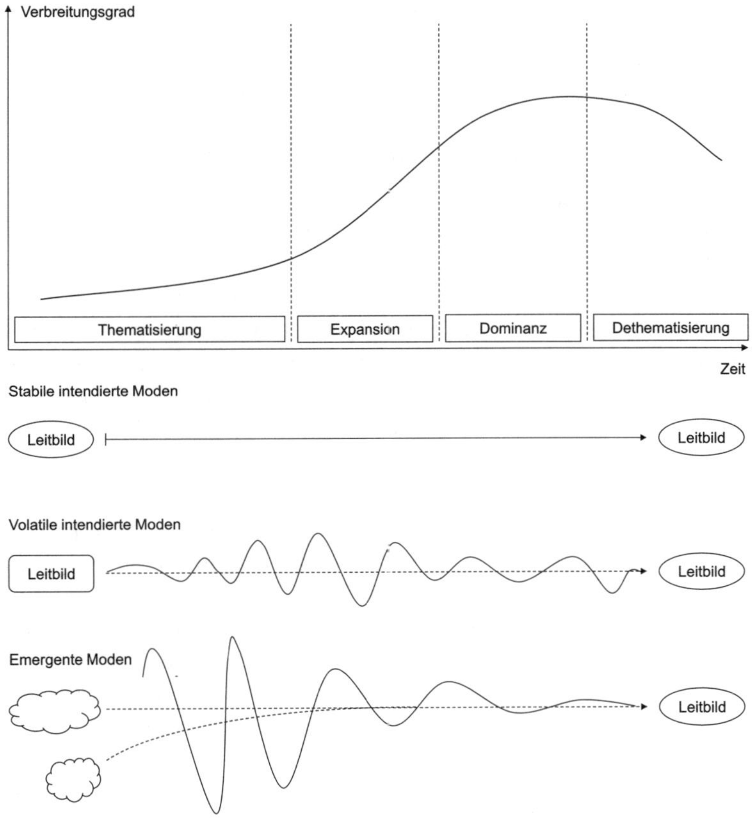

Abb. 4-8: Stabile, volatile und emergente Moden
(Quelle: Fink/Knoblach 2008, S. 470)

Verschiedene Alltagstheorien, Skripten und Routinen formen sich vielmehr in einem dynamischen Prozess zu einem expliziten, für eine begrenzte Dauer als zeitgemäß geltenden organisatorischen Ideal, das zunächst wiederum von einer immer größeren Zahl an Promotoren aufgegriffen wird, bevor es letztendlich eine Abwertung erfährt und durch ein neues, emergent oder intendiert entstandenes Leitbild ersetzt wird.

Da bei emergenten Moden qua definitionem der Urheber und somit ein Referenzleitbild fehlt, nehmen sie von ihrer Natur her einen volatilen Verlauf, wobei sich die betreffenden Leitbilder erst im Laufe der Zeit als solche manifestieren und inhaltlich – zumindest tendenziell – im Rahmen ihrer Entstehung schärfen. Die oben getroffene Unterscheidung zwischen stabilen und volatilen Moden kann sich somit ausschließlich auf intendierte Konzeptmoden, nicht jedoch auf emergente Moden beziehen, die – zumindest zu Beginn ihres Lebenszyklus' – grundsätzlich einen volatilen Charakter besitzen.

4.3 Implikationen für die Strategieberatung

In allen Modellen zur Erklärung und Klassifikation von Managementkonzepten werden zwei Aspekte besonders hervorgehoben, denen bei der Entscheidung, ob ein bestimmtes Konzept von einem Unternehmen in einer bestimmten Situation verfolgt werden sollte oder nicht, eine maßgebliche Rolle zukommt: das wettbewerbsstrategische Potenzial und der Umsetzungs- bzw. Verbreitungsgrad des Konzepts. Auch aus der Perspektive eines Strategieberaters kommt diesen beiden Dimensionen eine maßgebliche Bedeutung zu. So kann ein Berater für sich selbst nur dann einen Wettbewerbsvorteil erringen, wenn er dazu in der Lage ist, auch seinen Klienten einen solchen Vorteil zu verschaffen, oder wenn er sie dabei unterstützt, einen Wettbewerbsnachteil zu vermeiden bzw. auszugleichen. Das mehrdimensionale Lebenszyklusmodell zeigt, dass sich aus den beiden genannten Dimensionen relativ gute Rückschlüsse auf die Investitionstätigkeit potenzieller Klienten ableiten lassen. Aus diesem Investitionsverhalten können Unternehmensberater nun wiederum Prognosen hinsichtlich des mit einem bestimmten Managementkonzept verbundenen Beratungsbedarfs aufstellen (vgl. *Fink/Knoblach* 2003). Dabei ist zwar unmittelbar einsichtig, dass das Investitionsverhalten letztendlich auch die Höhe des resultierenden Beratungsbedarfes bestimmt; einen unmittelbaren Indikator für dessen Entwicklung bildet es jedoch nicht. Zwar kann ein Unternehmen, das sich entschließt, in ein bestimmtes Managementkonzept zu investieren, einen maßgeblichen Teil der geplanten Investitionssumme für externe Beratungsleistungen ansetzen, es kann sich jedoch auch dazu entscheiden, das Konzept mit nur geringer oder sogar ganz ohne externe Unterstützung zu verfolgen.

Die aus dem mehrdimensionalen Lebenszyklusmodell abgeleiteten Handlungsmuster lassen sich somit zwar nicht unmittelbar auf den Beratungsbedarf übertragen, sie ermöglichen es jedoch, eine grundlegende Hypothese über den in den einzelnen Quadranten – respektive in den durch die Quadranten gekennzeichneten Entwicklungsphasen eines Konzepts – entstehenden Beratungsbedarf aufzustellen, die zugleich Hinweise auf die inhaltliche Ausrichtung des Bedarfs liefert: In der Spekulativphase eines Konzepts kommt es vor allem zu vereinzelten, kleineren Beratungsprojekten mit explorativem Charakter, die auf eine Verifizierung oder Falsifikation seines wettbewerbsstrategischen Potenzials abzielen. Der Beratungsbedarf ist insgesamt relativ gering. In der Schrittmacherphase gilt das wettbewerbsstrategische Potenzial eines Konzepts in den Augen seiner Anwender als gesichert, so dass es zu weitreichenden Beratungsprojekten kommt, die darauf

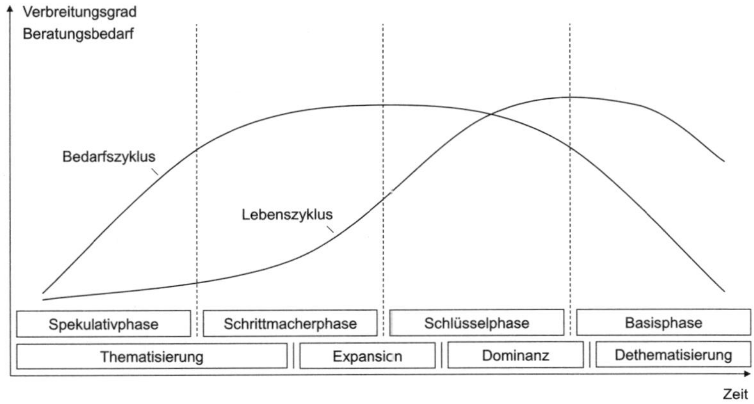

Abb. 4-9: Lebenszyklus und Bedarfszyklus eines Managementkonzepts (Quelle: Fink/Knoblach 2003, S. 248)

abzielen, durch eine umfassende Einführung der im Rahmen des Konzepts propagierten Methoden Wettbewerbsvorteile zu realisieren. Die Zahl der Unternehmen, die entsprechende Projekte in Auftrag gibt, ist – entsprechend des Verbreitungsgrades – noch vergleichsweise gering, so dass es zu einer moderaten Anzahl von Großprojekten kommt, die insgesamt in einem relativ hohen Beratungsbedarf resultieren. In der Schlüsselphase sind es bereits relativ viele Unternehmen, die entsprechende Beratungsprojekte beauftragen. Nur ein geringer Teil von ihnen benötigt allerdings eine grundlegende, umfassende Neueinführung der betreffenden Methoden, da die Mehrzahl der Unternehmen die Ideen und Leitgedanken des betrachteten Konzepts bereits verfolgt und es lediglich einer Anpassung der vorhandenen Strukturen bedarf. Die Zielsetzung besteht – wie oben gezeigt – in beiden Fällen vor allem darin, mögliche Wettbewerbsnachteile zu vermeiden. Der resultierende Beratungsbedarf ist insgesamt wiederum relativ hoch. Er wird diesmal jedoch durch eine größere Anzahl tendenziell kleinerer Projekte getragen. In der Basisphase schließlich nimmt sowohl die Anzahl als auch der Umfang der beauftragten Beratungsprojekte ab. Die Zielsetzung besteht vor allem darin, die bestehenden Strukturen so an veränderte Kontextbedingungen anzupassen, dass das laufende Geschäft aufrechterhalten werden kann. Der Beratungsbedarf ist in dieser Phase insgesamt wieder relativ gering.

Entsprechend der beschriebenen Strukturen lässt sich analog zum Lebenszyklus eines Managementkonzepts ein daran angelehnter **Bedarfszyklus** aufstellen, der die Entwicklung des Beratungsbedarfs im Zeitablauf abbildet (siehe Abb. 4-9). Empirische Untersuchungen haben gezeigt, dass zumindest die grundlegenden Phasenunterschiede für diverse Managementkonzepte verifiziert werden können (vgl. *Fink/Knoblach* 2003, S. 279 ff.): In der Spekulativphase ist der Beratungsbedarf signifikant geringer als in der Schrittmacherphase, in der Schrittmacher- und der Schlüsselphase bestehen keine signifikanten Unterschiede, in der Basisphase ist der Bedarf wiederum signifikant geringer als in der Schlüsselphase. Insgesamt handelt es sich auch hier jedoch wieder um einen idealtypischen Verlauf, dessen zeitliche Entwicklung zwar ex post beobachtet, ex ante jedoch nur begrenzt vorhersehbar ist. Insbesondere gilt dies für die Verweildauer eines Managementkonzepts in den dargestellten Phasen, die von Beratern und ihren Promotionspartnern durch ihr absatzpolitisches Instrumentarium zwar beeinflusst, nicht aber präzise gesteuert werden kann.

5. Strategieberatung auf Unternehmensebene: Entwicklung wertorientierter Strategien

5.1 Grundlagen der Strategieberatung auf Unternehmensebene

Im Mittelpunkt der Strategieberatung auf Unternehmensebene steht die grundsätzliche Zielsetzung, den Wert des beratenen Unternehmens zu erhöhen. Dabei lassen sich drei wesentliche Ansatzpunkte unterscheiden: (a) die Konfiguration der Geschäftsfelder des Klienten, (b) die übergreifende Koordination seiner Unternehmensaktivitäten und (c) die Interaktion mit seinen externen Anspruchsgruppen (vgl. auch *Müller-Stewens/Lechner* 2001, S. 210 ff.). Die **Konfiguration** der Geschäftsfelder legt die produktbezogenen, die geographischen und die vertikalen (also auf die bearbeiteten Wertschöpfungsstufen bezogenen) Grenzen des Klientenunternehmens fest. Die Aufgabe eines Strategieberaters besteht darin, die Unternehmensspitze bei der Entscheidung zu unterstützen, in welchen Geschäftsfeldern sie tätig sein will und wie sie diese miteinander zu kombinieren gedenkt. Den Ausgangspunkt bildet dabei die Frage, ob es für ein Unternehmen sinnvoll ist, sich auf ein angestammtes Geschäftsfeld zu konzentrieren oder in neue Geschäftsfelder zu diversifizieren. Im Rahmen der **Koordination** gilt es, die Steuerung der gesamten Unternehmensaktivitäten geschäftsbereichsübergreifend zu optimieren. Unternehmen, die in mehreren Geschäfts*feldern* tätig sind, organisieren sich üblicherweise in Form von Geschäfts*einheiten*, denen die Erschließung und Bearbeitung einzelner oder mehrerer Geschäftsfelder obliegt. Eine Gesamtunternehmensstrategie muss dazu beitragen, die Position der einzelnen Geschäftseinheiten in ihren Märkten durch übergreifende Synergien, durch einen Ressourcentransfer von einer Einheit zu einer anderen, durch einen besseren Zugang zu Eigen- oder Fremdkapital oder durch vergleichbare Effekte zu stärken. Gelingt dies nicht, liegt die Frage nahe, ob es sinnvoller wäre, die Geschäftseinheiten aus der Hierarchie der Unternehmenszentrale zu entlassen, die ihnen administrative Kosten auferlegt und ihre Handlungsmöglichkeiten beschränkt. *Porter* bezeichnet Strategien, die eine synergieorientierte Koordination der Geschäftsbereiche zum Ziel haben, als „horizontale Strategien“ (vgl. *Porter* 1996, S. 405 ff.). Er unterscheidet dabei drei unterschiedliche Verflechtungsarten: (a) materielle Verflechtungen, die aus der Möglichkeit entstehen, gleichartige wertschöpfende Aktivitäten verschiedener Geschäftsbereiche gemeinsam durchzuführen, (b) immaterielle Verflechtungen, die aus einem Know-how-Transfer zwischen verschiedenen Geschäftsbereichen resultieren, sowie (c) Konkurrenzverflechtungen, die immer dann entstehen, wenn verschiedene Geschäftsbereiche eines Unternehmens faktisch oder der Möglichkeit nach mit ein und demselben Konkurrenzunternehmen im Wettbewerb stehen. Alle drei Verflechtungsarten können sich kostensenkend oder differenzierungsfördernd auf die Aktivitäten der betreffenden Geschäftsbereiche auswirken. Andererseits können solch positiven Effekten auch zusätzliche Kosten gegenüberstehen – etwa durch einen erhöhten Koordinationsaufwand, durch erforderliche Kompromisse oder durch eine eingeschränkte Flexibilität. Im Mittelpunkt der **Interaktion** schließlich steht die Aufgabe, das Verhältnis eines Unternehmens zu wichtigen externen Anspruchsgruppen positiv zu gestalten – etwa zu Gewerkschaften, institutionellen Anlegern, Umweltverbänden und ähnlichen Gruppierungen. Hierbei gilt es, die Interessen des Unternehmens zu wahren und grundlegende Entwicklungen zu seinen Gunsten zu beeinflussen.

Die Konfiguration der Geschäftsfelder eines Unternehmens, die Koordination seiner Aktivitäten und die Interaktion mit wichtigen Anspruchsgruppen bilden den inhaltlichen Rahmen der Strategieberatung auf der Ebene des Gesamtunternehmens. Der Ankerpunkt aller Aktivitäten eines Beraters liegt dabei in dem Bestreben, den **Wert des beratenen Unternehmens** zu steigern. In den folgenden Abschnitten werden verschiedene Konzepte, Methoden und Ansätze dargestellt, die in diesem Kontext zum Einsatz kommen.

5.2 Wertorientierte Ansatzpunkte der Strategieberatung

5.2.1 Konzepte zur Entwicklung wertorientierter Strategien

Auf Unternehmensebene sind verschiedene Managementkonzepte entwickelt worden, die jeweils ein und denselben Aspekt der Unternehmensführung aus konträren Blickwinkeln betrachten. So stellt etwa das Konzept des Shareholder Value die Sichtweise der Anteilseigner eines Unternehmens in den Mittelpunkt, während das Konzept des Stakeholder Value eine ausgewogene Berücksichtigung der Interessen aller relevanten Anspruchsgruppen eines Unternehmens betont. Das Konzept des Portfoliomanagements geht von der Grundannahme aus, dass der Erfolg eines Unternehmens vor allem von marktbezogenen Faktoren bestimmt wird, das Konzept der Kernkompetenzen hingegen betont die erfolgskritische Bedeutung der internen Ressourcen eines Unternehmens. Um entsprechende Ressourcen aufzubauen bzw. um in neue Märkte vorzudringen, beschäftigt sich das Konzept der Mergers & Acquisitions mit den Erfolgsfaktoren von Unternehmenskäufen und Fusionen, während das Konzept des Outgrowing die Vorteile unternehmensübergreifender Partnerschaften in den Mittelpunkt stellt.

Trotz aller vordergründigen Gegensätzlichkeit stehen die genannten Konzeptpaare nicht in bloßer Rivalität zueinander. Sie können sich vielmehr gegenseitig bereichern und ergänzen. So verbindet alle Konzepte die eingangs angeführte Grundannahme, dass der Zweck eines Unternehmens darin besteht, Wert zu schaffen. Dahingehend, wie dieser Wert zu definieren ist und auf welche Weise bzw. in welcher Relation er auf unterschiedliche Anspruchsgruppen verteilt werden sollte, bestehen hingegen die oben bereits dargelegten konzeptionellen Gegenpositionen, die die Interessen verschiedener Gruppierungen unterschiedlich stark gewichten. Im Falle großer Kapitalgesellschaften etwa wird traditionell die Sichtweise der Eigentümer bzw. Anteilseigner (Shareholder) in den Mittelpunkt gestellt. Der Wert eines Unternehmens wird dabei als Marktwert des Eigentümervermögens aufgefasst. Neben den Anteilseignern existieren jedoch zahlreiche weitere Anspruchsgruppen (Stakeholder) – neben den oben genannten etwa auch Arbeitnehmer, Kunden, Lieferanten, Banken, der Fiskus oder auch die lokale Bevölkerung in der Umgebung von Produktionsstätten –, die den Wert eines Unternehmens vor dem Hintergrund ihrer eigenen Interessen nicht ausschließlich am monetären Unternehmenswert festmachen. Einer alleinigen Orientierung am Kurswert des Aktienvermögens wird in Anbetracht dessen bisweilen eine einseitige Ausrichtung an den Zielen der Unternehmenseigner vorgehalten.

Unabhängig davon, welches Wertverständnis zugrundegelegt wird, dominiert in der Praxis der Grundgedanke, ein diversifiziertes Unternehmen als ein Portfolio unterschiedlicher Geschäftsfelder aufzufassen, die hinsichtlich Wachstum und Rentabilität jeweils eigene Beiträge zum Gesamterfolg leisten. Die Auswahl der bearbeiteten Geschäftsfelder muss dabei aber selbstverständlich im Einklang mit den grundlegenden Kompetenzen des Unternehmens – seinen so genannten Kernkompetenzen – stehen. Fehlen die erforderlichen Kompetenzen, kann auch ein noch so sorgsam ausgewähltes Geschäftsfeld kaum erfolgreich bearbeitet werden. Ein ausgewogenes Portfoliomanagement soll ein Unternehmen bei der Entscheidungsfindung unterstützen, in welche Geschäftsfelder investiert werden sollte und welche gegebenenfalls aufzugeben sind. Im Falle von Investitionen in den Aufbau neuer Geschäftsfelder, in denen ein Unternehmen bislang nicht tätig ist, stellt sich die Frage, ob eine entsprechende Investition in Form eines eigenen Geschäftsaufbaus oder durch Akquisition eines bestehenden Geschäfts erfolgen soll. Im letztgenannten Fall erlangen Fragestellungen, die den Kauf oder die Verschmelzung mit anderen Unternehmen oder ihren Geschäftsbereichen betreffen (Mergers & Acquisitions) an Bedeutung. Eine andere Möglichkeit des Kompetenzausbaus besteht darin, neue Geschäfte nicht allein, sondern im Verbund mit starken Partnern zu erschließen, um spezifische Fähigkeiten zu bündeln und entstehende Risiken zu teilen. Eine entsprechende Strategie wird als Outgrowing bezeichnet.

Im Folgenden werden die Grundgedanken der genannten Konzepte – (1) Shareholder Value, (2) Stakeholder Value, (3) Kernkompetenzen, (4) Portfoliomanagement, (5) Mergers & Acquisitions und (6) Outgrowing – dargestellt und ihre beratungsbezogenen Implikationen erörtert.

5.2.1.1 Shareholder Value

Kaum ein anderes Managementkonzept wurde in den letzten Jahren so kontrovers diskutiert wie das Konzept des Shareholder Value. Populär wurde es in den USA in den frühen 1980er Jahren, als Autoren wie *Rappaport* (1981; 1986; 1994), *Fruhan* (1979) und *Copeland/Koller/Murrin* (1993; 1994) Methoden der Finanzierungs- und Kapitalmarkttheorie auf den Bereich der Unternehmensführung übertrugen. Die Führungsspitze eines Unternehmens – so ihre These – müsse sich bei all ihren Aktivitäten konsequent an der Steigerung des monetären Unternehmenswertes ausrichten. Begründet wird dies mit dem Argument, dass Vorstände und Geschäftsführer in Kapitalgesellschaften in erster Linie den Eigentümern des Unternehmens verpflichtet seien, deren Interessen sie vertragsgemäß vertreten. Die Strategien eines Unternehmens und die damit verbundenen Investitionsentscheidungen müssten dementsprechend auf der Grundlage der durch sie bewirkten Steigerung des Shareholder Value – verstanden als Marktwert des üblicherweise in Aktien verkörperten Eigentümervermögens – bewertet werden. Das primäre Ziel eines so verstandenen wertorientierten Managements wird somit darin gesehen, den Kurswert des Aktienvermögens der Gesellschafter eines Unternehmens zu maximieren.

Dabei lässt sich der Kurswert einer Aktie (KW_0) als Barwert der zukünftigen Einnahmen ausdrücken, die aus dem Eigentum an der Aktie resultieren. Dies sind zum einen die während der Halteperiode ausgeschütteten Dividenden (D_t), zum anderen der am Ende der Halteperiode erzielte Verkaufserlös, jeweils zum Kapitalkostensatz (k) abgezinst auf den Bewertungsstichtag. Da sich der Kurswert der Aktie am Ende der Halteperiode und damit der erzielbare Verkaufserlös wiederum als Funktion der nach der Veräußerung gezahlten Dividenden ergibt, lässt sich die Berechnung des Kurswertes zum Bewertungsstichtag in einfacher Form als reines Dividendenbewertungsmodell darstellen:

(5-1) $$KW_0 = \sum_{t=1}^{\infty} \frac{D_t}{(1+k)^t}$$

Der funktionale Zusammenhang verdeutlicht die zentralen **Charakteristika** des Konzepts (vgl. *Peschke* 1997, S. 41):

- Zur Ermittlung des Eigentümervermögens werden Zahlungsströme und nicht, wie bis dahin üblich, buchhalterische Gewinne einzelner Perioden herangezogen. Der Shareholder Value errechnet sich als Funktion zukünftiger Dividendenzahlungen.
- Zudem werden zur Ermittlung des Eigentümervermögens durch die Diskontierung der erwarteten Dividendenzahlungen auf den Bewertungsstichtag die Zeitpräferenzen der Anteilseigner berücksichtigt. Ein früher Mittelzufluss besitzt einen höheren Wert als ein später, da die rückgeflossenen Mittel dementsprechend früher erneut angelegt werden können.
- Die Anteilseigner erwarten für die zur Verfügung gestellten Mittel unter Berücksichtigung des mit der Kapitalverwendung verbundenen Risikos eine bestimmte Mindestrendite. Die geforderte Rendite bestimmt den Kapitalkostensatz, mit dem die zu erwartenden Dividenden abzuzinsen sind.

Vor allem *Rappaport* begründet die Verwendung des Shareholder Value als zentralen Maßstab für die Ausrichtung der Unternehmensführung mit verschiedenen Unzulänglichkeiten, die mit den bis dato üblicherweise zur Unternehmenssteuerung herangezogenen Kennzahlen aus dem Rechnungswesen verbunden sind, allen voran mit den Einflüssen unterschiedlicher Bewertungsmethoden auf die Höhe des ausgewiesenen Gewinns. Die in der Praxis zur Beurteilung des Erfolgs einer Strategie häufig verwendeten Kennzahlen RoI (Return on Investment) und RoE (Return on Equity), die den monetären Rückfluss der Strategie ins Verhältnis zu den investierten Finanzmitteln bzw. zum Eigenkapital setzen, werden maßgeblich von buchhalterischen Vorgängen wie Abschreibungen und Periodisierungen beeinflusst. So resultieren etwa „gegenwartsnahe" Strategien – wie z.B. Abschöpfungsstrategien –, die weitgehend auf Investitionen in Forschung, Entwicklung und Marketing verzichten, in einem unverhältnismäßig hohen RoI. Der Cashflow sei demgegenüber frei von vergleichbaren buchhalterischen Bewertungsspielräumen und daher eine zweckmäßigere Basis zur Bewertung von Unternehmensstrategien (siehe auch Abschnitt 5.2.2.5).

In seinem **Grundmodell** geht *Rappaport* davon aus, dass der Shareholder Value (SV) dem Eigenkapitalanteil eines Unternehmens entspricht. Er lässt sich entsprechend ermitteln, indem der Unternehmenswert (UW) um den Wert des Fremdkapitals (FK) vermindert wird:

(5-2) $SV = UW - FK$

Während der Marktwert des Fremdkapitals durch eine Kapitalisierung des Zinsaufwands mit einem marktüblichen Fremdkapitalzins relativ leicht errechnet werden kann, ist der Weg zur Ermittlung des Unternehmenswertes weniger klar vorgezeichnet. *Rappaport* (1986, S. 50) schlägt vor, hierzu vier Faktoren heranzuziehen: den betrieblichen Cashflow in den betrachteten Planungsperioden (CF_t), den Restwert am Ende des Planungszeitraums (RW_n), einen gewichteten, risikoangepassten Kapitalkostensatz (Weighted Average Cost of Capital, WACC) sowie den Wert des nicht betriebsnotwendigen Vermögens (V_0):

$$(5\text{-}3) \qquad UW_0 = \sum_{t=1}^{n} \frac{CF_t}{(1+WACC)^t} + \frac{RW_n}{(1+WACC)^n} + V_0$$

Als betrieblicher Cashflow wird der aus der betrieblichen Tätigkeit resultierende Finanzmittelüberschuss verstanden, der sich nach Abzug kapazitätserweiternder, strategischer Investitionen vom Betriebsergebnis ergibt. Er steht einem Unternehmen zur Ausschüttung von Dividenden, zur Zahlung von Fremdkapitalzinsen sowie zur Schuldentilgung zur Verfügung. Zur Ermittlung des Restwertes für die nach dem Planungszeitraum entstehenden Cashflows schlägt *Rappaport* das Verfahren der ewigen Rente vor. Das heißt, es wird eine unendliche Reihe identischer Cashflows unterstellt und der Restwert als Quotient aus einer als repräsentativ angesehenen Cashflow-Zahlung (rCF) und den angesetzten Kapitalkosten errechnet:

$$(5\text{-}4) \qquad RW_n = \frac{rCF_n}{WACC}$$

Dabei wird unterstellt, dass sich strategische Investitionen nach dem Ende des Planungszeitraums nur noch in Höhe der Kapitalkosten verzinsen. Ihr Kapitalwert ist also gleich null. Begründet wird dies mit der Annahme, dass Renditen oberhalb des Kapitalkostensatzes neue Wettbewerber in den Markt eintreten lassen, bis die Renditen aufgrund der gestiegenen Konkurrenzintensität letztendlich auf das Niveau der Mindestverzinsung fallen.

Als Diskontierungszins setzt *Rappaport* einen gewichteten, risikoangepassten Kapitalkostensatz an, ein gewogenes Mittel aus Eigen- und Fremdkapitalkosten, das sich – unter Vernachlässigung steuerlicher Effekte – wie folgt berechnen lässt:

$$(5\text{-}5) \qquad WACC = \frac{EK}{GK} \times k_{EK} + \frac{FK}{GK} \times k_{FK}$$

Hierbei bezeichnet EK das Eigen-, FK das Fremd- und GK das Gesamtkapital eines Unternehmens (mit GK = EK + FK). Die Höhe der Fremdkapitalkosten (k_{FK}) ergibt sich aus den von Banken geforderten marktüblichen Konditionen. Zur Ermittlung der Eigenkapitalkosten (k_{EK}) wird auf die Annahmen der modernen Kapitalmarkttheorie zurückgegriffen. Danach wird ein Anleger nur dann in eine risikobehaftete Aktie investieren, wenn ihm über die Rendite für eine risikolose Anlage hinaus eine Risikoprämie vergütet wird. Um die Eigenkapitalkosten zu berechnen, müssen demzufolge der risikofreie Zinssatz (r_f), der unternehmensbezogene Risikofaktor (β) und die durchschnittliche Rendite des Marktes (r_m) herangezogen werden:

$$(5\text{-}6) \qquad k_{EK} = r_f + \beta \times (r_m - r_f)$$

Während der risikofreie Zinssatz relativ einfach anhand des Zinssatzes für langfristige Staatsanleihen bestimmt werden kann, ergibt sich der Risikozuschlag aus der Differenz der Marktrendite (z.B. des DAX-Portfolios) und der risikolosen Sockelrate multipliziert mit dem so genannten β-Faktor. Dieser bringt die in der Vergangenheit beobachtete Volatilität der Kursentwicklung einer Aktie im Vergleich zur Entwicklung des Gesamtindex (etwa des DAX) zum Ausdruck. Er berechnet sich für ein Wertpapier j nach der folgenden Formel:

$$(5\text{-}7) \qquad \beta_j = \frac{\text{cov}(r_j, r_m)}{\sigma^2(r_m)}$$

wobei $\text{cov}(r_j, r_m)$ die Kovarianz der Rendite des j-ten Wertpapiers mit der Marktrendite bezeichnet und $\sigma^2(r_m)$ die Varianz der Marktrendite. Ist der Wert des β-Faktors größer als 1, hat sich die betreffende Aktie in der Vergangenheit stärker verändert als der Gesamtindex und gilt somit als Risikoreich.

Dem nicht betriebsnotwendigen Vermögen schließlich werden all diejenigen Aktiva zugerechnet, die nicht unmittelbar zum betrieblichen Cashflow beitragen. Hierzu zählen z.B. Wertpapiere des Anlage- oder Umlaufvermögens oder auch nicht betriebsnotwendige Grundstücke und Gebäude. Ihr Marktwert wird mit ihren zum Bewertungsstichtag erzielbaren Liquidationserlösen angesetzt.

Auf der Basis dieses Grundmodells hat *Rappaport* sieben wesentliche Bestimmungsfaktoren für den Shareholder Value identifiziert, die er als „Werttreiber" bezeichnet und in Form eines **Shareholder-Value-Netzwerks** systematisiert (siehe Abb. 5-1): die Dauer der Wertsteigerung, die Wachstumsrate des Umsatzes, die betriebliche Gewinnmarge, den Gewinnsteuersatz, die Investitionen in das Umlaufvermögen, die Investitionen in das Anlagevermögen sowie die Kapitalkosten. Die ersten sechs Werttreiber wirken auf den betrieblichen Cashflow, der siebte (Kapitalkosten) bestimmt den Diskontierungssatz. Auf dieser Grundlage unterscheidet *Rappaport* drei Arten von Führungsentscheidungen: operative Entscheidungen, Investitionsentscheidungen und Finanzierungsentscheidungen. Operative Entscheidungen betreffen beispielsweise das Leistungsprogramm, die Preispolitik, die Werbemaßnahmen oder die Vertriebswege eines Unternehmens.

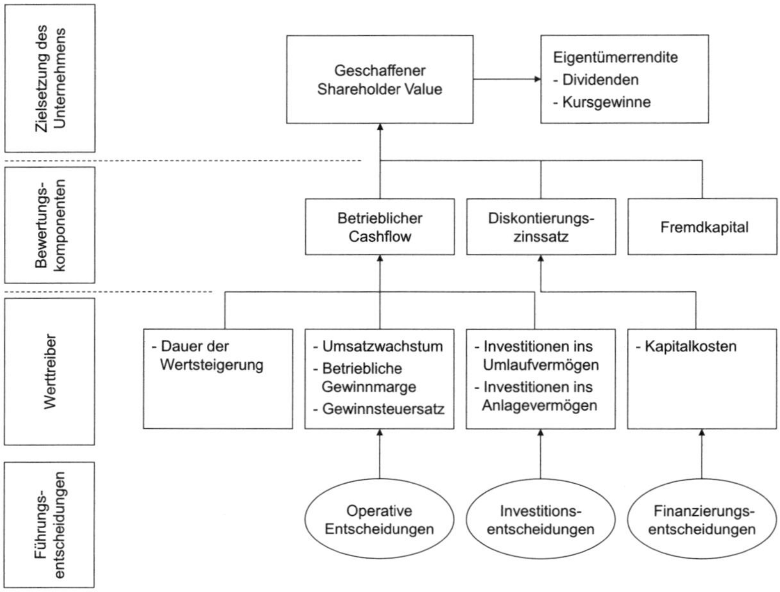

Abb. 5-1: Shareholder-Value-Netzwerk
(Quelle: Rappaport 1995)

Sie haben einen Einfluss auf die Wachstumsrate des Umsatzes, die Gewinnmarge und den Gewinnsteuersatz. Im Rahmen von Investitionsentscheidungen werden die Art und das Ausmaß der Investitionen in das Anlage- (beispielsweise Kapazitätserweiterungen) und Umlaufvermögen (Erhöhung oder Verminderung der Lagerbestände) festgelegt. Finanzierungsentscheidungen schließlich betreffen die Kapitalstruktur, also das Verhältnis zwischen Eigen- und Fremdkapital; sie beeinflussen die Kapitalkosten des Unternehmens.

Um auch auf den mittleren und unteren Führungsebenen eines Unternehmens eine konsequente Ausrichtung am Shareholder Value sicherzustellen, können die Bewertungskomponenten in einem **Werttreiberbaum** weiter herunter gebrochen werden. Die einzelnen Größen werden dabei üblicherweise mathematisch miteinander verknüpft, um die Wirkung einer Treibergröße auf den Shareholder Value quantifizieren zu können. Diese Vorgehensweise erscheint jedoch in Anbetracht der steigenden Bedeutung immaterieller Vermögenswerte für den Unternehmenserfolg nicht unkritisch. Der zukünftige Wertbeitrag immaterieller Ressourcen – etwa der einer Marke oder der Reputation des Unternehmens – lässt sich kaum exakt in ein solches Werttreibersystem einbinden.

In der Praxis wurde das Shareholder-Value-Konzept von verschiedenen Beratungsunternehmen aufgegriffen und zunächst vor allem in den USA populär. Neben *McKinsey* und der *Boston Consulting Group* waren es überwiegend kleinere, spezialisierte Berater – allen voran *Stern Stewart & Co.*, *HOLT Planning Associates* (die 1991 von der *Boston Consulting Group* übernommen wurden), *The Alcar Group*, *Marakon Associates, Collard, Madden & Associates* und die in *Oliver Wyman* aufgegangenen *Strategic Planning Associates* – die den Shareholder-Value-Gedanken in die Unternehmenspraxis getragen haben. Als Pionier des Konzeptes in Deutschland gilt die *VEBA AG*, die 1993 die von der *Boston Consulting Group* propagierte Kennzahl „Cashflow Return on Investment" (siehe Abschnitt 5.2.3.2) einführte. Unternehmen wie *Siemens*, *RWE* oder *Haniel* zählen ebenfalls zu den frühen Protagonisten der Shareholder-Value-Idee. Im Zuge der zunehmenden Konkurrenz auf den globalen Kapitalmärkten schlossen sich schon bald weitere Unternehmen an. Ende der 1990er Jahre hatten bereits über 70 der DAX-100-Unternehmen Steuerungssysteme umgesetzt, die auf dem Shareholder Value beruhen.

Mit der zunehmenden Verbreitung des Konzepts wuchs jedoch auch die an ihm geübte **Kritik**. Es entwickelte sich eine intensive Debatte über die Bedeutung des monetären Unternehmenswertes im Vergleich zu anderen Maßstäben unternehmerischer Tätigkeit, etwa der Schaffung und Erhaltung von Arbeitsplätzen, der sozialen Verantwortung und der Umweltverträglichkeit. Dabei scheinen sich die Ansprüche der Anteilseigner eines Unternehmens und die Ansprüche anderer Interessengruppen häufig unversöhnlich gegenüberzustehen. Dem Shareholder Value Management wird in diesem Kontext eine einseitige Ausrichtung auf die Interessen der Anteilseigner vorgeworfen. Begründet wird dies vor allem mit dem Argument, dass eine Erhöhung des finanziellen Unternehmenswertes ausschließlich den Anteilseignern zugute kommt, da diese als Residualberechtigte Anspruch auf den nach Erfüllung aller Verpflichtungen verbleibenden Wertzuwachs besitzen. Da die Ansprüche der anderen Interessengruppen größtenteils vertraglich geregelt sind, können diese nicht von einem höheren Kurswert des Aktienvermögens profitieren. Zudem wird die Gefahr betont, dass das Konzept in der Praxis nicht – wie in der Theorie gefordert – zu einer nachhaltigen Steigerung des Unternehmenswertes führt, sondern vielmehr kurzfristige Denkweisen und eine temporäre Erhöhung des Aktienkurses sowie überhöhte Dividendenausschüttungen an die Anteilseigner fördere. Diese Argumente erscheinen zumindest bedenkenswert. Langfristige Strategien, etwa Investitionen in Forschung und Entwicklung, beeinflussen viele messbare Erfolgskriterien häufig zunächst negativ. Ob sich ein langfristiger Erfolg einstellt, lässt sich erst sehr viel später beurteilen – oftmals erst dann, wenn das für die betreffende Entscheidung verantwortliche Management bereits nicht mehr im Amt ist.

Einer solchen Kritik wird von Befürwortern des Shareholder Value entgegengehalten, dass sie sich gegen das Konzept selbst wendet, in weiten Teilen aber einen falschen Umgang mit ihm meint: Zu hohe Gewinnausschüttungen in einer

Periode etwa reduzieren zukünftige Ausschüttungen und damit den Shareholder Value, da sie dem Unternehmen finanzielle Mittel entziehen, die es andernfalls zur Investition in zukunftsträchtige, gewinnbringende Aktivitäten einsetzen könnte – etwa in die Konzipierung neuer Produkte oder in die Personalentwicklung. In diesem Zusammenhang wird auch darauf hingewiesen, dass der sowohl von Unternehmens- als auch von Arbeitnehmervertretern häufig angeführte Automatismus „Stellenabbau gleich höherer Shareholder Value" nicht dem Grundgedanken des Konzepts entspricht. Investitionen in die Arbeitskräfte eines Unternehmens können durchaus zu einer Erhöhung des Shareholder Value führen, da sie einer Kapazitätserweiterung (bei Neueinstellungen) oder einer Kompetenzausweitung (bei Qualifizierungsmaßnahmen) entsprechen und zudem die Wettbewerbsfähigkeit auf dem Arbeitsmarkt erhöhen.

Auch einer einseitigen Bevorzugung der Anteilseignerinteressen wird von den Befürwortern des Konzepts widersprochen. Vielmehr führe eine Maximierung des Shareholder Value zu einer ausgewogenen Steuerung aller eingesetzten Ressourcen (vgl. z.B. *Fama/Jensen* 1983; *Wenger* 1993; *Wenger/Kaserer* 1998). Begründet wird dies mit der marktwirtschaftlichen Forderung, dass derjenige, der das Risiko eines Geschäfts zu tragen hat, bei der Disposition über seine Ressourcen keinen weiteren Beschränkungen unterworfen werden sollte als denjenigen, die aus den frei erzielbaren Marktpreisen und der allgemein herrschenden Rechtsordnung resultieren (vgl. *von Hayek* 1967, S. 301). Denn nur so kann ein Anreiz geschaffen werden, durch eine Maximierung des persönlichen Residuums zur gesamtwirtschaftlich effizienten Ressourcenallokation beizutragen. Obwohl Anbieter und Nachfrager einer Ressource ihre eigenen Interessen verfolgen und möglichst hohe bzw. niedrige Austauschpreise anstreben, bewirkt der Marktprozess, dass ein Preis resultiert, der die Knappheitsrelationen der betreffenden Ressourcen widerspiegelt und somit nicht zuletzt auch zu einem gesellschaftlich effizienten Interessenausgleich führt. Das am Markt erzielte Kontrakteinkommen dient dabei zunächst der Finanzierung von Vorleistungen, die von anderen Marktteilnehmern bezogen werden. Das verbleibende Residualeinkommen steht dem Einzelnen zur persönlichen Disposition; es unterliegt jedoch – anders als das Kontrakteinkommen – der Unsicherheit zukünftiger Marktbedingungen, denn eine marktwirtschaftliche Ordnung kann ausschließlich die Zahlung vereinbarter Kontrakteinkommen gewährleisten, nicht aber ein bestimmtes Residualeinkommen. Der Umstand, dass die Anteilseigner einen Anspruch auf das durch die Wirtschaftsleistung des Unternehmens geschaffene Residuum besitzen, bedeutet aus der Sicht der Befürworter des Shareholder Value somit nicht, dass die Anteilseigner im gesamtwirtschaftlichen Sinne gegenüber anderen Interessengruppen bevorzugt würden. Arbeitnehmer, Fremdkapitalgeber, Lieferanten und andere gesellschaftliche Gruppen werden in einem marktwirtschaftlichen System durch die allgemeine Rechtsordnung und den Marktmechanismus geschützt. Ihre vertraglich fixierten Ansprüche an ein Unternehmen müssen erfüllt werden, *bevor* die Anteilseigner über das Residuum verfügen können. Werden die Interessen anderer Interessengruppen über diese Ansprüche hinaus berücksichtigt, birgt dies in den Augen der Befürworter des Shareholder Value die Gefahr, dass die Residualansprüche der Anteilseigner ausgehöhlt werden (vgl. *Franke/Hax* 1994, S. 4 f.).

5.2.1.2 Stakeholder Value

Unternehmen haben den Zweck, Werte zu schaffen. In dieser allgemeinen Form kann sich die Unternehmensleitung bei ihren Entscheidungen üblicherweise auf einen breiten Konsens unterschiedlichster Interessengruppen stützen. Geht es hingegen darum, zu präzisieren, welche Werte geschaffen und auf welche Weise sie verteilt werden sollen, treten bisweilen deutliche Konflikte zutage. Im Gegensatz zum Shareholder Value Management öffnen sich die Vertreter des Stakeholder Value Managements auch für andere Wertdefinitionen als den bloßen finanziellen Unternehmenswert. Sie fordern vielmehr eine explizite Berücksichtigung der Interessen aller relevanten Anspruchsgruppen – nicht nur der Anteilseigner. Als Anspruchsgruppen bzw. Stakeholder werden dabei alle Gruppierungen verstanden, die entweder einen maßgeblichen Einfluss auf die Aktivitäten des Unternehmens ausüben oder von diesen selbst signifikant beeinflusst werden (vgl. *Harrison/John* 1996, S. 47) – neben den Anteilseignern sind dies etwa Kunden, Lieferanten, Kooperationspartner, Wettbewerber, Kapitalgeber, Umweltverbände, staatliche Stellen oder die Gesellschaft als solche.

Stakeholder stellen einem Unternehmen Ressourcen zur Verfügung – Kapital, (Eigen- und Fremdkapital, Real-, Human- und Naturkapital), Vertrauen, Informationen und Know-how –, solange das Verhältnis von Leistung und Gegenleistung aus ihrer Sicht vorteilhaft ist. Dabei besteht eine wechselseitige Abhängigkeit, das heißt, die Zielerreichung einer Anspruchsgruppe wird von den Aktivitäten des Unternehmens beeinflusst und die Zielerreichung des Unternehmens ihrerseits von den Aktivitäten der betreffenden Anspruchsgruppe. Im Bestreben, ihren eigenen Anspruch an das Unternehmen zu sichern, agieren Stakeholder als Interessenvertreter gegenüber der Unternehmensleitung und auch gegenüber anderen Stakeholdern. Denn auch verschiedene Stakeholder können neben gemeinsamen Zielen (z.B. eine möglichst hohe Wertschöpfung zu erwirtschaften) auch konfliktäre Interessen aufweisen (z.B. selbst einen möglichst hohen Anteil an der erwirtschafteten Wertschöpfung zu erhalten).

Die Frage, auf welche Weise in einer Marktwirtschaft ein Ausgleich zwischen den unterschiedlichen Interessen verschiedener Anspruchsgruppen zu realisieren ist, wird vor allem im ethischen Kontext diskutiert. So versteht sich die betriebswirtschaftlich geprägte Disziplin der **Unternehmensethik** als Lehre vom kompensatorischen Handeln des Managements bei Konflikten mit einer oder mehreren Anspruchsgruppen (vgl. *Steinmann/Schreyögg* 1993, S. 106). Sie wendet sich explizit gegen die von extremen Verfechtern einer freien Marktwirtschaft vertretene These, dass die einzige gesellschaftliche Verantwortung eines Unternehmers – zugespitzt formuliert – darin bestehe, seine Gewinne zu erhöhen, während unerwünschte Nebenwirkungen eine Angelegenheit des Gesetzgebers und der Gerichte seien (vgl. *Friedman* 1970). Im Sinne der Unternehmensethik ist ein Streben nach Gewinn grundsätzlich zwar durchaus legitim, es kann im Einzelfall jedoch zu Entwicklungen führen, die unter ethischen Gesichtspunkten nicht akzeptabel erscheinen. Weder Staat noch Rechtssprechung sind dazu in der Lage, fortwährend Rahmenbedingungen zu schaffen, die solche Fehlentwicklungen verhindern könnten. Da zudem die eigentliche Konkretisierung des Gewinnziels im Unternehmen vorgenommen wird, vertritt die Unternehmensethik die Auffassung, dass auch ethische Aspekte im Unternehmen selbst ihren Platz haben und nicht in seine Umwelt verlagert werden sollten (vgl. *Steinmann/Löhr* 1992, S. 96 f.). Überlegungen wie diese werden von manchen Vertretern des Stakeholder-Value-Gedankens aufgegriffen, andere hingegen messen ethischen oder sozialen Aspekten eine geringere Bedeutung bei und sehen den primären Zweck des Konzeptes darin, für ein Unternehmen Mittel und Wege zu finden, um sich gegenüber seinen als relevant erachteten Anspruchsgruppen eine vorteilhafte Stellung zu verschaffen.

Nimmt man die in Deutschland im Hinblick auf die Unternehmensverfassung geltende Rechtslage als Maßstab, spielt der Stakeholder-Value-Gedanke in der Praxis eine eher untergeordnete Rolle. Neben Anteilseignern und Managern wirken in der Mehrzahl der Unternehmen allenfalls Arbeitnehmervertreter an der Gestaltung von Führungsentscheidungen auf der Ebene des Gesamtunternehmens mit. Berücksichtigt man jedoch die vielfältigen *externen* Einflussmaßnahmen des Staates, von Interessenverbänden und Verbrauchergruppen auf die Unternehmensführung, dann muss dem Stakeholder-Konzept eine hohe faktische Relevanz für die Entscheidungsfindung in Unternehmen zugesprochen werden. Vor allem Banken, die über Aufsichtsratsmandate, in denen sie eine Vielzahl von Kleinaktionären repräsentieren, und in jüngerer Zeit immer häufiger auch Private-Equity-Firmen, die sich mit den von ihnen verwalteten Geldern in signifikantem Ausmaß an Unternehmen beteiligen, besitzen bisweilen einen maßgeblichen Einfluss auf Entscheidungen des Topmanagements (vgl. auch *Macharzina* 2003, S. 10).

Die weiteste Auslegung des Stakeholder-Gedankens findet sich im so genannten **Koalitionsmodell** (vgl. *Cyert/March* 1963), in dem ein Unternehmen als eine interessenpluralistische Koalition verstanden wird, in der unterschiedliche Anspruchsgruppen ihre individuellen Ziele bestmöglich verwirklichen wollen. Wären die gegenwärtigen und zukünftigen Ziele der einzelnen Anspruchsgruppen bekannt oder zumindest mit relativ hoher Wahrscheinlichkeit prognostizierbar, würde sich die Aufgabe des Topmanagements zur Führung des Gesamtunternehmens im Sinne des Stakeholder-Gedankens auf ein reines Optimierungsproblem reduzieren.

Die **Kritik** am Stakeholder-Konzept fußt zum einen auf dem Argument, dass eine solche Optimierung aufgrund der Unvereinbarkeit divergierender Ziele unterschiedlicher Gruppierungen in der Praxis häufig nicht möglich ist. Zum anderen wird hervorgehoben, dass eine Vielzahl von Anspruchsgruppen mit nicht offen einsehbaren Handlungsstrategien agiert, die sich im Zeitablauf ändern und häufig zu unerwarteten Rückkopplungseffekten führen, so dass sich auf den meisten Märkten eine „Eigendynamik moderner Prägung" (*Müller-Stewens/Lechner* 2001, S. 99) herausgebildet habe, die es erforderlich macht, fundamentale Unabwägbarkeiten in Bezug auf die Ziele und Handlungsweisen unterschiedlicher Anspruchsgruppen in Kauf zu nehmen. So sehen etwa *Campbell* und *Alexander* (1997, S. 43 f.) die Schaffung von Stakeholder Value nicht als Ziel, sondern als Beschränkung der Handlungsmöglichkeiten eines Unternehmens. Ein Unternehmen müsse all seinen Stakeholdern einen Wertzufluss garantieren, der – wenn man mögliche Wechselkosten berücksichtigt – mindestens so hoch ist wie der Wertzufluss, der ihnen von Wettbewerbern des Unternehmens in Aussicht gestellt wird. Eine Orientierung an den Zielen unterschiedlicher Anspruchsgruppen erachten sie vor diesem Hintergrund als ökonomische Restriktion, die letztendlich dazu zwinge, lediglich die bekannten Spielregeln einer Branche zu wiederholen, ohne wirklich neue Einsichten hervorzubringen.

5.2.1.3 Portfoliomanagement

Anders als das Shareholder- und das Stakeholder-Value-Konzept zielt das Portfoliomanagement nicht darauf ab, eine bestimmte Wertdefinition zu propagieren. Es dient vielmehr dem Zweck, die Führungsspitze eines diversifizierten Unternehmens in ihrem Bestreben zu unterstützen, die zukünftigen Produkte und Dienstleistungen des Unternehmens, seine Zielmärkte sowie den Ressourcentransfer zwischen verschiedenen Produkt-Markt-Kombinationen so festzulegen, dass eine Geschäftsstruktur resultiert, die in Bezug auf ein vorab festgesetztes Wertkriterium möglichst ausgewogen ist. Dabei wird das gesamte Tätigkeitsspektrum eines Unternehmens als ein Portfolio **strategischer Geschäftsfelder** aufgefasst, die jeweils eigene Beiträge zum Gesamterfolg des Unternehmens leisten. Die Geschäftsfelder werden so definiert, dass sie im Hinblick auf die jeweiligen Nachfrager, Wettbewerber und Kontrollmöglichkeiten – etwa Gewinn, Kosten, Marktanteil – eindeutig voneinander abgrenzbar sind und somit für jedes Geschäftsfeld eigenständige Ziele, Strategien und Aktionsprogramme aufgestellt werden können. In der Praxis werden vor allem die angebotenen Produkte, die verwendeten Technologien, die relevanten Wettbewerber sowie die adressierten Kundengruppen zur Definition von Geschäftsfeldern herangezogen. Um übergeordneten Unternehmensinteressen gerecht zu werden, ist es – so der Grundgedanke des Konzepts – unerlässlich, strategische Entscheidungen für einzelne Geschäftsfelder nicht isoliert, sondern nur in Verbindung mit entsprechenden Entscheidungen in den übrigen Geschäftsfeldern zu treffen.

Entstanden ist die Idee des Portfoliomanagements in den 1960er Jahren, als viele amerikanische Unternehmen – zumeist aus risiko- und anlagepolitischen Erwägungen – ihre Geschäftsbasis durch den Eintritt in neue Märkte stark ausgeweitet hatten. Die Führungsspitze dieser Unternehmen stand vor der Frage, wie sie die Vielzahl ihrer Geschäfte bestmöglich handhaben konnte. Ohne sämtliche Aktivitäten im Detail zu durchdringen, musste sie über die Verteilung finanzieller Ressourcen auf die verschiedenen Geschäfte befinden. Um sie bei ihren Entscheidungen zu unterstützen, zog man eine Analogie zu den Grundgedanken der finanztheoretischen **Portefeuille-Theorie** (engl.: Portfolio Selction Theory), die es Investoren am Aktienmarkt ermöglicht, durch eine effiziente Anlagestreuung eine hinsichtlich Risiko und Gewinnerwartung optimale Zusammensetzung ihres Wertpapierportfolios zu erreichen (vgl. *Markowitz* 1952). Das Konzept wurde auf die strategische Unternehmensführung übertragen, wobei das Gesamtunternehmen als Investitionsportfolio und die verschiedenen Geschäftsfelder, in denen es tätig ist bzw. tätig werden könnte, als mögliche Investitionsobjekte interpretiert werden. Ähnlich einem Anleger auf dem Wertpapiermarkt – so die Grundidee – hat die Unternehmensleitung zu entscheiden, in welche Geschäftsfelder sie investieren und aus welchen sie entsprechende Mittel freisetzen will, um das Gesamtportfolio des Unternehmens unter Risiko- und Ertragsgesichtspunkten optimal zu gestalten.

Die Übertragung des Portfolio-Gedankens auf die Führung von Unternehmen basiert auf den theoretischen Grundlagen der **Industrieökonomik**, einem Teilgebiet der Nationalökonomie, das sich mit der Leistungsfähigkeit von Branchen bzw. „Industrien“ beschäftigt. Den Ausgangspunkt bildet das von *Bain* (1956) formulierte Structure-Conduct-Performance-Paradigma, das den Erfolg eines Unternehmens (Performance) als abhängige Variable verschiedener Branchencharakteristika (Structure) definiert, die das Verhalten eines Unternehmens (Conduct) bestimmen. Eine zentrale Annahme des so genannten **Market-based View** der Industrieökonomik besteht darin, dass eine überdurchschnittliche Performance, also beispielsweise eine überdurchschnittliche Gesamtkapitalrentabilität, prinzipiell auf eine bessere Anpassung an die Rahmenbedingungen in einer Branche zurückzuführen ist. In seinen grundlegenden Betrachtungen kam *Bain* sogar zu dem Schluss, dass die ursprüngliche Wahl einer Branche einen weit größeren Einfluss auf den Unternehmenserfolg besäße als das spätere Verhalten

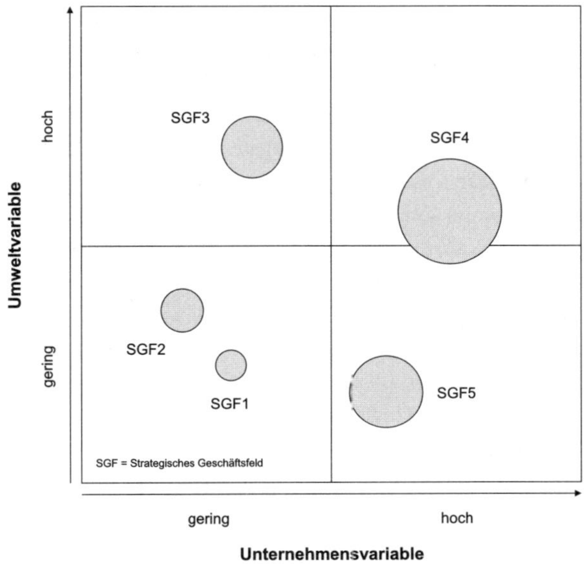

Abb. 5-2: Grundaufbau einer Portfolio-Matrix

des Managements bei der Bearbeitung der Branche. So ging die Industrieökonomik zunächst davon aus, dass die Performance eines Unternehmens von zentralen Branchencharakteristika – etwa von bestehenden Eintrittsbarrieren oder von ihrem Konzentrationsgrad – bestimmt würde und demzufolge ex ante prognostizierbar sei. Die wesentliche Aufgabe des Managements bestünde somit darin, das eigene Unternehmen in möglichst attraktiven Branchen zu positionieren. Erst später legte man stärkeren Wert auf verhaltensbezogene Aspekte – etwa die Preispolitik, die Forschungs- und Entwicklungstätigkeiten oder die Werbemaßnahmen eines Unternehmens (vgl. z.B. *Scherer* 1980).

Das erste Beratungsunternehmen, das die Grundlagen der Portefeuille-Theorie auf die Führung diversifizierter Konzerne angewendet hat, war die *Boston Consulting Group*. Die so genannte *BCG*-Matrix gilt heute als klassische Variante des Portfoliokonzepts. Schon bald griffen auch weitere Beratungsunternehmen – allen voran *McKinsey & Company* und *Arthur D. Little* – den Gedanken auf und entwickelten eigene Analyseansätze (siehe Abschnitte 5.2.3.4 ff.). Die methodische Umsetzung folgt dabei einer einheitlichen **Grundlogik**: Das Ziel ist eine integrierte Steuerung des Gesamtunternehmens im Sinne einer ausgewogenen Struktur all seiner Geschäftsfelder. Hierzu werden unternehmensinterne und – externe Informationen in einer zweidimensionalen Matrix zusammengefasst, wobei die umweltbezogenen Informationen zumeist auf der vertikalen und die unternehmensbezogenen auf der horizontalen Achse abgebildet werden (siehe

Abb. 5-2). Aus der Position eines Geschäftsfelds in der Matrix werden strategische Leitlinien – so genannte **Normstrategien** – für dieses Geschäftsfeld abgeleitet. Als Kriterium für eine ausgewogene Geschäftsstruktur kann dabei z.B. der Cashflow herangezogen werden. Geschäftsfeldern, die sich noch im Aufbau befinden und dementsprechend zumeist einen negativen Cashflow aufweisen, sollten in ausreichendem Maße Cashflow erzeugende Geschäftsfelder gegenüberstehen – und auch andersherum sollte der in alternden Geschäftsfeldern erwirtschaftete positive Cashflow in ausreichendem Maße in neue, zukunftsweisende Geschäftsfelder transferiert werden. Für alle Geschäftsfelder, die in einem wertmäßig abgegrenzten Bereich der Matrix positioniert sind, wird dabei grundsätzlich die gleiche Normstrategie empfohlen. Dem Ist-Portfolio der aktuellen Unternehmensaktivitäten wird auf dieser Basis üblicherweise ein Soll-Portfolio gegenübergestellt, in dem die angestrebten zukünftigen Positionen der einzelnen Geschäftsfelder abgetragen werden.

Das Portfoliokonzept ermöglicht es einem diversifizierten Unternehmen, unterschiedlichste Geschäfte nach einem einheitlichen Maßstab – etwa dem Cashflow – analysierbar und vergleichbar zu machen. Durch die aus der Analyse hervorgehenden Normstrategien unterstützt es unmittelbar die Entscheidungsfindung im Rahmen einer differenzierten Allokation der Ressourcen eines Unternehmens auf einzelne Geschäftsfelder, ohne dabei übergreifende Zusammenhänge zu vernachlässigen. Zudem ist das Portfoliokonzept ein hilfreiches Kommunikationsinstrument, mit dessen Hilfe komplexe interne und externe Einflussfaktoren auf den Erfolg eines Unternehmens in relativ einfacher Art und Weise zusammengeführt und diskutiert werden können. Dieser Aspekt erlangt vor allem dann an Bedeutung, wenn sich die einzelnen Geschäfte eines Unternehmens so stark voneinander unterscheiden, dass ein gemeinsames Verständnis aller Führungskräfte nicht mehr gewährleistet werden kann.

Andererseits sind mit dem Portfoliokonzept auch **kritische Aspekte** verbunden. So birgt etwa die starke Komplexitätsreduktion die Gefahr, wichtige Faktoren zu vernachlässigen. Differenziertere Portfoliovarianten dagegen, die eine zu starke Vereinfachung vermeiden wollen, führen schnell dazu, dass die hohe Abstraktion und die normative Kraft des Grundmodells in einer langwierigen Diskussion über Variablenlisten und Gewichtungsfaktoren verloren gehen. Eine zweite Gefahr besteht darin, dass die empfohlenen Normstrategien als strikte Handlungsanweisungen missverstanden werden, denen weitgehend unreflektiert zu folgen sei. Bei den Normstrategien des Portfoliokonzepts handelt es sich nicht um Handlungsanweisungen, sondern vielmehr um Handlungs*anregungen* (*Müller-Stewens/Lechner* 2001, S. 231), die grundsätzlich dahingehend zu überprüfen sind, inwiefern sie in einem konkreten Anwendungsfall modifiziert werden müssen. Eine weitere Problematik besteht darin, dass das Portfoliokonzept mögliche Abhängigkeiten zwischen den einzelnen Geschäften eines Unternehmens nicht berücksichtigt. Es ist nicht dazu in der Lage, positive oder negative Effekte, die der Eintritt in ein neues Geschäft oder die Aufgabe eines bestehenden für die übrigen Geschäftsfelder hervorruft, zu erfassen, so dass – je nach Situation – zusätzliche Analysen erforderlich werden, die diesen Aspekt näher betrachten. Abschließend sei noch darauf hingewiesen, dass die Vielzahl unterschiedlicher Varianten des Portfoliokonzepts, die nicht nur von Unternehmensberatern entworfen wurden, zumeist auf sehr rigiden theoretischen Annahmen beruhen. Vor der Anwendung eines entsprechenden Ansatzes sollte ein Unternehmen daher kritisch prüfen, inwieweit diese Annahmen im Kontext der eigenen Situation Gültigkeit besitzen.

5.2.1.4 Kernkompetenzen

Das Konzept der Kernkompetenzen von *C.K. Prahalad* und *Gary Hamel* beruht auf der Erkenntnis, dass es für ein diversifiziertes Unternehmen im globalen Wettbewerb immer schwieriger wird, in vielen verschiedenen Bereichen gleichzeitig eine Spitzenposition zu halten. Daher liege es nahe, sich auf bestimmte Kernfähigkeiten zu konzentrieren. Solche Leistungen hingegen, die ein Unternehmen nur ebenso gut oder sogar schlechter beherrscht als der Wettbewerb, sollten „anderen überlassen" werden. Um den Grundgedanken des Konzepts zu illustrieren, wählten *Hamel* und *Prahalad* das Bild eines Baumes, dessen Wurzeln aus seinen Kernkompetenzen gebildet werden. Aus den Wurzeln erwachsen die Kernprodukte, die ihrerseits verschiedene Geschäftseinheiten tragen. Aus den Geschäftseinheiten schließlich gehen die Endprodukte hervor (siehe Abb. 5-3). Die These der Autoren besteht nun darin, dass ein Unternehmen solange die Fähigkeit besitzt, die Evolution im Bereich der Endprodukte aktiv mitzugestalten, solange es bei der Erstellung seiner Kernprodukte eine weltweite Führungsposition einnimmt (vgl. *Prahalad/Hamel* 1990; *Hamel/Prahalad* 1994; 1997).

Zur Identifikation der Kernkompetenzen eines Unternehmens werden drei wesentliche **Kriterien** angeführt:

- Eine Kernkompetenz soll einem Unternehmen den Zugang zu einer Vielzahl von Märkten ermöglichen.
- Eine Kernkompetenz soll maßgeblich zu dem vom Kunden wahrgenommenen Nutzen eines Endproduktes beitragen.
- Eine Kernkompetenz soll nur schwer imitierbar und vor dem Zugriff durch Wettbewerber geschützt sein.

Die zentrale Aufgabe des Top-Managements wird darin gesehen, ausgehend von der spezifischen Kompetenzsituation eines Unternehmens angemessene Wettbewerbsstrategien für dessen Tätigkeitsfelder zu erarbeiten. Den Ausgangspunkt

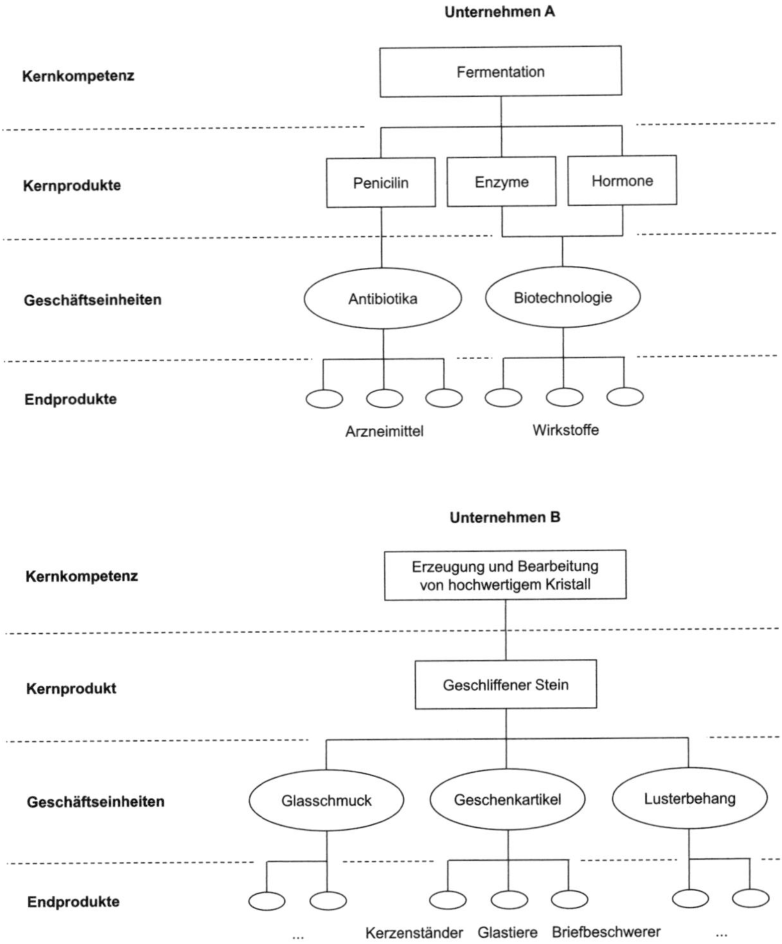

Abb. 5-3: Beispiele für Kernkompetenzen
(Quelle: In Anlehnung an Hinterhuber 1996, S. 72)

bildet eine eingehende Analyse der vorhandenen Kompetenzen. Je nachdem, welche Ausprägung diese im Vergleich zu den wichtigsten Wettbewerbern des Unternehmens aufweisen, kann es sich bei ihnen um Stärken oder Schwächen handeln. Das Ziel des Managements besteht nun darin, vorhandene Stärken so weiterzuentwickeln, dass sie im relevanten Wettbewerbsumfeld eine Art „Einzigartigkeit“ erlangen.

Die Idee der Kernkompetenzen beruht auf einer Theorie der Unternehmensführung, die vor allem von Vertretern der *University of Chicago* propagiert wird.

Sie geht zurück auf eine Arbeit von *Edith Penrose* (1959), in der erstmals der Zusammenhang zwischen den Kompetenzen eines Unternehmens und seinem wirtschaftlichen Erfolg thematisiert wurde. *Penrose* definierte ein Unternehmen nicht – wie zuvor üblich – als administrative Einheit, sondern als Ansammlung von Ressourcen. Damit legte sie den Grundstein für den so genannten **Resource-based View**, eine theoretische Strömung, die Mitte der 1980er Jahre vor allem von *Birger Wernerfelt* (1984) geprägt wurde, der die Gedanken von *Penrose* aufgriff und auf strategische Fragestellungen übertrug. Der Begriff der Ressource wird dabei sehr umfassend verstanden. Er bezeichnet all das, was einem Unternehmen für seine Geschäftstätigkeit zur Verfügung steht und worauf es direkt oder indirekt Zugriff nehmen kann. Im Allgemeinen unterscheidet man dabei verschiedene Kategorien, etwa physische, humane, organisatorische, finanzielle, technologische oder reputationsbezogene Ressourcen (vgl. z.B. *Barney* 1991; *Grant* 1991). Oft wird zunächst auch zwischen materiellen und immateriellen Ressourcen differenziert und darauf aufbauend eine weitere Untergliederung vorgenommen (vgl. z.B. *Hall* 1993).

Der Resource-based View – kurz: RBV – setzt im Gegensatz zur Industrieökonomik, nicht auf der Ebene des Marktes bzw. der Branche an, sondern auf der Ebene des einzelnen Unternehmens. Anders als im neoklassischen Modell des perfekten Wettbewerbs, das ein Unternehmen als Abbildung einer homogenen, allen Akteuren frei zugänglichen Produktionsfunktion versteht, und anders als im industrieökonomischen Ansatz, in dem ein Unternehmen als eine Kombination unterschiedlicher Produkt-Markt-Positionen aufgefasst wird, konzipiert der RBV ein Unternehmen als ein Bündel spezifischer Ressourcen. Erfolgsunterschiede zwischen verschiedenen Unternehmen werden dabei durch Effizienzunterschiede in Bezug auf ihre jeweilige Ressourcenausstattung erklärt. Besitzt ein Unternehmen etwa besondere Ressourcen, die ihm einen Effizienzvorteil gegenüber seinen Wettbewerbern sichern (siehe auch Abschnitt 6.2.1.1), schlägt sich dies in einem höheren Erfolg nieder. Verfügt ein Unternehmen hingegen über schlechtere Ressourcen als seine Konkurrenz, wird sich nur ein unterdurchschnittlicher Erfolg einstellen. Der RBV betont somit die Bedeutung der Heterogenität von Unternehmen, denn nur dann, wenn sie sich hinreichend voneinander unterscheiden, können Effizienz- und darauf aufbauend Erfolgsunterschiede realisiert werden.

Als erfolgreich wird ein Unternehmen dann angesehen, wenn es ihm gelingt, über eine längere Zeitspanne hinweg so genannte Renten zu erwirtschaften. Der Begriff der Rente stammt aus der mikroökonomischen Theorie. Er bezeichnet solche Erträge, die die Opportunitätskosten des Ressourceneinsatzes in einer Branche übersteigen, *ohne neue Wettbewerber anzuziehen*. Auf den perfekten Märkten der neoklassischen Theorie ist es unmöglich, Renten zu erwirtschaften, da sämtliche Unternehmen die gleiche, homogene Produktionsfunktion besitzen und auf vollkommen flexible Inputfaktoren zugreifen können. Angebot und Nachfrage balancieren sich im Gleichgewicht aus, so dass die Breakeven-Kosten der betreffenden Unternehmen durch den Marktmechanismus bestimmt werden. Die Industrieökonomie hingegen geht davon aus, dass unvollkommene, monopolistische Branchenstrukturen existieren, die es einem Unternehmen, das über eine ausreichende Marktmacht verfügt, ermöglichen, Renten zu erwirtschaften, indem es seine Produktionsmenge bewusst einschränkt und auf diese Weise so genannte Monopolgewinne realisiert. Auch im RBV spielen unvollkommene Märkte und Monopolrenten eine wichtige Rolle, das Hauptaugenmerk liegt jedoch auf der so genannten Ricardorente. Diese hat ihren Ursprung in besonderen Inputfaktoren, die in einer Branche nur in begrenztem Umfang zur Verfügung stehen. Unternehmen, die die entsprechenden Inputfaktoren besitzen, können Renten erwirtschaften, solange sie dazu in der Lage sind, diesen Effizienzvorteil aufrechtzuerhalten.

Die erhebliche Bedeutung, die dem Kernkompetenzen-Konzept und dem ressourcenbasierten Ansatz zukommt, erschließt sich, wenn man die Dominanz, die vor allem Vertreter der *Harvard Business School* in den 1980er Jahren auf die US-amerikanische Managementforschung ausübten, berücksichtigt. Insbesondere unter dem Einfluss der Arbeiten von *Michael E. Porter* galten zu dieser Zeit unternehmens*externe* Faktoren, wie etwa die Branchenattraktivität oder die relative Wettbewerbsposition, als wesentliche Bestimmungsfaktoren für das Verhalten und den Erfolg eines Unternehmens. Die Vertreter des ressourcenbasierten Ansatzes hingegen stellen nun genau diese Dominanz umweltorientierter Einflussgrößen in Frage. Sie gehen im Umkehrschluss vielmehr davon aus, dass der Erfolg eines Unternehmens nicht von außen, sondern ganz wesentlich durch seine spezifischen, einzigartigen Potenziale, seine Ressourcen, seine Kernkompetenzen bestimmt wird.

In zahlreichen empirischen Studien wurde untersucht, ob der Erfolg eines Unternehmens primär von externen oder von internen Faktoren bestimmt wird. Zu den bekanntesten zählen die Untersuchungen von *Schmalensee* (1985) und *Rumelt* (1991). Beide kommen zu dem Ergebnis, dass Unterschiede im Erfolg vor allem durch Geschäftsfeld- und zum Teil auch durch Brancheneinflüsse hervorgerufen werden. Faktoren, die das Gesamtunternehmen betreffen, spielten in beiden Studien keine nennenswerte Rolle. Es sei jedoch angemerkt, dass andere Untersuchungen, die im Vorfeld und im Nachgang der beiden genannten durchgeführt wurden, auch zu gegenteiligen Ergebnissen kamen. Eine endgültige Beantwortung der Frage, die einen wahren „Wissenschaftswettbewerb“ zwischen der *Harvard Business School* und der *University of Chicago* auslöste, steht also weiterhin aus.

In der Praxis wurde das Konzept der Kernkompetenzen vor allem im Bereich der Produktion aufgegriffen. Unter dem Druck des globalen Wettbewerbs, der schwachen Konjunktur, permanenter Überkapazitäten und einbrechender Aktienmärkte mussten viele Unternehmen Anfang der 1990er Jahre ihre Kosten drastisch senken. Die Rationalisierungsmaßnahmen der Industrie konzentrierten sich dabei zumeist auf den Fertigungsbereich. Vor allem die Automobilbranche hat in dieser Hinsicht eine Vorreiterrolle eingenommen. Die großen Hersteller übertrugen wesentliche Teile ihrer Produktion auf Zulieferfirmen. Diese Firmen wiederum entwickelten sich zusehends von reinen Teilelieferanten zu Maßschneidern kompletter Baugruppen. Die Fertigung der Automobilkonzerne selbst wurde von unnötigem Ballast bereinigt und auf die eigenen Kernkompetenzen zurechtgestutzt. Heute ist ihre **Fertigungstiefe** – also der Anteil der Eigenfertigung am Endprodukt – in vielen Fällen auf unter 25 Prozent gesunken. Als Paradebeispiel gilt der *Porsche Cayenne*, bei dem der Eigenfertigungsanteil nicht einmal mehr bei zehn Prozent liegt. Der Rest, also über 90 Prozent des Wagens, wird von Zulieferfirmen hergestellt.

An breiter Popularität gewann die Senkung der Fertigungstiefe Anfang der 1990er Jahre unter der Überschrift **Lean Production**. Geprägt wurde dieser Begriff von den drei amerikanischen Wissenschaftlern *James P. Womack*, *Daniel T. Jones* und *Daniel Roos*. In ihrem Buch „The Machine that Changed the World" beschrieben sie eine neue Managementideologie, die sie zunächst in der Automobilindustrie beobachtet hatten, die jedoch auch die Fertigungsstrukturen in vielen anderen Branchen grundlegend verändern sollte. Entwickelt wurde die Ideologie im Rahmen des 1985 am *Massachusetts Institute of Technology* (MIT) ins Leben gerufenen „International Motor Vehicle Program". Das Ziel dieses Forschungsprojektes, das zum größten Teil von der amerikanischen Automobilindustrie finanziert wurde, bestand darin, auf der Basis eines Vergleichs der produktionsnahen Wertschöpfungsprozesse von amerikanischen, europäischen und japanischen Automobilherstellern Gestaltungsempfehlungen zu entwickeln, die vor allem dazu beitragen sollten, die Produktionskosten und die Produktionszeit zu reduzieren. Für die westlichen Unternehmen endete der Vergleich in einem Fiasko. So produzierte etwa *Toyota* mit seinen 37.000 Mitarbeitern rund vier Millionen Fahrzeuge pro Jahr. *General Motors* hingegen setzte für die Fertigung von acht Millionen Automobilen 750.000 Beschäftigte ein. Und auch die Fertigungszeiten der japanischen Unternehmen unterschritten die ihrer amerikanischen und europäischen Konkurrenz bei weitem. Auf der Suche nach den Gründen für die Überlegenheit der Japaner zeigten die Analysen von *Womack, Jones* und *Roos*, dass die japanischen Firmen eine wesentlich geringere Fertigungstiefe aufwiesen und dass ihre Wertschöpfungsstufen einen deutlich höheren Integrationsgrad besaßen, also besser aufeinander abgestimmt waren als die der westlichen Produzenten. Nicht nur in der Automobilindustrie, auch in anderen Branchen wurden in den Folgejahren immer mehr Produktionsschritte an Zulieferfirmen ausgelagert. Bereits im Jahr 2000 lag die Fertigungstiefe von *VW* nur noch bei 37 Prozent, die von *Ford* bei 27 und die von *Renault* sogar nur noch bei 16 Prozent.

Heute stoßen viele Unternehmen in dem Bestreben, den Anteil der Eigenfertigung immer weiter zu reduzieren, an ganz natürliche Grenzen. Deutlich wird dies etwa am Beispiel des *Porsche Cayenne*: Bei einer Fertigungstiefe von nur noch zehn Prozent sind die entsprechenden Potenziale weitestgehend ausgereizt. Marginale Verbesserungen lassen sich oft nur noch mit großem Aufwand erzielen und werden bisweilen durch Ineffizienzen in den internen Verwaltungsbereichen wieder aufgezehrt. Denn diese Bereiche wurden in den 1990er Jahren kaum in die Optimierungsprozesse einbezogen. Bei Banken und Versicherungen etwa lag die **Leistungstiefe** – das Gegenstück zur Fertigungstiefe in der Industrie – 2006 noch immer bei 80 bis 90 Prozent.

Der grundsätzliche Gedanke der Kernkompetenzen – die Fokussierung auf die eigenen Stärken – wurde in der Praxis also zunächst im Rahmen der Lean Production umgesetzt. Zwar verbindet sich hiermit in der Theorie weit mehr als nur die bloße Reduzierung der Fertigungstiefe, vielen Unternehmen diente das Konzept jedoch in der Hauptsache als Synonym für die Auslagerung ganzer Produktionsschritte an Lieferanten. Die Idee der Kernkompetenzen wurde damit jedoch nur halbherzig umgesetzt. In der Fertigung wurde optimiert, in der Verwaltung hingegen nur wenig unternommen. Erst als man in der Fertigung an die Grenzen des Möglichen stieß, begannen sich nach und nach immer mehr Unternehmen der nächsten Evolutionsstufe des Kernkompetenzen-Gedankens zu öffnen. Etwa zur Jahrtausendwende begannen die ersten Firmen, ihre Erkenntnisse aus dem Fertigungsbereich auf die Leistungstiefe, also auf die internen Dienstleistungs- und Verwaltungsprozesse – etwa das Rechnungswesen, das Personalwesen, die Logistik oder den Einkauf – zu übertragen (vgl. *Fink/Köhler/Scholtissek* 2004). Die Optimierung der Leistungstiefe verläuft dabei analog zur Optimierung im Fertigungsbereich. Der Unterschied besteht für viele Unternehmen lediglich darin, dass es sich nicht mehr um den Zukauf von Gütern und Vorprodukten, sondern um eine extern zugekaufte Abwicklung von vormals internen Dienstleistungs- und Verwaltungsprozessen handelt, die unter dem Begriff **Business Process Outsourcing** vollzogen wird.

5.2.1.5 Mergers & Acquisitions

Das Portfoliomanagement und das Konzept der Kernkompetenzen unterstützen die Führungsspitze eines Unternehmens bei der Entscheidung, welchen Geschäftsfeldern sie Ressourcen entziehen und welchen sie diese zuführen soll, bzw. grundsätzlicher, in welchen Geschäftsfeldern das Unternehmen in Zukunft auf der Grundlage welcher Kernkompetenzen tätig sein wird – welche es beibehält, welche es hinzunimmt und welche es aufgibt. Im Falle des Eintritts in ein neues Geschäftsfeld, in dem ein Unternehmen noch nicht tätig ist, und bei der hierfür unter Umständen erforderlichen Ausweitung der vorhandenen Kompetenzen stellt sich die Frage, ob dies in Form eines selbständigen Geschäftsauf- bzw. -ausbaus oder durch den Erwerb des bereits bestehenden Geschäfts eines anderen Unternehmens erfolgen soll. Im letztgenannten Fall erlangen Fragestellungen, die den Erwerb von oder die Fusion mit anderen Unternehmen oder deren Geschäftsbereichen betreffen, maßgebliche Bedeutung. Gleiches gilt – nur aus spiegelbildlicher Perspektive –, wenn es das Portfolio eines Unternehmens nahe legt, ein vorhandenes Geschäftsfeld aufzugeben bzw. zu veräußern.

Alle Aspekte, die den Erwerb, den Verkauf oder den Zusammenschluss von Unternehmen oder ihrer Teile betreffen, werden dem Begriff Mergers & Acquisitions (M&A) zugerechnet. Neben Unternehmensberatern sind in diesem Bereich auch andere Akteure – allen voran Investmentbanken wie etwa *Goldman Sachs,* und Wirtschaftsprüfungsgesellschaften wie *PricewaterhouseCoopers, Deloitte* oder *Ernst & Young* – mit einem Leistungsangebot aktiv, das den Leistungen von Unternehmensberatern auf den ersten Blick stark ähnelt. Dass sich die Rolle von Unternehmensberatern faktisch jedoch grundlegend von der Rolle der anderen Akteure unterscheidet, macht *Jewett* (1999, S. 471 ff.) an drei zentralen **Charakteristika von Beratern im M&A-Prozess** deutlich:

- Zum ersten erhält ein Unternehmensberater sein Honorar nicht auf Erfolgsbasis, sondern auf der Grundlage der von ihm aufgewendeten Zeit. Dies unterscheidet ihn vor allem von Investmentbanken, die ihr Honorar oder zumindest große Teile davon nur im Erfolgsfall realisieren, also nur dann, wenn eine Transaktion – eine Übernahme, eine Fusion etc. – auch wirklich vollzogen wird. Ein Berater hingegen erhält sein Honorar dafür, dass er eine neutrale „zweite Meinung" einbringt, das Für und Wider abwägt und sich gegebenenfalls auch *gegen* eine Transaktion ausspricht.

- Zweitens konzentrieren sich Unternehmensberater vor allem auf zukünftige und nicht auf vergangene Entwicklungen. Wirtschaftsprüfer demgegenüber analysieren historische Daten, sie begutachten die zur Kostenrechnung herangezogenen Verfahren und bewerten die aufgestellten Geschäftspläne. Dabei setzen sie sich vorwiegend mit vergangenen und mit bereits festgelegten Dingen auseinander – und stellen sicher, dass die zugrunde liegenden Daten korrekt erhoben und interpretiert wurden. Unternehmensberater hingegen befassen sich in erster Linie mit Prognosen zu den noch unsicheren Entwicklungen in der Zukunft, die einen Einfluss auf die Bewertung einer Transaktion besitzen. Während Investmentbanken den Wert einer Transaktion meist selbst ermitteln, sind Berater häufig dafür verantwortlich, die Grundlagen der Bewertung zu erarbeiten oder diese zu verifizieren.

- Drittens generieren Unternehmensberater üblicherweise eigene Bewertungsmaterialien, anstatt sich auf Sekundärquellen zu stützen. Die Informationen, die erforderlich sind, um die Zukunft eines Akquisitionsobjektes zu bewerten, sind zumeist sehr spezifisch und müssen ohne Einschränkung auf dem neuesten Stand sein. Aus diesem Grund müssen Berater oftmals einen Großteil ihrer Zeit darauf verwenden, qualitative und quantitative Informationen zu beschaffen – insbesondere zu Markt- und Wettbewerbseinschätzungen.

Ob und in welcher Form ein Unternehmensberater im M&A-Prozess zum Einsatz kommt, hängt nicht zuletzt davon ab, um welche Art von Transaktion es sich handelt. Zu den wichtigsten M&A-Transaktionen, die auf strategischer Ebene von Beratern begleitet werden, zählen Kaufgebote, Verkaufsauktionen, Privatisierungen, freundliche und feindliche Übernahmen, die Verteidigung gegen feindliche Übernahmeversuche sowie die Suche nach potenziellen Übernahmekandidaten (vgl. *Jowett* 1999, S. 475 ff.). Zudem werden Berater im Nachgang einer Übernahme oder eines Zusammenschlusses häufig mit der Integration der beteiligten Organisationen und Kulturen betraut. Diese so genannte „Post Merger Integration" ist jedoch nicht der Strategie-, sondern der Transformationsberatung zuzuordnen.

Am häufigsten werden Unternehmensberater von Firmen, die im Rahmen einer Ausschreibung ein **Kaufgebot** abgeben wollen, mit der Durchführung einer kommerziellen Due Diligence beauftragt. Als Due Diligence bezeichnet man ganz allgemein die detaillierte und systematische Analyse eines Unternehmens oder eines Geschäftsplans, mit dem Ziel, einen Gesamteindruck der wirtschaftlichen Lage, der Zukunftsaussichten und Risiken zu gewinnen (vgl. *Koch/Wegmann* 1998; *Berens/Strauch* 1998). Die kommerzielle Due Diligence dient vor allem einer Abschätzung der freien Cashflows, die das Akquisitionsobjekt zukünftig erzielen kann. Neben Unternehmensberatern wie *McKinsey*, *BCG*, *Bain*, *Roland Berger* oder *LEK* sind auch Wirtschaftsprüfungsgesellschaften wie z.B. *PricewaterhouseCoopers* oder *Deloitte* in diesem Bereich aktiv. Zu den Auftraggebern kommerzieller Due Diligences zählen neben akquisitionswilligen Unternehmen in immer stärkerem Maße auch Beteiligungsgesellschaften. Während die Unterstützung potenzieller Käufer zu den wichtigsten Tätigkeitsfeldern von Beratern im M&A-Umfeld zählt, ist ihr Einsatz auf der Anbieterseite im Rahmen einer **Verkaufsauktion** vergleichsweise selten. Investmentbanken haben in diesem Fall aufgrund ihrer Erfolgsprämien einen hinreichenden Anreiz, dass eine Transaktion zustande kommt. Berater werden vereinzelt hinzugezogen, um einen Geschäftsplan zu erarbeiten, der den Verkaufswert erhöht, oder um potenzielle Käufer zu identifizieren, die dem Akquisitionsobjekt einen möglichst hohen Wert beimessen. Anders als im Fall privatwirtschaftlicher Unternehmensverkäufe lässt sich die Öffentliche Hand bei der **Privatisierung** staatlicher Unternehmen üblicherweise von Beratern unterstützen. Die Gründe hierfür liegen zum einen in der geringeren Erfahrung, die in öffentlichen Institutionen mit Markt- und Wettbewerbskräften vorhanden sind, zum anderen in der größeren Unsicherheit, die mit der zukünftigen Entwicklung eines privatisierten Geschäfts verbunden ist. Privatisierungen stehen zumeist im Zusammenhang mit der Deregulierung bzw. Liberalisierung staatlicher Aktivitäten, die dem Ziel dienen, ein ehemaliges Staatsmonopol in den marktwirtschaftlichen Wettbewerb zu überführen. Diese Konstellation macht die Entwicklung und Bewertung eines Geschäftsplans meist deutlich schwerer als im Falle eines privatwirtschaftlichen Unternehmens. Im Fall einer **freundlichen Übernahme** werden Unternehmensberater oft im Vorfeld eingeschaltet, um eine mögliche Transaktion zu bewerten, bevor diese mit der Gegenseite besprochen wird. Meist arbeiten Berater dabei Hand in Hand mit den Spezialisten einer Investmentbank. Größer noch ist die Bedeutung von Beratern, wenn ein Unternehmen einen **feindlichen Übernahmeversuch** plant. Normalerweise steht das betreffende Akquisitionsobjekt nicht zum Verkauf, so dass nur eingeschränkte Informationen über seine aktuelle und zukünftige Position verfügbar sind. Unternehmensberater helfen, diese Lücke zu schließen, und bewerten mögliche Synergien eines integrierten Geschäfts. Auch auf der Gegenseite, also im Rahmen der **Verteidigung** gegen einen feindlichen Übernahmeversuch, spielen Berater häufig eine zentrale Rolle. In diesem Fall besteht ihre Hauptaufgabe darin, in einem so genannten „White Book" die Fähigkeit zu dokumentieren, die das aktuelle Managements zur Schaffung von Shareholder Value für die Anteilseigner des Unternehmens besitzt, und, andererseits, alle Mängel in den Plänen des angreifenden Unternehmens in einem „Black Book" zusammenzutragen. Grundsätzlich werden Berater – wie auch Investmentbanken und die meisten Wirtschaftsprüfer – bisweilen von Unternehmen beauftragt, auf intransparenten Märkten nach potenziellen Übernahmekandidaten zu suchen. Bei dieser **Kandidatenidentifikation** werden üblicherweise alle in Frage kommenden Unternehmen analysiert und priorisiert, ungeachtet dessen, ob sie zum Verkauf stehen oder nicht.

Unabhängig von der Transaktionsart kommen Unternehmensberater auf den einzelnen Stufen des Transaktionsprozesses mit unterschiedlicher Intensität und Häufigkeit zum Einsatz. Ein idealtypischer **M&A-Transaktionsprozess** lässt sich am Beispiel einer Übernahme in die folgenden zehn Schritte untergliedern (vgl. *Jowett* 1999, S. 479): Strategieformulierung, Identifikation möglicher Übernahmekandidaten, Analyse der möglichen Übernahmekandidaten, kommerzielle Beurteilung, finanzielle Beurteilung, Ermittlung des Transaktionswertes, Festlegung der Akquisitionstaktik, Strukturierung der Finanzen, Planung der Integrationsphase, Integration des übernommenen Unternehmens in die eigene Organisation und Kultur. Abbildung 5-4 zeigt die unterschiedlich starke Einbindung von Investmentbanken, Beratern und Wirtschaftsprüfern sowie des Managements eines Unternehmens in den verschiedenen Phasen. Es wird deutlich, dass Bera-

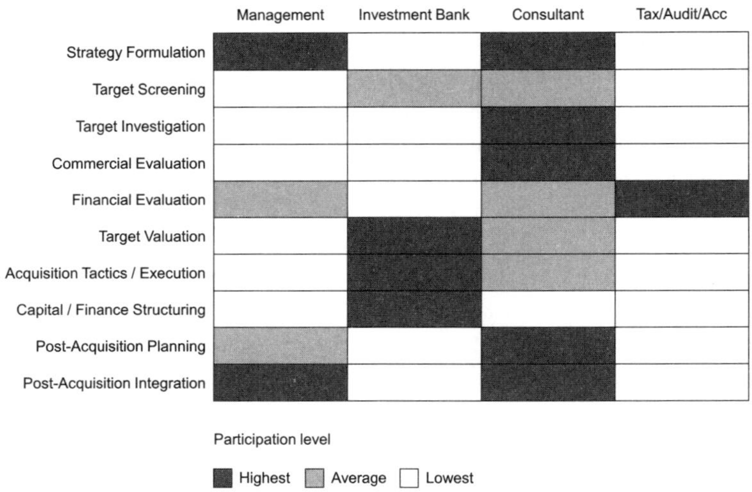

Abb. 5-4: Die Rolle von Unternehmensberatern im M&A-Transaktionsprozess (Quelle: Jowett 1999, S. 479)

ter vor allem bei der Formulierung der Strategie, der Analyse möglicher Akquisitionskandidaten, der kommerziellen Beurteilung sowie im Rahmen der Integration im Nachgang einer Übernahme zum Einsatz kommen.

5.2.1.6 Outgrowing

Traditionell unterscheidet die Betriebswirtschaftslehre zwei strategische Ansatzpunkte, um neue Geschäftsfelder zu erschließen: Ein Unternehmen kann entweder organisch, also aus eigener Kraft heraus expandieren oder aber – wie oben beschrieben – durch Akquisition, also dadurch, dass es Wettbewerber und andere Unternehmen aufkauft und diese mitsamt ihrer Ressourcen und Märkte übernimmt. Verfolgt ein Unternehmen den Weg des organischen Wachstums, dann muss es seine bestehenden Märkte ausdehnen, mit den vorhandenen Produkten in neue Segmente vorstoßen, neue Angebote am Markt platzieren und neue Käufergruppen erschließen. Der Vorteil einer Akquisitionsstrategie besteht demgegenüber darin, dass neue Marktsegmente nicht mühsam erschlossen, die erforderlichen Kunden- und Lieferantenbeziehungen nicht langwierig aufgebaut, Produktionsstandorte nicht neu eingerichtet und die benötigten Mitarbeiter nicht erst eingestellt werden müssen – alles ist bereits vorhanden, der zusätzliche Marktanteil wird unmittelbar realisiert. Schwierig ist in der Praxis jedoch häufig die kulturelle und technologische Integration der neuen Unternehmensteile.

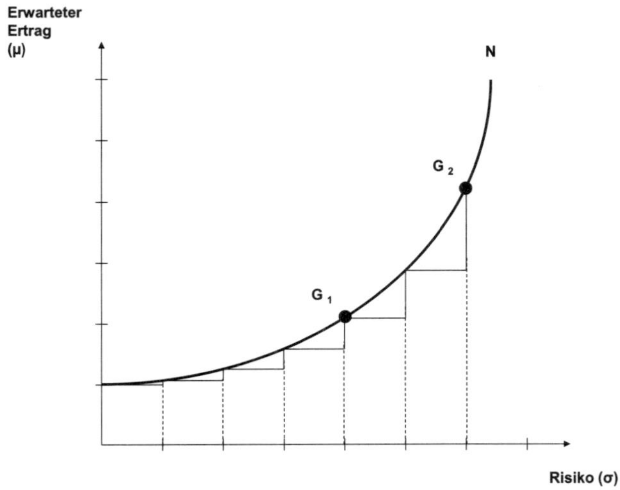

Abb. 5-5: Abwägen zwischen Ertrag und Risiko
(Quelle: Fink/Wamser 2006, S. 25)

Ob organisches Wachstum oder Wachstum durch Akquisition, beide Wege werden heute – zum Teil isoliert, meist jedoch in Kombination – von allen großen Unternehmen beschritten. Das Outgrowing-Konzept, das sich als „dritter Weg" des Wachstums versteht und auf dem Grundgedanken der Kernkompetenzen beruht, stellt die These in den Mittelpunkt, dass eine Wachstumsstrategie, die nicht nur auf den eigenen, sondern auch auf den Ressourcen starker Partner aufbaut, den traditionellen Wachstumsoptionen überlegen sein kann (vgl. *Fink/Wamser* 2006). Dabei wird das folgende Axiom zugrunde gelegt: Wachstum entsteht daraus, dass neue Geschäftsgelegenheiten wahrgenommen werden. Je größer die Zahl der Geschäftsgelegenheiten, die ein Unternehmen erfolgreich nutzt, desto größer ist seine wirtschaftliche Leistung. Wenn hingegen keine neuen Geschäftsgelegenheiten mehr wahrgenommen würden, dann versiegte unweigerlich jedwede wirtschaftliche Expansion.

Die Grundlagen des Outgrowing-Konzepts lassen sich anhand der in Abschnitt 3.2.2.4 beschriebenen Verfahren zur Erklärung von Entscheidungen bei risikoscheuem Verhalten verdeutlichen. Ist der erwartete Ertrag (μ) von mehreren Geschäftsgelegenheiten identisch, wird ein risikoscheuer Entscheider diejenige vorziehen, die die geringste Standardabweichung (σ) und somit das geringste Risiko aufweist. Seine Entscheidung beruht generell auf einem Abwägen zwischen einem größeren erwarteten Ertrag mit einem höheren Risiko auf der einen Seite und einem kleineren Ertrag mit geringerem Risiko auf der anderen. Diese Beziehung lässt sich in einem Diagramm veranschaulichen. In Abbildung 5-5 ist eine Indif-

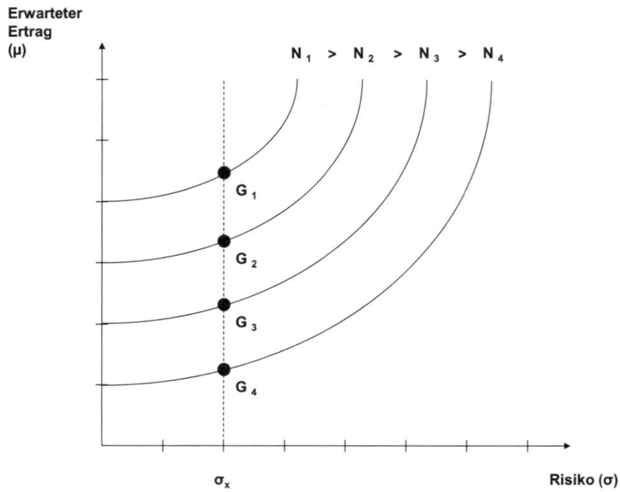

Abb. 5-6: Unterschiedliche Nutzenniveaus
(Quelle: Fink/Wamser 2006, S. 26)

ferenzkurve dargestellt, die zeigt, wie hoch der zusätzliche Ertrag ausfallen muss, damit ein risikoscheuer Entscheider ein bestimmtes zusätzliches Risiko akzeptiert. Der zusätzliche Ertrag, den er für die Inkaufnahme eines höheren Risikos veranschlagt, steigt mit zunehmendem Risiko immer stärker an. Alle Kombinationen aus Risiko und Ertrag, die auf der Indifferenzkurve liegen, bieten aus seiner subjektiven Sicht einen identischen Nutzen (N). Gegenüber den Geschäftsgelegenheiten G_1 und G_2 beispielsweise ist er also indifferent.

Nicht alle Geschäftsgelegenheiten, die sich einer Führungskraft bieten, liegen zwangsläufig auf derselben Indifferenzkurve; in der Praxis ist dies eher selten der Fall: Verschiedene Geschäftsgelegenheiten bzw. die mit ihnen verbundenen Risiken und Erträge werden von einem Entscheider üblicherweise ganz unterschiedlich bewertet und stiften ihm einen unterschiedlichen Nutzen. In Abbildung 5-6 sind verschiedene Indifferenzkurven dargestellt, die unterschiedliche Nutzenniveaus repräsentieren. Der Nutzen auf Kurve N_1 ist dabei höher als der auf Kurve N_2, dieser wiederum ist höher als der auf Kurve N_3 und so weiter. Gut zu erkennen ist dies an den eingezeichneten Geschäftsgelegenheiten: G_1 lässt bei gleichem Risiko σ_x einen höheren Ertrag erwarteten als G_2. Somit ist der Nutzen N_1, den ein risikoscheuer Entscheider mit der Geschäftsgelegenheit G_1 verbindet, höher als der Nutzen N_2, den er dem Geschäft G_2 beimisst. Die Wahrscheinlichkeit, dass er Gelegenheit G_1 wahrnimmt, ist somit größer als die, dass er sich für Gelegenheit G_2 entscheidet.

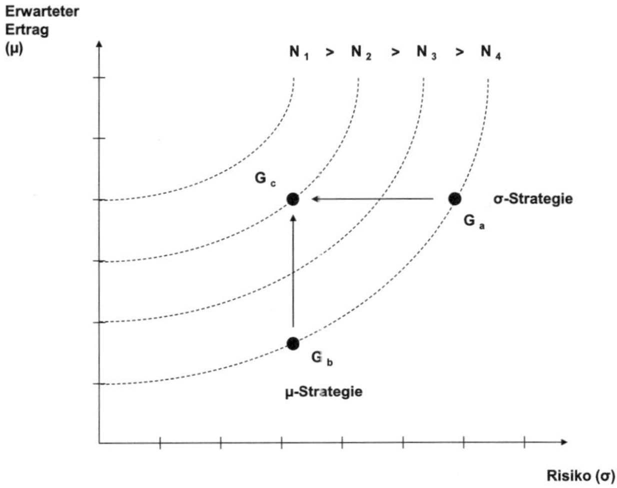

Abb. 5-7: Outgrowing-Strategien
(Quelle: Fink/Wamser 2006, S. 27)

Outgrowing-Strategien lassen sich auf dieser Grundlage in zwei Gruppen unterteilen. Eine Strategie, die darauf abzielt, das mit einer Geschäftsgelegenheit verbundene Risiko zu senken, wird als **Sigma-Strategie** bezeichnet. In Abbildung 5-7 entspricht sie der Bewegung von G_a nach G_c. Das durch die Kennzahl Sigma (σ) beschriebene Risiko einer Geschäftsgelegenheit wird mit dieser Strategie bei gleichbleibenden Ertragsaussichten reduziert. Das erhöht den Nutzen für den Entscheider – die Wahrscheinlichkeit, dass er die betreffende Wachstumsoption wahrnimmt, steigt. Der Vorteil dieser Vorgehensweise gegenüber traditionellen Wachstumsstrategien wird anhand eines einfachen Beispiels verdeutlicht: Wenn ein Unternehmen organisch in neue Märkte vordringt, muss es Mitarbeiter einstellen, Maschinen kaufen, Standorte aufbauen und dergleichen mehr. Expandiert es durch Akquisition, werden die vorhandenen Mitarbeiter, Maschinen und Standorte eines anderen Unternehmens übernommen. Im Erfolgsfall bildet dies die jeweilige Basis des neuen Geschäfts. Stellen sich die erhofften Erfolge jedoch nicht ein, müssen die neuen Mitarbeiter wieder freigesetzt, die neuen Maschinen verkauft und die neuen Standorte wieder geschlossen werden. Nutzt ein Unternehmen zur Umsetzung seiner Wachstumspläne hingegen die vorhandenen Ressourcen eines starken Partners – seine Mitarbeiter, sein Equipment etc. –, wird die Gefahr des Scheiterns zwar nicht unbedingt geringer, die daraus entstehenden wirtschaftlichen Folgen jedoch können auf mehrere Partner verteilt und so für jeden Einzelnen auf ein überschaubares Maß reduziert werden.

Übernimmt ein Partner beispielsweise die administrativen Prozesse eines neuen Geschäfts – von der Bearbeitung der Auftragseingänge über die Rechnungsstellung bis hin zur Führung der Bücher –, müssen die hierfür erforderlichen Mitarbeiter nicht eingestellt, die benötigten Abrechnungssysteme nicht aufgebaut, Büroräume nicht angemietet werden. Entwickeln sich die neuen Märkte nicht so wie erhofft, lassen sich die „geliehenen Ressourcen" flexibel skalieren – bis hin zur völligen Aufgabe des Geschäfts. Das Risiko, die erforderlichen Ressourcen in einem Ausmaß vorzuhalten, das auch dann noch genügt, wenn sich die Märkte wie erhofft oder gar besser entwickeln, liegt – zumindest in gewissen Grenzen – beim Partner. Der kann sein gesamtes Auslastungsrisiko allerdings auf zahlreiche Partnerschaften streuen, in die er gleichartig spezialisierte Ressourcen einbringt. Das mit einer einzelnen Geschäftsgelegenheit verbundene Risiko wird entsprechend reduziert. Wenn nun das Risiko sinkt, dann steigt die Wahrscheinlichkeit, dass vorhandene Wachstumschancen wahrgenommen werden.

Outgrowing-Strategien können jedoch nicht nur dazu beitragen, dass vorhandene Wachstumschancen verstärkt genutzt werden, sie können auch selbst neue Wachstumschancen schaffen – indem sie durch eine optimale Bündelung unternehmensübergreifender Ressourcen bessere oder kostengünstigere Angebote ermöglichen. Denn ein einzigartiges Angebot steigert bei gleichem Risiko die mit einer Geschäftsgelegenheit verbundenen Ertragschancen. Auch dies erhöht den Nutzen eines Entscheiders, auch dies erhöht die Wahrscheinlichkeit, dass die Geschäftsgelegenheit wahrgenommen wird. Eine entsprechende Strategie wird als **Mü-Strategie** bezeichnet. In Abbildung 5-7 entspricht sie der Bewegung von G_b nach G_c.

Grundsätzlich lässt sich die Profitabilität einer Geschäftsgelegenheit auf zwei Arten steigern: entweder, indem die aus ihr resultierenden Umsätze durch höhere Preise bzw. durch größere Absatzmengen erhöht werden, oder durch eine Reduktion der mit ihr verbundenen Kosten. In Abbildung 5-8 ist zu erkennen, wie diese Effekte dazu beitragen können, den erwarteten Ertrag einer Geschäftsgelegenheit und somit ihre Attraktivität zu erhöhen: Das Potenzial, das eine Mü-Strategie zur Kostensenkung und zur Umsatzsteigerung besitzt, kann im Schaubild links eine Bewegung von Punkt A zu Punkt B bewirken. Dies entspricht im rechten Schaubild einer Verlagerung der betreffenden Geschäftsgelegenheit auf eine Indifferenzkurve mit einem höheren Nutzenniveau. Eine Steigerung des erwarteten Ertrags im Sinne einer Mü-Strategie lässt sich also entweder dadurch erreichen, dass mithilfe der Ressourcen Dritter die Attraktivität und damit die Marktchancen der angebotenen Produkte verbessert, und so die erzielten Umsätze erhöht werden, oder dadurch, dass die zur Fertigung und Vermarktung der Produkte erforderlichen Kosten mithilfe der Ressourcen Dritter verringert werden.

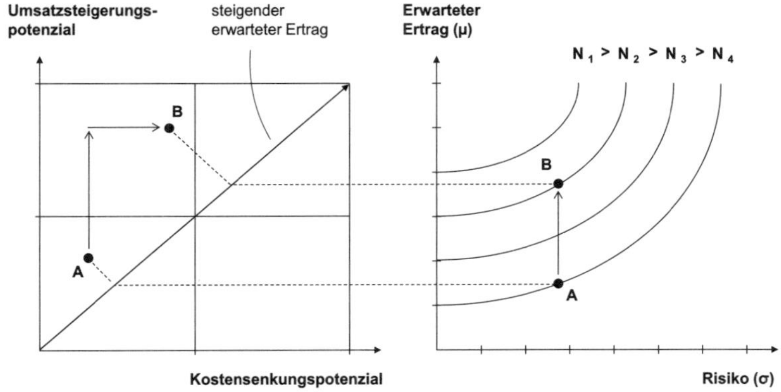

Abb. 5-8: Ertragswirkungen einer Mü-Strategie
(Quelle: Fink/Wamser 2006, S. 45)

Auch das Risiko, das mit einer Geschäftsgelegenheit verbunden ist, lässt sich in zwei Gruppen einteilen: das externe Marktrisiko und das interne Organisationsrisiko. Das Marktrisiko bezieht sich auf die Gefahr, dass sich Absatz- oder Beschaffungsmärkte anders entwickeln als vorhergesehen – zum Beispiel in Form von unvermittelten Nachfrageschwankungen, eines überraschenden Preisverfalls oder unerwarteter Maßnahmen der Konkurrenz. Das Organisationsrisiko hingegen betrifft die internen Prozesse eines Unternehmens. Es bezieht sich auf die Gefahren, die aus falschen oder fehlenden Anreizsystemen resultieren, aus Opportunismus, Bürokratie, Besitzstanddenken, mangelnder Leistungs- und Veränderungsbereitschaft, aber auch aus einer technisch oder organisatorisch bedingt minderen Qualität, aus zu langwierigen Prozessen, die nicht an den Bedürfnissen der Kunden ausgerichtet sind, oder aus einer zu geringen Innovationsfähigkeit. Eine Sigma-Strategie kann sowohl die externen als auch die internen Risiken einer Geschäftsgelegenheit reduzieren und damit ihre Attraktivität erhöhen (siehe Abb. 5-9).

Insgesamt ergeben sich vier strategische Wachstumshebel des Outgrowing: Umsatz und Kosten auf Seiten der Mü-Strategie sowie Markt- und Organisationsrisiken auf Seiten der Sigma-Strategie. Der **Umsatzhebel** ist derjenige Wachstumshebel, dessen Wirkungsprinzip am nahe liegendsten ist: Gelingt es einem Unternehmen, durch den Einsatz der Ressourcen Dritter die Attraktivität der angebotenen Produkte zu steigern, kann es bei gleichem Preis eine höhere Absatzmenge bzw. bei gleicher Absatzmenge einen höheren Preis erzielen (in Abbildung 5-10 entspricht dies einer Aufwärtsdrehung der Umsatzkurve). Beide Effekte wirken sich, bei unveränderten Kosten, positiv auf die Profitabilität einer Geschäftsgelegenheit aus.

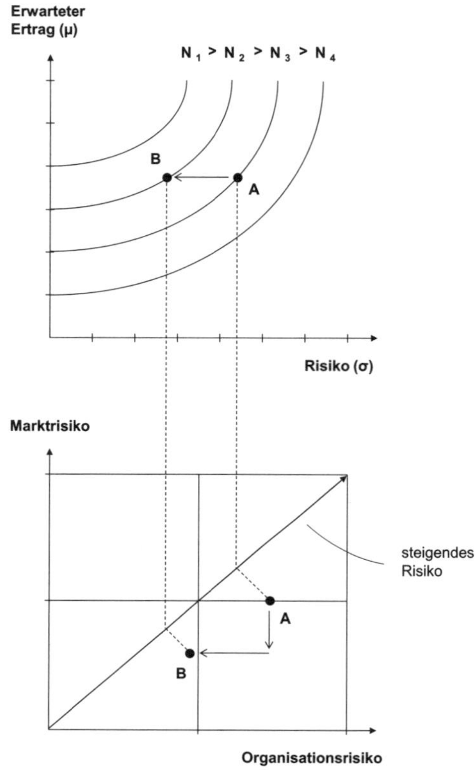

Abb. 5-9: Risikowirkungen einer Sigma-Strategie
(Quelle: Fink/Wamser 2006, S. 47)

Das Ziel einer auf den Umsatz bezogenen Mü-Strategie besteht darin, durch die Kombination der eigenen Ressourcen mit den Ressourcen starker Partner ein Produkt bzw. ein Bündel aus einem Kernprodukt und begleitenden Zusatzleistungen anzubieten, das sich in Qualität und Service von den relevanten Wettbewerbsprodukten positiv abhebt. Bei einer Mü-Strategie resultiert diese Differenzierung aus einer innovativen Kombination sich ergänzender Kompetenzen unterschiedlicher Partner, die eine Leistung ermöglichen, die konkurrierende Unternehmen allein nicht realisieren können. Hierdurch ist es möglich, Bedürfnisse, auf die die relevanten Wettbewerber bislang nicht oder nur unzureichend eingehen, gezielt zu bedienen. Im Gegenzug sind die angesprochenen Kunden bereit, höhere Preise zu entrichten – oder sie nehmen zu den marktüblichen Preisen größere Mengen des angebotenen Produktes ab. Einerseits, weil man aufgrund des überlegenen Angebots konkurrierenden Unternehmen Kunden abwerben kann, andererseits, weil das Angebot nun auch für solche Kunden relevant wird, die vor-

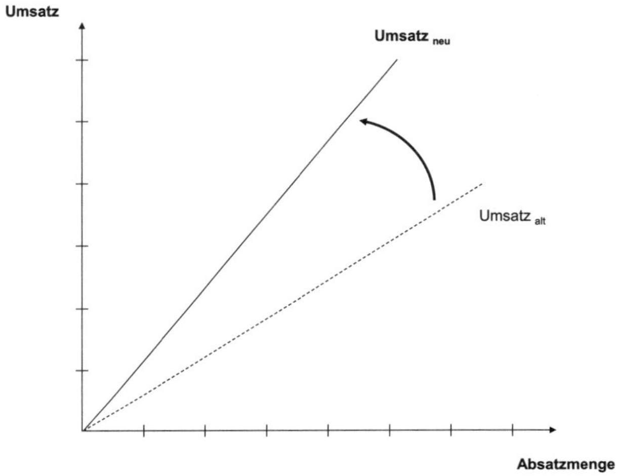

Abb. 5-10: Der Umsatz als Wachstumshebel
(Quelle: Fink/Wamser 2006, S. 49)

her aufgrund einer aus ihrer Sicht zu geringen Attraktivität gar nicht auf die betreffenden Produkte zurückgegriffen haben. Eine auf den Umsatz ausgerichtete Mü-Strategie – dies soll an dieser Stelle betont werden – bezieht sich dabei nicht unbedingt auf die Produkteigenschaften selbst. Auch Marketing, Logistik oder Serviceleistungen kommen als Ansatzpunkte in Frage.

Auch **Kostensenkungen** können ein Wachstumshebel sein. Wenn es einem Unternehmen gelingt, durch einen Rückgriff auf die Ressourcen Dritter die Kosten einer Geschäftsgelegenheit zu senken, steigert dies, bei gleichen Umsätzen, unmittelbar deren Profitabilität und damit wiederum die Wahrscheinlichkeit, dass sie realisiert wird (in Abbildung 5-11 entspricht dieser Effekt einer Verschiebung der Kostenfunktion nach unten). Das Ziel einer auf Kostensenkungen bezogenen Mü-Strategie besteht darin, die mit einer Geschäftsgelegenheit verbundenen Stückkosten durch die Inanspruchnahme der Ressourcen starker Partner auf ein Niveau zu senken, das unterhalb des Kostenniveaus der relevanten Konkurrenz liegt. Einen wichtigen Ansatzpunkt hierzu bilden Skaleneffekte, also niedrigere Produktions- und Prozesskosten, die Partnerunternehmen mit größeren Kapazitäten realisieren können. Ein wichtiger Effekt resultiert dabei aus den Erkenntnissen der Erfahrungskurve (siehe Abschnitt 6.2.2.3), die besagen, dass sich die Stückkosten eines Unternehmens mit jeder Verdoppelung der kumulierten Ausbringungsmenge reduzieren. Ein spezialisiertes Fertigungsunternehmen etwa, das in vielen verschiedenen Partnerschaften Komponenten für unterschiedlichste Märkte produziert, ist dazu in der Lage, Skalen- und Erfahrungseffekte zu er-

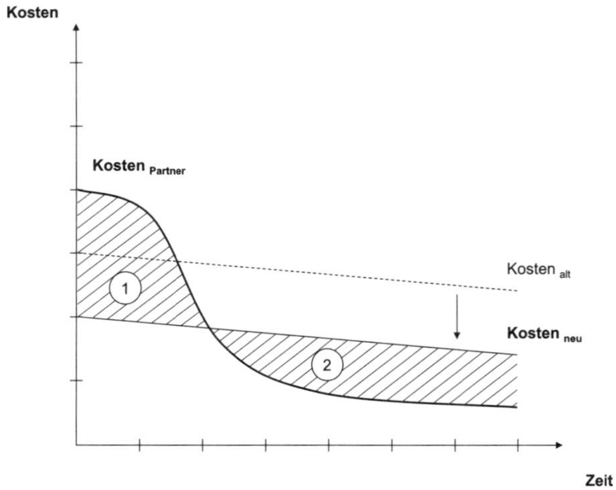

Abb. 5-11: Kosten als Wachstumshebel
(Quelle: Fink/Wamser 2006, S. 52)

zielen – und diese in die verschiedenen Partnerschaften einzubringen –, die einzelne Unternehmen für sich genommen nicht hätten realisieren können.

In Outgrowing-Partnerschaften übernehmen zudem alle Beteiligten einen Teil des Geschäftsrisikos. In Bezug auf die mit einer Geschäftsgelegenheit verbundenen Kosten und diejenigen Kosten, die bei einem Partnerunternehmen tatsächlich anfallen, bedeutet dies nicht selten, dass der Partner in Vorleistung geht. Er sichert seinen Mitstreitern für eine bestimmte Geschäftsgelegenheit oder für einen bestimmten Teilprozess ein attraktives Kostenniveau zu (in Abbildung 5-11 entspricht dies der Linie „Kosten $_{\text{neu}}$“), das in Anbetracht zukünftiger Skalen- und Erfahrungseffekte meist bereits zu Beginn der Partnerschaft so formuliert wird, dass es im Zeitablauf weiter sinkt – man spricht in diesem Zusammenhang auch von einem „Glide Path“. Tatsächlich muss der Partner jedoch häufig zunächst in den Aufbau bzw. in die Anpassung der betreffenden Prozesse investieren, so dass sein eigenes, tatsächliches Kostenniveau zu Beginn der Partnerschaft weit oberhalb der zugesicherten Marke liegt. In Abbildung 5-11 ist dies durch die Funktion „Kosten $_{\text{Partner}}$“ dargestellt. Erst im Laufe der Zeit, wenn seine Investitionen greifen, fallen die tatsächlichen Kosten unter das vereinbarte Niveau. Auch jetzt ist die verfolgte Geschäftsgelegenheit aus seiner Sicht jedoch insgesamt noch ein Verlustgeschäft. Erst wenn die eingangs getätigten Investitionen durch die nun erzielten Margen ausgeglichen sind – bildlich gesprochen: wenn in Abbildung 5-11 die schraffierte Fläche (2) der schraffierten Fläche (1) entspricht–, beginnt der Partner einen finanziellen Vorteil aus der Geschäftsgele-

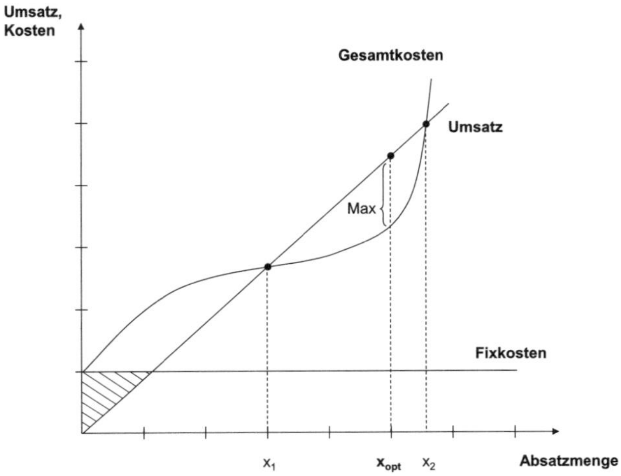

Abb. 5-12: Die Reduktion des Marktrisikos als Wachstumshebel – 1
(Quelle: Fink/Wamser 2006, S. 54)

genheit zu ziehen. Dies ist ein Grund dafür, dass Outgrowing-Partnerschaften nicht selten über viele Jahre angelegt werden.

Das **Marktrisiko** einer Geschäftsgelegenheit resultiert aus unvorhergesehenen Entwicklungen der Absatz- und Beschaffungsmärkte. Mithilfe einer Sigma-Strategie kann sowohl das Risiko kurz- und mittelfristiger Schwankungen als auch das grundsätzliche Risiko des vollständigen Scheiterns einer Geschäftsgelegenheit reduziert werden. Beides erhöht die Wahrscheinlichkeit, dass das Geschäft wahrgenommen wird und neues Wachstum entsteht. In Abbildung 5-12 ist eine typische Umsatz-Kosten-Konstellation einer Geschäftsgelegenheit dargestellt. Wird die Gelegenheit wahrgenommen, fallen zunächst Fixkosten für den Aufbau und den Unterhalt der erforderlichen Infrastruktur an. Scheitert die Geschäftsgelegenheit, bleiben diese Kosten vorerst bestehen. Dieses Infrastrukturrisiko ist in Abbildung 5-12 als schraffierte Fläche eingezeichnet. Wird ein Teil der benötigten Infrastruktur von einem Partner bereitgestellt, der sie gegebenenfalls auch für andere Geschäfte einsetzen kann, reduziert dies das Risiko der Geschäftsgelegenheit und ihre Attraktivität steigt.

Die zweite Variante des Marktrisikos betrifft kurz- und mittelfristige Schwankungen der Absatzmenge. Die Profitabilität einer Geschäftsgelegenheit ist bei einer bestimmten Absatzmenge optimal. In Abbildung 5-12 ist diese Menge als x_{opt} eingezeichnet. Bildlich gesprochen ist hier der Abstand zwischen dem erzielten Umsatz und den Gesamtkosten – und somit die Profitabilität der Geschäftsgelegenheit – am größten. Verkauft ein Unternehmen mehr oder weniger als diese Menge, dann schmälert dies den maximal erreichbaren Gewinn – im

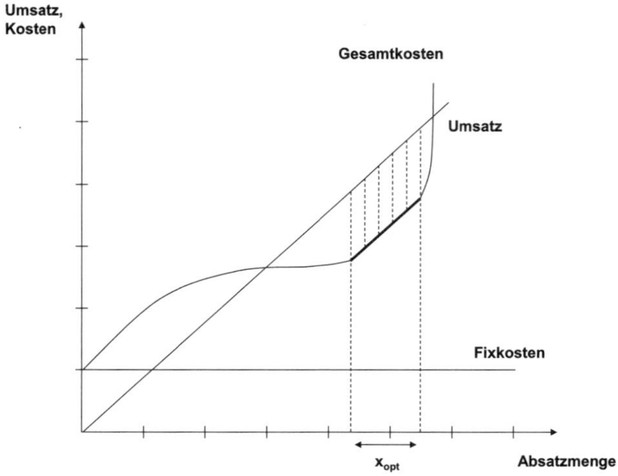

Abb. 5-13: Die Reduktion des Marktrisikos als Wachstumshebel – 2 (Quelle: Fink/Wamser 2006, S. 55)

Extremfall, wenn die Schwellenwerte x_1 oder x_2 in Abbildung 5-12 unter- bzw. überschritten werden, reduziert dies nicht nur den Gewinn, in diesen Fällen entsteht sogar ein Verlust. Um dieses Risiko zu reduzieren, können die Gesamtkosten einer Geschäftsgelegenheit (oder eines Teilprozesses) durch die Inanspruchnahme der Ressourcen starker Partner innerhalb bestimmter Grenzen „linearisiert" werden (siehe Abb. 5-13). Bildlich gesprochen bleibt der Abstand zwischen dem erzielten Umsatz und den Gesamtkosten in diesem Fall in einem breiten Korridor konstant. Bewegen sich unvorhergesehene Schwankungen der Absatzmenge innerhalb dieser Grenzen, schlagen sie nun nicht mehr auf die Profitabilität der Geschäftsgelegenheit durch. Ein Partner, der auf Basis seiner spezifischen Ressourcen eine flexible Kostensituation realisieren kann, übernimmt also einen Teil des kurz- und mittelfristigen Marktrisikos, indem er für ein bestimmtes Vorprodukt oder für die Abwicklung eines bestimmten Geschäftsprozesses einen – in gewissen Grenzen – in Bezug auf die Absatzmenge oder eine andere Kapazitätskennziffer konstanten Kostensatz kalkuliert.

Die Reduktion des **Organisationsrisikos** ist der komplexeste Wachstumshebel des Outgrowing – was jedoch nicht bedeutet, dass die Möglichkeiten, die sich in diesem Bereich eröffnen, weniger attraktiv wären als die der anderen Hebel. Es ist die Vielzahl der grundsätzlich denkbaren Ansatzpunkte, die eine Reduktion des Organisationsrisikos zunächst sehr kompliziert und vielschichtig erscheinen lässt. Bei näherem Hinsehen wird jedoch schnell deutlich, dass gerade in dieser Vielschichtigkeit auch ein Vorteil liegen kann. Denn auch die Anzahl der Möglichkeiten, die sich bieten, ist bei keinem anderen Wachstumshebel so groß wie bei diesem. Grundsätzlich gilt: Das Organisationsrisiko bringt die Gefahr zum Ausdruck, dass bei der Umsetzung einer Geschäftsgelegenheit etwas nicht so funktioniert wie vorgesehen, weil es zu Problemen im eigenen Unternehmen kommt. Diese Probleme können dabei ganz unterschiedlicher Natur sein. So will es manchem Unternehmen nicht gelingen, die eigenen Mitarbeiter für neue Ziele zu begeistern, sie so zu motivieren, dass sie die erforderliche Leistung erbringen, um in dem neuen Geschäft Fuß zu fassen. In anderen Unternehmen sind es die internen Abläufe, die so langwierig und intransparent gestaltet sind, dass eine effektive Steuerung und Kontrolle des neuen Geschäfts unmöglich ist; Bestellvorgänge verzögern sich, Kundenanfragen werden verschleppt, Serviceleistungen ziehen sich hin. Oder, auch das ist ein immer häufiger zu beobachtendes Phänomen, die Qualität der angebotenen Produkte leidet – unter der fehlenden Motivation der Mitarbeiter, unter falsch oder fehlerhaft gemanagten, intransparenten Prozessen oder unter anderen Faktoren, etwa Opportunismus, Bürokratie, mangelnder Veränderungsbereitschaft, veralteter Technik oder einer zu geringen Innovationsfähigkeit.

Insgesamt ist deutlich geworden, dass die strategischen Hebel des Outgrowing auf vielfältige Weise dazu beitragen können, dass neues Wachstum entsteht. Alle dargestellten Hebel – der Umsatz, die Kosten, das Markt- und das Organisationsrisiko – können in Mü- und Sigma-Strategien flexibel miteinander kombiniert werden, gerade so, wie es eine Geschäftsgelegenheit verlangt. Kritisch anzumerken ist jedoch, dass eine Vielzahl von Voraussetzungen erfüllt sein muss, um Unternehmenspartnerschaften der beschriebenen Art in der Praxis erfolgreich zu verwirklichen. Zu den wichtigsten zählen unter anderem (vgl. *Fink/ Wamser* 2006, S. 193 ff.): das Auffinden eines geeigneten, leistungsstarken Partners, die Verankerung der Outgrowing-Strategie im Topmanagement, die Gestaltung des rechtlichen Rahmens, die Etablierung einer fairen Partnerschaft und die Definition klarer Verhaltensregeln.

5.2.2 Methoden zur Entwicklung wertorientierter Strategien

Die im letzten Abschnitt dargestellten Managementkonzepte bilden den grundsätzlichen Orientierungsrahmen für die Tätigkeit von Unternehmensberatern auf der Ebene des Gesamtunternehmens. Gilt es, die entsprechenden Ideologien und Leitgedanken im Rahmen eines konkreten Projektes auf die aktuelle und die angestrebte Situation eines Klienten zu übertragen, werden unterschiedlichste Fragen aufgeworfen, deren Beantwortung einer sorgfältigen methodischen Unterstützung bedarf. Wie kann ein Unternehmen etwa verschiedene Stakeholder systematisieren und priorisieren? Wie kann es seine komplexe Umwelt in überschaubare Bereiche segmentieren, die sich gezielt bearbeiten lassen? Wie attraktiv sind diese Bereiche und in welchen von ihnen sollte das Unternehmen tätig sein? Wie sind mögliche Akquisitionsobjekte zu bewerten? Das methodische Repertoire, auf das Berater zurückgreifen können, um diese Fragen zu beantworten, ist überaus reichhaltig. Im Folgenden werden die gängigsten Methoden dargestellt, um (1) die Stakeholder eines Unternehmens systematisch zu erfassen und zu priorisieren, (2) die im Unternehmen vorhandenen Kompetenzen zu analysieren, (3) die Unternehmensumwelt in strategische Geschäftsfelder zu segmentieren, (4) die so gebildeten Geschäftsfelder hinsichtlich ihres wirtschaftlichen Potenzials zu beurteilen, (5) mögliche Übernahmekandidaten zu analysieren und (6) deren Wert zu bestimmen.

5.2.2.1 Priorisierung der relevanten Stakeholder

Führt man den Gedanken fort, dass ein Unternehmen gleichzeitig mehrere, bisweilen konfliktäre Ziele und Interessen unterschiedlicher Stakeholder bedienen muss, stellt sich die Frage, auf welche Weise der erforderliche Ziel- und Interessensausgleich optimiert werden kann – und damit auch, welchen Stakeholdern eine höhere Relevanz eingeräumt werden sollte als anderen. Denn aufgrund von Zielkonflikten und knappen Ressourcen, die in einem Unternehmen zur Befriedigung der vom Grundsatz her unbegrenzten Ansprüche seiner Stakeholder zur Verfügung stehen, müssen einzelne Gruppen bei der Verteilung von Einfluss und Wertschöpfung zwangsläufig zurückstecken. Um zu analysieren, welchen Stakeholdern welche Prioritäten beigemessen werden sollten, ist es zunächst erforderlich, sämtliche Anspruchsgruppen zu identifizieren, die für das betrachtete Unternehmen grundsätzlich von Bedeutung sind. Hierbei können beispielsweise die folgenden Fragen Orientierung bieten (vgl. *Müller-Stewens/Lechner* 2005, S. 178):

- Existieren Gruppierungen, von denen Aktionen im Hinblick auf die Unternehmenspolitik ausgehen (z.B. Streiks)?
- Welche Gruppierungen spielen bei der Formulierung der Unternehmenspolitik eine formelle oder informelle Rolle (z.B. Aufsichtsrat)?
- Wer verschafft sich in Bezug auf das Unternehmen und seine Geschäfte lautstark Gehör (z.B. Bürgerinitiativen)?
- Welche Anspruchsgruppen lassen sich auf der Grundlage demographischer Kriterien benennen (z.B. Alter, Geschlecht, Beruf, Religion)?
- Gibt es Organisationen, zu denen enge Verbindungen gehalten werden, die das Unternehmen beeinflussen könnten (z.B. Verbände)?
- Welche weiteren Gruppierungen oder Institutionen, die relevante Interessen bezüglich des Unternehmens und seiner Geschäfte besitzen, werden von Experten als solche gesehen (z.B. Kartellbehörde)?

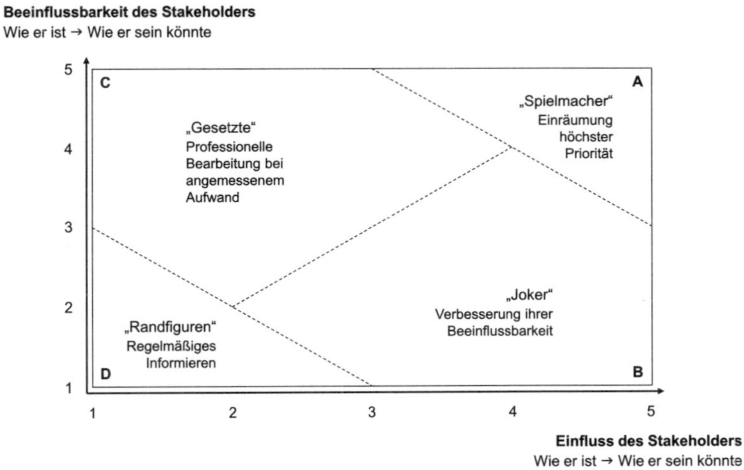

Abb. 5-14: Relevanz-Matrix der Stakeholder
(Quelle: Müller-Stewens/Lechner 2005, S. 179)

Ethische Überlegungen legen es zudem nahe, auch solche Gruppierungen zu berücksichtigen, die sich selbst nur wenig oder gar kein Gehör verschaffen können – etwa kommende Generationen, die die Konsequenzen der Entscheidungen, die heute zum Einsatz begrenzter natürlicher Ressourcen, zur Umweltbelastung und zu vergleichbaren Themen getroffenen werden, zwangsläufig zu tragen haben.

Um die ermittelten Anspruchsgruppen zu systematisieren und hinsichtlich ihrer Relevanz zu priorisieren, schlagen *Müller-Stewens* und *Lechner* (2005, S. 179 f.) die in Abbildung 5-14 dargestellte Matrix vor. Sie basiert auf zwei Fragen: Welchen Einfluss übt ein Stakeholder auf das betrachtete Unternehmen aus bzw. welchen Einfluss könnte er ausüben? Und: Wie stark wird der Stakeholder selbst durch das Unternehmen beeinflusst bzw. wie stark könnte er beeinflusst werden? Auf dieser Grundlage werden vier **Stakeholder-Typen** definiert: Spielmacher (Typ A) sind einerseits dazu in der Lage, einen maßgeblichen Einfluss auf das Unternehmen auszuüben, andererseits jedoch selbst in großem Maße von ihm abhängig und damit beeinflussbar. Sie genießen die höchste Priorität. Um die Beziehung zu ihnen positiv zu entwickeln, kann ein Unternehmen etwa spezielle Strategien entwerfen und permanente Kommunikationskanäle aufbauen. Die zweite Gruppe, die so genannten Joker (Typ B), können selbst einen hohen Einfluss ausüben, sind ihrerseits jedoch nur schwer beeinflussbar. Das Ziel eines Unternehmens sollte es sein, den eigenen Einfluss durch geeignete Maßnahmen zu erhöhen. In der Praxis kann dies beispielsweise durch Kooperationen realisiert werden. Gesetzte (Typ C) sind demgegenüber einseitig vom betrachteten Unternehmen abhängig und können allenfalls durch starke Verbündete Einfluss auf sein Handeln nehmen. Sie sollten mit angemessenem Aufwand bearbeitet werden. Randfiguren (Typ D) schließlich kommt zum Zeitpunkt der Betrachtung keine entscheidende Bedeutung zu, da weder in die eine noch in die andere Richtung eine maßgebliche Abhängigkeit besteht. Stakeholder dieses Typs wird man mit begrenztem Aufwand informiert halten. Dabei ist zu beachten, dass auch sie aufgrund spezieller Ereignisse und/oder in Koalitionen mit starken Partnern zumindest vorübergehend eine relevante Bedrohung darstellen können. Ein Beispiel hierfür ist etwa der Fall der Ölplattform *Brent Spar*, die von ihrem Eigner *Royal Dutch Shell* außer Betrieb genommen wurde und 1995 im Atlantik versenkt werden sollte. Um dies zu verhindern, gelang es der Umweltorganisation *Greenpeace*, zahlreiche Autofahrer dazu zu veranlassen, die Tankstellen von *Shell* zu boykottieren, so dass der Ölkonzern die Bohrinsel schließlich an Land brachte und dort demontierte.

5.2.2.2 Abgrenzung strategischer Geschäftsfelder

Die Umwelt eines Unternehmens ist in aller Regel zu komplex, um ihr mit einer einheitlichen, undifferenzierten Strategie zu begegnen. Ein Unternehmen wie der Konsumgüterkonzern *Procter & Gamble* etwa ist in unterschiedlichsten Märkten aktiv – von Gesundheitsprodukten über Haushaltsreiniger und Körperpflegemittel bis hin zu Snacks und Kaffee. Es ist leicht nachvollziehbar, dass in jedem dieser Geschäfte unterschiedliche Rahmenbedingungen herrschen, denen ein Unternehmen mit spezifischen Strategien begegnen muss. Um die Entwicklung entsprechender Strategien zu ermöglichen – bzw. um festzulegen, in welchen Bereichen ein Unternehmen überhaupt tätig sein will –, muss es seine Umwelt zunächst in verschiedene Segmente untergliedern, die jeweils eigene Chancen, Risiken und Ertragsaussichten erwarten lassen und für die eigenständige Ziele, Strategien und Aktionsprogramme aufgestellt und realisiert werden können. Die so definierten Segmente bezeichnet man als strategische Geschäftsfelder. Sie sind die wesentlichen Planungseinheiten auf der Ebene der Unternehmensspitze. Mit ihrer Formulierung wird das gesamte unternehmerische Tätigkeitsspektrum in einzelne, strategisch separat planbare Tätigkeitsbereiche unterteilt und somit die Führungskomplexität in einem diversifizierten Unternehmen auf ein überschaubares Maß reduziert. In der Praxis unterscheidet man zwei grundsätzliche Perspektiven, die bei der Abgrenzung strategischer Geschäftsfelder eingenommen werden können: die Marktperspektive und die Planungsperspektive.

Wenden wir uns zunächst der **Marktperspektive** zu. Die Abgrenzung eines in sich geschlossenen Marktes ist grundsätzlich eine schwierige, in der Praxis häufig kaum zu bewerkstelligende Aufgabe. Unterschiedlichste Produkte unterschiedlichster Anbieter konkurrieren um die Befriedigung unterschiedlichster Bedürfnisse. Sind – um ein Beispiel zu nennen – Mineralwasser und Bier etwa demselben Markt zuzurechnen? Wenn es um die reine Befriedigung des Bedürfnisses „Durst zu löschen" geht, müsste dies wohl bejaht werden. Oder wäre es zweckmäßig, separate Märkte für alkoholische und nicht-alkoholische Getränke zu unterscheiden? Ein formales Kriterium, das bei Fragestellungen wie dieser herangezogen werden kann, ist der *Triffin'sche* Koeffizient. In modifizierter, allgemeiner Form lässt er sich wie folgt darstellen:

$$T_{m_i,x_j} = \frac{\partial m_i / m_i}{\partial x_j / x_j} \qquad (5\text{-}8)$$

Dabei bezeichnet m_i die Absatzmenge von Unternehmens i und x_j ein absatzpolitisches Instrument – etwa den Preis oder die Werbeausgaben – von Unternehmen j. $\partial\, m_i$ bzw. $\partial\, x_j$ bringen die Veränderung der Ansatzmenge m respektive des Aktionsparameters x zum Ausdruck. Wenn eine Variation des Instruments x durch Anbieter j (z.B. eine Preisänderung) zu einer spürbaren Veränderung der von Anbieter i abgesetzten Menge m führt, sind beide Unternehmen auf dem gleichen Markt tätig. Liegt der Wert des Koeffizienten hingegen bei Null, ist die Aktion des Anbieters j für Anbieter i also nicht spürbar, bieten die beiden Unternehmen ihre Produkte auf unterschiedlichen Märkten an. Je höher der Wert des *Triffin'schen* Koeffizienten ausfällt, desto gleichartiger werden die Produkte am Markt wahrgenommen.

In der Praxis ist es zwar grundsätzlich möglich, den *Triffin'schen* Koeffizienten in Labor- oder Feldexperimenten zu erheben. Liegen die entsprechenden Daten für ein Unternehmen und seine Produkte jedoch nicht bereits als Ergebnisse vorhandener Marktstudien vor, ist es im Rahmen strategischer Beratungsprojekte aus Zeit- und Ressourcengründen eher unüblich, entsprechende Analysen durchzuführen bzw. zu beauftragen. Als praktikabler hat sich ein von *Abell* (1980, S. 16 ff.) entwickeltes Modell erwiesen, das einen Markt anhand von drei Dimensionen beschreibt: dem Kundenproblem (welches Bedürfnis besteht?), der Technologie (wie wird das Bedürfnis befriedigt?) und der Kundengruppen (bei wem liegt das Bedürfnis vor?). Auf der Basis dieser Kriterien lässt sich anhand sachlogischer, unvermeidlicherweise jedoch mit einer gewissen Subjektivität behafteter Schlussfolgerungen der relevante Markt abgrenzen, der sämtliche (potenzielle) Nachfrager umfasst, deren Bedürfnisse mit den eigenen Technologien befriedigt werden können bzw. sollen, sowie alle Unternehmen, die mit Hilfe ihrer Technologien dazu in der Lage sind, hierbei als Konkurrenten aufzutreten. Ein Beispiel mag das zugrunde liegende Prinzip verdeutlichen: Das Bedürfnis zu reisen kann bei verschiedenen Kundengruppen auftreten – etwa bei Geschäftsleuten oder bei Urlaubern – und mithilfe unterschiedlicher Technologien befriedigt werden – z.B. per Bahn, Flugzeug oder Automobil. Ein strategisches Geschäftsfeld kann nun durch eine Orientierung an einer Kundengruppe, einem Kundenproblem, einer Problemlösungstechnologie oder einer Kombination dieser drei Dimensionen gebildet werden.

Bea und *Haas* (1997, S. 128 ff.) erweitern dieses Modell auf insgesamt fünf Dimensionen: Produkt, Problemlösung, Technologie, Wettbewerber und Nachfrager. Dabei stellen sie die **Planungsperspektive** in den Mittelpunkt ihrer Betrachtung und somit die Zielsetzung, die verschiedenen strategischen Geschäftsfelder eines Unternehmens möglichst eindeutig voneinander abzugrenzen. Sie heben hervor, dass sich die unterschiedlichen Marktdimensionen teilweise überschneiden und gegenseitig beeinflussen, so dass sie nicht isoliert voneinander betrachtet werden können. Das Profil eines strategischen Geschäftsfelds ergibt sich demzufolge aus der vom Management gewählten Grundorientierung, die sich nicht uneingeschränkt, sondern lediglich schwerpunktmäßig auf eine der fünf Dimensionen beziehen kann. Im Folgenden wird dies am Beispiel eines Anbieters von Informationstechnik (IT) verdeutlicht: Bezüglich der von ihm angebotenen Produkte kann dieser beispielsweise eine Unterscheidung der Geschäftsfelder „Hardware" und „Software" vornehmen. Stellt man hingegen die Problemlösung in den Vordergrund, ließen sich gegebenenfalls unterschiedliche Geschäftsfelder für Systeme zur Lohnbuchhaltung, zur Produktionssteuerung oder zur Abwicklung der Materialwirtschaft bilden. Im Hinblick auf die eingesetzten Technologien ließen sich beispielsweise Geschäftsfelder für Standard- und Individuallösungen unterscheiden. Orientiert man sich an den relevanten Wettbewerbern, wäre eine Einteilung in Geschäftsfelder denkbar, die von allen großen IT-Anbietern bedient werden, und in solche, in denen vornehmlich Spezialisten tätig sind. Hinsichtlich der Nachfrager schließlich ließen sich Geschäftsfelder für Firmen- und Privatkunden voneinander unterscheiden.

Die **Gefahren**, die mit einer unzulänglichen Abgrenzung strategischer Geschäftsfelder verbunden sind, erschließen sich auf den ersten Blick: Ob die Grenzen eines Geschäftsfelds eher weit oder eher eng gezogen werden, hat erheblich Auswirkungen auf die strategische Analyse. Wird es zu weit gefasst, erscheinen der Marktanteil und damit die Wettbewerbsposition des betrachteten Unternehmens schwächer als es tatsächlich der Fall ist. Andererseits besteht die Gefahr, das Geschäftsfeld unangemessen eng zu definieren, so dass dem betreffenden Unternehmen unweigerlich ein hoher Marktanteil und damit die Position des Marktführers zugesprochen wird. Die gleiche Problematik besteht im Rahmen der Beurteilung der Marktattraktivität. Ein zu eng oder zu weit gefasstes Geschäftsfeld kann ein wesentlich höheres oder auch geringeres Wachstumspotenzial aufweisen, als es im tatsächlichen Geschäft des Unternehmens realistischerweise zu erwarten ist. Ein objektives Kriterium, das hilft, die genannten Gefahren zu umgehen, existiert indes nicht.

5.2.2.3 Analyse strategischer Geschäftsfelder

Sind die strategischen Geschäftsfelder eines Unternehmens definiert, stellt sich die Frage, in welchen von ihnen das Unternehmen in Zukunft mit welchem Ressourceneinsatz tätig sein will, welche es aufgibt und welche es hinzunimmt. Um eine Antwort auf diese Frage zu finden, bedarf es einer eingehenden Analyse der geschäftsfeldbezogenen wirtschaftlichen Attraktivität. Hierbei ist vor allem die Marktstruktur von großer Bedeutung. Sie lässt sich nur schwer quantitativ erfassen, so dass in der Regel eine qualitative Einschätzung vorgenommen werden muss. Diese kann sich an verschiedenen Kriterien orientieren, wie beispielsweise am Vorhandensein einer im Zeitablauf weitgehend konstanten Rentabilität, der Entwicklung der Gewinnspannen in Zeiten von Überkapazitäten oder dem Preisspielraum der auf dem Markt tätigen Unternehmen. Die wohl bekannteste Methode zur Untersuchung der Marktstruktur stammt von *Michael E. Porter*. Er unterscheidet im Rahmen seiner **Branchenstrukturanalyse** aufbauend auf den Erkenntnissen der Industrieökonomik fünf Kräfte, die Einfluss auf die Rentabilität einer Branche und damit auf ihre Attraktivität ausüben (man spricht auch von „*Porters* Five Forces", vgl. *Porter* 1988, S. 25 ff.): die Verhandlungsstärke der Lieferanten, die Verhandlungsstärke der Abnehmer, die Bedrohung durch neue Anbieter, die Bedrohung durch Ersatzprodukte sowie die interne Rivalität zwischen den Wettbewerbern einer Branche (siehe Abb. 5-15).

Je stärker die Verhandlungsmacht der **Lieferanten** ausgeprägt ist, desto geringer ist der Gewinnspielraum der Abnehmer auf der Einkaufsseite. Wie stark die Verhandlungsposition der Lieferanten auf einem Markt ausfällt, ist dabei abhängig von verschiedenen Strukturmerkmalen – der Konzentration auf dem Beschaffungsmarkt, den Substitutionsmöglichkeiten bezüglich der zu beschaffenden Güter, den Umstellungskosten, die ein Lieferantenwechsel verursachen würde, und dergleichen mehr. Eine gute Verhandlungsposition der Lieferanten ist etwa dann zu erwarten, wenn eine relativ geringe Anzahl stark differenzierter Lieferanten einer großen Anzahl von Abnehmern gegenübersteht, für die erstens die betreffenden Inputgüter von hoher Bedeutung sind, zweitens ein Wechsel des Lieferanten mit hohen Kosten verbunden wäre und drittens eine Substitution durch Ersatzprodukte nur bedingt möglich ist. Die Bedrohung durch **neue Anbieter** hat im Gegensatz hierzu nur einen mittelbaren Einfluss auf die Branchenrentabilität – nämlich dann, wenn potenzielle neue Anbieter tatsächlich in den Markt eintreten. Denn steigt die Anzahl der Wettbewerber, dann sinkt der durchschnittliche Anteil eines einzelnen Akteurs am Branchenumsatz bzw. am Branchengewinn. Vor diesem Hintergrund ist es wichtig, die bestehenden Eintrittsbarrieren zu betrachten. Diese können vor allem in Economies of Scale, einer ausgeprägten Produktdifferenzierung, einer starken Käuferloyalität, hohen Umstellungskosten auf Abnehmerseite, einem schwierigen Zugang zu bestehenden Distribu-

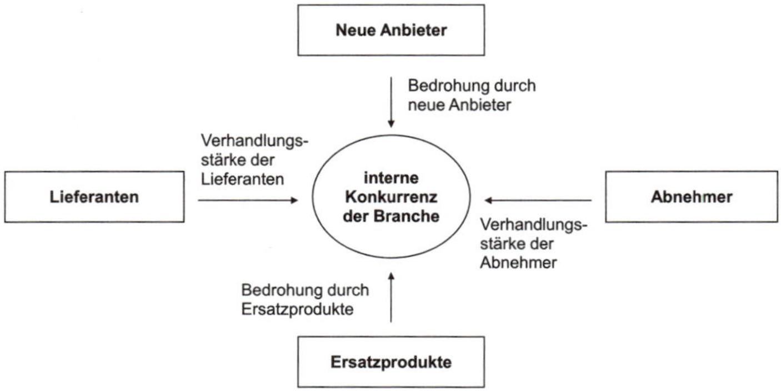

Abb. 5-15: Die fünf Wettbewerbskräfte einer Branche
(Quelle: Porter 1988, S. 26)

tionssystemen, staatlichen Regulierungen oder einem hohen Kapitalbedarf bestehen. Zudem können potenzielle neue Wettbewerber häufig durch das Androhen von „Vergeltungsmaßnahmen" von einem Markteintritt abgehalten werden, etwa durch die Androhung eines massiven Preiswettbewerbs oder das Bereitstellen umfangreicher finanzieller Mittel für mögliche Gegenmaßnahmen. Die Verhandlungsstärke der **Abnehmer** wirkt sich wiederum direkt auf die Rentabilität einer Branche aus, da sie unmittelbar den Gewinnspielraum auf der Absatzseite limitiert. Vor allem dann, wenn der Konzentrationsgrad auf dem Absatzmarkt und das Abnahmevolumen hoch ist, wenn den Abnehmern bei einem Wechsel des Anbieters nur geringe Umstellungskosten entstehen, wenn die Produkte nur wenig differenziert und aus Kundensicht von untergeordneter Bedeutung sind, ist die Verhandlungsmacht der Abnehmer hoch. Die Bedrohung einer Branche durch **Ersatzprodukte** ist umso größer, je besser deren Preis/ Leistungsverhältnis im Vergleich zu den brancheneigenen Produkten ausfällt. Ähnlich den oben dargestellten Markteintrittsbarrieren ist auch hier zu untersuchen, wie gut sich die Branche als Ganzes oder einzelne Unternehmen separat gegen potenzielle Substitute zur Wehr setzen können – etwa durch ein Besetzen von Vertriebswegen, die Etablierung branchenweiter Produktstandards oder ähnliches. Die **Rivalität** der Wettbewerber einer Branche schließlich wird vor allem von der Auslastung der verfügbaren Kapazitäten, dem Differenzierungsgrad der angebotenen Produkte, den Umstellungskosten der Abnehmer, den Marktaustrittsbarrieren – z.B. den Kosten eines Sozialplans, dem Wertverlust bestehender Anlagen, emotionalen Bindungen etc. – sowie der allgemeinen Branchenkultur bestimmt. Eine hohe Wettbewerbsintensität ist beispielsweise dann zu erwarten, wenn die in der Branche vorhandenen Kapazitäten nicht ausgelastet sind, wenn sich die angebotenen Produkte in den Augen der Abnehmer kaum unterscheiden, wenn ein Anbieterwechsel ohne relevante Umstellungskosten vollzogen werden kann, wenn hohe

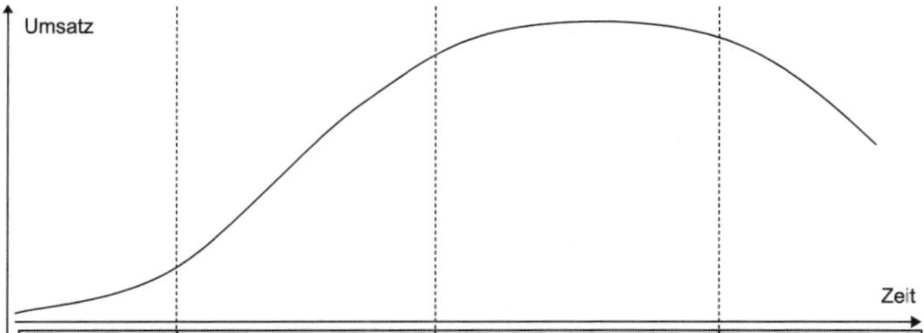

	Entstehung	Wachstum	Reife	Alter
Bedrohung durch neue Wett-bewerber	Unsicherheit und Risiko der Innovation als Eintrittsbarriere	Eintritt vieler neuer Wettbewerber	Neueintritt nur unter günstigen Kostenbedingungen	Eintritt ist relativ unattraktiv
Verhandlungs-macht der Lieferanten	gering	ansteigend	hoch	gering
Verhandlungs-macht der Abnehmer	hoch	gering	ansteigend	hoch
Bedrohung durch Substitutions-produkte	hoch	gering	ansteigend	hoch
Rivalität unter den Wett-bewerbern	gering, da die Ungewissheit sehr groß ist	zunehmende Anhängigkeit, aber es können sich noch alle verbessern	oligopolistisches Verhalten ohne Wettbewerbskampf	ist Austritt oder Verlagerung nicht möglich, folgt hohe Rivalität
Schwerpunkt des strategischen Verhaltens	Forschung und Entwicklung	Marketing	Effektivität in Produktion und Absatz	Kostenkontrolle
Ergebnis	niedrig	hoch	normal	zunehmender Druck

Abb. 5-16: Entwicklung von Struktur und Verhalten im Lebenszyklus einer Branche (Quelle: In Anlehnung an Müller-Stewens/Lechner 2001, S. 104)

Marktaustrittsbarrieren bestehen, die dazu führen, dass unrentabel gewordene Kapazitäten im Markt verbleiben, und wenn die Branchenkultur traditionell einen aggressiven Umgang der Wettbewerber untereinander hervorgebracht hat.

Die Branchenstrukturanalyse von *Porter* ist eine veritable Methode zur Analyse der Attraktivität eines Geschäftsfelds. Sie liefert jedoch – zumindest in ihrer Grundform – lediglich eine Momentaufnahme der aktuellen Situation der untersuchten Wettbewerbskräfte. Die Strukturen einer Branche sind jedoch langfristig betrachtet nicht stabil, sondern dynamischen Veränderungen unterworfen. Diesem Umstand wird etwa in **Lebenszyklusmodellen** Rechnung getragen, die, auf der Grundlage empirischer Beobachtungen, davon ausgehen, dass eine Branche im Zeitablauf grundsätzlich verschiedene Phasen – Entstehung, Wachstum, Reife und Alter – durchläuft, in denen sich der Gesamtumsatz wie im oberen Teil von Abbildung 5-16 gezeigt entwickelt. Es ist ersichtlich, dass sich die einzelnen Phasen insbesondere durch unterschiedliche Wachstumsraten charakterisieren lassen: In der Entstehungsphase wächst der Markt nur langsam, in der Wachstumsphase steigen die Umsätze stark an, die Reifephase ist durch Stagnation gekennzeichnet, das Alter durch rückläufige Umsatzzahlen bzw. Degeneration. Hieraus lassen sich Schlussfolgerungen für die strategische Planung ableiten. Befindet sich eine Branche in einer Wachstumsphase, ist es für ein Unternehmen beispielsweise möglich, in den betreffenden Markt einzudringen und den eigenen Marktanteil entsprechend des Marktwachstums auszudehnen, ohne dass sich der in absoluten Zahlen gemessene Umsatz seiner relevanten Wettbewerber reduzieren muss. Vor allem auf stark wachsenden Märkten, wenn die Umsätze der Konkurrenz trotz eigener Marktanteilszugewinne absolut gesehen sogar weiter steigen, fallen Gegenmaßnahmen in aller Regel weit weniger deutlich aus als auf einem stagnierenden oder rückläufigen Markt. In einer reifen oder alternden Branche, wenn es nicht mehr möglich ist, Marktanteile hinzu zu gewinnen, ohne den absoluten Umsatz eines Wettbewerbers zu schmälern, wird zumeist mit weit härteren Mitteln um das verbleibende Umsatzpotenzial konkurriert. Verbindet man das Lebenszykluskonzept mit den oben dargestellten Wettbewerbskräften, lässt sich die Dynamik der Branchenstruktur wie in Abbildung 5-16 gezeigt beschreiben.

Das Konzept des Branchenlebenszyklus wird in der wissenschaftlichen Literatur heute kritisch diskutiert. Zwar ist weitestgehend unstrittig, dass Branchen einen Lebenszyklus durchlaufen – nähere Erkenntnisse über dessen konkreten Verlauf lassen sich jedoch in aller Regel erst rückblickend gewinnen. Eine empirisch fundierte Prognose, vor allem auch hinsichtlich der Verweildauer einer Branche in den einzelnen Zyklusphasen, ist im Vorhinein kaum möglich. Vor diesem Hintergrund fällt es häufig nicht leicht, die Lebenszyklusphase zu bestimmen, in der sich ein Geschäftsfeld gerade befindet, oder seine zukünftigen Entwicklungspotenziale abzuschätzen. Zudem folgt der Lebenszyklus keiner autonomen Gesetzmäßigkeit, sondern lässt sich durch die absatzpolitischen Instrumente eines Unternehmens und seiner Konkurrenten beeinflussen.

5.2.2.4 Analyse der Kompetenzposition

Bevor sich ein Unternehmen in einem neuen Geschäftsfeld engagiert, muss es prüfen, ob die hierzu erforderlichen Kompetenzen intern bereits vorhanden sind oder durch Akquisition, Fusion oder Partnerschaften ergänzt werden müssen. Zur Analyse der Kompetenzsituation schlägt *Hinterhuber* (1996) die in Abbildung 5-17 dargestellte Systematik vor: Auf der Abszisse einer Vier-Felder-Matrix wird

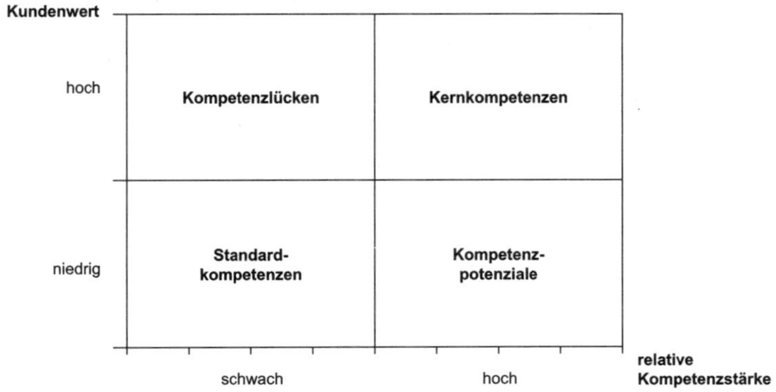

Abb. 5-17: Portfolio der Kompetenzen
(Quelle: In Anlehnung an Hinterhuber 1996, S. 130)

die relative Kompetenzstärke des betrachteten Unternehmens im Vergleich zu seinen relevanten Wettbewerbern in dem betrachteten Geschäftsfeld abgetragen. Sie spiegelt das in Abschnitt 5.2.1.4 angeführte Kriterium einer Kernkompetenz wider, wonach eine entsprechende Kompetenz nur schwer imitierbar und vor dem Zugriff durch Wettbewerber geschützt sein muss. Der Umstand, dass eine Kernkompetenz einem Unternehmen den Zugang zu einer Vielzahl von Märkten ermöglichen und maßgeblich zu dem vom Kunden wahrgenommenen Nutzen eines Endproduktes beitragen muss, wird durch die zweite Dimension der Matrix erfasst, auf der der „Kundenwert" einer Kompetenz abgebildet wird. Als Grundlage für dessen Berechnung dienen Umwelt- und Unternehmensanalysen, aus denen die externen Erfolgsfaktoren des Wettbewerbs in dem betrachteten Geschäftsfeld hervorgehen (siehe Abschnitt 6.2.2.1 f.). Die externen Erfolgsfaktoren (z.B. ein attraktiver Preis) können mithilfe einer zweistufigen Korrelationskette zunächst mit den korrespondierenden internen Erfolgsfaktoren (z.B. niedrige Kosten) und im zweiten Schritt mit den zur Realisation der internen Erfolgsfaktoren erforderlichen Kompetenzen (z.B. effiziente Produktionsverfahren) abgeglichen werden. So kann ermittelt werden, welche Kompetenzen aus der Perspektive des Marktes als besonders werthaltig anzusehen sind. Eine beispielhafte Korrelationskette ist in Abbildung 5-18 wiedergegeben. Zur Quantifizierung der Korrelationen wurden dabei die Werte 9 für einen starken, 3 für einen mittleren und 1 für einen schwachen Zusammenhang angesetzt (vgl. *Hinterhuber/Friedrich/Handlbauer/Stuhec* 1995).

Auf der Basis des Kundenwertes der betrachteten Kompetenzen einerseits und der relativen Kompetenzstärke andererseits – die üblicherweise mithilfe eines Benchmarkings ermittelt wird – lassen sich die vier in Abbildung 5-17 dargestellten Kompetenzkategorien unterscheiden (vgl. *Hinterhuber* 1996, S. 130 f.):

Externe Erfolgsfaktoren ↓ / Interne Erfolgsfaktoren →	Gewichtung (%)	Kosten	Fehlerquote	Flexibilität	Reaktionszeit	Customer Care
Preis	33	●	◐	◐	◐	◐
Qualität	20	◐	●	◐	◐	○
Individualität	7	◐	◐	●	◐	●
Lieferzeit	27	◐	◐	●	●	○
Service / Beratung	13	◐	○	◐	◐	●
Score		**4,98**	**3,94**	**5,04**	**4,62**	**3,26**
Ranking		2	4	1	3	5

Interne Erfolgsfaktoren ↓ / Kompetenzen →	Score	F&E	Produktion	Vertrieb	Auftragsabwickl.	Logistik
Flexibilität	5,04	◐	●	◐	◐	●
Kosten	4,98	●	●	◐	○	◐
Reaktionszeit	4,62	○	●	◐	●	●
Fehlerquote	3,94	◐	●	○	◐	◐
Customer Care	3,26	○	○	●	●	●
Score		**80**	**170**	**77**	**103**	**143**
Score ÷ 25		3,2	6,8	3,1	4,1	5,7
Ranking		4	1	5	3	2

→ **Portfolio**

Korrelation: ○ = 1 / schwach ◐ = 3 / mittel ● = 9 / stark

Abb. 5-18: Korrelationskette zur Ermittlung des Kundenwertes von Kompetenzen (Quelle: In Anlehnung an Hinterhuber 1996, S. 129)

(a) Kompetenzen mit einem geringen Kundenwert und einer schwachen relativen Kompetenzposition werden als **Standardkompetenzen** bezeichnet. Sie besitzen aus der Perspektive des Marktes keine maßgebliche Bedeutung und werden von den relevanten Wettbewerbern bereits in gleichem Maße oder sogar besser beherrscht als von dem analysierten Unternehmen selbst. Üblicherweise dienen sie zur Aufrechterhaltung des normalen Geschäftsbetriebes oder zur Abrundung des Leistungsspektrums. (b) Kompetenzen, denen vom Markt eine hohe Bedeutung beigemessen wird, bei denen das analysierte Unternehmen jedoch im Vergleich zu seinen relevanten Wettbewerbern eine schwache Position besitzt, müssen als **Kompetenzlücken** angesehen werden – zwischen dem, was der Markt fordert, und dem, was das Unternehmen leisten kann. (c) Kompetenzen,

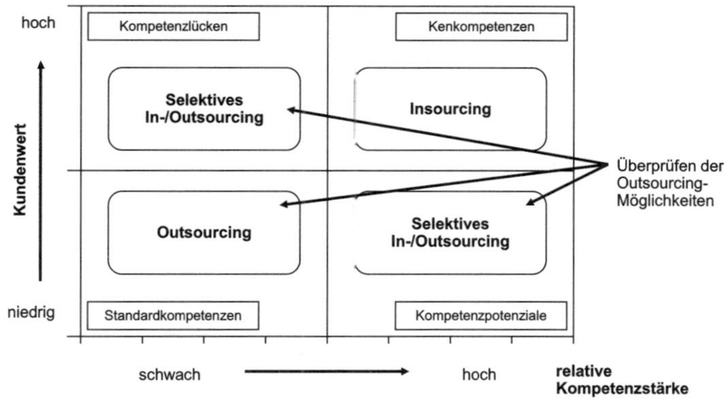

Abb. 5-19: Handlungsempfehlungen für die Auslagerung von Kompetenzen (Quelle: In Anlehnung an Hinterhuber 1996, S. 132)

denen vom Markt nur eine geringe Relevanz zugesprochen wird, bei denen das Unternehmen jedoch leistungsfähiger ist als seine relevanten Wettbewerber, sind **Kompetenzpotenziale**, die bei entsprechenden Markveränderungen die Basis für zukünftige Wettbewerbsvorteile bilden können. Häufig entstehen sie jedoch aus einem fehlenden Bewusstsein dafür, dass bestimmte Leistungsmerkmale, die man selbst gut beherrscht, vom Markt nicht als werthaltig wahrgenommen werden. Auch kommt es vor, dass in diesem Quadranten Kompetenzen angesiedelt sind, die in der Vergangenheit für den Markterfolg von Bedeutung waren, deren Relevanz sich durch einen Wandel der Märkte, der vom Unternehmen nicht mitvollzogen wurde, jedoch verringert hat. (d) Als **Kernkompetenzen** schließlich gelten all diejenigen Kompetenzen, die am Markt von großer Bedeutung sind und die das analysierte Unternehmen besser beherrscht als seine Wettbewerber.

Auf der Grundlage dieser Systematik kann nun darüber befunden werden, ob ein Unternehmen die erforderlichen Kompetenzen besitzt, um in einem Geschäftsfeld erfolgreich zu konkurrieren. Zudem können Entscheidungen bezüglich der Auslagerung vorhandener bzw. der Ergänzung fehlender Kompetenzen getroffen werden (siehe Abb. 5-19). So muss beispielsweise geprüft werden, ob bestehende Kompetenzlücken aus eigener Kraft geschlossen werden können oder ob hierzu Akquisitionen, Fusionen oder Partnerschaften erforderlich sind. Im Hinblick auf die identifizierten Kompetenzpotenziale muss geklärt werden, ob sie in dem betrachteten Geschäftsfeld in zukünftige Wettbewerbsvorteile umgesetzt werden können oder nicht. Ist dies nicht der Fall, sollte geprüft werden, ob andere Geschäftsgelegenheiten vorhanden sind, die auf der Basis dieser Kompetenzen – beispielsweise im Rahmen einer Outgrowing-Partnerschaft – erschlossen werden können. Standardkompetenzen bieten zumeist die größten Möglichkeiten zum Bezug von Außen. Sie können häufig ohne großen Koordinationsaufwand und zu attraktiven Kosten von spezialisierten Partnerunternehmen bezogen werden. Auf diese Weise können interne Kapazitäten für diejenigen Aktivitäten freigesetzt werden, die aus gesamtunternehmerischer Sicht Vorrang genießen. Seine Kernkompetenzen schließlich muss ein Unternehmen gegen Angriffe der Konkurrenz verteidigen und intern kontinuierlich weiterentwickeln.

5.2.2.5 Analyse potenzieller Akquisitionsobjekte

Steht fest, in welchen Geschäftsfeldern ein Unternehmen aktiv sein will, muss das Management entscheiden, in welcher Form neues Geschäft aufgebaut bzw. auf welche Weise ein bereits bestehendes Geschäft ausgebaut werden soll. Grundsätzlich stehen einem Unternehmen hierzu – wie bereits dargelegt – drei Wege offen: organisches Wachstum, Wachstum in Partnerschaften oder Wachstum durch Akquisition bzw. Fusion. Wächst ein Unternehmen durch Akquisition (die folgenden Ausführungen gelten analog auch für Fusionen), dann muss es geeignete Übernahmekandidaten finden, die einen soliden Eintritt in ein Geschäftsfeld bzw. dessen zielgerichteten Ausbau ermöglichen. Im Allgemeinen stehen für eine erste externe Analyse möglicher Übernahmekandidaten nur begrenzte Informationen zur Verfügung, die vor allem dem Jahresabschluss, also der Bilanz und der Gewinn- und Verlustrechnung, entstammen. Zur Beurteilung der Attraktivität eines Unternehmens lassen sich auf dieser Basis verschiedene Kennzahlen bilden (vgl. *Perridon/Steiner* 1997, S. 529 ff.). Man unterscheidet dabei zwischen statischen, auf einen bestimmten Zeit*punkt* bezogen Größen und dynamischen Größen, die einen bestimmten Zeit*raum* abdecken. Zu den wichtigsten **statischen Kennzahlen** zählen die Vermögensstruktur, die Kapitalstruktur und die Liquidität.

Die **Vermögensstruktur** eines Unternehmens wird durch den Anteil des Anlage- und des Umlaufvermögens bestimmt. Als Kennzahl wird hierzu entweder das Verhältnis von Anlage- zu Umlaufvermögen oder das Verhältnis von Anlage- zu Gesamtvermögen gebildet. Ein relativ geringes Anlagevermögen kann – einerseits – ein Kennzeichen für eine relativ hohe betriebliche Flexibilität sein. Unternehmen mit einem geringen Anlagevermögen können sich üblicherweise leichter an Beschäftigungsschwankungen anpassen, da sowohl ihre Fixkostenbelastung als auch der langfristig gebundene Anteil ihres Kapitals vergleichsweise gering sind. Die niedrige Fixkostenbelastung führt dazu, dass ein Beschäftigungsrückgang nicht zu stark auf das Ergebnis durchschlägt, der geringe Anteil langfristig gebundenen Kapitals ermöglicht eine relativ schnelle Produktionsumstellung. Gerade in Industrieunternehmen kann ein niedriges Anlagevermögen – andererseits – jedoch auch ein Hinweis darauf sein, dass ein Unternehmen mit relativ alten, bereits abgeschriebenen Anlagen arbeitet. In diesem Fall besteht die Gefahr, dass der Anschluss an den technischen Fortschritt verloren geht. Um einen zukünftigen Rückgang des Ertrags zu vermeiden, sind dann zumeist erhebliche Investitionen in neue, moderne Anlagen erforderlich.

Die **Kapitalstruktur** eines Unternehmens bringt die Art und die Zusammensetzung seines Kapitals zum Ausdruck. Maßgeblich ist dabei der Anteil von Eigen- und Fremdkapital am Gesamtkapital, der durch verschiedene Kennzahlen ausgedrückt werden kann: den Verschuldungsgrad (Fremdkapital ÷ Eigenkapital), den Verschuldungskoeffizient (Eigenkapital ÷ Fremdkapital), die Eigenkapitalquote (Eigenkapital ÷ Gesamtkapital) und die Fremdkapitalquote (Fremdkapital ÷ Gesamtkapital). Betrachtet man die Effekte der Kapitalstruktur, wird zumeist der Verschuldungsgrad als Referenzgröße herangezogen. So kann vor allem gezeigt werden, dass die Eigenkapitalrendite durch eine Erhöhung des Verschuldungsgrades gesteigert werden kann. Dieser Chance steht jedoch eine Zunahme des finanzwirtschaftlichen Risikos eines Unternehmens gegenüber. Formal lässt sich dieser Zusammenhang wie folgt veranschaulichen:

(5-9) $$r_{EK} = \frac{\text{Gewinn}}{EK} = \frac{r(EK + FK) - i(FK)}{EK} = (r - i)\frac{FK}{EK} = (r - i) \times V$$

mit
EK = Eigenkapital
FK = Fremdkapital
V = Verschuldungsgrad
r = Gesamtkapitalrendite
r_{EK} = Eigenkapitalrendite
i = Fremdkapitalzins

Es ist ersichtlich, dass die Eigenkapitalrendite (r_{EK}) bei einer gegebenen Gesamtkapitalrendite (r) mit steigendem Verschuldungsgrad (V) zunimmt, sofern die durchschnittliche Gesamtkapitalrendite oberhalb des Fremdkapitalzinssatzes (i) liegt – wenn also gilt: $r > i$. Eine solche Erhöhung der Eigenkapitalrendite durch zusätzliche Verschuldung wird als **Leverage-Chance** bezeichnet. Ihr steht als **Leverage-Risiko** gegenüber, dass die Gesamtkapitalrendite unter die Fremdkapitalzinsen abrutscht ($r < i$). In diesem Fall bleibt die Eigenkapitalrendite mit zunehmendem Verschuldungsgrad immer weiter hinter der Gesamtkapitalrendite zurück. Schwankungen der Gesamtkapitalrendite – seien sie positiver oder negativer Natur – schlagen also umso stärker auf die Eigenkapitalrendite durch, je höher der Verschuldungsgrad eines Unternehmens liegt.

Kennzahlen, die die **Liquidität** eines Unternehmens zum Ausdruck bringen, basieren auf einer Gegenüberstellung seiner Zahlungsverpflichtungen und seiner flüssigen Mittel – soweit diese der Bilanz entnommen werden können. Man unterscheidet dabei verschiedene Liquiditätsgrade, die sich wie folgt berechnen:

$$(5\text{-}10)\quad \text{Liquidität 1. Grades} = \frac{\text{Zahlungsmittel}}{\text{kurzfristige Verbindlichkeiten}} \times 100\,\%$$

$$(5\text{-}11)\quad \text{Liquidität 2. Grades} = \frac{\text{monetäres Umlaufvermögen}}{\text{kurzfristige Verbindlichkeiten}} \times 100\,\%$$

$$(5\text{-}12)\quad \text{Liquidität 3. Grades} = \frac{\text{kurzfristiges Umlaufvermögen}}{\text{kurzfristige Verbindlichkeiten}} \times 100\,\%$$

Als Zahlungsmittel werden dabei die Kassenbestände sowie Bankguthaben eines Unternehmens verstanden. Das monetäre Umlaufvermögen errechnet sich aus dem gesamten Umlaufvermögen abzüglich der Vorräte und sonstiger Vermögensgegenstände. Das kurzfristige Umlaufvermögen erhält man, indem das gesamte Umlaufvermögen um diejenigen Teile, die voraussichtlich nicht innerhalb eines Jahres liquidiert werden können, und um diejenigen Vorräte, die durch Kundenzahlungen gedeckt sind, reduziert. Die Liquidität 1. Grades wird auch als Kassa- bzw. Barliquidität oder als Liquidity Ratio bezeichnet. Bei der Liquidität 2. Grades spricht man auch vom Net Quick Ratio oder Acid Test. Für die Liquidität 3. Grades ist auch der Begriff Current Ratio geläufig.

Grundsätzlich gilt, dass die Liquidität eines Unternehmens umso größer ist, je höher die Werte der obigen Kennzahlen ausfallen. Es ist jedoch zu beachten, dass eine unnötig hohe Liquidität die Rentabilität eines Unternehmens üblicherweise einschränkt. In der Praxis wird die durchschnittliche Rentabilität 1. Grades zumeist sehr niedrig gehalten, da kurzfristige Liquiditätsengpässe in der Regel ohne Schwierigkeiten durch Bankkredite abgedeckt werden können. Für die Liquidität 2. Grades wird häufig ein Wert von 100 Prozent als erstrebenswert angesehen. In der amerikanischen Literatur entspricht dies der so genannten „One-to-One Rate“ (einem Verhältnis von 1/1), die üblicherweise für den Acid Test gefordert wird. Für den Current Ratio gilt entsprechend eine „Two-to-One Rate“, die einer Liquidität 3. Grades von 200 Prozent entspricht.

Im Rahmen einer externen Unternehmensanalyse ist zu allen beschriebenen statischen Strukturkennzahlen – Kapitalstruktur, Vermögensstruktur und Liquidität – einschränkend festzuhalten, dass die hierzu verwendeten Daten immer vergangenheitsbezogen sind; die kurzfristigen Vermögens- und Kapitalpositionen können sich zum Zeitpunkt der Analyse bereits maßgeblich verändert haben. Zudem ist aus den verwendeten Daten, die allesamt der Bilanz entnommen werden, nur zum Teil ersichtlich, innerhalb welcher Zeitspanne Aktiva in Geld transformiert werden können und – aufgrund von Unter- oder Überbewertungen – welcher Betrag sich bei der Liquidation tatsächlich ergibt. Auch ist die Fristigkeit der Passiva nicht immer eindeutig. So kann etwa Eigenkapital kündbar sein, für kurzfristige Kredite hingegen können bereits feste Prolongationszusagen vorliegen. Darüber hinaus werden verschiedene regelmäßige Zahlungsverpflichtungen – etwa Lohn- und Gehaltszahlungen, Mietzahlungen oder Steuervorauszahlungen – in der Bilanz nicht als Verbindlichkeiten erfasst.

Auch **dynamische Kennzahlen** basieren zum Teil auf Daten der Bilanz. Anders als bei einer statischen Betrachtung werden diese jedoch mehreren aufeinander folgenden Bilanzen entnommen und zueinander ins Verhältnis gesetzt oder mit Stromgrößen aus der Gewinn- und Verlustrechnung kombiniert, die als solche bereits periodische Bewegungen erfassen. Dynamische Kennzahlen werden üblicherweise in zwei Gruppen eingeteilt: Erfolgskennzahlen und Aktivitätskennzahlen. Die Erfolgskennzahlen wiederum werden in absolute und relative Größen unterschieden. Zu den wichtigsten absoluten Erfolgskennzahlen zählen der Bilanzgewinn, der Jahresüberschuss und der Cashflow (vgl. *Perridon/Steiner* 1997, S. 545 ff.).

Der **Bilanzgewinn** unterscheidet sich bei Kapitalgesellschaften wie folgt vom Jahresüberschuss: Zu seiner Berechnung wird der Jahresüberschuss bzw. der Jahresfehlbetrag um den Gewinn- oder Verlustvortrag des Vorjahres korrigiert, um Entnahmen aus Kapital- und Gewinnrücklagen erhöht und um Einstellungen aus dem Jahresüberschuss in Gewinnrücklagen vermindert. Der Bilanzgewinn kann also durch Entnahmen aus bzw. Einstellungen in die Rücklagen beeinflusst werden. Er ist daher keine adäquate Kennzahl für den Erfolg eines Unternehmens in einer bestimmten Periode. Bei Publikumsgesellschaften entspricht der Bilanzgewinn in der Praxis zumeist dem Betrag, den Vorstand und Aufsichtsrat zur Ausschüttung an die Anteilseigner vorsehen. Er kann somit – in Verbindung mit dem Jahresüberschuss und im Zeitvergleich – als Maßstab für die Ausschüttungspolitik und die (offene) Selbstfinanzierungspolitik eines Unternehmens herangezogen werden. Besser als der Bilanzgewinn gibt der **Jahresüberschuss** Auskunft über den Periodenerfolg einer Aktiengesellschaft. Für eine detaillierte Analyse ist es sinnvoll, diesen in verschiedene Komponenten zu zerlegen. Vor allem eine Unterscheidung betriebsbedingter und betriebsfremder sowie regelmäßiger und einmaliger Erfolgskomponenten ermöglicht eine weitergehende qualitative Interpretation. Die erste Kategoriebildung legt offen, inwieweit das ausgewiesene Ergebnis der regulären Betriebstätigkeit entstammt. Sie bildet die Grundlage für Unternehmens- und Branchenvergleiche. Die zweite Kategoriebildung stellt die Nachhaltigkeit des Erfolges in den Mittelpunkt und wird vor allem zur Prognose der zukünftigen Ertragskraft herangezogen. Im Rahmen einer externen Analyse ist eine exakte Aufteilung der Aufwands- und Ertragspositionen auf die vier genannten Kategorien nicht möglich. Auf der Grundlage der Erläuterungen des Geschäftsberichts können aus der Gewinn- und Verlustrechnung jedoch das Betriebsergebnis, das Finanzergebnis und das außerordentliche Ergebnis abgeschätzt werden. Bei einer Gewinn- und Verlustrechnung auf der Grundlage des

Gesamtkostenverfahrens berechnet sich das **Betriebsergebnis** vereinfacht dargestellt wie folgt:

	Umsatzerlöse
+	Bestandserhöhungen (./. Bestandsminderungen)
+	andere aktivierte Eigenleistungen
=	Gesamtleistung
./.	Aufwendungen für Roh-, Hilfs- und Betriebsstoffe sowie für für bezogene Waren und Leistungen
=	*Rohertrag*
./.	Löhne und Gehälter
./.	soziale Abgaben
./.	Aufwendungen für Altersversorgung und Unterstützung
./.	Abschreibungen auf Sachanlagen und immaterielle Anlagewerte
=	*Betriebsergebnis*

Zur Abschätzung der Nachhaltigkeit des (Gesamt-)Erfolges ist dem Betriebsergebnis das **Finanzergebnis** hinzuzurechnen:

	Erträge aus Gewinngemeinschaften und Gewinnabführungsverträgen
+	Erträge aus Beteiligungen
+	Erträge aus anderen Finanzanlagen
+	sonstige Zinsen und ähnliche Erträge
+	sonstige Erträge, abzüglich der außerordentlichen
./.	Abschreibungen auf Finanzanlagen
./.	Zinsen und ähnliche Aufwendungen
./.	Lastenausgleichsvermögensabgabe
./.	Aufwendungen aus Verlustübernahme
=	*Finanzergebnis*

Außerordentliche Erträge und Aufwendungen werden bei der Prognose des zukünftigen Ertrags nicht berücksichtigt.

Werden die oben beschriebenen Erfolgskomponenten zum Jahresüberschuss ins Verhältnis gesetzt, resultieren verschiedene Kennzahlen, die zur Analyse und Interpretation der Ergebnisstruktur eines Unternehmens herangezogen werden können, etwa der betriebsbedingte Ergebnisbeitrag (Betriebsergebnis ÷ Jahresüberschuss) oder der nicht-nachhaltige Ergebnisbeitrag (außerordentliches Ergebnis ÷ Jahresüberschuss). Darüber hinaus können weitere Kennzahlen, die gebildet werden, indem einzelne Positionen der Gewinn- und Verlustrechnung zum Umsatz oder zur Gesamtleistung ins Verhältnis gesetzt werden, Auskunft über die Aufwands- und Ertragsstruktur des Jahresüberschusses geben. Etwa die Materialintensität (Materialaufwand ÷ Gesamtleistung) oder die Personalintensität (Personalaufwand ÷ Gesamtleistung).

Die Eignung von Kennzahlen, die auf dem Jahresüberschuss basieren, als Maßstab für den Erfolg eines Unternehmens wird dadurch beeinträchtigt, dass die Bildung oder Auflösung von stillen Reserven den ausgewiesenen Erfolg erhöhen oder schmälern kann, ohne dass dies aus dem Jahresüberschuss ersichtlich ist. Eine alternative Erfolgskennziffer, mit deren Hilfe man versucht, diesem Nachteil gerecht zu werden, ist der **Cashflow** (vgl. *Coenenberg/Günther* 1993, Sp. 301 ff.). Bei der Verwendung dieser Größe ist darauf zu achten, dass sie sowohl in der betriebswirtschaftlichen Literatur als auch in der Praxis nicht einheitlich definiert wird. So existieren beispielsweise unterschiedliche Berechnungsvarianten in der Finanz- und Bilanzanalyse, zudem wird der Begriff auch für Umsatzüberschussrechnungen verwendet, die dem Bereich der Kapitalflussrechnung zuzuordnen sind. Allgemein wird der Cashflow üblicherweise als Differenz der Betriebseinnahmen (der zahlungswirksamen Erträge) und der Betriebsausgaben (der zahlungswirksamen Aufwendungen) verstanden. Damit entspricht seine Berechnung der wörtlichen Bedeutung eines „Einzahlungsüberschusses". Eine direkte Ermittlung ist in diesem Fall jedoch nur unter Rückgriff auf interne Daten eines Unternehmens möglich. Zur externen Analyse wird der Cashflow daher zumeist wie folgt berechnet:

	Bilanzgewinn (bzw. Bilanzverlust)
+	Zuführung zu den Rücklagen
	(./. Auflösung von Rücklagen)
+	Gewinnvortrag aus der Vorperiode
	(./. Verlustvortrag aus der Vorperiode)
=	*Jahresüberschuss*
+	Abschreibungen
	(./. Zuschreibungen)
+	Erhöhung der langfristigen Rückstellungen
	(./. Verminderung der langfristigen Rückstellungen)
=	*Cashflow*

In dieser Variante wird der Cashflow in zwei unterschiedlichen Interpretationen verwendet: als erfolgswirtschaftlicher und als finanzwirtschaftlicher Überschuss. Im erfolgswirtschaftlichen Sinne gilt der Cashflow als adäquater Maßstab zur Beurteilung der aktuellen und der zukünftigen „tatsächlichen" Ertragskraft eines Unternehmens, da er in erheblich geringerem Ausmaß durch bilanzpolitische Maßnahmen manipulierbar ist als der Bilanzgewinn und der Jahresüberschuss. Während die Höhe des Jahresüberschuss durch eine Ausnutzung der gesetzlichen Bewertungsspielräume beeinflusst werden kann, bezieht der Cashflow die Aufwandspositionen, die aus Bewertungsmaßnahmen folgen und denen keine periodengleichen Auszahlungen gegenüberstehen, mit ein; der Jahresüberschuss wird durch eine Erhöhung der Abschreibungen und Rückstellungen vermindert, der Cashflow hingegen bleibt davon unberührt, da es sich nur um eine Umverteilung zwischen seinen einzelnen Komponenten handelt. In der Interpretation als finanzwirtschaftlicher Überschuss dient der Cashflow einer Analyse der Innenfinanzierungskraft eines Unternehmens für Investitionen, zur Schuldentilgung und zur Sicherung der Liquidität. Wichtige Kennzahlen hierzu sind etwa der Cashflow im Verhältnis zu den Nettoinvestitionen oder die Effektivverschuldung in Relation zum Cashflow. Die erste Kennzahl gibt Aufschluss darüber, inwieweit ein Unternehmen seine Neuinvestitionen aus Mitteln der Innenfinanzierung tätigen kann. Je höher dieser Wert liegt, desto größer ist seine finanzielle Unabhängigkeit. Die zweite Kennzahl dient der Analyse der Verschuldungsfähigkeit eines Unternehmens. Sie lässt einen Rückschluss darauf zu, wie viele Jahre es dauern würde, bis das Unternehmen seine Schulden aus selbst erwirtschafteten Mitteln getilgt hätte. Die Effektivverschuldung wird dabei als Differenz der gesamten Verbindlichkeiten und des monetären Umlaufvermögens gebildet.

Neben den absoluten Erfolgskennzahlen – Bilanzgewinn, Jahresüberschuss und Cashflow – werden zur externen Analyse eines Unternehmens verschiedene relative Erfolgskennzahlen gebildet, die eine Beurteilung der Wirtschaftlichkeit respektive der Rentabilität des Kapitaleinsatzes ermöglichen, indem sie eine Relation zwischen den absoluten Erfolgsgrößen und dem Mitteleinsatz herstellen. Zu den wichtigsten **Rentabilitätskennziffern** zählen die Eigenkapitalrentabilität (Jahresüberschuss oder Cashflow ÷ Eigenkapital) und die Gesamtkapitalrentabilität (Jahresüberschuss oder Cashflow zuzüglich Fremdkapitalzinsen ÷ Gesamtkapital). Bei der Berechnung beider Größen kann der Jahresüberschuss jeweils vor oder nach Steuern angesetzt werden. Sollen Unternehmen oder Unternehmensteile, die einer unterschiedlichen Besteuerung unterliegen, miteinander verglichen werden, muss der Gewinn vor Steuerabzug zugrunde gelegt werden. Bei der Berechnung der Gesamtkapitalrentabilität ist die zur Berechnung herangezogene absolute Erfolgsgröße um die Fremdkapitalzinsen zu erhöhen, da auch diese mithilfe des investierten Kapitals erwirtschaftet wurden. Ein Vergleich von Unternehmen mit unterschiedlichem Eigen- und Fremdkapitalanteil wäre anderenfalls nicht sinnvoll. Das Verhältnis von Eigenkapitalrentabilität zu Gesamtkapitalrentabilität wird auch als **Leverage-Faktor** bezeichnet.

Vor allem in angloamerikanischen und global agierenden Unternehmen hat sich zur Messung der Rentabilität des Kapitaleinsatzes als alternative Kennzahl der **Return on Investment** (kurz: RoI) durchgesetzt, der in allgemeiner Form den Jahresüberschuss bzw. den Cashflow pro Einheit investierten Kapitals erfasst. Auf diese Weise kann die Rentabilitätsmessung nicht nur auf ein Unternehmen als Ganzes, sondern auch auf einzelne Abteilungen, Produkte oder Projekte bezogen werden. Im Rahmen einer externen Unternehmensanalyse ist es zweckmäßig, den RoI in zwei Komponenten aufzuspalten, indem der Umsatz als zusätzliche Größe einbezogen wird:

$$(5\text{-}13) \quad \text{RoI} = \frac{\text{Jahresüberschuss}}{\text{Gesamtkapital}} \quad 100\,\%$$

$$= \frac{\text{Jahresüberschuss}}{\text{Umsatz}} \quad \frac{\text{Umsatz}}{\text{Gesamtkapital}} \quad 100\,\%$$

$$= \text{Umsatzgewinnrate} \times \text{Kapitalumschlagshäufigkeit}$$

Durch diese Aufspaltung wird die Analyse einer möglichen Abweichung des RoI vom Branchendurchschnitt oder einem anderen Referenzwert erleichtert. Die Umsatzgewinnrate bringt zum Ausdruck, wie viel Gewinn einem Unternehmen von 100 Euro Umsatz bleibt. Die Kapitalumschlagshäufigkeit gibt an, wie oft das eingesetzte Kapital in der betrachteten Periode über die erzielten Umsatzerlöse an das Unternehmen zurückgeflossen ist. Je rascher der Umschlagsprozess vor sich geht, desto geringer ist der erforderliche Kapitaleinsatz, da in kürzeren Abständen immer wieder Kapital vom Markt zurückfließt. Bei hoher Kapitalumschlagshäufigkeit kann man daher mit einem verhältnismäßig niedrigen Kapitaleinsatz zu einem entsprechend hohen RoI und infolge des raschen Kapitalrückflusses zu einer günstigen Liquidität gelangen.

Die Kapitalumschlagshäufigkeit ist eine so genannte **Aktivitätskennzahl** und damit der – neben Erfolgskennzahlen – zweiten Untergruppe dynamischer Kennzahlen zuzuordnen. Aktivitätskennzahlen werden häufig in Verbindung mit dem Umsatz gebildet, etwa die Lagerumschlagshäufigkeit (Umsatz ÷ durchschnittlicher Bestand an Vorräten) oder der Umsatz pro Mitarbeiter (Umsatz ÷ Anzahl der Beschäftigten). Auch Zahlungsziele, die ein Unternehmen seinen Kunden einräumt (durchschnittlicher Bestand an Kundenforderungen × 365 ÷ Umsatz) oder bei seinen Lieferanten in Anspruch nimmt (durchschnittliche Verbindlichkeiten aus Lieferungen und Leistungen × 365 ÷ Wareneinkäufe in der Periode) lassen sich mithilfe von Aktivitätskennzahlen analysieren und vergleichbar machen. Gleiches gilt für die Investitionstätigkeit eines Unternehmens, die sich anhand der Investitionsquote (Nettoinvestitionen in Sachanlagevermögen ÷ Buchwert der Sachanlagen zu Beginn des Geschäftsjahres) beurteilen lässt. Neben den hier dargestellten Kennzahlen existieren zahlreiche weitere Varianten, die – auf unterschiedliche Analyseaspekte bezogen – nach demselben Muster gebildet werden können.

Die vorstehenden Kennzahlen helfen dem Management eines Unternehmens, respektive seinen Beratern, potenzielle Übernahmekandidaten zu identifizieren und diese einer ersten externen Analyse zu unterziehen. Konkretisieren sich die Akquisitionsabsichten, sind weitergehende Bewertungen erforderlich, die – sofern es sich nicht um eine feindliche Übernahme handelt – üblicherweise eine Mitwirkung des zu übernehmenden Unternehmens einschließen.

5.2.2.6 Bewertung potenzieller Akquisitionsobjekte

Nicht nur im Rahmen von Übernahmen und Fusionen, auch zur generellen Konkretisierung und Bewertung von Strategien, die sich am **monetären Wert eines Unternehmens** orientieren, sind Methoden erforderlich, die eine möglichst objektive Ermittlung dieses Wertes ermöglichen. Grundsätzlich kann eine solche Bewertung zwei unterschiedlichen Zwecken dienen. Am Beispiel eines Unternehmens, das zum Verkauf steht, lässt sich dies exemplarisch wie folgt verdeutlichen: Der Käufer des Unternehmens kann entweder eine Einzelveräußerung der Vermögensteile anstreben und eine entsprechende Einzelbewertung vornehmen, oder er verfolgt – wie in den letzten Abschnitten unterstellt – das Ziel, die Unternehmenstätigkeit fortzuführen. In zweiten Fall ist für ihn nicht die Summe der Einzelwerte der Vermögensgegenstände, sondern der Wert des Unternehmens als zukünftige Einkommensquelle von Bedeutung. Im Folgenden wollen wir von dieser zweiten Zielsetzung ausgehen. Die Übernahme eines Unternehmens entspricht dann einer Investition finanzieller Mittel in der Erwartung, dass der Einstandspreis in der Zukunft durch höhere Rückflüsse überkompensiert wird (gleiches gilt im übertragenen Sinne für alle Anteilseigner eines Unternehmens). Der Käufer zahlt den Kaufpreis (A_0), weil er darauf spekuliert, dass die zukünftigen jährlichen Überschüsse der Einzahlungen (E_t) über die korrespondierenden Auszahlungen (A_t) in ihrer Summe die Anschaffungsauszahlung übertreffen. Die Investition in die Unternehmensübernahme ist somit ökonomisch sinnvoll, wenn der **Zukunftserfolgswert** (vgl. *Busse von Colbe* 1957), also der Barwert aller mit einem Kalkulationszinssatz (i) abgezinsten zukünftigen Ein- und Auszahlungen – inklusive eines zukünftigen Veräußerungs- bzw. Restwertes (RW_n) – die Anschaffungsauszahlung übersteigt. In diesem Fall ist der Kapitalwert der Investition (K) positiv:

$$(5\text{-}14) \qquad K = \underbrace{\sum_{t=1}^{n} \frac{E_t - A_t}{(1+i)^t} + \frac{RW_n}{(1+i)^n}}_{\text{Zukunftserfolgswert}} - A_0$$

Der Zukunftserfolgswert weist zwei zentrale Charakteristika auf: er ist zukunftsorientiert und er ist subjektiv. Die Zukunftsorientierung kommt darin zum Ausdruck, dass nicht Vergangenheitswerte – etwa die Jahresüberschüsse vergangener Perioden – in die Zukunft hochgerechnet, sondern erwartete zukünftige Erfolge diskontiert werden. Unternehmensberater liefern in der Regel die hierzu erforderlichen Prognosen zu den noch unsicheren Entwicklungen in der Zukunft, die einen Einfluss auf die Höhe der erwarteten Einzahlungen und Auszahlungen haben. Dabei bedienen sie sich einerseits der in Abschnitt 5.2.2.3 dargestellten Methoden zur Analyse der betreffenden Branchen, andererseits der in Abschnitt 6.2.2 beschriebenen Methoden zur Beurteilung der wettbewerbsstrategischen Position des betrachteten Unternehmens. Die Subjektivität des Zukunftserfolgswertes bringt zum Ausdruck, dass ein zum Verkauf stehendes Unternehmen, das von unterschiedlichen Kaufinteressenten bewertet wird, für jeden Interessenten einen individuellen Zukunftswert aufweist, je nachdem, welche zukünftigen Ein- und Auszahlungen diese nach dem Erwerb des Unternehmens erwarten, welche Kapitalkosten ihnen für die Finanzierung des Kaufs entstehen, mit welcher Laufzeit ihres Engagements sie rechnen und mit welchem Veräußerungserlös sie kalkulieren. Insgesamt wird die Stärke des Zukunftserfolgswertes als Bewertungsmethode vor allem in seiner investitionstheoretischen Fundierung gesehen. Seine größte Schwäche besteht demgegenüber in der Schwierigkeit, hinreichend zuverlässige Informationen über die zukünftigen Entwicklungen zu erlangen, die die Höhe des Wertes maßgeblich bestimmen.

Die zwei bedeutendsten Alternativen zum Zukunftserfolgswert sind der Ertrags- und der Substanzwert. Anders als beim Zukunftserfolgswert wird bei der Ermittlung dieser beiden Größen davon ausgegangen, dass ein objektiver, allgemeingültiger Unternehmenswert kalkuliert werden kann. Zudem sind beide Verfahren von ihrer Grundtendenz her vergangenheitsorientiert angelegt. Zur Ermittlung des **Ertragswertes** (EW) werden zukünftige Gewinne (G_t) mit dem Kalkulationszinssatz (i) diskontiert. Die Abschätzung der zukünftigen Gewinne basiert dabei auf den Gewinnen der Vergangenheit. In der Praxis wird häufig der Durchschnittsgewinn der letzten fünf Jahre angesetzt, wobei man in der Regel von einem in Zukunft gleich bleibendem Gewinn (G) ausgeht. Als Kalkulationszinssatz wird der „landesübliche Zins“ zugrunde gelegt, der sich am Zins für langfristige Staatsanleihen orientiert. Da die Investition in ein Unternehmen mit einem größeren Risiko verbunden ist als die Investition in Staatsanleihen, wird dieser Zinssatz üblicherweise um einen Risikozuschlag von zwei bis drei Prozent erhöht. Geht man von einem endlichen Engagement aus, wird zudem ein fiktiver Restwert (RW_n) angesetzt:

$$(5\text{-}15) \qquad EW = \sum_{t=1}^{n} \frac{G_t}{(1+i)^t} + \frac{RW_n}{(1+i)^n}$$

Oft werden der Ermittlung des Ertragswertes zwei vereinfachende Annahmen zugrunde gelegt: der Gewinn bleibt in der Zukunft konstant und die Lebensdauer des Unternehmens ist unendlich. In diesem Fall lässt sich der Ertragswert als Barwert einer ewigen Rente berechnen:

$$(5\text{-}16) \qquad EW = \frac{G}{i}$$

Finanziert sich das betrachtete Unternehmen zu einem Teil mit Fremdkapital, wird die Berechnung des Ertragswertes auf der Grundlage des Bruttogewinns (Gewinn + Fremdkapitalzinsen) vorgenommen.

Aus der formalen Betrachtung wird deutlich, dass der Ertragswert und der Zukunftserfolgswert insoweit eine gewisse Ähnlichkeit aufweisen, dass sie beide den Barwert des Unternehmenserfolges repräsentieren. Anders als der Zukunftserfolgswert vernachlässigt das Ertragswertverfahren jedoch eine Berücksichtigung individueller Finanzierungskosten und greift zudem zur Abschätzung zukünftiger Erfolge auf durchschnittliche Vergangenheitsgewinne zurück. Vor allem der zweite Aspekt – die Schwierigkeit, die zukünftige Ertragslage eines Unternehmens zu prognostizieren – soll durch die Verwendung des **Substanzwertes** umgangen werden. Bei seiner Ermittlung wird von der fiktiven Annahme ausgegangen, dass das zu bewertende Unternehmen in identischer Art und Weise nachgebaut bzw. rekonstruiert werden kann. Die Grundlage bildet das betriebsnotwendige Vermögen, wobei nur die bilanzierungsfähigen materiellen Wirtschaftsgüter berücksichtigt und mit ihrem Tageswert angesetzt werden. Gesetzt den Fall, ein Unternehmen würde tatsächlich reproduziert, dann müssten die betriebsnotwendigen Wirtschaftsgüter neu beschafft werden. Bewertet man diese zu ihrem Tageswert, erhält man den Teilreproduktions*neu*wert. Um zu berücksichtigen, dass das zu bewertende Unternehmen üblicherweise nicht mit neuwertigen Anlagen ausgestattet ist, werden von diesem Wert kalkulatorische Abschreibungen subtrahiert, so dass man den Teilreproduktions*alt*wert erhält. Dieser entspricht dem Substanzwert. Er beruht auf dem zu Tageswerten bilanzierten materiellen Vermögen des Unternehmens, vernachlässigt jedoch immaterielle Werte wie etwa eine eingespielte Organisation, eine motivierende Firmenkultur, ein positives Unternehmensimage oder einen hohen Bekanntheitsgrad. Dieser auch als Goodwill oder Geschäftswert bezeichnete originäre Firmenwert hat einen maßgeblichen Einfluss auf die Ertragsaussichten eines Unternehmens, lässt sich jedoch nicht ohne weiteres „auf der grünen Wiese“ rekonstruieren. Der Ertragswert eines Unternehmens fällt daher in der Regel höher aus als sein Gesamtwert. Es ergibt sich der folgende Zusammenhang: Substanzwert + originärer Firmenwert = Ertragswert.

5.2.3 Ansätze zur Entwicklung wertorientierter Strategien

Zur methodischen Umsetzung der in Abschnitt 5.2.1 dargestellten Konzepte wurden von vielen führenden Unternehmensberatern spezielle Managementansätze entwickelt, die die betreffenden Ideen und Gedanken in ein vorstrukturiertes Instrumentarium übertragen. Vor allem mit der Frage, auf welche Weise eine am Shareholder Value bzw. am monetären Unternehmenswert orientierte Unternehmensführung operationalisiert werden kann, haben sich viele Berater intensiv auseinandergesetzt. Wirft man einen Blick in die Geschäftsberichte deutscher Konzerne, fällt auf, dass dem Aspekt der Wertsteigerung bei der Ausrichtung der Unternehmensaktivitäten eine maßgebliche Bedeutung beigemessen wird. Während es am Bekenntnis zur Wertsteigerung nicht mangelt, suchte man hingegen lange vergeblich nach konkreten Messgrößen, die darüber Auskunft geben, ob das Management für das Unternehmen als Ganzes bzw. in einzelnen Geschäftsbereichen zusätzlichen Wert geschaffen oder sogar Wert vernichtet hat. Um diesem Missstand entgegenzuwirken, wurden mehrere Ansätze entwickelt, von denen in Deutschland heute vor allem drei eine weite Verbreitung gefunden haben: der Economic Value Added von *Stern Stewart*, der Cashflow Return on Investment von *HOLT Planning Associates* bzw. der *Boston Consulting Group* und das Valuation-Pentagramm von *McKinsey & Company*.

Während das Stakeholder-Konzept auf Konzernebene keinen eigenen Managementansatz hervorgebracht hat, der eine maßgebliche Bedeutung erlangt hätte, wurde das Portfoliomanagement von zahlreichen Beratern aufgegriffen, um spezifische Ideen und Vorgehensweisen in Form eines eigenen Ansatzes zu strukturieren. Zu den bedeutendsten zählen das Marktwachstum/Marktanteil-Portfolio der *Boston Consulting Group*, das Marktattraktivität/Wettbewerbsstärke-Portfolio von *McKinsey & Company* sowie das Marktlebenszyklus/Wettbewerbsposition-Portfolio von *Arthur D. Little*.

Die Managementansätze, die von Unternehmensberatern im Umfeld von Fusionen und Akquisitionen entwickelt wurden, betreffen vor allem die Integration der Organisationen und der Kulturen der beteiligten Unternehmen in der Folge einer Übernahme oder einer Fusion. Die meisten dieser Ansätze sind von ihrer Grundausrichtung her weniger der Strategie-, als vielmehr der Organisations- oder der Transformationsberatung zuzurechnen. Eine Ausnahme bildet der Ansatz der Merger Endgames von *A.T. Kearney*, der sich explizit mit strategischen Aspekten von Übernahmen und Fusionen befasst.

Im Folgenden werden die genannten Ansätze detailliert betrachtet: (1) der Economic Value Added, (2) der Cashflow Return on Investmen, (3) das Valuation-Pentagramm, (4) das Marktwachstum/Marktanteil-Portfolio, (5) das Marktattraktivität/Wettbewerbsstärke-Portfolio, (6) das Marktlebenszyklus/Wettbewerbsposition-Portfolio sowie (7) der Ansatz der Merger Endgames.

5.2.3.1 Economic Value Added

Der Economic Value Added (EVA) als Maßzahl zur Ausrichtung aller unternehmerischen Entscheidungen und Aktivitäten am Wertsteigerungsgedanken wurde von der Unternehmensberatung *Stern Stewart & Co.* entwickelt (vgl. z.B. *Stewart* 1991; *Ehrbar* 1999; *Stern/Shiely/Ross* 2002). Er baut auf der Erkenntnis auf, dass Wertsteigerung in der Praxis häufig mit einer Maximierung des Marktwertes eines Unternehmens gleichgesetzt wird. Entscheidend ist jedoch letztendlich nicht der absolute Marktwert, sondern die Differenz zwischen dem Marktwert und dem Geschäftsvermögen. Nur wenn diese Differenz positiv ausfällt, wird ein zusätzlicher Wert geschaffen, der über das von Fremdkapitalgebern und Anteilseignern investierte Kapital hinausgeht. Der entsprechende Mehrwert wird als **Market Value Added** (MVA = Marktwert – Geschäftsvermögen) bezeichnet. Entsprechend sehen die Vertreter des EVA-Ansatzes das Ziel des Managements darin, den Market Value Added und nicht den Marktwert eines Unternehmens zu maximieren, da der Marktwert – beispielsweise – auch durch Akquisitionen erhöht werden kann, bei denen der Kaufpreis höher ist als die Steigerung des Marktwertes, so dass de facto Aktionärsvermögen vernichtet wird, obwohl absolut betrachtet der Marktwert des Unternehmens steigt. Allerdings ist der MVA zur internen Unternehmenssteuerung weniger geeignet, da er auf externen Marktdaten beruht, die kurzfristigen Schwankungen unterliegen können. Auch kann der MVA nicht direkt für einzelne Geschäftsbereiche oder nicht-börsennotierte Unternehmen ermittelt werden. Nicht zuletzt fehlt ein direkter Bezug zwischen dem MVA und den Werttreibern des Unternehmens.

Der Economic Value Added bildet die Brücke zwischen dem extern abgeleiteten MVA und der internen, operativen Steuerung. EVA ist eine operative Kennzahl, die sich, aufbauend auf dem externen Rechnungswesen, aus der Managementerfolgsrechnung für jede Berichtsperiode ableiten lässt. Sie geht auf die kaufmännische Grundregel zurück, wonach zusätzlicher Wert erst dann geschaffen wird, wenn ein Geschäft langfristig mindestens die Kosten des eingesetzten Kapitals verdient. Entsprechend wird EVA als Residualgröße definiert, die sich aus dem Geschäftsergebnis abzüglich der Kosten für das eingesetzte Geschäftsvermögen errechnet. Als interne Kennzahl misst EVA die operative Leistungskraft eines Unternehmens pro Periode und steht in einem eindeutigen Zusammenhang mit der extern messbaren Wertentwicklung des Unternehmens. Abbildung 5-20 zeigt diesen Zusammenhang von EVA und MVA, also von interner Steuerungsgröße und am Kapitalmarkt messbarer Wertentwicklung. Der MVA ist demnach gleichzusetzen mit dem Barwert aller zukünftig erwarteten EVAs. Analog zur Berechnung des MVA (Marktwert abzüglich des Wertes des gesamten investierten Kapitals) werden bei der **Berechnung des EVA** vom operativen Ergebnis die Kapitalkosten abgezogen:

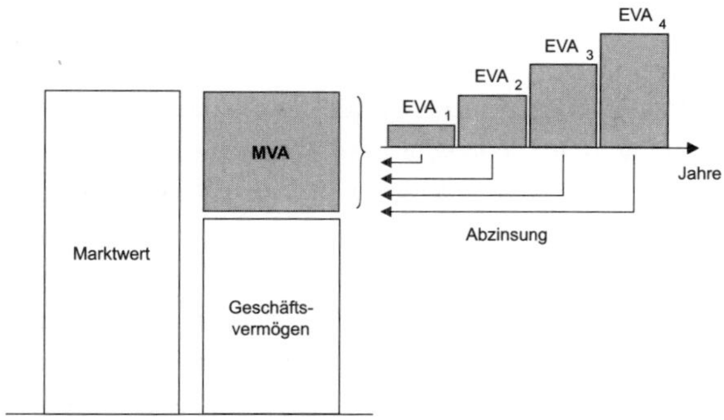

Abb. 5-20: Der Zusammenhang von EVA und MVA
(Quelle: Pertl/Niedernberg 2004, S. 105)

(5-17) EVA = Geschäftsergebnis – (Kapitalkostensatz × Geschäftsvermögen)

Als Geschäftsergebnis wird dabei das operative Ergebnis vor Finanzierungskosten und nach Steuern – im englischen NOPAT (Net Operating Profit After Taxes) – angesetzt. Das Geschäftsvermögen (Capital Employed) repräsentiert die zur Erwirtschaftung des Geschäftsergebnisses eingesetzten betriebsnotwendigen Aktiva, die für die operativen Prozesse des Unternehmens zur Verfügung stehen (vgl. *Hostettler* 2000). Als Kapitalkosten werden die Kosten für das gesamte investierte Eigen- und Fremdkapital als „Weighted Average Cost of Capital" (WACC) angesetzt (siehe Abschnitt 5.2.1.1). Zur Ermittlung des Geschäftsergebnisses und des Geschäftsvermögens werden dabei verschiedene Anpassungen vorgenommen, um finanzielle, steuerliche und bewertungstechnische Verzerrungen zu beseitigen. Hierdurch soll der ökonomischen Realität besser entsprochen, die Wertentwicklung transparenter gemacht und ein wertorientiertes Entscheidungsverhalten motiviert werden.

Für eine Verwendung des EVA sprechen seine leichte Verständlichkeit und damit seine gute Kommunizierbarkeit, da er auf den bekannten Größen der Rechnungslegung basiert. Zur Bewertung und Analyse von Unternehmen, Unternehmensteilen oder Projekten, als interne Steuerungsgröße und als Grundlage der Managervergütung kann EVA effizient eingesetzt werden. Kritik wird bisweilen an der Vielzahl möglicher Anpassungen im Rahmen seiner Berechnung geübt – *Stern Stewart* selbst schlagen bis zu 168 so genannter „Conversions" vor (vgl. *Michel* 1999, S. 373 f.) –, durch die die eigentlich angestrebte Transparenz und Vergleichbarkeit wieder gemindert wird. Zudem erweist sich die Prognose der zukünftigen EVAs über einen längeren Zeitraum in der Praxis häufig als problematisch.

5.2.3.2 Cashflow Return on Investment

Der Cashflow Return on Investment (CFROI) wurde von der amerikanischen Unternehmensberatung *HOLT Planning Associates* entwickelt, die 1991 von der *Boston Consulting Group* übernommen wurde. Er entspricht in konzeptioneller Hinsicht dem aus der Investitionsrechnung bekannten internen Zinsfuß, also jenem Zinssatz, bei dem die Summe der diskontierten Einzahlungsüberschüsse, die aus einer Investition resultieren, die Höhe der Anschaffungsauszahlung erreicht und der Kapitalwert der Investition somit einen Wert von null annimmt. Er bringt also jene Rendite zum Ausdruck, die mit einer Investition mindestens erzielt werden muss, damit sie als wirtschaftlich gelten kann. Zur Ermittlung des CFROI wird der Cashflow eines Unternehmens als Einzahlungsüberschuss interpretiert und über die Nutzungsdauer des abschreibbaren Sachanlagevermögens zum eingesetzten Kapital in Beziehung gesetzt, das seinerseits quasi als Anschaffungsauszahlung interpretiert wird (vgl. *Lewis* 1994; *Lehmann* 1994).

Das eingesetzte Kapital wird im CFROI-Ansatz als **Brutto-Investitionsbasis** (BIB) bezeichnet und aus der Bilanz errechnet. Hierbei werden die Sachanlagen zu ihren historischen Anschaffungskosten angesetzt. Ermittelt werden diese, indem zu den Buchwerten der Bilanz die jeweiligen kumulierten Abschreibungen addiert werden. Um eine Vergleichbarkeit von Anlagegütern zu erreichen, die zu unterschiedlichen Zeiten erworben wurden, werden die Anschaffungskosten zudem um Inflationseffekte bereinigt. Auf diese Weise erhält man den Wiederbeschaffungswert der Aktiva. Reduziert man diesen um das nicht-verzinsliche Fremdkapital, resultiert die Brutto-Investitionsbasis. Eine Ermittlung des tatsächlichen nicht-verzinslichen Fremdkapitals ist allein anhand von Bilanzdaten jedoch nicht möglich, da in der Bilanz eine entsprechende Aufschlüsselung nicht erfolgt. Aus diesem Grund geht man vereinfachend davon aus, dass Verbindlichkeiten gegenüber Lieferanten, Anzahlungen von Kunden sowie Steuerverbindlichkeiten unverzinslich sind.

Der CFROI entspricht dem internen Zinsfuß einer Zahlungsreihe von Cashflows, die der Verzinsung der Bruttoinvestitionsbasis dienen, wobei der Cashflow der letzten Betrachtungsperiode um den Nettowert der nicht abschreibbaren Aktiva erhöht wird (siehe Abb. 5-21). Als Cashflow wird dabei ein **Brutto-Cashflow** angesetzt, in dem keine Erweiterungsinvestitionen berücksichtigt sind (BCF = Gewinn nach Steuern + Zinsaufwand + Abschreibungen). Er wird auf der Grundlage des Jahresabschlusses ermittelt und über die zukünftige Nutzungsdauer der Sachanlagen konstant gesetzt. Die Nutzungsdauer (n) wiederum berechnet sich, indem die historischen Anschaffungskosten der Sachanlagen durch die jährlichen linearen Abschreibungen dividiert werden.

Auf dieser Basis kann mithilfe der nachfolgenden Formel eine Cashflow-Reihe aufgestellt und der CFROI als interner Zinsfuß ermittelt werden:

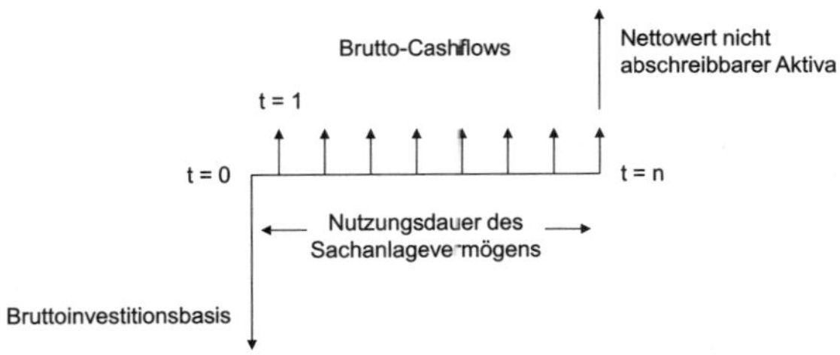

Abb. 5-21: Der CFROI als interner Zinsfuß einer Cashflow-Reihe (Quelle: In Anlehnung an Lewis 1994, S. 45)

(5-18) $$-\mathrm{BIB} + \sum_{t=1}^{n} \frac{\mathrm{BCF}_t}{(1+\mathrm{CFROI})^t} = 0$$

Der so berechnete CFROI kann nun mit den realen Kapitalkosten eines Unternehmens (k_{GK}) verglichen werden, wobei Lewis zur Ermittlung der Kapitalkosten ein alternatives Berechnungsverfahren zu der in Abschnitt 5.2.1.1 dargestellten WACC-Methode vorschlägt (vgl. hierzu *Lewis* 1994, S. 81 ff.). Zudem lässt sich auf der Basis des CFROI der so genannte Cash Value Added (CVA) berechnen Dieser bringt den in einer Periode erwirtschafteten realen Wertzuwachs zum Ausdruck:

(5-19) $$\mathrm{CVA} = (\mathrm{CFROI} - k_{GK}) \times \mathrm{BIB}$$

Die Stärken des CFROI-Ansatzes liegen vor allem in der vergangenheitsorientierten Steuerung und Kontrolle eines Unternehmens und seiner Geschäftsbereiche. Kritisch zu vermerken ist allerdings, dass der Ansatz nur für eine Periode werterklärend ist. Zudem ist die Schätzung der Nutzungsdauer des Sachanlagevermögens in der Praxis häufig mit erheblichen Problemen verbunden (vgl. *Günther* 1997, S. 220). Eine Ermittlung des Unternehmenswertes und eine Beurteilung verschiedener Unternehmensstrategien sind auf der Grundlage des CFROI nicht möglich.

5.2.3.3 Valuation-Pentagramm

Der Valuation-Ansatz wurde von *McKinsey & Company* entwickelt (vgl. *Copeland/Koller/Murrin* 1990). Der Unternehmenswert wird dabei aus Positionen der Bilanz und der Erfolgsrechnung abgeleitet. Der Gewinn vor Zinsen und Steuern wird hierzu um den Steuerbetrag vermindert und um Abschreibungen bzw. Zu-

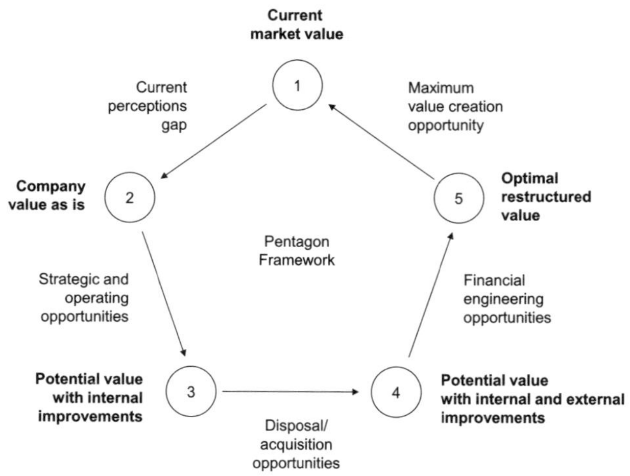

Abb. 5-22: Das Pentagon-Modell
(Quelle: Copeland/Koller/Murrin 1994, S. 328)

schreibungen sowie Veränderungen der Rückstellungen angepasst. Der resultierende Betrag wird als Brutto-Cashflow bezeichnet. Reduziert man ihn um Investitionen in das Anlagevermögen und die Erhöhung des Working Capital, also derjenigen Vermögensteile, die sich innerhalb eines Produktionszyklus' oder zumindest innerhalb eines Jahres wieder in liquide Mittel zurückverwandeln, erhält man den Cashflow, mit dem im Rahmen des Valuation-Ansatzes gearbeitet wird. Der Unternehmenswert errechnet sich nun, indem die Cashflows der zugrunde gelegten Perioden auf den Betrachtungszeitpunkt abgezinst werden. Zur Schätzung des Rest- oder Fortführungswertes, der sich für die Cashflows jenseits der Planungsperiode ergibt, wird der Quotient aus dem Ergebnis nach Steuern und dem gewichteten Kapitalkostensatz angesetzt. Als Diskontierungsfaktor wird das gewichtete Mittel aus Fremd- und Eigenkapitalkosten (WACC) herangezogen.

Auf dieser Grundlage werden die Wertsteigerungspotenziale eines Unternehmens, die sich aus Restrukturierungsmöglichkeiten ergeben, mithilfe eines **Pentagon-Modells** abgeschätzt (siehe Abb. 5-22). Den Ausgangspunkt bildet der aktuelle Marktwert des Unternehmens, gemessen z.B. in Form der Börsenkapitalisierung. Werden bestehende Bewertungsdifferenzen eliminiert, die aus einer unterschiedlichen Wahrnehmung der vorhandenen Wertpotentiale resultieren, erhält man den Wert des Unternehmens im gegenwärtigen Zustand. Berücksichtigt man strategische und operative Initiativen zur Ausschöpfung interner Verbesserungsmöglichkeiten, resultiert der potentielle interne Wert des Unternehmens. Durch das Einbeziehen externer Verbesserungsmöglichkeiten – vor allem unter dem Gesichtspunkt möglicher Akquisitionen und einer möglichen Veräußerung von Unternehmensteilen – kann der potentielle Wert ermittelt werden, der sich nach in- *und* externen Anpassungen ergibt. Schließlich kann es im Einzelfall möglich sein, dass der optimale Wert einer Restrukturierung erst durch eine Zerschlagung des Unternehmens erzielt werden kann.

Der Valuation-Ansatz baut auf ähnlichen Grundlagen auf wie der EVA-Ansatz und unterliegt daher auch einer vergleichbaren Kritik, vor allem in Bezug auf die in der Praxis nur schwer zu prognostizierenden zukünftigen Cashflows. Andererseits ist positiv hervorzuheben, dass durch das Pentagon-Modell die prinzipiell stark quantitativ orientierte Methodik sämtlicher Ansätze, die auf dem Shareholder-Value-Konzept beruhen, auch um systematisch aufbereitete qualitative Aspekte ergänzt wird. Die Berücksichtigung von Akquisitionen und Desinvestitionen schließt zudem die Lücke zum Portfoliomanagement, auf dessen Grundgedanken die nachfolgend dargestellten Ansätze aufbauen.

5.2.3.4 Marktwachstum/Marktanteil-Portfolio

Zur Analyse der Geschäftsfelder eines Unternehmens hat die *Boston Consulting Group* in den 1960er Jahren eine Marktwachstum/Marktanteil-Matrix konzipiert, mit der sie den Grundstein des strategischen Portfoliomanagements legte (vgl. *Henderson* 1979). Auf der Abszisse der Matrix wird – als Indikator der Wettbewerbsstärke – der relative Marktanteil des Unternehmens in einem bestimmten Geschäftsfeld aufgetragen. Die Ordinate gibt – als Indikator der Marktattraktivität – das zugehörige Marktwachstum an. Die einzelnen Geschäftsfelder werden in der Matrix als Kreise dargestellt, wobei die Kreisflächen proportional dem jeweiligen Umsatzbeitrag entsprechen (siehe Abb. 5-23). Das Management eines Unternehmens kann auf dieser Basis Erkenntnisse in drei wesentlichen Bereichen erlangen: Erstens lässt sich die strategische Situation des Unternehmens vor dem Hintergrund einer kompakten, anschaulichen Illustration der Stärken und Schwächen des Geschäftsportfolios systematisch analysieren. Da sich aus der Matrix auch Aussagen über den Finanzbedarf und die Cashflow-Erzeugung der einzelnen Geschäftsfelder ableiten lassen, kann zweitens eine Ausbalancierung der Finanzströme im Gesamtunternehmen erfolgen. Drittens sind den einzelnen Quadranten der Matrix Normstrategien zugeordnet, die als Leitlinien zur Formulierung strategischer Maßnahmen dienen können.

In methodischer Hinsicht baut die Marktwachstum/Marktanteil-Matrix auf zwei entscheidenden Grundlagen auf, aus denen ihre beiden Dimensionen hergeleitet werden: (a) dem Branchenlebenszyklus und (b) der Erfahrungskurve. Der **Branchenlebenszyklus** (siehe Abschnitt 5.2.2.3) besagt, dass eine Branche im Zeitablauf verschiedene Phasen mit unterschiedlichen Wachstumsraten durchläuft. Die-

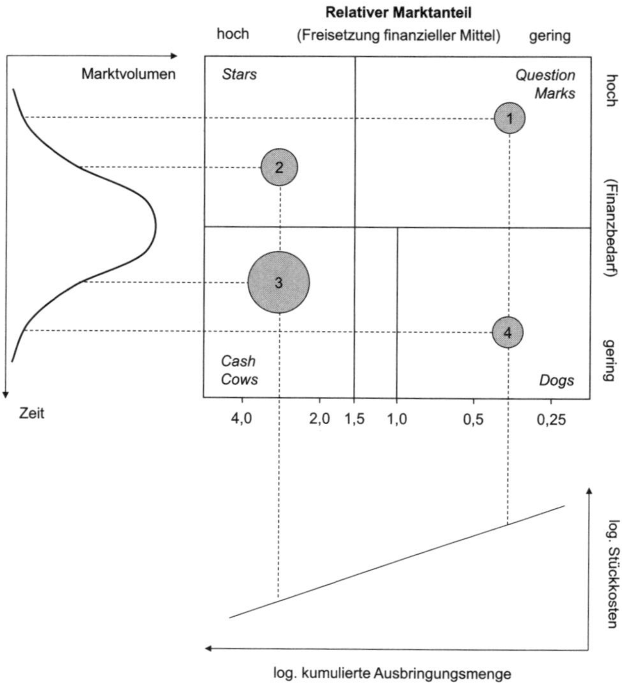

Abb. 5-23: Methodische Grundlagen der Marktwachstum/Marktanteil-Matrix

ser Grundgedanke findet sich im Portfolioansatz der *Boston Consulting Group* in der Form wieder, dass für die zeitliche Entwicklung eines Geschäftsfelds ein idealtypischer Lebenszyklus angenommen wird, der sich entgegen des Uhrzeigersinns vom rechten oberen zum rechten unteren Quadranten der Matrix spannt (in Abb. 5-23 ist er durch die Ziffern 1 bis 4 gekennzeichnet). Das Marktwachstum wird dabei als prozentuale Zunahme des von allen Akteuren, die in einem Geschäftsfeld tätig sind, insgesamt erwirtschafteten Umsatzes innerhalb eines bestimmten Betrachtungszeitraums operationalisiert. Es ist somit ein Maß für die Attraktivität eines Geschäftsfelds als solchem, ungeachtet der Position, die das betrachtete Unternehmen auf dem betreffenden Markt einnimmt. Zur Konstruktion der Marktwachstum/Marktanteil-Matrix muss eine Wachstumsrate definiert werden, die schnell wachsende Branchen von langsam wachsenden abgrenzt. Hierzu gibt es verschiedene Möglichkeiten. Gehören die betrachteten Geschäftsfelder alle derselben Branche an, wird die Trennlinie üblicherweise auf Höhe der durchschnittlichen Wachstumsrate dieser Branche gezogen. Liegen die Geschäftsfelder hingegen in unterschiedlichen Branchen, so lässt sich, sofern alle Geschäfte in einem Land oder in einem abgegrenzten Wirtschaftsraum getätigt werden, beispielsweise das gesamtwirtschaftliche Wachstum in dieser Region zugrunde legen – üblicherweise operationalisiert durch den Anstieg des betreffenden Bruttosozialproduktes. Eine weitere Möglichkeit besteht darin, das gewichtete arithmetische Mittel der Wachstumsraten in den einzelnen Geschäftsfeldern heranzuziehen. Auch kann es zweckmäßig sein, die Trennlinie auf der Höhe des Wachstumsziels des betrachteten Unternehmens zu ziehen, so dass sie diejenigen Geschäftsfelder, die positiv zur Realisierung dieses Ziels beitragen, von denen trennt, die dem Ziel abträglich sind (vgl. *Hax/Majluf* 1991). Das zugrunde liegende Konzept des Branchenlebenszyklus selbst legt schließlich eine Trennung bei einer Wachstumsrate von Null nahe. Liegt ein Geschäftsfeld oberhalb dieses Wertes, befindet es sich in der Entstehungs- oder Wachstumsphase, liegt es darunter, ist es der Reife- oder Alterungsphase zuzurechnen.

Als unternehmensbezogener Indikator für die Wettbewerbsstärke des betrachteten Unternehmens wird der relative Marktanteil in einem Geschäftsfeld angesetzt. Da der absolute Marktanteil für sich genommen, vor allem solange er unter 50 Prozent liegt, keine hinreichende Aussage über das Verhältnis der eigenen Stärke auf einem Markt im Vergleich zur Konkurrenz erlaubt, wird er in der Systematik der *Boston Consulting Group* in Relation zum Marktanteil des stärksten Wettbewerbers gesetzt. Bezogen wird der Marktanteil dabei üblicherweise auf den erzielten Umsatz, in manchen Fällen auch auf die Absatzmenge. Ein relativer Marktanteil von 2,0 bedeutet dementsprechend, dass der eigene Umsatz doppelt so hoch liegt wie der des größten Wettbewerbers, ein Wert von 0,5 weist darauf hin, dass man selbst nur die Hälfte des Umsatzes realisieren konnte, den der Marktführer erzielt. Bei einem Wert von 1,0 entsprechen sich der Marktanteil des eigenen Unternehmens und der des stärksten Konkurrenten. Auch bezogen auf den relativen Marktanteil ist es wiederum erforderlich, einen Wert zu definieren, der die betreffende Achse der Matrix unterteilt – der in diesem Fall also die „starken" Unternehmen auf einem Markt von den „schwachen" abgrenzt. Der in Abbildung 5-23 gewählte Wert von 1,5 beruht auf der Erkenntnis der *Boston Consulting Group*, dass ein dauerhaftes Erwirtschaften von Cashflow bei einem Marktanteil beginnt, der mindestens 50 Prozent über dem des stärksten Wettbewerbers liegt. Besondere Beachtung kommt in diesem Zusammenhang solchen Marktanteilen zu, die in den Bereich von 1,0 bis 1,5 fallen. Zwar besteht hier bereits eine Marktführerschaft, diese ist jedoch aufgrund der relativen Stärke des größten Konkurrenten noch sehr fragil und kann in der Praxis leicht verloren gehen.

In der *BCG*-Matrix wird der relative Marktanteil in einer halblogarithmischen Skala aufgetragen. Der Grund hierfür liegt in der Verknüpfung des Ansatzes mit den Erkenntnissen der **Erfahrungskurve** (siehe Abschnitt 6.2.2.3). Diese besagt, dass eine Verdopplung der kumulierten Ausbringungsmenge eines Produktes bezogen auf die eigene Wertschöpfung eines Unternehmens eine Reduktion der inflationsbereinigten Stückkosten von 20 bis 30 Prozent bewirken kann. Eine Erhöhung des Marktanteils in einem Geschäftsfeld birgt somit eine Chance auf Kostenvorteile. Die *Boston Consulting Group* führt hierzu die folgende Kausalkette an: Ein hoher Marktanteil impliziert ein hohes kumuliertes Produktionsvolumen. Dieses führt zu geringen Stückkosten und somit zu einer hohen Rentabilität respektive einer starken Wettbewerbsposition.

Eine wesentliche Schlussfolgerung, die sich für die Unternehmensführung aus der Marktwachstum/Marktanteil-Matrix ableiten lässt, betrifft den Finanztransfer zwischen den betrachteten Geschäftsfeldern. Die zugrunde liegende Annahme besteht darin, dass Geschäftsfelder einerseits umso rentabler sind, also umso mehr finanzielle Mittel freisetzen können, je stärker die Wettbewerbsposition ist, die das betrachtete Unternehmen auf dem betreffenden Markt einnimmt. Andererseits bergen die Geschäftsfelder zur Aufrechterhaltung oder zum Ausbau dieser Position einen höheren Finanzbedarf, je schneller der Markt wächst, da das Marktwachstum finanziert werden muss. Ein Portfolio befindet sich vor diesem Hintergrund im **Gleichgewicht**, wenn diejenigen Geschäftsfelder, die Cashflows binden, in ausreichendem Maße von denjenigen Geschäftsfeldern alimentiert werden können, die Cashflows erwirtschaften. Entsprechend der vier Quadranten der Matrix ergibt sich die folgende Geschäftsfeldklassifikation:

- **Stars** sind Geschäftsfelder, die durch eine hohe Marktattraktivität und eine starke Wettbewerbsposition des betrachteten Unternehmens – in der *BCG*-Methodologie also durch ein überdurchschnittliches Marktwachstum und einen hohen relativen Marktanteil – gekennzeichnet sind. Aufgrund der guten Wettbewerbsposition können in diesen Geschäftsfeldern Finanzmittel freigesetzt werden. Andererseits muss das Unternehmen, wenn es seine starke Position auf dem schnell wachsenden Markt halten will, bedeutende finanzielle Ressourcen (re-)investieren. In der Summe ist der erwirtschaftete Netto-Cashflow somit üblicherweise ausgeglichen oder liegt nur geringfügig im positiven oder negativen Bereich.
- **Cash Cows** sind die wichtigsten (internen) Finanzquellen eines Unternehmens. Die eigene Wettbewerbsposition ist auch hier sehr stark, so dass wiederum ansehnliche Finanzmittel erwirtschaftet werden können. Der betreffende Markt weist jedoch lediglich eine unterdurchschnittliche Attraktivität (ein unterdurchschnittliches Wachstum) auf, so dass eine vollständige Reinvestition der freigesetzten Mittel aus Unternehmenssicht nicht sinnvoll ist. Insgesamt kann somit ein hoher positiver Netto-Cashflow realisiert werden.
- **Question Marks** sind attraktive Geschäftsfelder, in denen das betrachtete Unternehmen nur einen geringen relativen Marktanteil und somit eine schwache Wettbewerbsposition besitzt. Die Möglichkeiten, Finanzmittel freizusetzen, sind daher begrenzt. Entscheidet sich das Unternehmen aufgrund der ho-

hen Attraktivität dazu, seine Wettbewerbsposition in einem der betreffenden Geschäftsfelder auszubauen, erfordert dies andererseits den Einsatz erheblicher finanzieller Ressourcen, um auf dem schnell wachsenden Markt eine führende Position zu erlangen. Der Netto-Cashflow liegt in solchen Fällen deutlich im negativen Bereich.

- **Dogs** sind die so genannten „Kapitalfallen" eines Unternehmens. Die geringen finanziellen Mittel, die das Unternehmen in diesen Geschäftsfeldern erwirtschaften kann, muss es im Allgemeinen aufwenden, um seine schwache Wettbewerbsposition auf den nur unterdurchschnittlich wachsenden Märkten zu halten. Der zu erzielende Netto-Cashflow ist üblicherweise ausgeglichen oder befindet sich geringfügig im positiven oder negativen Bereich.

Für die strategische Planung eines Unternehmens lassen sich aus dem Portfolio vor allem Aussagen darüber ableiten, welche grundsätzliche strategische Stoßrichtung für ein bestimmtes Geschäftsfeld gewählt werden sollte. Dabei impliziert der Ansatz, dass Wachstum und Rentabilität die Oberziele des betrachteten Unternehmens bilden (vgl. *Henderson/Zakon* 1980). Der Vorteil, der sich aus einer diversifizierten Unternehmenstätigkeit ergibt, besteht vor diesem Hintergrund vor allem in der Möglichkeit, finanzielle Mittel aus sehr rentablen Geschäftsfeldern mit beschränktem Wachstumspotenzial abzuziehen, um damit zukunftsträchtige Geschäftsfelder zu finanzieren.

Die *Boston Consulting Group* formuliert in ihrem Ansatz für bestimmte Konstellationen der betrachteten Indikatoren in unterschiedlichen Geschäftsfeldern vier grundlegende **Normstrategien**: eine Offensivstrategie, eine Investitionsstrategie, eine Abschöpfungsstrategie und eine Desinvestitionsstrategie. Handelt es sich bei einem Geschäftsfeld um einen Star, wird eine Investitionsstrategie empfohlen, die darauf abzielt, den bereits relativ hohen eigenen Marktanteil zumindest zu halten oder weiter auszubauen. Aufgrund der hierzu erforderlichen finanziellen Mittel kommt es so trotz der hohen Rentabilität in diesem Geschäftsfeld zu dem oben beschriebenen ausgeglichenen oder leicht negativen Netto-Cashflow. Bei Geschäftsfeldern, die den Cash Cows zuzuordnen sind, wird eine Abschöpfungsstrategie empfohlen, bei der der eigene Marktanteil mit relativ geringem Investitionsaufwand gehalten wird, so dass ein hoher positiver Netto-Cashflow resultiert. Dieser sollte vor allem dazu eingesetzt werden, eine Offensivstrategie bei solchen Question Marks zu finanzieren, bei denen man es langfristig als lohnend erachtet, aggressiv und mit entsprechenden finanziellen Mitteln vorzugehen. Wird das betreffende Geschäftsfeld hingegen als nicht zukunftsträchtig erkannt, sollte man eine Desinvestitionsstrategie verfolgen, sich also möglichst schnell zurückziehen und das Geschäft liquidieren. Gleiches gilt im Falle der Dogs. Auch hier wird es einem Unternehmen nahe gelegt, zunächst eine Abschöpfungsstrategie zu verfolgen, mit dem Ziel der baldigen Liquidation.

Es ist intuitiv nachvollziehbar, dass für ein Unternehmen in einer bestimmten Situation die Wahl eines bestimmten Strategietyps nahe liegen kann. So ist es in der Regel zweckmäßig, für ein unprofitables Geschäftsfeld am Ende seines Lebenszyklus' eine Desinvestitionsstrategie zu wählen, für ein zukunftsträchtiges, innovatives Geschäftsfeld hingegen eine Investitionsstrategie. Die Orientierung an solchen Normstrategien, wie sie von der *Boston Consulting Group* aus der Marktwachstum/Marktanteil-Matrix abgeleitet werden, hat den Vorteil, dass einem Unternehmen auf diese Weise eine in aller Regel sinnvolle Stoßrichtung für die strategische Planung aufgezeigt werden kann. Andererseits bieten Normstrategien auch Anlass zur **Kritik**. Ihre Handlungsempfehlungen etwa bleiben zumeist sehr unspezifisch. So wird im Rahmen der *BCG*-Methodik aufgezeigt, dass mit der Erwirtschaftung und der zweckmäßigen Verwendung von Cashflow bestimmte strategische Ziele eines Unternehmens zu erreichen sind. Auf welche Weise der Cashflow jedoch erwirtschaftet werden kann, bleibt unbeantwortet. Es wird als genereller Wirkungszusammenhang unterstellt, dass eine Erhöhung der Investitionen in ein Geschäftsfeld zu einer Erhöhung des Marktanteils und somit zu einer verbesserten Wettbewerbsposition führt, die ihrerseits eine Ergebnisverbesserung bewirkt. Eine solche Gesetzmäßigkeit existiert in der Praxis jedoch nicht. So ist für eine Steigerung des Marktanteils beispielsweise nicht nur die Höhe, sondern auch die Verwendung der investierten finanziellen Mittel entscheidend. Eine Erhöhung der Investitionssumme ist als solches zwar in aller Regel eine notwendige, keinesfalls aber eine hinreichende Bedingung für einen Ausbau des Marktanteils bzw. eine Verbesserung der Wettbewerbsposition.

Eine weitere Gefahr bei der Orientierung an Normstrategien besteht darin, auf der Basis einiger weniger Indikatoren allzu schnell einen bestimmten standardisierten Strategietyp zu verfolgen. In aller Regel unterliegt das Geschäft in unterschiedlichen Branchen und Situationen einer Vielzahl von Einflussfaktoren, die eine differenziertere Ausgestaltung der Strategie erfordern, als dies in einer begrenzten Anzahl normierter Strategiemuster abgebildet werden kann. Individuelle Oberziele eines Unternehmens, die nicht auf den Wachstums- und Rentabilitätsgedanken zurückgehen, lassen sich in der Marktwachstum/Marktanteil-Methodik zudem nicht erfassen. Die von der *Boston Consulting Group* formulierten Strategien orientieren sich ganz maßgeblich an der Zielsetzung eines ausgeglichenen Cashflows, also an der Fähigkeit, Investitionen aus internen Mitteln finanzieren zu können. Ein häufiger Einwand besteht in diesem Zusammenhang darin, dass eine solche Zielsetzung nur dann sinnvoll sein kann, wenn externe Finanzierungsmöglichkeiten institutionell oder materiell begrenzt sind. Die Argumentation der *Boston Consulting Group* hingegen hebt zu Recht hervor, dass letztendlich jede externe Mittelaufnahme durch einen entsprechenden internen Cashflow finanziert werden muss.

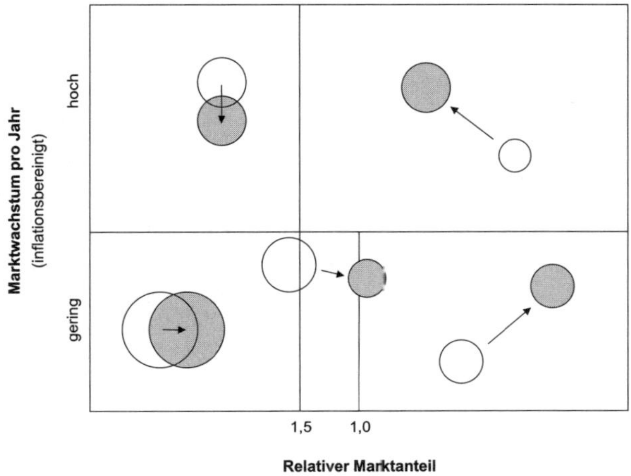

Abb. 5-24: Portfoliodynamik in der Marktanteil/Marktwachstum-Matrix über einen Betrachtungszeitraum von zwei Jahren

Die im Marktwachstum/Marktanteil-Portfolio in der Form von Gesetzeshypothesen verwendeten Theoriebestandteile – insbesondere der Branchenlebenszyklus und die Erfahrungskurve – werden heute kritisch diskutiert (siehe hierzu die Abschnitte 5.2.2.3 und 6.2.2.3). Aber auch dem Ansatz als solchem werden Schwächen zugeschrieben. So wird vor allem eingewandt, dass die beiden Dimensionen „Marktattraktivität“ und „Wettbewerbsstärke“ in der Praxis nicht jeweils anhand nur *eines* Indikators – dem Marktwachstum bzw. dem relativen Marktanteil – beschrieben werden können. Alle später entwickelten Portfolioansätze anderer Beratungsfirmen, die auf den Grundgedanken der *BCG*-Matrix zurückgehen, greifen diesen Kritikpunkt auf und verstehen die betrachteten Dimensionen als Ergebnis des Zusammenwirkens einer Vielzahl unterschiedlicher Faktoren, die im Vorfeld der Positionierung eines Geschäftsfelds identifiziert und bewertet werden müssen.

Auch die unmittelbar auf dem ursprünglichen Ansatz der *Boston Consulting Group* basierenden Erweiterungsvorschläge greifen methodische Kritikpunkte auf. So erfolgt etwa in der Marktwachstum/Marktanteil-Matrix lediglich eine statische Momentaufnahme des Geschäftsportfolios, die nicht dazu in der Lage ist, Trends und Entwicklungslinien einzelner Geschäftsfelder im Zeitablauf abzubilden. Eine Möglichkeit, eine entsprechende **Dynamisierung** methodisch umzusetzen, besteht darin, die Bewegungen der betrachteten Geschäftsfelder über mehrere Zeiteinheiten hinweg in der ursprünglichen Matrix darzustellen (siehe Abb. 5-24). Der Nachteil dieses Ansatzes besteht jedoch darin, dass sich bei einer jährlichen Analyse über einen längeren Zeitraum – in der Praxis werden üblicherweise fünf Jahre angesetzt – häufig sprunghafte Verschiebungen der einzelnen Geschäftsfelder und eine insgesamt wenig übersichtliche Darstellung der Zusammenhänge ergibt. Zudem besteht das Problem, dass die zugrunde gelegte Wachstumsrate, die attraktive Geschäftsfelder von unattraktiven trennt, in aller Regel von Jahr zu Jahr neu festgelegt werden muss, so dass sich die entsprechende Trennlinie in der Matrix im Zeitablauf verschiebt. Um dem entgegenzuwirken, ist es möglich, eine durchschnittliche Wachstumsrate für den gesamten Betrachtungszeitraum anzusetzen. Dies birgt jedoch die Gefahr, dass strategisch bedeutende Detailinformationen verloren gehen, die nur aus jährlich aufbereiteten Daten ersichtlich werden (vgl. zur dynamischen Analyse mit Hilfe der Marktwachstum/Marktanteil-Matrix auch *Hax/Majluf* 1978).

Eine andere, anschauliche Möglichkeit zur Analyse zeitlicher Veränderungen in den Geschäftsfeldern eines Unternehmens bietet das in Abbildung 5-25 dargestellte **Marktanteil/Umsatzentwicklung-Diagramm** (vgl. *Lewis* 1977). Hier wird der eigenen Umsatzsteigerung, die während des zugrunde elegten Betrachtungszeitraums in den einzelnen Geschäftsfeldern erzielt werden konnte, das gesamte Wachstum des betreffenden Marktes in dieser Periode gegenübergestellt. Graphisch werden die einzelnen Geschäftsfelder, wie in der Marktwachstum/Marktanteil-Matrix, als Kreise dargestellt, wobei die Kreisflächen in diesem Fall proportional dem Umsatzbeitrag im letzten Jahr der Betrachtungsperiode entsprechen. In den Geschäftsfeldern, die auf der von links unten nach rechts oben verlaufenden Diagonale liegen, ist der Umsatz des betrachteten Unternehmens in der untersuchten Zeitspanne genauso schnell gewachsen wie der Gesamtmarkt. Das Unternehmen hat seinen (absoluten) Marktanteil in diesen Fällen also genau gehalten. Liegt ein Geschäftsfeld unterhalb der Diagonale, bedeutet dies, dass das betrachtete Unternehmen seinen Umsatz stärker steigern konnte als der gesamte Markt gewachsen ist. Das Unternehmen konnte seinen Marktanteil in diesen Fällen also ausbauen. In Abbildung 5-25 gilt dies für die Geschäftsfelder A, B und C. In den Geschäftsfeldern D und E hingegen, die oberhalb der Diagonale liegen, hat das Unternehmen Marktanteile verloren, da der eigene Umsatz hier langsamer gewachsen ist als der Gesamtmarkt.

Das Marktwachstum/Umsatzentwicklung-Diagramm ist ein nützliches Diagnosewerkzeug, das es ermöglicht, Trends im Marktwachstum/Marktanteil-Portfolio zu identifizieren und die Konsistenz der geplanten strategischen Positionierung mit der bisherigen Entwicklung in den betrachteten Geschäftsfeldern zu überprüfen. Gerade in solchen Geschäftsfeldern, in denen der eigene Umsatz kontinuierlich zunimmt, ist es wichtig, diese Zuwächse nicht vorschnell als hinreichend positiv einzustufen, sondern sie am Gesamtmarktwachstum zu relativieren. Liegt dieses oberhalb der eigenen Wachstumsraten und bleibt die Zahl der Wettbewerber konstant, so reduziert sich – im Tagesgeschäft häufig unbemerkt – der eigene relative Marktanteil und damit, im Sinne der *Boston Consulting Group*, die Wettbewerbsstärke des eigenen Unternehmens.

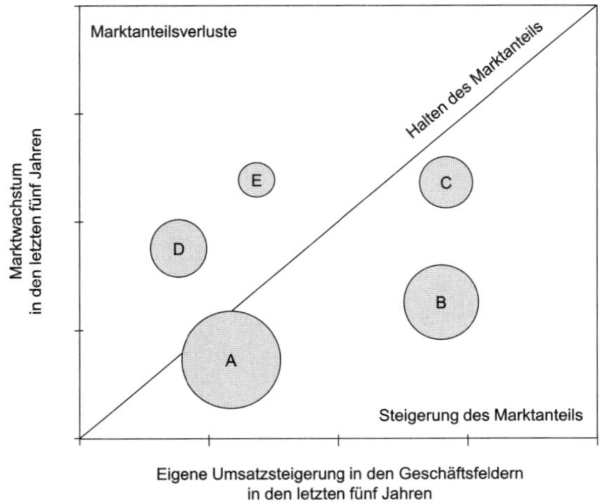

Abb. 5-25: Das Marktanteil/Umsatzentwicklung-Diagramm
(Quelle: In Anlehnung an Hax/Majluf 1991)

Mit Hilfe des Marktwachstum/Umsatzentwicklung-Diagramms lassen sich über das eigene Unternehmen hinaus zudem auch die Aktivitäten und Strategien der relevanten Wettbewerber in einem Geschäftsfeld analysieren. Hierzu wird das Diagramm entsprechend für jedes einzelne Konkurrenzunternehmen aufgestellt. So lassen sich mögliche Schwächen aufdecken, die Ansatzpunkte zur Erringung strategischer Wettbewerbsvorteile bieten, andererseits aber auch Bereiche identifizieren, in denen für das eigene Unternehmen beträchtliche Widerstände abzusehen sind.

Ein weiterer Ansatz, der sich überaus kritisch mit den Gedanken der *Boston Consulting Group* auseinandersetzt, stammt von der US-amerikanischen Managementberatung *Marakon Associates*. Er basiert auf drei wesentlichen Aussagen (vgl. *Marakon* 1980):

- Wachstum und Rentabilität sind in aller Regel nicht positiv miteinander verknüpft; sie stehen üblicherweise vielmehr in Konkurrenz zueinander.
- Ein strategischer Planungsansatz darf nicht dazu führen, dass rentable Investitionschancen aufgrund methodischer Beschränkungen nicht wahrgenommen werden.
- Ein optimales Geschäftsportfolio muss im Hinblick auf den Cashflow nicht unbedingt ausgeglichen sein.

Die erste Aussage wird wie folgt begründet: Ein Unternehmen, das dazu bereit ist, Marktanteilsverluste hinzunehmen, kann bei der Investition finanzieller Mittel wesentlich selektiver vorgehen als ein Unternehmen, das eine Ausdehnung

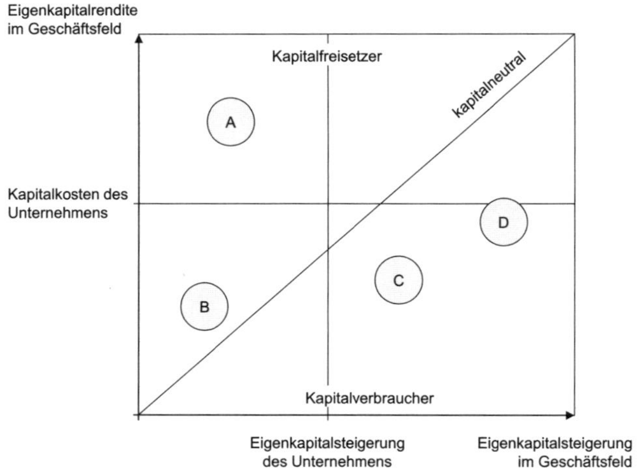

Abb. 5-26: Ausgewogenes Portfolio mit geringer Rendite

seines Marktanteils anstrebt. Es kann seine finanziellen Mittel gezielter in solche Aktivitäten investieren, die eine hohe Rendite versprechen. Oder anders ausgedrückt: Um zu wachsen, muss ein Unternehmen umfangreiche Investitionen tätigen. Investitionsobjekte, die einen hohen Ertrag abwerfen, sind jedoch nicht unbegrenzt verfügbar. So muss das Unternehmen auch solche Investitionsmöglichkeiten akzeptieren, die geringere Renditeaussichten besitzen.

Die zweite Aussage beruht auf dem Additivitätsprinzip. Dieses besagt, dass jedes Investitionsobjekt für sich genommen danach beurteilt werden sollte, ob der zu erwartende Ertrag die mit der Investition verbundenen Kapitalkosten übersteigt. Ist dies der Fall, dann sollte nach Auffassung von *Marakon Associates* die entsprechende Investitionsmöglichkeit entgegen den Empfehlungen der *Boston Consulting Group* auch dann wahrgenommen werden, wenn dies ein hinsichtlich des Cashflows unausgewogenes Portfolio zur Folge hat. Diese Auffassung wird in Aussage drei explizit formuliert und lässt sich anhand der Abbildungen 5-26 und 5-27 näher verdeutlichen. Auf der Ordinate ist die Eigenkapitalrendite abgetragen, die in einem Geschäftsfeld erwirtschaftet wird. Auf der Abszisse wird dieser die Eigenkapitalsteigerung in dem entsprechenden Geschäftsfeld gegenübergestellt. In einem Geschäftsfeld auf der eingezeichneten Diagonale wächst das eingesetzte Eigenkapital des Unternehmens um exakt den Prozentsatz der erwirtschafteten Eigenkapitalrendite. Das bedeutet, in einem solchen Geschäftsfeld wird in der Summe weder Kapital freigesetzt noch muss zusätzliches Kapital investiert werden. Liegen Geschäftsfelder oberhalb der Diagonale, so handelt es sich entsprechend um „Kapitalfreisetzer“ – in Abbildung 5-26 sind dies die Geschäftsfelder A und B –, liegen sie unterhalb der Diagonale – wie die Geschäfts-

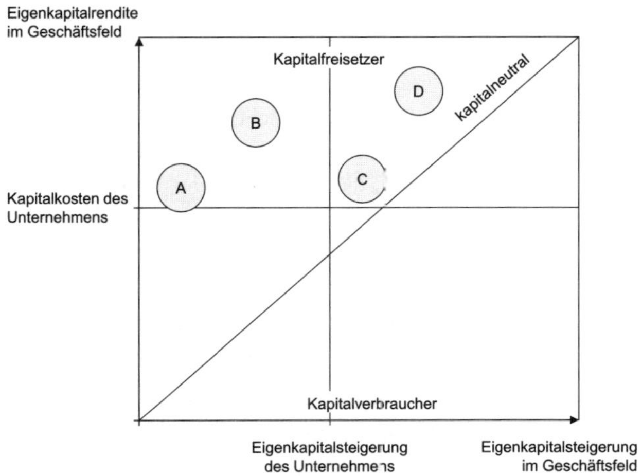

Abb. 5-27: Unausgewogenes, aber sehr rentables Portfolio

felder C, D und E – handelt es sich um „Kapitalverbraucher". Der Argumentation von *Marakon Associates* folgend, kann sich ein Geschäftsportfolio, das ausschließlich aus Kapitalfreisetzern besteht, aus Unternehmenssicht durchaus positiver darstellen als ein ausgewogenes, vorausgesetzt, es wird eine entsprechende Rendite erwirtschaftet. In Abbildung 5-27 ist ein solcher Fall dargestellt. Während hier in sämtlichen Geschäftsfeldern eine Eigenkapitalrendite erwirtschaftet wird, die oberhalb der Kapitalkosten des Unternehmens liegt, gilt dies in Abbildung 5-26 lediglich für Geschäftsfeld A.

Wenngleich sich die strategische Planung seit den 1970er Jahren fraglos erheblich weiterentwickelt hat und – auch von der *Boston Consulting Group* – zahlreiche neue Ansätze entworfen wurden, gehört die *BCG*-Matrix noch immer zum Standardinstrumentarium der Managementberatung und der Planungsabteilungen von Unternehmen. Vor dem Hintergrund veränderter Wettbewerbsbedingungen und der dargestellten methodischen Einwände gegen den Ansatz, wird dieser heute jedoch üblicherweise weniger im Sinne einer eigenständigen Analyse, sondern vielmehr als eine von vielen Komponenten im Rahmen eines umfassenden strategischen Planungskonzeptes genutzt.

5.2.3.5 Marktattraktivität/Wettbewerbsstärke-Portfolio

Anfang der 1970er Jahre begann sich der US-amerikanische Mischkonzern *General Electric* intensiv mit den Ideen auseinander zu setzen, die die *Boston Consulting Group* in ihrem Ansatz zum Portfoliomanagement entwickelt hatte.

Der grundsätzliche Gedanke überzeugte die Konzernspitze, der verwendeten Portfoliomatrix hingegen stand man kritisch gegenüber, da ihre beiden Dimensionen jeweils nur anhand eines einzelnen Indikators bemessen wurden. Das Management von *General Electric* vertrat die Ansicht, dass die Marktattraktivität und die Wettbewerbsstärke auf das Zusammenwirken einer Vielzahl unterschiedlicher Faktoren zurückzuführen seien, die im Vorfeld der Positionierung eines Geschäftsfelds identifiziert und bewertet werden müssten. Vor diesem Hintergrund beauftragte der Konzern *McKinsey & Company*, einen modifizierten Ansatz zu entwickeln, der den Gedanken der *Boston Consulting Group* fortführen, jedoch eine fundiertere Methodik zur Ermittlung der beiden Dimensionen verwenden sollte.

Das von *McKinsey* konzipierte Marktattraktivität/Wettbewerbsstärke-Portfolio zählt heute ebenso wie sein Vorläufer zu den klassischen Beratungsansätzen im strategischen Management. Er unterscheidet sich von der Vorgehensweise der *Boston Consulting Group* – abgesehen von der detaillierteren, qualitativen Beschreibung der Marktattraktivität und der Wettbewerbsstärke – vor allem darin, dass nicht der Cashflow als zentrale Größe gewählt wurde, sondern der Return on Investment (RoI), der das Verhältnis des Gewinns in einem Geschäftsfeld zum gesamten investierten Kapital ausdrückt (siehe Abschnitt 5.2.2.5). Statt einer Vier-Felder-Matrix verwendet *McKinsey* zur Visualisierung der Ergebnisse eine Neun-Felder-Matrix (siehe Abb. 5-28). Auf der Abszisse wird als Ausdruck der Wettbewerbsstärke der relative Wettbewerbsvorteil des betrachteten Unternehmens gegenüber seinen Konkurrenten in den einzelnen strategischen Geschäftsfeldern aufgetragen. Die Ordinate gibt die jeweilige Marktattraktivität der betreffenden Geschäftsfelder an. Beide Dimensionen werden qualitativ bewertet und nach dem Muster „gering", „mittel" und „hoch" kategorisiert.

Die Portfoliomatrix von *McKinsey* ermöglicht es, die strategische Situation und die Stärken und Schwächen des Geschäftsportfolios eines Unternehmens vor dem Hintergrund einer komplexen, systematischen Analyse kompakt und anschaulich zu illustrieren. Ähnlich dem von der *Boston Consulting Group* entwickelten Ansatz lassen sich auch im Ansatz von *McKinsey* verschiedene Zonen der Mittelbindung und der Mittelfreisetzung unterscheiden. Während in Geschäftsfeldern, die oberhalb der in Abbildung 5-28 eingezeichneten Diagonale liegen, Kapital gebunden wird, kann in Geschäftsfeldern, die sich unterhalb der Diagonale befinden, Kapital freigesetzt werden. Auf der Diagonale selbst wird eine selektive Vorgehensweise empfohlen. Zudem können den einzelnen Feldern der Matrix wiederum Normstrategien zugeordnet werden, die als Leitlinien zur Formulierung strategischer Maßnahmen dienen.

Ein wesentliches Ziel des von *McKinsey* entwickelten Ansatzes bestand, wie oben dargelegt, darin, die Attraktivität der betrachteten Märkte nicht eindimensional anhand ihres Wachstums zu messen, sondern auf der Grundlage einer Viel-

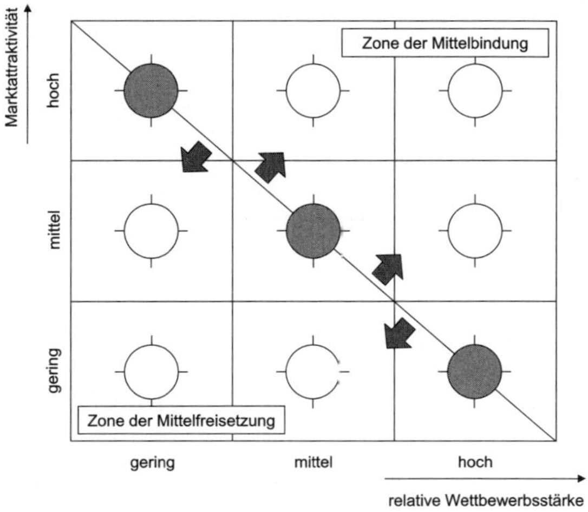

Abb. 5-28: Die Marktattraktivität/Wettbewerbsstärke-Matrix

zahl geeigneter Indikatoren. Die Auswahl dieser Indikatoren ist in der Praxis unweigerlich mit einer gewissen Subjektivität behaftet und kann je nach Markt und Verfügbarkeit der Daten durchaus unterschiedlich ausfallen. Als Anhaltspunkt können drei wesentliche Kriteriengruppen herangezogen werden: das Marktpotenzial, die Marktstruktur und die Umweltsituation (vgl. *Hinterhuber* 1996, *Kreikebaum* 1993, *Porter* 1988). Das **Marktpotenzial** kennzeichnet die maximale Aufnahmefähigkeit eines Marktes, entweder bezogen auf die absetzbaren Mengen (Absatzpotenzial) oder die zu erwirtschaftenden Werte (Umsatzpotenzial). Dividiert man das aktuelle Marktvolumen – also den auf dem betreffenden Markt tatsächlich realisierten Umsatz bzw. Absatz – durch das Marktpotenzial, so erhält man den Marktsättigungsgrad. Dieser bildet einen wichtigen Anhaltspunkt hinsichtlich der in dem betrachteten Geschäftsfeld liegenden Wachstumschancen. Wie schnell diese Chancen realisiert werden können, lässt sich auf der Grundlage des aktuellen und des in Zukunft zu erwartenden Marktwachstums abschätzen. Dieses wiederum lässt einen Rückschluss darauf zu, in welcher Phase des Branchenlebenszyklus sich ein Markt befindet. Die **Marktstruktur** gibt Hinweise auf die Gewinnstabilität eines Marktes. Sie kann mit der in Abschnitt 5.2.2.3 dargestellten Methodik von *Porter* analysiert werden. Die zur Beurteilung der Attraktivität einer Branche relevante **Umweltsituation** kann sehr unterschiedliche Bereiche betreffen. So können etwa staatliche Eingriffe den Handlungsspielraum der auf einem Markt tätigen Unternehmen begrenzen, Wechselkursrisiken und Konjunkturabhängigkeiten die Rentabilität gefährden, die öffentliche Meinung kann ein bestimmtes Handeln erforderlich machen etc. Um eine systematische Umweltanalyse zu ermöglichen, ist es sinnvoll, zunächst

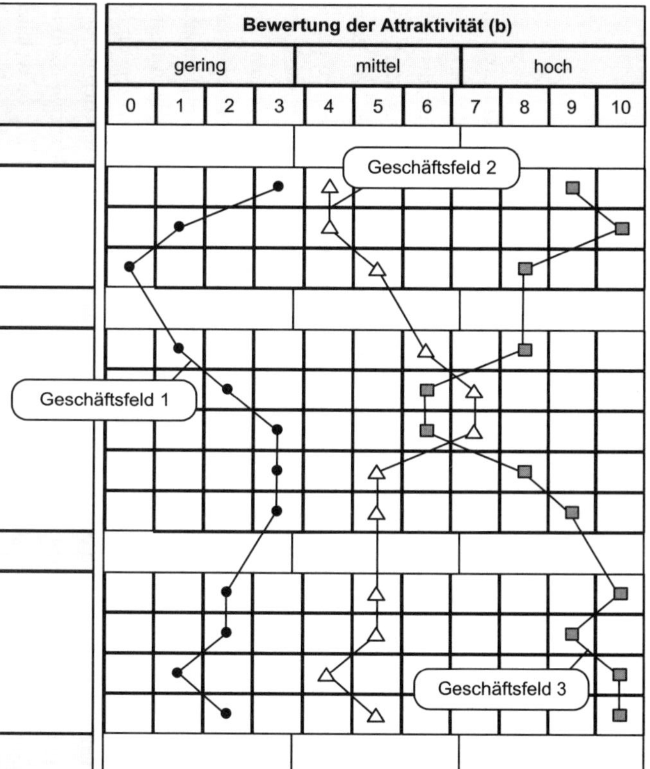

Indikator der Marktattraktivität	Gewichtung (g)	Attraktivitätsbeitrag (b x g) / Marktattraktivität		
		GF 1	GF 2	GF 3
Marktpotenzial	30%	(0,30)	(1,30)	(2,75)
- Marktvolumen	5%	0,15	0,20	0,45
- Marktausschöpfung	15%	0,15	0,60	1,50
- Marktwachstum	10%	0,00	0,50	0,80
Marktstruktur	50%	(1,10)	(3,10)	(3,60)
- Lieferanten	10%	0,10	0,60	0,80
- Abnehmer	20%	0,40	1,40	1,20
- Neue Anbieter	5%	0,15	0,35	0,30
- Ersatzprodukte	5%	0,15	0,25	0,40
- Interne Rivalität	10%	0,30	0,50	0,90
Umweltsituation	20%	(0,30)	(0,90)	(1,95)
- Gesamtwirtschaft	2%	0,04	0,10	0,20
- Politik	5%	0,10	0,25	0,45
- Technologie	10%	0,10	0,40	1,00
- Gesellschaft	3%	0,06	0,15	0,30
Summe	100%	1,70	5,30	8,30

Abb. 5-29: Formblatt zur Ermittlung der Marktattraktivität

verschiedene Analysefelder zu definieren. Eine praktikable Möglichkeit besteht beispielsweise in der Unterscheidung gesamtwirtschaftlicher, politisch-rechtlicher, technologischer und gesellschaftlicher Einflüsse. Deren Auswirkung auf den betrachteten Markt kann anhand verschiedener Indikatoren näher untersucht werden (siehe Abschnitt 6.2.2.1).

Sind die Indikatoren, die die Marktattraktivität in einem Geschäftsfeld bestimmen, identifiziert, gilt es, den positiven oder negativen Beitrag jedes einzelnen zur Gesamtattraktivität zu bewerten. Hierbei können zwei Gruppen von Indikatoren unterschieden werden: solche, die sämtliche Wettbewerber in einem Geschäftsfeld gleichermaßen betreffen, und solche, die sich auf einzelne Unternehmen in unterschiedlichem Ausmaß auswirken. Zu der ersten Gruppe gehören Indikatoren wie das Marktvolumen, der Sättigungsgrad oder das Marktwachstum. In diesem Fall ist es zweckmäßig, als Vergleichsgrundlage zur Bewertung der Attraktivität die durchschnittliche Investitionsrendite eines Unternehmens anzusetzen. Zur zweiten Gruppe zählen Indikatoren wie Wechselkurse, Inflationsraten oder die Bedingungen auf nationalen Arbeits- und Kapitalmärkten, denen beispielsweise multinationale Unternehmen ganz anders begegnen können als solche, deren Aktivitäten auf bestimmte Länder begrenzt sind. Hier ist es erforderlich, die Situation der relevanten Konkurrenten bei der Beurteilung der Attraktivität zu berücksichtigen.

In der Praxis erfolgt die Bewertung der Indikatoren üblicherweise im Rahmen einer Diskussion mit Vertretern der divisionalen, funktionalen und regionalen Bereiche, die für die strategische Planung in einem Geschäftsfeld verantwortlich sind. Häufig ist es zudem zweckmäßig, einige Außenstehende in den Diskussionsprozess einzubinden, um eine kreative Distanz zum Tagesgeschäft der beteiligten Manager und eine Vergleichbarkeit mit anderen Branchen zu ermöglichen. Auch wenn die Einschätzungen der Beteiligten zu Beginn einer solchen Diskussion häufig weit auseinander gehen, ist es im Allgemeinen dennoch möglich, in ihrem Verlauf einen weitgehenden Bewertungskonsens zu erzielen. Ist dies nicht der Fall, können Durchschnittswerte gebildet, zusätzliche Informationen eingeholt oder das uneinheitliche Bewertungsergebnis der zuständigen Instanz zur Entscheidung vorgelegt werden. In jedem Fall wird das Resultat von der subjektiven Einschätzung der am Bewertungsprozess beteiligten Personen geprägt. Dies ist, da objektive Daten nicht verfügbar sind, ein durchaus erwünschter Effekt, um vom Wissen und den Erfahrungen der einbezogenen Führungskräfte zu profitieren. Vor diesem Hintergrund muss die Bewertung der Indikatoren einem strukturierten, systematischen Prozess folgen, der eine geordnete Aggregation der verschiedenen subjektiven Inputs erlaubt. Üblicherweise geht man dabei folgendermaßen vor (siehe Abb. 5-29): Zunächst werden die betrachteten Indikatoren entsprechend ihrer Bedeutung gewichtet, d.h., es wird ihnen ein Wert beigemessen, der ihren prozentualen Beitrag zur Gesamtattraktivität ausdrückt. Die einzelnen

Wettbewerbsfaktor (Geschäftsfeld 1)	Bewertung der Wettbewerbsstärke: schwach					stark	Relative Wettbewerbsposition: schwach				mittel				stark			Gewichtung	Faktorbeitrag / relative Wettbewerbsstärke
	0	1	2	3	4	5	-5	-4	-3	-2	-1	0	+1	+2	+3	+4	+5		
Beschaffung		●			□				x									5%	- 0,15
Produktion			●		□					x								5%	- 0,10
Distribution		●		□						x								10%	- 0,20
Organisation		●	□								x							5%	- 0,05
Kapitalausstattung		□	●										x					10%	+0,10
Personal		□			●										x			10%	+0,30
Technologie			□		●									x				20%	+0,40
Forschung & Entwicklung		□				●										x		25%	+1,00
Unternehmenskultur		□			●										x			10%	+0,30
etc.																		n.a.	n.a.
Summe	→																	100%	+1,60

Legende: ● eigenes Unternehmen □ stärkster Wettbewerber

Abb. 5-30: Formblatt zur Ermittlung des relativen Wettbewerbsvorteils

Gewichtungsfaktoren summieren sich dabei zu 100 Prozent. Im zweiten Schritt werden die Indikatoren bewertet; hierzu kann beispielsweise eine Skala von 0 („extrem unattraktiv") bis 10 („extrem attraktiv") zugrunde gelegt werden. Durch eine Multiplikation der Bewertung mit dem zugehörigen Gewichtungsfaktor erhält man den Attraktivitätsbeitrag eines Indikators. Summiert man die einzelnen Attraktivitätsbeiträge für ein Geschäftsfeld über alle relevanten Indikatoren auf, so erhält man einen Wert für die Gesamtattraktivität dieses Geschäftsfelds, der seinerseits wiederum zwischen den Polen 0 und 10 – also zwischen „extrem unattraktiv" und „extrem attraktiv" – liegen kann. Das in Abbildung 5-29 dargestellte Formblatt dient der Strukturierung und Visualisierung dieser Vorgehensweise.

Die Ermittlung der Marktattraktivität mit Hilfe des gewichteten Durchschnitts ist nicht unumstritten. So wird vor allem kritisiert, dass durch die Quantifizierung sehr vielschichtiger und subtiler Zusammenhänge eine scheinbare Objektivität und damit möglicherweise eine überzogene Zahlengläubigkeit resultieren kann. Als alternative Vorgehensweise wird empfohlen, die endgültige Klassifikation eines Geschäftsfelds im Anschluss an eine strukturierte, offene Diskussion in Form einer gemeinsamen Übereinkunft unmittelbar in den Kategorien „gering", „mittel" und „hoch" der Marktattraktivität/Wettbewerbsstärke-Matrix vorzunehmen (vgl. *Hax/Majluf* 1991).

Zur Beurteilung der Wettbewerbsstärke eines Unternehmens werden sämtliche Faktoren analysiert, die einen Einfluss auf seine Fähigkeit ausüben, im Wettbewerb erfolgreich zu bestehen. Ganz allgemein kann als Maß einer so verstandenen Wettbewerbsstärke die Möglichkeit des Unternehmens angesehen werden, **Wettbewerbsvorteile** zu erlangen – Vorteile gegenüber Konkurrenzunternehmen, die daraus resultieren, dass den Abnehmern mit den eigenen Produkten und Leistungen ein überlegenes Preis/Leistungsverhältnis geboten werden kann (siehe Abschnitt 6.2.1.1). Solche Vorteile lassen sich prinzipiell auf allen Stufen der Wertschöpfungskette eines Unternehmens realisieren. Bildet aus Kundensicht beispielsweise eine schnelle Auslieferung der bestellten Waren ein entscheidendes Leistungsmerkmal, so kann diese nicht nur durch effiziente Distributionskanäle, sondern auch in vorgelagerten Bereichen, beispielsweise durch eine flexible Fertigung mit kurzen Rüstzeiten oder durch eine effiziente Beschaffungspolitik kritischer Produktionsfaktoren, erreicht werden. Beschaffung, Produktion, Distribution, Aufbau- und Prozessorganisation, Kapitalausstattung, Personal, Technologie, Forschung und Entwicklung, Unternehmenskultur – all diese Bereiche bieten Ansatzpunkte zur Realisation möglicher Wettbewerbsvorteile.

Die Bewertung dieser Faktoren erfolgt methodisch analog zur Bewertung der Marktattraktivität. Auch hier ist es wiederum zweckmäßig, die subjektiven Einschätzungen der für die Strategieplanung verantwortlichen Führungskräfte in einem strukturierten Diskussionsprozess zu aggregieren (siehe Abb. 5-30). Zudem ist es, da es sich bei Wettbewerbsvorteilen um primär marktbezogene Erfolgsfaktoren handelt, prinzipiell unabdingbar, die Beurteilung aktueller und potenzieller Abnehmer zu einem zentralen Bestandteil des Bewertungsprozesses zu machen. Darüber hinaus impliziert das Konzept der Wettbewerbsvorteile immer eine Betrachtung in Relation zu den relevanten Konkurrenten eines Unternehmens. Hierbei kann entweder der bedeutendste Wettbewerber als Vergleichsgrundlage bei sämtlichen Faktoren herangezogen werden, oder es wird jeweils der hinsichtlich eines bestimmten Faktors stärkste Konkurrent betrachtet. Die letztgenannte Vorgehensweise birgt allerdings die Gefahr, dass man die eigenen Stärken zu gering einschätzt, da man das eigene Unternehmen mit einem fiktiven Idealprofil vergleicht. Vor diesem Hintergrund erscheint es vorteilhafter, die erstgenannte Vorgehensweise mehrfach für unterschiedliche Wettbewerber durchzuspielen.

Zunächst gilt es dabei, die eigene Wettbewerbsstärke und die des betrachteten Konkurrenten in Bezug auf die einzelnen Faktoren einzuschätzen. Hierzu kann beispielsweise eine Bewertungsskala mit den Polen 0 und 5 zugrunde gelegt werden, wobei der Wert 0 eine sehr schwache und der Wert 5 eine sehr starke Wettbewerbsposition bezeichnet. Es ergibt sich das in Abbildung 5-30 dargestellte Polaritätsprofil für das eigene und das betrachtete Konkurrenzunternehmen. Hieraus lässt sich nun faktorweise die relative Wettbewerbsposition ableiten, die das eigene Unternehmen gegenüber dem Konkurrenten einnimmt; bei der hier gewählten Bewertungsskala ergeben sich dabei jeweils Positionen zwischen den Extremwerten +5 („sehr stark"; Wettbewerbsvorteil) und –5 („sehr schwach"; Wettbewerbsnachteil). Da üblicherweise nicht alle Faktoren die gleiche Relevanz besitzen, ist es auch hier wieder zweckmäßig, Gewichtungsfaktoren zu vergeben. Diese müssen sich, wie schon im Rahmen der Bewertung der Marktattraktivität dargestellt, zu 100 Prozent aufsummieren. Multipliziert man die relative Wettbewerbsposition mit dem betreffenden Gewichtungsfaktor, so erhält man einen Wert für den faktorspezifischen Beitrag zum gesamten Wettbewerbsvorteil (bzw. Wettbewerbsnachteil) des Unternehmens. Diese relative Wettbewerbsstärke ergibt sich durch eine Addition der einzelnen Faktorbeiträge; auch sie kann wiederum Werte zwischen +5 und –5 annehmen.

Auch die Ermittlung der relativen Wettbewerbsstärke eines Unternehmens mit Hilfe des gewichteten Durchschnitts ist nicht unumstritten. Die Argumente sind im Wesentlichen die gleichen, die auch im Rahmen der Analyse der Marktattraktivität gegen diese Vorgehensweise angeführt werden: die Quantifizierung komplexer Zusammenhänge, eine scheinbare Objektivität und ein überzogenes Vertrauen in die ermittelten Zahlenwerte. Als Alternative kann auch hier die endgültige Einschätzung der eigenen Wettbewerbsstärke in einem Geschäftsfeld unmittelbar in den Kategorien „gering", „mittel" und „hoch" der Marktattraktivität/Wettbewerbsstärke-Matrix vorgenommen werden.

Die Positionierung der Geschäftsfelder erfolgt durch eine Übertragung der für die Marktattraktivität und die relative Wettbewerbsstärke ermittelten Werte in die Systematik der Neun-Felder-Matrix. Hierbei lassen sich zwei prinzipielle Vorgehensweisen unterscheiden: Zum einen können die exakten Koordinaten der einzelnen Geschäftsfelder aus den zugrunde gelegten Bewertungsskalen berechnet werden. Diese Darstellungsweise wird vor allem von den Befürwortern der Methode der gewichteten Durchschnittswerte favorisiert. In der Praxis wird sie häufig durch eine Visualisierung weiterer quantitativer Kennzahlen ergänzt. So kann beispielsweise die Kreisfläche, die ein bestimmtes Geschäftsfeld repräsentiert, proportional zu dessen Marktvolumen gewählt werden, der Marktanteil des betrachteten Unternehmens in diesem Geschäftsfeld kann als prozentualer Kreisausschnitt abgetragen werden. Eine andere Möglichkeit besteht darin, die Kreisflächen proportional zum Beitrag eines Geschäftsfelds darzustellen, den dieses zum Gesamtumsatz des Unternehmens leistet. Als Kreisausschnitt kann dann etwa die Umsatzrendite in diesem Geschäftsfeld angegeben werden.

Alternativ zu dieser Vorgehensweise können die betrachteten Geschäftsfelder nicht ihren exakten quantitativen Koordinaten, sondern in qualitativer Hinsicht genau einem der neun Felder der Matrix zugeordnet werden. Diese Vorgehensweise erscheint auf den ersten Blick weniger präzise, trägt jedoch der Kritik an der Methode der gewichteten Durchschnittswerte Rechnung. Und auch dann wenn diese Methode als Basis zur Ermittlung der Marktattraktivität und der Wettbewerbsstärke herangezogen wurde, erscheint eine möglichst eindeutige Zuordnung zu einem der Matrixfelder durchaus zweckmäßig, da diese die Grundlage zur Ableitung strategischer Handlungsempfehlungen bilden.

In Abhängigkeit ihrer Lage in der Marktattraktivität/Wettbewerbsstärke-Matrix können den betrachteten Geschäftsfeldern **Normstrategien** zugewiesen werden. Im Gegensatz zum Ansatz der *Boston Consulting Group* steht dabei nicht die Erwirtschaftung eines ausgeglichenen Cashflows im Vordergrund, sondern die Definition von Investitionsprioritäten. Hierzu werden drei grundsätzliche Strategietypen unterschieden (siehe Abb. 5-31): Investitions- und Wachstumsstrategien, Abschöpfungs- bzw. Desinvestitionsstrategien sowie selektive Strategien.

Investitions- und Wachstumsstrategien werden für solche Geschäftsfelder formuliert, die oberhalb der von links oben nach rechts unten verlaufenden Diagonale der Matrix positioniert sind (Zellen B, C und F in Abbildung 5-31). In diesen Geschäftsfeldern gilt es vor allem, die solide eigene Wettbewerbsposition zu festigen bzw. auszubauen, die vorhandenen Kapazitäten zu erweitern und strategische Barrieren zu errichten, die dazu geeignet sind, potenzielle neue Konkurrenten von einem Markteintritt abzuhalten. Da die Aktivitäten in diesen Geschäftsfeldern zur zukünftigen Wertsteigerung des Unternehmens beitragen, rechtfertigen sie hohe Investitionen. Diese sind andererseits auch erforderlich, da zur Sicherung und zum Ausbau der vorhandenen Wettbewerbsvorteile in der Regel

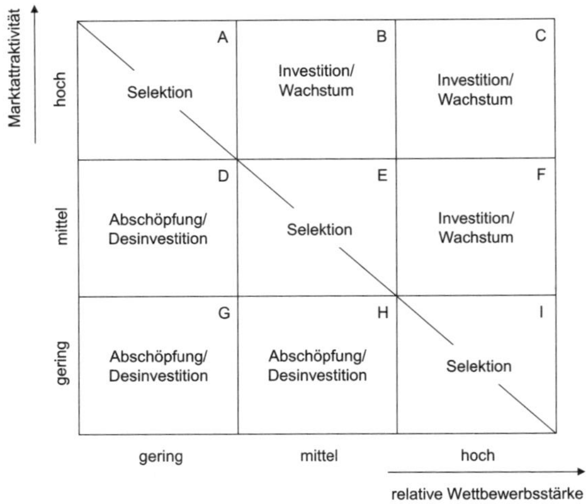

Abb. 5-31: Normstrategien in der Marktattraktivität/Wettbewerbsstärke-Matrix

höhere finanzielle Ressourcen benötigt werden, als sie kurz- bis mittelfristig in Form von Deckungsbeiträgen erwirtschaftet werden können. Der Netto-Cashflow ist in diesen Geschäftsfeldern somit üblicherweise negativ. Lediglich bei mittlerer Marktattraktivität (Zelle F), die zumeist ein geringeres Wachstum impliziert, kann die eigene Expansionsrate im Allgemeinen selbst finanziert werden.

Strategische Geschäftsfelder, die in den Bereich unterhalb der Diagonale fallen (Zellen D, G und H), bergen aufgrund ihrer vergleichsweise geringen Marktattraktivität und der ebenfalls relativ geringen Wettbewerbsstärke des betrachteten Unternehmens keine zukunftsträchtigen Potenziale. Hier liegt es nahe, eine schrittweise **Abschöpfungs- bzw. Desinvestitionsstrategie** zu verfolgen. Solange positive Deckungsbeiträge erzielt werden können, sollten diese ohne zusätzlichen Ressourceneinsatz maximiert werden, um Investitions- und Wachstumsstrategien in anderen Geschäftsfeldern zu finanzieren (Abschöpfung). Wenn hingegen auch unter Ausnutzung möglicher Rationalisierungsmaßnahmen und Synergieeffekte keine positiven Deckungsbeiträge mehr erwirtschaftet werden können, sollte sich das Unternehmen baldmöglichst aus dem Geschäftsfeld zurückziehen und die freigesetzten Ressourcen gewinnbringend in anderen Bereichen einsetzen (Desinvestition).

Selektive Strategien werden für solche Geschäftsfelder empfohlen, deren Matrixposition unmittelbar auf der in Abbildung 5-31 eingetragenen Diagonale liegt. Hierbei können drei strategische Unterkategorien unterschieden werden: Offensiv-, Defensiv- und Übergangsstrategien. Eine Offensivstrategie ist zweckmäßig, wenn ein Unternehmen in einem attraktiven Geschäftsfeld eine schwache Wettbewerbsposition besitzt (Zelle A). Hier gilt es, entweder die eigene Wettbewerbsstärke durch umfangreiche Investitionen maßgeblich zu verbessern oder sich schrittweise zurückzuziehen und das Geschäftsfeld aufzugeben. Defensivstrategien sind angebracht, wenn ein Geschäftsfeld einerseits durch eine geringe Marktattraktivität, andererseits jedoch durch eine starke eigene Wettbewerbsposition gekennzeichnet ist (Zelle I). In diesem Fall können üblicherweise sehr hohe positive Deckungsbeiträge erwirtschaftet werden. Vor diesem Hintergrund gilt es, die eigenen Wettbewerbsvorteile bzw. den positiven Cashflow mit begrenztem Ressourcenaufwand aufrechtzuerhalten. In Geschäftsfeldern, die sowohl hinsichtlich der Marktattraktivität als auch in Bezug auf die eigene Wettbewerbsstärke eine mittlere Position einnehmen, wird eine Übergangsstrategie empfohlen (Zelle E). Hier stehen einem Unternehmen zwei prinzipielle Vorgehensweisen offen: Einerseits kann versucht werden, ohne großen Ressourceneinsatz die eigene Wettbewerbsposition zu verbessern, um so eine horizontale Positionsänderung in der Portfoliomatrix herbeizuführen („aktive Übergangsstrategie") Andererseits kann das Unternehmen darauf abzielen, die erlangte Position zu halten, um abzuwarten, wie sich der Markt in Zukunft entwickeln wird („passive Übergangsstrategie").

Neben den allgemeinen **Kritikpunkten**, die gegenüber der Portfolioanalyse und gegenüber Normstrategien vorgebracht werden, ist eine spezielle Problematik des Ansatzes von *McKinsey* unmittelbar mit der zugrunde liegenden Zielsetzung verbunden: Dadurch, dass die Marktattraktivität und die Wettbewerbsstärke nicht allein auf der Basis des Marktwachstums und des relativen Marktanteils bestimmt, sondern auf das Zusammenwirken einer Vielzahl unterschiedlicher Faktoren zurückgeführt werden, erhöht sich zwangsläufig die Komplexität der Analyse und der vorgelagerten Datenbeschaffung. Vor allem die Bildung gewichteter Durchschnittswerte ist – wie oben dargelegt – in diesem Zusammenhang vielfach kritisiert worden. Wenn der Einschätzung eines Geschäftsfelds aber eine größere Anzahl von Bewertungsfaktoren zugrunde gelegt werden soll, ist ein Gewichtungsprozess, ob er nun explizit oder implizit durchgeführt wird, andererseits unvermeidlich.

Aufgrund der mit der Bewertung der Faktoren verbundenen Subjektivität kann es in der Praxis zudem dazu kommen, dass ein Geschäftsfeld von unterschiedlichen Managergruppen ganz unterschiedlich eingestuft wird. Häufig neigen die Befragten im Rahmen der Bewertung auch dazu, einem Geschäftsfeld einen mittleren Wert auf der zugrunde gelegten Beurteilungsskala zuzuweisen, wenn die Informationslage unzureichend erscheint oder in der Diskussionsgruppe keine einheitliche Meinung erzielt werden kann. Eine weitere Schwierigkeit besteht darin, Beurteilungsstandards aufzustellen, die gewährleisten, dass jedes Geschäftsfeld nach einem einheitlichen Muster bewertet wird und die resultierende

Portfoliomatrix hinsichtlich der abgetragenen Klassifikationswerte die notwendige Vergleichbarkeit besitzt. Einige Unternehmen haben versucht, dieser Schwierigkeit mit normierten Listen externer und interner Bewertungsfaktoren zu begegnen, die für die Einschätzung eines jeden Geschäftsfelds verwendet werden sollen. Diese Vorgehensweise birgt jedoch die Gefahr, spezifische Eigenschaften bestimmter Märkte und interner Geschäftseinheiten nicht zu erkennen und in der Folge die betreffenden Chancen, Risiken, Stärken und Schwächen nicht hinreichend genau abzuschätzen. Zusammenfassend ist die Marktattraktivität/ Wettbewerbsstärke-Matrix ein fundierter, aber auch ein sehr komplexer Ansatz zur strategischen Planung.

5.2.3.6 Marktlebenszyklus/Wettbewerbsposition-Portfolio

Anfang der 1970er Jahre entwickelte auch die Managementberatung *Arthur D. Little* einen Portfolioansatz, der die Grundidee der *Boston Consulting Group* aufgreift und methodisch variiert (vgl. *Osell/Wright* 1980, *Forbes/Bate* 1980). Wie in der *BCG*-Matrix werden auch im Ansatz von *Arthur D. Little* die strategischen Geschäftsfelder eines Unternehmens in Bezug auf die externen, nicht zu beeinflussenden Kräfte in der Unternehmensumwelt (Marktattraktivität) sowie hinsichtlich der spezifischen Stärken des Unternehmens in den betrachteten Geschäftsfeldern (Wettbewerbsstärke) positioniert. Der Hauptunterschied zum Ansatz der *Boston Consulting Group* besteht zum einen darin, dass zur Bestimmung der Wettbewerbsstärke kein quantitatives Kriterium wie der relative Marktanteil, sondern, vergleichbar mit dem Ansatz von *McKinsey & Company*, eine qualitative Einschätzung der Wettbewerbsposition des betrachteten Unternehmens herangezogen wird. Zum anderen werden die Einflüsse der Unternehmensumwelt nicht wie in der *BCG*-Matrix durch das Marktwachstum abgebildet, sondern unmittelbar durch die Lebenszyklusphase, in der sich ein Geschäftsfeld befindet. Die Phasen des Branchenlebenszyklus lassen sich nicht nur, wie im Ansatz der *Boston Consulting Group*, hinsichtlich der Entwicklung des Umsatzes charakterisieren. Auch andere Kennzahlen – z.B. der Gewinn oder der Cashflow – weisen in den verschiedenen Lebenszyklusphasen unterschiedliche Verläufe auf. Wie in Abbildung 5-32 dargestellt, ist der Gewinn üblicherweise während der Entstehungsphase negativ, steigt in der Wachstumsphase steil an, bevor die Kurve abflacht und in der Reifephase, wenn die Wettbewerbsintensität zunimmt, kontinuierlich sinkt. Am Ende des Lebenszyklus‘, in der Alterungsphase, kann der in einem Geschäftsfeld erzielte Gewinn wiederum negative Werte annehmen, wenn die entsprechenden Aktivitäten nicht rechtzeitig eingestellt werden. Ganz ähnlich, wenn auch in seinen Ausschlägen extremer, verhält sich der Verlauf des Cashflows. Die durch entsprechende Investitionen verursachten stark negativen

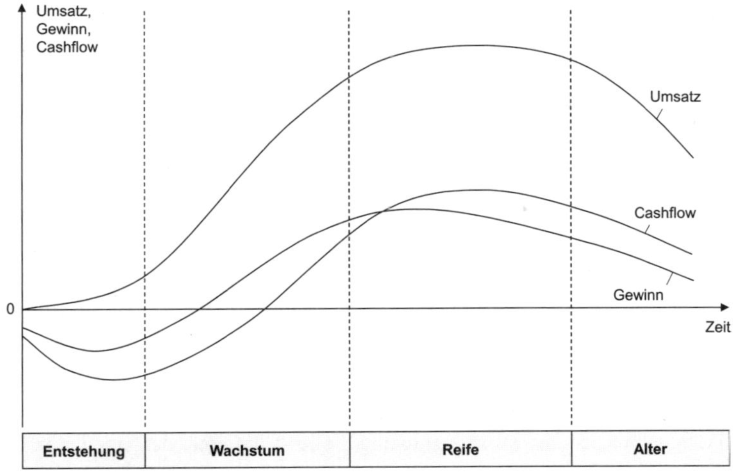

Abb. 5-32: Idealtypische Umsatz-, Cashflow- und Gewinnverläufe in den Phasen des Branchenlebenszyklus

Werte während der Entstehungs- und Wachstumsphase müssen durch positive Cashflows in der Reife- und Alterungsphase kompensiert werden.

Anders als die Portfolioansätze der *Boston Consulting Group* und von *McKinsey* wird das von *Arthur D. Little* auf dieser Basis entwickelte Marktlebenszyklus/ Wettbewerbsposition-Portfolio nicht nur zur Ableitung strategischer Handlungsempfehlungen eingesetzt, sondern auch zur Leistungsanalyse im Sinne einer Überwachung der zu implementierenden Strategien. Rein optisch unterscheidet es sich von den beiden oben dargestellten Ansätzen zudem dadurch, dass keine Vier- oder Neun-Felder-Matrix, sondern eine Zwanzig-Felder-Matrix zur Visualisierung der Ergebnisse verwendet wird.

Um zu bestimmen, in welcher Phase des Branchenlebenszyklus sich die verschiedenen Geschäftsfelder eines Unternehmens befinden, werden von *Arthur D. Little* mehrere Indikatoren definiert, die einen Hinweis auf das jeweilige Entwicklungsstadium geben können (vgl. *Arthur D. Little* 1974):

- die Wachstumsrate des Marktes und das Potenzial für zukünftiges Wachstum, ausgedrückt durch den Grad der Marktsättigung;
- die Breite des Sortiments und die Intensität und Häufigkeit von Produktveränderungen;
- die Anzahl der Wettbewerber, die Wettbewerbsstruktur, die Stabilität der Marktanteile sowie Trends und Tendenzen im Wettbewerb;

- das Abnehmerverhalten, die Loyalität der Kunden und die Stabilität der Kaufgewohnheiten;
- die Eintrittsmöglichkeiten in das Geschäftsfeld bzw. bestehende Eintrittsbarrieren sowie die Attraktivität der Branche für neue Wettbewerber;
- die Bedeutung und Stabilität der technologischen Entwicklung.

Eine Branche, die sich in der Entstehungsphase befindet, ist in der Regel durch zunehmende Wachstumsraten, technologische Neuerungen, starke Bemühungen um neue Abnehmer und wechselnde Marktanteile gekennzeichnet. In eine Wachstumsbranche wächst der Markt stark an, die relevanten Abnehmer und die eingesetzten Technologien sind jedoch weitgehend bekannt; der Markteintritt wird schwieriger. Eine reife Branche ist durch eine hohe Stabilität bezüglich der Abnehmer, der Technologien und der Marktanteile gekennzeichnet. Aufgrund der rückläufigen Wachstumsraten steigt häufig die Rivalität unter den etablierten Unternehmen. Alternde Branchen schließlich zeichnen sich üblicherweise durch eine abnehmende Nachfrage, eine sinkende Anzahl konkurrierender Unternehmen und – in vielen Fällen – durch eine Verengung der angebotenen Sortimente aus. In aller Regel wird ein strategisches Geschäftsfeld nicht in Bezug auf jeden einzelnen Indikator derselben Lebenszyklusphase zuzuordnen sein. *Arthur D. Little* schlägt daher vor, die endgültige Zuordnung auf der Grundlage eines mithilfe der Indikatoren aufgestellten Geschäftsfeldprofils vorzunehmen (vgl. *Fink* 2004c, S. 80).

Die Lebenszyklusphase einer Branche hat den Überlegungen von *Arthur D. Little* zufolge einen Einfluss auf vier wesentliche Aspekte, die für das Management einer Geschäftseinheit bedeutend sind: Sie bestimmt erstens die als „natürliche Strategien" bezeichneten **Handlungsmöglichkeiten**, die in einem Geschäftsfeld ohne außerordentliche Risiken verfolgt werden können. So ist beispielsweise eine aggressive Marktdurchdringungsstrategie in alternden Branchen weniger „natürlich" – d.h. mit einem höheren Risiko behaftet – als in einer Wachstumsbranche. Zweitens erlaubt die Lebenszyklusphase Rückschlüsse auf die zukünftige **Leistungsfähigkeit** in einem Geschäftsfeld – bezogen auf die zu erwartende Entwicklung der Erträge und des Cashflows. So generieren Geschäfte in einer reifen Branche beispielsweise in der Regel einen Cashflow-Überschuss, während in der Entstehungsphase und zu Beginn der Wachstumsphase mit einem negativen Cashflow gerechnet werden muss. Drittens hat die Lebenszyklusphase einen Einfluss auf die **Führungssysteme** eines Unternehmens bzw. eines Geschäftsfelds. Geschäfte in stabilen, reifen Märkten erfordern andere Managementmethoden und –instrumente als solche in Entstehungs- oder Wachstumsbranchen. Viertens schließlich lassen sich aus der Lebenszyklusphase auch Aussagen über das mit den Aktivitäten in einem Geschäftsfeld verbundene **Risiko** ableiten. So lässt sich die Beständigkeit der Ertragsleistung in einem Geschäftsfeld, in dem man eine starke

Position besitzt, in einer alternden Branche mit größerer Sicherheit vorhersagen als die in einem eher schwachen Geschäft in einem entstehenden Markt.

Insgesamt ist hervorzuheben, dass es keine „guten" oder „schlechten" Lebenszyklusphasen gibt. Ein bestimmtes Reifestadium einer Branche kann nur dann „schlecht" sein, wenn die Strategien eines Unternehmens nicht auf die betreffende Phase abgestimmt oder die Erwartungen des Unternehmens nicht mit der Lebenszyklusposition vereinbar sind.

Ähnlich der Argumentation im Portfolioansatz von *McKinsey* befand auch *Arthur D. Little*, dass die Wettbewerbsstärke einer Geschäftseinheit nicht ausschließlich auf der Basis des relativen Marktanteils beurteilt werden könne, sondern vielmehr auf das Zusammenwirken einer Vielzahl unterschiedlicher Faktoren zurückzuführen ist. Die Bedeutung des Marktanteils für die Wettbewerbsposition ist zudem davon abhängig, in welcher Lebenszyklusphase sich eine Branche befindet. In reifen und alternden Branchen ist der Marktanteil auch nach Meinung von *Arthur D. Little* einer der wichtigsten Einflussfaktoren der Wettbewerbsstärke. In entstehenden oder wachsenden Branchen hingegen wird ihm eine weit geringere Bedeutung beigemessen. Hier sind die Markt- und Wettbewerbsstrukturen noch nicht stabil und können beispielsweise durch neue Technologien, neue Wettbewerber und ähnliches aufgebrochen werden. Vor diesem Hintergrund wird der Marktanteil, der selbst wiederum das Resultat vergangener Stärken und Schwächen im Vergleich zum Wettbewerb ist, auch von *Arthur D. Little* als eine wichtige Determinante der Wettbewerbsposition angesehen. Darüber hinaus werden andere Faktoren, etwa die relativen Kostenstrukturen, die ihrerseits durch den Marktanteil, durch Kostendegression, Produktivität und Faktorkosten bestimmt werden, sowie weitere, vor allem interne Determinanten zur Bestimmung der Wettbewerbsposition angesetzt.

Zur Beschreibung der Wettbewerbsposition definiert *Arthur D. Little* fünf Kategorien: Eine Geschäftseinheit kann dominierend, stark, günstig, haltbar oder schwach am Markt aufgestellt sein (vgl. *Laukamm/Steinthal* 1986; *Arthur D. Little* 1980). Unternehmen, die einen Markt **dominieren**, sind relativ selten. Ihre überlegene Stellung ist häufig die Folge eines „Quasi-Monopols" oder eines gut geschützten technologischen Vorsprungs. In einer Branche kann es jeweils nur einen dominanten Wettbewerber geben. Existiert ein solches Unternehmen, dann setzt es üblicherweise die Standards, an denen sich alle weiteren Anbieter orientieren müssen. Ein Unternehmen mit einer **starken** Wettbewerbsposition verfügt über einen maßgeblichen Vorteil gegenüber seinen Konkurrenten und hält in der Regel einen relativen Marktanteil, der über 1,5 liegt. Unternehmen in dieser Position können zumeist unabhängig vom Verhalten der anderen Wettbewerber Strategien ihrer Wahl verfolgen. Nicht auf allen Märkten gibt es dominierende oder starke Unternehmen. In fragmentierten Branchen, in denen kein heraus-

Wettbewerbs-position ↓	Lebenszyklusphase				S
	Entstehung	Wachstum	Reife	Alter	
Dominierend		SGF 2 SGF 11		SGF 10	3
Stark	SGF 12	SGF 7	SGF 5 SGF 8		4
Günstig		SGF 1 SGF 9	SGF 6		3
Haltbar					0
Schwach	SGF 4	SGF 3			2
S	2	6	3	1	

Abb. 5-33: Positionierung strategischer Geschäftsfelder in der Marktlebenszyklus/Wettbewerbsposition-Matrix

ragender Wettbewerber existiert, sind die jeweiligen Marktführer in der Regel in einer **günstigen** Wettbewerbsposition. Auch sie besitzen Wettbewerbsvorteile gegenüber ihren Konkurrenten, diese sind jedoch nicht ausreichend, um eine umfassende Überlegenheit zu erreichen. Eine **haltbare** Wettbewerbsposition ist durch erste Symptome der Erosion gekennzeichnet. Sie ist nur dann profitabel, wenn sich die Geschäftseinheit auf ein enges Marktsegment oder eine geschützte Nische spezialisiert. Ein solches Vorgehen kann beispielsweise geographisch oder produktbezogen erfolgen. Eine **schwache** Wettbewerbsposition resultiert häufig daraus, dass eine Geschäftseinheit nicht die nötige Größe besitzt, um mit der Wettbewerbsdynamik ihrer Branche mitzuhalten und auf lange Sicht profitabel zu überleben. Es können jedoch auch größere und potenziell stärkere Wettbewerber in eine schwache Position geraten, wenn sich strategische Fehler der Vergangenheit im Geschäft der Gegenwart fortschreiben oder wenn eine kritische Schwäche besteht. Auf der Basis der oben angeführten Faktoren müssen die betrachteten Geschäftseinheiten eines Unternehmens einer dieser fünf Kategorien zugeordnet werden.

Die Positionierung der Geschäftsfelder erfolgt durch eine Übertragung der für die Lebenszyklusphase und die Wettbewerbsposition ermittelten Ausgangslage in die Systematik der Portfoliomatrix von *Arthur D. Little* (siehe Abb. 5-33). Die betrachteten Geschäftsfelder werden dabei genau einem der zwanzig Matrixfelder zugeordnet. Darüber hinaus kann der Leistungsbeitrag der Geschäftseinheiten, wie in Abbildung 5-34 dargestellt, anhand verschiedener finanzieller

Aufschlüsselung des Konzernumsatzes (%)

Lebenszyklusphasen

Wettbewerbsposition	E	W	R	A	Σ
D	-	34,7	-	6,8	41,5
S	1,0	14,4	4,4	-	19,8
G	-	25,8	0,3	-	26,1
H	-	-	-	-	-
S	1,5	11,1	-	-	12,6
Σ	2,5	86,0	4,7	6,8	100

Aufschlüsselung der Nettoeinnahmen des Konzerns (%)

Lebenszyklusphasen

Wettbewerbsposition	E	W	R	A	Σ
D	-	50,9	-	15,8	66,7
S	1,1	25,9	5,9	-	32,9
G	-	12,5	0,5	-	13,0
H	-	-	-	-	-
S	-1,3	-11,3	-	-	-12,6
Σ	-0,2	78,0	6,4	15,8	100

Aufschlüsselung der Konzernaktiva (%)

Lebenszyklusphasen

Wettbewerbsposition	E	W	R	A	Σ
D	-	26,9	-	5,8	32,7
S	1,1	14,8	3,5	-	19,4
G	-	32,3	0,3	-	32,6
H	-	-	-	-	-
S	1,7	13,6	-	-	15,3
Σ	2,8	87,6	3,8	5,8	100

Aufschlüsselung der Nettokapitalrendite des Konzerns (%)

Lebenszyklusphasen

Wettbewerbsposition	E	W	R	A	Σ
D	-	13,3	-	19,1	14,3
S	6,5	12,3	11,8	-	11,9
G	-	2,7	11,7	-	2,8
H	-	-	-	-	-
S	-5,3	-5,0	-	-	-5,7
Σ	-0,5	6,3	11,8	19,1	7,0

Legende:
Lebenszyklusphasen: E = Entstehung, W = Wachstum, R = Reife, A = Alter
Wettbewerbsposition: D = dominierend, S = stark, G = günstig, H = haltbar, S = schwach

Abb. 5-34: Finanzielle Größen in der Marktlebenszyklus-Wettbewerbsposition-Matrix (Quelle: Osell/Wright 1980)

Indikatoren – z.B. Umsatz, Gewinn, Aktiva, Nettokapitalrendite – in Abhängigkeit der Phasen des Lebenszyklus‘ und der Wettbewerbsposition aufgeschlüsselt werden (vgl. *Osell/Wright* 1980). Hinsichtlich der Wettbewerbsposition kann die Lage eines Unternehmens beispielsweise als umso besser eingestuft werden, je mehr Umsatz und Gewinn es mit Geschäftseinheiten erwirtschaftet, die in der jeweiligen Branche eine dominierende oder starke Stellung einnehmen. Bezogen auf die Lebenszyklusphase ist es hingegen vorteilhaft, das Portfolio möglichst ausgeglichen zu gestalten. Denn nähern sich alle Geschäftseinheiten eines Unternehmens der Alterungsphase, so wird es gegenwärtig zwar eine sehr hohe Rentabilität bzw. einen hohen positiven Cashflow erwirtschaften können, es verfügt jedoch über keine zukunftsträchtigen Geschäftseinheiten, die den mittel- und langfristigen Erfolg sicherstellen können. Befinden sich die Geschäfte eines Unternehmens hingegen vor allem in der Entstehungsphase, kann es über ein großes

Wettbewerbs-position ↓	Lebenszyklusphase			
	Entstehung	Wachstum	Reife	Alter
Dominierend	Aggressiv um Marktanteil kämpfen Position halten	Marktanteil halten Position halten	Mit der Branche wachsen Position halten	Position halten
Stark	Aggressiv um Marktanteil kämpfen Versuchen, Position zu verbessern	Um Marktanteil kämpfen Versuchen, Position zu verbessern	Mit der Branche wachsen Position halten	Position halten oder abschöpfen
Günstig	Selektiv od. aggressiv um Marktanteil kämpfen Selektiv versuchen, Position zu verbessern	Selektiv um Marktanteil kämpfen Versuchen, Position zu verbessern	Verwalten oder halten Nische finden und verteidigen	Abschöpfen oder schrittweiser Rückzug
Haltbar	Selektiv um Position kämpfen	Nische finden und verteidigen	Nische finden und ausharren oder schrittweiser Rückzug	Schrittweiser Rückzug oder Aufgabe
Schwach	Verbessern oder aussteigen	Umschwung oder aussteigen	Umschwung oder schrittweiser Rückzug	Aufgabe

Abb. 5-35: Normstrategien bezüglich des Marktanteils
(Quelle: In Anlehnung an Hax/Majluf 1991)

zukünftiges Potenzial verfügen, ist aber unter Umständen nicht dazu in der Lage, dieses zu realisieren, da ihm die Mittel fehlen, um die erforderlichen Investitionen zu finanzieren. Der Vorteil, der sich aus einer diversifizierten Unternehmenstätigkeit ergibt, besteht vor diesem Hintergrund vor allem in der Möglichkeit, finanzielle Mittel aus reifen und alternden Geschäftsfeldern mit beschränktem Wachstumspotenzial abzuziehen, um damit zukunftsträchtige Geschäftseinheiten in der Entstehungs- und Wachstumsphase zu finanzieren.

Auf der Basis der Marktlebenszyklus/Wettbewerbsposition-Matrix formuliert *Arthur D. Little* jeweils zwanzig **Normstrategien**, die einem Unternehmen Anhaltspunkte für Wachstums-, Investitions- und Rentabilitätsentscheidungen geben können. Bezüglich des Wachstums (siehe Abb. 5-35) reichen diese von einem aggressiven Kampf um Marktanteile im Falle einer dominierenden Wettbewerbsposition in einer entstehenden Branche bis hin zur Aufgabe des Geschäfts bei einer schwachen Position in einem alternden Markt. Entsprechend wird empfohlen, im ersten Fall mehr zu investieren als es erforderlich ist, um dem allgemeinen Marktwachstum zu entsprechen (siehe Abb. 5-36). Im Falle einer schwachen Wettbewerbsposition in einer alten Branche hingegen wird die Liquidation des Geschäfts nahe gelegt. Die Normstrategien bezüglich der Rentabilität und des Cashflows sind in Abbildung 5-37 wiedergegeben. Bei einer dominanten Position in einem alternden Markt beispielsweise handelt es sich mit

Wettbewerbs-position ↓	Lebenszyklusphase			
	Entstehung	Wachstum	Reife	Alter
Dominierend	Etwas schneller investieren, als der Markt vorschreibt	Investieren, um Wachstumsrate zu halten (und neue Wettbewerber abzuschrecken)	So viel wie nötig reinvestieren	So viel wie nötig reinvestieren
Stark	So schnell investieren, wie der Markt vorschreibt	Investieren, um Wachstumsrate zu steigern (und um Position zu verbessern)	So viel wie nötig reinvestieren	Minimale Reinvestition oder halten
Günstig	Selektiv investieren	Selektiv investieren, um Position zu verbessern	Minimale und/oder selektive Reinvestition	Minimale Erhaltungsinvestition oder Veräußerung
Haltbar	(Sehr) selektiv investieren	Selektiv investieren	Minimal reinvestieren oder veräußern	Veräußern oder liquidieren
Schwach	Investieren oder liquidieren	Investieren oder liquidieren	Selektiv investieren oder liquidieren	Liquidieren

Abb. 5-36: Normstrategien bezüglich der erforderlichen Investitionen (Quelle: In Anlehnung an Hax/Majluf 1991)

hoher Wahrscheinlichkeit um rentable Aktivitäten, die dazu in der Lage sind, einen positiven Cashflow zu generieren. Eine schwache Position in einem entstehenden Markt hingegen ist üblicherweise nicht rentabel und erfordert einen größeren Mitteleinsatz als sie selbst erwirtschaften kann – der resultierende Netto-Cashflow ist somit in der Regel negativ.

Eine zweite von *Arthur D. Little* vorgeschlagene Vorgehensweise zur Ableitung von Normstrategien besteht darin, aus der Marktlebenszyklus/Wettbewerbsposition-Matrix zunächst vier grundsätzliche strategische Stoßrichtungsgruppen abzuleiten, für jede dieser Gruppen unterschiedliche spezifische Handlungsmöglichkeiten zu definieren und diesen wiederum 24 verschiedene Strategietypen zuzuordnen, die aufzeigen, auf welche Weise sich die Handlungsoptionen konkretisieren lassen (vgl. im Einzelnen *Fink* 2004c, S. 87 ff.).

Wie eingangs angesprochen, nutzt *Arthur D. Little* die Marktlebenszyklus/Wettbewerbsposition-Matrix nicht nur zur Ableitung von Normstrategien, sondern auch zur **Leistungsanalyse**. Diese trägt dem oben dargestellten Umstand Rechnung, dass bestimmte Leistungsgrößen eines Unternehmens in Abhängigkeit der Position eines Geschäftsfelds im Lebenszyklus variieren: In Abbildung 5-32 sind idealtypische Umsatz-, Cashflow- und Gewinnverläufe entlang des Lebenszyklus dargestellt, in den Abbildungen 5-36 und 5-37 der erwartete Investitionsbedarf, die Rendite und der Cashflow in den unterschiedlichen Feldern der Port-

Wettbewerbs-position ↓	Lebenszyklusphase			
	Entstehung	Wachstum	Reife	Alter
Dominierend	Wahrscheinlich, aber nicht unbedingt Mittelverbraucher	Rentabel Wahrscheinlich Mittelfreisetzer	Rentabel Mittelfreisetzer	Rentabel Mittelfreisetzer
Stark	Möglicherweise unrentabel Mittelverbraucher	Wahrscheinlich rentabel Wahrscheinlich Mittelverbraucher	Rentabel Mittelfreisetzer	Rentabel Mittelfreisetzer
Günstig	Wahrscheinlich unrentabel Mittelverbraucher	Wahrscheinlich unrentabel Mittelverbraucher	Marginal rentabel Mittelverbraucher	Mäßig rentabel Mittelfreisetzer
Haltbar	Unrentabel Mittelverbraucher	Unrentabel Mittelverbraucher oder neutraler Cashflow	Minimal rentabel Neutraler Cash-flow	Minimal rentabel Neutraler Cash-flow
Schwach	Unrentabel Mittelverbraucher	Unrentabel Mittelverbraucher oder neutraler Cashflow	Unrentabel Möglicherweise Mittelverbraucher oder -freisetzer	Unrentabel

Abb. 5-37: Normstrategien bezüglich der Rentabilität und des Cashflows (Quelle: In Anlehnung an Hax/Majluf 1991)

foliomatrix. Hat sich ein Unternehmen entschieden, eine bestimmte Strategie zu verfolgen, können diese Zusammenhänge genutzt werden, um die Implementierung zu überwachen. Das von *Arthur D. Little* zu diesem Zweck entwickelte Instrument, der so genannte **Ronagraph**, bildet auf der Ordinate die Nettokapitalrendite (Return on Net Assets, RONA) einer Geschäftseinheit ab, auf der Abszisse wird das Verhältnis der unternehmensinternen Cashflow-Verwendung aufgetragen. Letzterer Wert gibt den Anteil der von einer Geschäftseinheit erwirtschafteten finanziellen Mittel an, der von ihr selbst weiterverwendet wird. Beträgt der Wert 100 Prozent, so werden sämtliche Mittel in das betreffende Geschäftsfeld reinvestiert – aus Unternehmenssicht weist dieses somit einen neutralen Cashflow auf. Bei einem Wert über 100 Prozent wird das Geschäftsfeld zu einem Mittelverbraucher, bei einem Wert unter 100 Prozent zu einem Mittelfreisetzer. Liegt der Wert im negativen Bereich, so bedeutet dies, dass eine Veräußerungs- bzw. Liquidationsstrategie verfolgt wird, da dem Geschäftsfeld mehr finanzielle Mittel entzogen werden als es am Markt erwirtschaften kann. Entsprechend lassen sich im Ronagraph drei wesentliche Bereiche unterscheiden: eine Subventionierungs-, eine Beitrags- und eine Liquidierungszone (siehe Abb. 5-38).

Die Position eines Geschäftsfelds in den verschiedenen Zonen des Ronagraphen bringt seine Stellung im Lebenszyklus zum Ausdruck. So können Geschäftsfelder in der Entstehungs- und Wachstumsphase zwar bereits eine attraktive Netto-

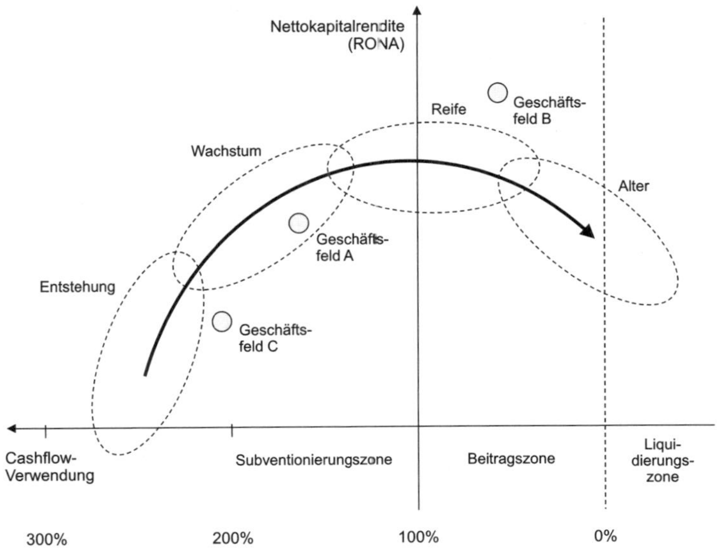

Abb. 5-38: Ronagraph
(Quelle: In Anlehnung an Hax/Majluf 1991)

kapitalrendite abwerfen, bezogen auf den Cashflow handelt es sich bei ihnen jedoch typischerweise um Mittelverbraucher – das heißt, sie liegen im Allgemeinen in der Subventionierungszone des Ronagraphen. Ist dies nicht der Fall – kann ein Unternehmen also in Geschäftsfeldern, die sich in der Entstehungs- oder Wachstumsphase befinden, finanzielle Mittel freisetzen –, so ist dies ein Indiz dafür, dass das Unternehmen zu wenig in diese Bereiche investiert und somit das Risiko von Marktanteilsverlusten eingeht. Die Beitragszone und auch die Liquidierungszone sollten vor diesem Hintergrund in aller Regel reifen und alternden Geschäftsfeldern vorbehalten sein.

Neben der reinen Darstellung finanzieller Schlüsseldaten der eigenen Geschäftsfelder kann der Ronagraph auch eingesetzt werden, um diese mit der Leistung relevanter Konkurrenzunternehmen zu vergleichen. So kennzeichnen die in Abbildung 5-38 skizzierten Ellipsen die typische Leistungsfähigkeit eines starken Wettbewerbers in den verschiedenen Zonen des Ronagraphen. Geschäftseinheit A liegt genau im Rahmen dieser Vergleichswerte, während die Geschäftseinheiten B und C besser bzw. schlechter abschneiden.

Die **Kritik**, die am Portfolioansatz von *Arthur D. Little* geübt wird, richtet sich vor allem gegen die an anderer Stelle bereits ausführlich diskutierten Annahmen des Branchenlebenszyklus', der dem Marktlebenszyklus/Wettbewerbspositions-Portfolio quasi als Gesetzeshypothese zugrunde liegt. Ein weiterer Einwand, der gegen den Ansatz von *Arthur D. Little* vorgebracht wird, betrifft die ebenfalls bereits angeführten generellen Schwierigkeiten einer Orientierung an Normstrategien. Die sehr detaillierten Handlungsempfehlungen mit bis zu 24 verschiedenen Strategietypen, die situationsspezifisch mit unterschiedlichen Stoßrichtungsgruppen und Handlungsmöglichkeiten verknüpft werden können, bergen die Gefahr einer allzu mechanischen Ableitung strategischer Vorgehensweisen und können die Kreativität und Innovationsfähigkeit des Managements hemmen. Zudem sind einige der Strategietypen, die hier nicht im Detail besprochen wurden, nicht überschneidungsfrei und präzise formuliert, so dass sie nur begrenzt als unmittelbare Handlungsanweisung geeignet sind.

5.2.3.7 Merger Endgames

Der Merger-Endgames-Ansatz von *A.T. Kearney* beruht auf der Annahme, dass Industrien im Rahmen ihrer Konsolidierung bestimmte Regelmäßigkeiten aufweisen, die sich Unternehmen bei ihren Fusions- und Akquisitionstätigkeiten zunutze machen können. *A.T. Kearney* führte diese Annahme auf die Ergebnisse einer langfristigen, weltweiten Analyse unterschiedlichster Branchen zurück, in der entsprechende Regelmäßigkeiten beobachtet werden konnten. Dabei wurde der Konsolidierungsgrad der betrachteten Industrien in verschiedenen Zeiträumen betrachtet, so dass erkennbar war, ob sie im Zeitverlauf konsolidierten oder dekonsolidierten. Hierzu wurden die betrachteten Industrien entsprechend ihres Konzentrationsgrades in einen Graphen eingetragen. Der Konzentrationsgrad wurde mithilfe zweier Indizes ermittelt: (a) dem CR3-Index, der die Summe der Marktanteile der drei größten Unternehmen einer Industrie abbildet, und (b) dem *Hirschman-Herfindahl*-Index (HHI), der die Summe der quadrierten Marktanteile aller Unternehmen einer Branche wiedergibt. Auf dieser Grundlage kann die Position einer Industrie in einem Graphen abgetragen werden, dessen y-Achse den Konzentrationsgrad und dessen x-Achse den Entwicklungstrend abbildet (siehe Abb. 5-39). Als Ergebnis resultiert der S-förmige Verlauf der so genannten **Endgames-Kurve**. Wenn sich Industrien auf dieser Kurve nach oben bewegen, nimmt die Konzentration zu, der Marktanteil der wichtigsten Akteure nähert sich einem theoretischen Maximum von 100 Prozent. Entsprechend verändert sich die Fusionsaktivität in einer Industrie mit deren Position auf der Endgames-Kurve: Die Industrien am unteren Ende der Kurve fusionieren wesentlich stärker als diejenigen am oberen Ende.

Aus dem S-förmigen Verlauf der Endgames-Kurve schätzt *A.T. Kearney* die Zeit ab, die eine Industrie benötigt, um den Konzentrationsgrad der auf der Kurve nächstgelegenen Industrie zu erreichen. Für die Luftfahrtindustrie etwa ist die pharmazeutische Industrie die nächsthöher konzentrierte Industrie, bis zu deren Position ihre Entwicklung betrachtet wird. Die Entwicklung der pharmazeutischen

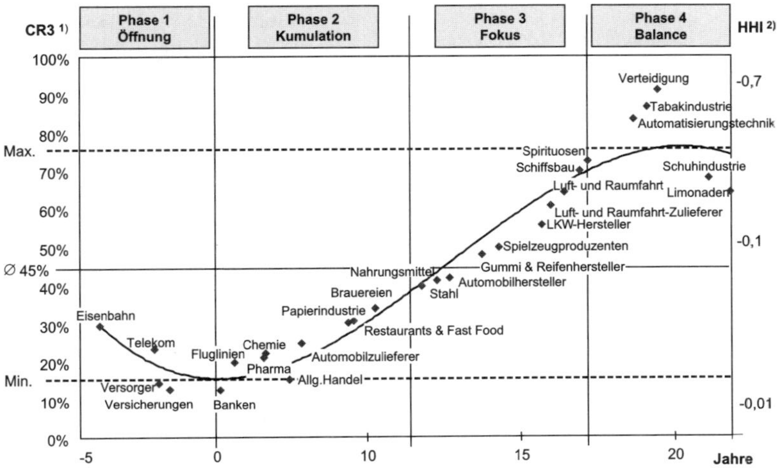

1) CR3 = Marktanteil der drei größten Unternehmen einer Industrie gemessen mit der Value-Building-Growth-Datenbank (25.000 Unternehmen)

2) HHI = *Hirschmann-Herfindahl*-Index entspricht der Summe der quadrierten Marktanteile aller Unternehmen einer Industrie; Achse ist logarithmisch aufgetragen

Abb. 5-39: Die Endgames-Kurve
(Quelle: Kröger 2004, S. 172)

Industrie wiederum ist bis zu dem Stadium vorhersehbar, in dem sie denselben Konzentrationsgrad aufweist wie die wiederum nächsthöher konsolidierte chemische Industrie – und so weiter. Die Entwicklung, die Industrien auf ihrem Weg entlang der Endgames-Kurve durchlaufen, lässt sich in vier Phasen unterteilen: die Öffnungsphase, die Kumulationphase, die Fokusphase und die Balancephase. An der Endgames-Kurve ist abzulesen, wie sich die Anzahl der Unternehmen in einer Industrie im Zeitablauf verringert (siehe Abb. 5-40). Am Ende der Öffnungsphase ist eine Industrie hoch fragmentiert, die Anzahl der Unternehmen ist am höchsten. In der Kumulationsphase verringert sich die Anzahl der Unternehmen um bis zu 70 Prozent. In den letzten beiden Phasen, der Fokus- und der Balancephase, nimmt sie erneut um mehr als die Hälfte ab. Erst gegen Ende der vierten Phase dreht dieser Trend wieder ins Positive, wenn neue, innovative Marktteilnehmer in den inzwischen reifen, von „Industrieriesen" regierten Markt eintreten.

Um die Erfolgswahrscheinlichkeit einer Fusion zu erhöhen, sollten Unternehmen nicht nur ihre eigene, sondern auch die Position des zu akquirierenden Unternehmens auf der Endgames-Kurve berücksichtigen, denn empirisch lässt sich ein deutlicher Zusammenhang zwischen den einzelnen Endgames-Phasen und dem Gelingen und Scheitern von Fusionen beobachten (siehe Abb. 5-41).

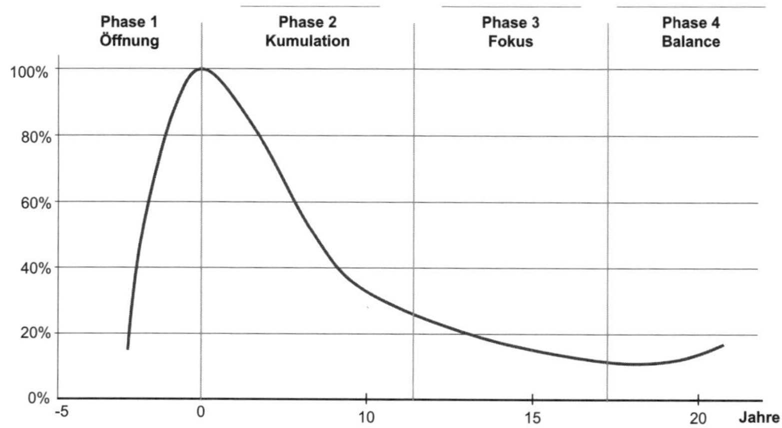

Abb. 5-40: Prozentzahl der Unternehmen in einer phasentypischen Industrie (Quelle: Kröger 2004, S. 174)

Unternehmen sollten daher bei der Wahl eines Akquisitionsobjektes eine Reihe phasenspezifischer Besonderheiten berücksichtigen:

- In der Öffnungsphase sind ausreichende Finanzkraft und ein solides Geschäftsmodell des Unternehmens ausschlaggebend für den Erfolg.
- In der Wachstums- und der Fokusphase ist eine ausgewiesene Integrationskompetenz entscheidend. In dieser Phase sollten Unternehmen zudem horizontale Fusionen anstreben und Akquisitionsobjekte auswählen, die nicht weit von den eigenen Kernkompetenzen entfernt liegen. Vertikale Integration oder der Aufbau von Konglomeraten sind seltener erfolgreich.
- In der Balancephase ist die Fähigkeit entscheidend, sich selbst ständig neu zu erfinden und Geschäftsbereiche auszugliedern, die von den Wachstumspotenzialen früherer Phasen des Endgames profitieren können. Diese Spin-offs können die nächste Wachstumswelle auslösen und Shareholder Value generieren.

Während das Umsatzwachstum in allen Phasen der Endgames-Kurve relativ stabil ist, korreliert die Profitabilität mit dem Grad der Konsolidierung – allerdings mit einer leichten zeitlichen Verzögerung:

- In der Öffnungsphase ist die Profitabilität relativ hoch, weil die Industrie schnell wächst. Zwar müssen zum Beispiel ehemalige staatliche Unternehmen nach der Liberalisierung oder Deregulierung schwerfällige Organisationsstrukturen voller Redundanzen finanzieren, bis zur vollständigen Liberalisierung erzielen sie jedoch mit ihren monopolartigen Preisen so hohe Profite, dass sie die hohen Kosten leicht kompensieren können. Die Unternehmen in

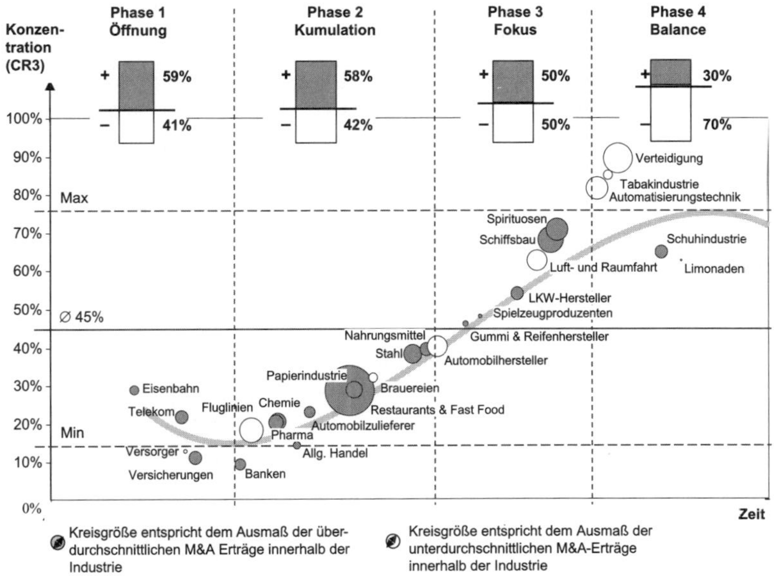

Abb. 5-41: M&A-Performance nach Industrien
(Quelle: Kröger 2004, S. 175)

neuen Industrien wie etwa der Biotechnologie und der Nanotechnologie bilden die Ausnahme zu dieser Regel. Angesichts der hohen Investitionen in die neuen Technologien ist jeder Gedanke an Profitabilität reine Illusion.

- In der Kumulationsphase lässt stärkerer Wettbewerb die Profitabilität deutlich sinken. Die Konsolidierung beschleunigt sich, das Preisniveau sinkt. Die Unternehmen versuchen daher, wenigstens der hohen internen Kosten Herr zu werden, um noch eine zufriedenstellende Marge zu erzielen. Damit laufen sie allerdings Gefahr, sich in einer Profitabilitätsfalle zu verfangen und mit immer neuen Kostensenkungsmaßnahmen die Fähigkeit des Unternehmens zu künftigem Wachstum zu beschneiden.
- In den letzten beiden Endgames-Phasen entsteht ein nahezu oligopolistisches Wettbewerbsmodell, das den überlebenden Spielern eine profitable Preispolitik ermöglicht. Die Unternehmen in der Balancephase erreichen die höchste Profitabilität, weil sie ihre Wettbewerber weitgehend aus dem Markt gedrängt haben.

Die Marktteilnehmer durchlaufen Segment für Segment die einzelnen Phasen der Endgames-Kurve – von der Öffnungsphase zur Kumulationsphase und zur Fokusphase. Hier sollten sie sich entweder „selbst neu erfinden und wieder von vorn anfangen“ (*Kröger* 2004, S. 177) oder weiter in die Balancephase vordringen, in der sie wie in einem Ecosystem mit- oder gegeneinander um ihr Überleben kämpfen. Die S-Kurve wurde von *A.T. Kearney* als „Endgames"-Kurve bezeichnet, weil die Kunst für Unternehmen darin besteht, so lange wie möglich im „Spiel" zu bleiben. „Gewinner" des Endgames sind diejenigen Unternehmen, die möglichst lange in der vierten Phase bleiben, in der die Industriekonzentration und die Profite am größten sind. **Kritik** am Endgames-Ansatz wird vor allem dahingehend geübt, dass die beobachteten Regelmäßigkeiten bei der Konsolidierung von *A.T. Kearney* als Gesetzmäßigkeiten interpretiert werden und dass die Zeitspanne bis zum Erreichen der nächsten Konsolidierungsstufe allenfalls grob abgeschätzt werden kann.

6. Strategieberatung auf Geschäftsbereichsebene: Entwicklung von Wettbewerbsstrategien

6.1 Grundlagen der Strategieberatung auf Geschäftsbereichsebene

Die Aufgabe des Managements an der Spitze eines diversifizierten Unternehmens – das ist im letzten Kapitel deutlich geworden – besteht vor allem darin, das Unternehmen in möglichst attraktiven Geschäfts*feldern* zu positionieren. Dass das Unternehmen in diesen Geschäftsfeldern ein möglichst gutes Ergebnis erwirtschaftet, liegt in der Verantwortung der für die betreffenden Aktivitäten zuständigen Organisationseinheiten, die als Geschäftseinheiten oder Geschäfts*bereiche* bezeichnet werden. Sie bieten dem verantwortlichen Management ein hohes Maß an Autonomie, so dass es schneller und flexibler auf veränderte Umweltbedingungen reagieren kann als das Gesamtunternehmen. In der Regel werden den Geschäftsbereichen von der Unternehmensspitze Rendite- oder Wertziele vorgegeben, die sich aus den übergeordneten Zielen des Gesamtunternehmens ableiten Die Aufgabe des Managements auf Geschäftsbereichsebene besteht darin, diese Ziele bestmöglich zu erfüllen, indem es die eigenen Aktivitäten in den bearbeiteten Geschäftsfeldern so gestaltet, dass sich das Unternehmen erfolgreich im Wettbewerb mit konkurrierenden Unternehmen behauptet. Im Rahmen strategischer Beratungsprojekte auf Geschäftsbereichsebene steht demzufolge die Befähigung des Klienten im Mittelpunkt, **strategische Wettbewerbsvorteile** zu erlangen, die den Erfolg des Geschäftsbereichs am Markt sicherstellen, oder bestehende Wettbewerbsnachteile auszugleichen, die diesen Erfolg gefährden. Das Konzept der strategischen Wettbewerbsvorteile bildet den Leitgedanken jedweder Beratungstätigkeit auf Geschäftsbereichsebene – alle strategischen Handlungsempfehlungen müssen dahingehend überprüft werden, ob sie mittelbar oder unmittelbar dazu geeignet sind, die Stellung des Klienten im Wettbewerb tatsächlich zu verbessern. Tun sie dies nicht, ist ihre Zweckmäßigkeit in Frage gestellt.

Zur wettbewerbsstrategischen Ausrichtung der Aktivitäten eines Unternehmens in einem bestimmten Geschäftsfeld existiert ein breites methodisches Instrumentarium, für das sich ein übergreifendes **Grundschema** herausgebildet hat (vgl. *Bea/Haas* 2001, S. 54; *Kreikebaum* 1997, S. 38; *Hammer* 1998, S. 164). Aufbauend auf den generellen strategischen Absichten eines Unternehmens, die sich im Verlauf des strategischen Planungsprozesses immer stärker präzisieren und zu konkreten Zielen verdichten, werden einerseits Chancen und Risiken in der Unternehmensumwelt identifiziert, die den externen, vom Unternehmen nicht (unmittelbar) zu beeinflussenden Planungskontext bestimmen, sowie andererseits die internen Stärken und Schwächen auf der Grundlage eines Vergleichs der strategischen Potenziale des Unternehmens mit denen der relevanten Wettbewerber analysiert und systematisch erfasst. Durch eine Verknüpfung der Ergebnisse der Umweltanalyse (Chancen/Risiken) mit denen der Unternehmensanalyse (Stärken/Schwächen) erhält man die zentrale Grundlage zur Identifikation strategischer Optionen. Als Referenz für die Bewertung und die letztendliche Auswahl einer dieser Optionen wird der durch sie zu erwartende Zielerreichungsbeitrag herangezogen. In der Praxis ist es dabei zweckmäßig, die in einem Geschäftsfeld ursprünglich angestrebten Ziele anhand der identifizierten Chancen, Risiken, Stärken und Schwächen auf ihre Plausibilität und Realisierbarkeit hin zu überprüfen und gegebenenfalls entsprechend anzupassen. Die strategischen Ziele des Geschäftsbereichs stellen im Planungsprozess somit – anders als die von der Unternehmensspitze formulierten grundsätzlichen Vorgaben – zunächst mehr oder weniger vage Ausgangsziele dar, die erst im Rahmen der Strategieformulierung endgültig fixiert werden. Stehen die Ziele fest und ist eine strategische Option zur Realisierung ausgewählt, folgt ihre Umsetzung bzw. Implementierung. Der Implementierungsfortschritt wird dabei im Rahmen strategischer Kontrollen – Zielkontrollen, Planfortschrittskontrollen, Ergebniskontrollen, Prognosekontrollen und Prämissenkontrollen – überprüft. Auf dieser Grundlage werden die definierten Ziele, Strategien und Maßnahmen kontinuierlich hinterfragt und gegebenenfalls angepasst.

Das dargestellte Grundschema bildet den inhaltlichen Rahmen der Strategieberatung auf der Ebene eines Geschäftsbereiches. In den folgenden Abschnitten werden verschiedene Konzepte, Methoden und Ansätze betrachtet, die in diesem Kontext zum Einsatz kommen.

6.2 Wettbewerbsorientierte Ansatzpunkte der Strategieberatung

6.2.1 Konzepte zur Entwicklung von Wettbewerbsstrategien

Die Aufgabe des Managements auf Geschäftsbereichsebene besteht darin, das eigene Unternehmen in den verschiedenen Geschäftsfeldern, die der betreffende Geschäftsbereich verantwortet, möglichst erfolgreich zu führen. Was dabei als „erfolgreich" gilt, wird dem Geschäftsbereich üblicherweise von der Unternehmensspitze in Form von finanziellen oder marktbezogenen Zielsetzungen vorgegeben. So kann beispielsweise eine Mindestverzinsung des investierten Kapitals gefordert werden oder eine Ausweitung des Umsatzes bei konstanter Rendite. In seinem Bemühen, diesen Zielen nachzukommen, muss sich das verantwortliche Management gegen konkurrierende Akteure behaupten, die ihrerseits versuchen, ähnlich gelagerte Ziele zu erreichen. Auf Märkten, die stark wachsen, kann es vorkommen, dass hieraus kein unmittelbarer Konflikt resultiert – etwa dann, wenn das Wachstum des Gesamtmarktes allen Akteuren eine profitable Expansion ermöglicht, ohne dass andere Akteure ihr Geschäft einschränken müssen. Auf langsam wachsenden, stagnierenden oder gar schrumpfenden Märkten hingegen herrscht unter den anbietenden Unternehmen eine weit stärker ausgeprägte Rivalität. Jedes einzelne von ihnen versucht auf der Basis seiner spezifischen Stärken im Wettbewerb um Kunden und Aufträge Vorteile im Sinne besserer Produkte, besserer Serviceleistungen oder günstigerer Preise zu erlangen. Dabei begeben sich die Unternehmen zumeist in eine offene Konfrontation zueinander. Sie verstehen ihren Wettbewerb häufig als ein „Null-Summen-Spiel", bei dem ein Akteur seinen eigenen Vorteil nur auf Kosten eines anderen Akteurs ausweiten kann. Diesem Denken entstammt das Konzept der strategischen Wettbewerbsvorteile. Es basiert auf der Grundannahme, dass ein Unternehmen langfristig nur dann am Markt bestehen kann, wenn es zumindest *einen* solchen Vorteil besitzt.

Nicht immer ist es jedoch eine rein konfrontative Strategie, die einem Unternehmen den größten wirtschaftlichen Erfolg beschert. Häufig – so die These eines zweiten wettbewerbsstrategischen Konzepts – ist es eine Mischung aus Konfrontation und Kooperation. Der Grundgedanke lautet: Wer kooperiert und sich gutwillig verhält, muss nicht unbedingt einen Nachteil erfahren, und wer seine Position egoistisch, hart und rigide vertritt, wird daraus nicht unbedingt einen Vorteil ziehen. Während die klassische wettbewerbsstrategische Theorie vereinfachend von ausschließlich rivalisierenden Akteuren ausgeht, wird heute vielfach eine Koexistenz von Kooperation und Wettbewerb propagiert, die als „Coopetition" bezeichnet wird. Gemeint ist damit, dass Unternehmen, die etwa auf Endproduktmärkten miteinander konkurrieren, durchaus auf vorgelagerten Wertschöpfungsstufen – z.B. in Forschung und Entwicklung, Produktion oder Logistik – kooperativ zusammenarbeiten können, um auf diese Weise Effizienzsteigerungspotenziale zu realisieren.

Effizienzsteigerungspotenziale stehen auch im Mittelpunkt des so genannten Business Process Reengineering, das eine radikale Neugestaltung der Prozesse eines Geschäftsbereichs zum Ziel hat. In der Praxis werden hierdurch vor allem Kostenvorteile gegenüber konkurrierenden Unternehmen erschlossen, auch wenn das Konzept gleichermaßen auf eine verbesserte Marktbearbeitung abzielt, indem die neu gestalteten Geschäftsprozesse bestmöglich auf die Erfordernisse der Kunden abgestimmt werden. Dass die Gestaltung der Kundenbeziehungen ein wesentliches Element einer jeden Wettbewerbsstrategie ist und in welcher Weise sie konkretisiert werden kann, wird im Konzept des Customer Relationship Management thematisiert. Im Folgenden werden die Grundgedanken der vier genannten Konzepte – (1) strategische Wettbewerbsvorteile, (2) Coopetition, (3) Business Process Reengineering und (4) Customer Relationship Management – im Einzelnen betrachtet.

6.2.1.1 Strategische Wettbewerbsvorteile

Das Konzept der strategischen Wettbewerbsvorteile hat seinen Ursprung in einer maßgeblich von der Industrieökonomik geprägten Sichtweise des Wettbewerbs (siehe auch Abschnitt 5.2.1.3), die den Absatzmarkt als den Ort, auf dem der Wettbewerb zwischen Unternehmen letztendlich ausgetragen wird, in den Mittelpunkt der Betrachtung stellt. Der Marktprozess wird dabei als ein Lernprozess der beteiligten Akteure verstanden, bei dem der Gruppe der „Unternehmer" eine zentrale Rolle zukommt. Sie halten den Prozess in Gang, indem sie permanent nach neuen Möglichkeiten suchen, um durch überlegene Angebote Gewinn zu erzielen. Bereits 1940 leitete *Ludwig von Mises* aus dieser Überlegung die Grundidee ab, auf der das Konzept der strategischen Wettbewerbsvorteile beruht: „Der Unternehmer kann seinen Konkurrenten im Wettbewerb nur dadurch zuvorkommen, daß er darauf bedacht ist, billiger und besser den Markt zu versorgen." (*von Mises* 1940, S. 277). Der Wettbewerb auf einem Markt wird in diesem Sinne durch die permanente, von eigenen ökonomischen Interessen getriebene Suche eines Unternehmers nach neuen Lösungen getragen, die dazu geeignet sind, die vorhandenen Bedürfnisse potenzieller Abnehmer besser oder billiger zu befriedigen als die Lösungen der Konkurrenz.

In den 1980er Jahren bildete dieser Grundgedanke die Basis für die Entwicklung eines marktbezogenen Konzepts strategischer Wettbewerbsvorteile. Ein Wettbewerbsvorteil wird dabei – ganz allgemein – als ein Vorteil gegenüber Konkurrenzunternehmen verstanden, der daraus resultiert, dass den Abnehmern mit den eigenen Produkten und Leistungen ein überlegenes Preis/Nutzen-Verhältnis geboten werden kann (vgl. *Simon* 1988; *Kotler/Armstrong* 1991, S. 668 f.). Dieser Zusammenhang wurde von der Unternehmensberatung *McKinsey & Company* in Form eines „Strategischen Dreiecks" mit den Eckpunkten „eigenes Unternehmen", „Kunde" und „Wettbewerber" visualisiert (siehe Abb. 6-1). Um in diesem Dreieck erfolgreich zu agieren, so die Beratung, muss ein Unternehmen alle drei Eckpunkte und die Beziehungen zwischen ihnen verstehen und im eigenen Sinne gestalten (vgl. Ohmae 1982). Diese Überlegungen machen deutlich, dass bei der Erringung von Wettbewerbsvorteilen *relative* Positionen zu beachten sind. Ein entsprechender Vorteil für den Kunden, der die Betrachtung von Konkurrenzangeboten aus der Perspektive der Nachfrager einbezieht, wird auch als **Effektivitätsvorteil** oder – ursprünglich aus der Werbeforschung stammend – als Unique Selling Proposition (USP) im Sinne einer in der Wahrnehmung der Kunden

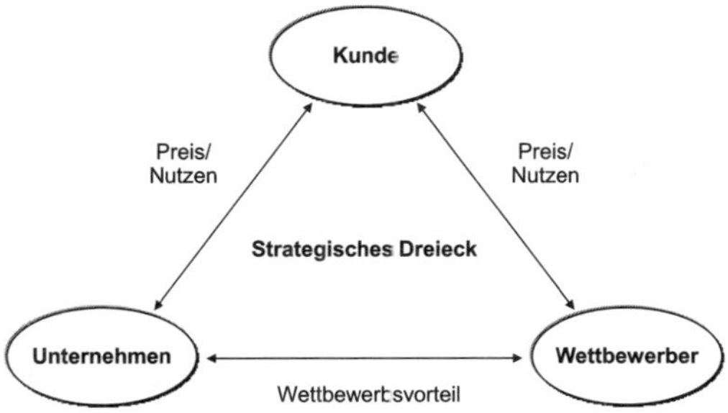

Abb. 6-1: Das Strategische Dreieck
(Quelle: Ohmae 1982)

einzigartigen Profilierung gegenüber Konkurrenzprodukten bezeichnet (vgl. *Plinke* 1995, S. 86; *Reeves* 1960; *Ries/Trout* 1982).

Entscheidend für die Erringung eines solchen marktbezogenen Wettbewerbsvorteils ist, dass die Kundensicht den Ausgangspunkt aller Aktivitäten bildet. Drei Bedingungen werden in diesem Zusammenhang als wesentlich erachtet (vgl. *Aaker* 1988, S. 202 ff.; *Simon* 1988, S. 464 f.; *Porter* 1996, S. 31): Ein Wettbewerbsvorteil muss – erstens – solche Leistungsmerkmale betreffen, die für die Kaufentscheidung des Kunden *relevant* sind. Zweitens muss der Vorteil von den Abnehmern tatsächlich *wahrgenommen* werden, um sich in einem Markterfolg niederzuschlagen, denn nicht die objektiven Eigenschaften eines Produktes entscheiden über dessen Erfolg, sondern ihre subjektive Wahrnehmung in Augen der Kunden. Drittens muss ein Wettbewerbsvorteil von einer gewissen *Dauerhaftigkeit* sein, nur dann ist sichergestellt, dass sich ein Geschäftsbereich auch langfristig am Markt behaupten kann. Den Konkurrenten des Geschäftsbereichs darf es also kurz- bis mittelfristig nicht möglich sein, den betreffenden Vorteil zu imitieren. Nur ein Wettbewerbsvorteil, der allen drei Kriterien – relevant, wahrgenommen und dauerhaft – genügt, wird als „strategischer Wettbewerbsvorteil" bezeichnet.

Vor allem *Plinke* (1995, S. 82 ff.) weist darauf hin, dass es zweckmäßig ist, dieser marktbezogenen Sichtweise eine anbieterbezogene gegenüberzustellen, denn letztendlich muss ein Anbieter dazu in der Lage sein, einen Effektivitätsvorteil im obigen Sinne auch effizient zu gestalten, um auf seiner Grundlage einen ökonomischen Erfolg bzw. einen Ergebnisüberschuss zu erzielen. Im Vordergrund einer solchen Effizienzbetrachtung steht zunächst die Frage, ob die Zahlungsbereitschaft der Kunden absolut gesehen ausreicht, um einen Effektivitätsvorteil unter Wirtschaftlichkeitsgesichtspunkten am Markt zu realisieren. *Plinke* erweitert diese Sichtweise um einen zweiten Aspekt. Er zeigt, dass für ökonomische Erwägungen auch hinsichtlich der Effizienz *relative* Positionen von Bedeutung sind, ob also ein Anbieter dazu in der Lage ist, seine Leistungen effizienter zu erbringen als seine relevante Konkurrenz. Ein so verstandener **Effizienzvorteil** ist allein auf Unterschiede in den Potenzialen und Prozessen verschiedener Unternehmen zurückzuführen, das heißt, er existiert auch dann, wenn aus der Sicht der Kunden identische Leistungen und identische Preise angeboten werden. Ein Wettbewerbsvorteil im Ganzen entsteht in diesem Verständnis aus einem Zusammenspiel von Effektivitäts- und Effizienzvorteilen.

Dabei ist jedoch zu beachten, dass die beiden Vorteilsarten nicht auf derselben Ebene stehen. Ein Effektivitätsvorteil ist *unmittelbar* wettbewerbswirksam und dazu in der Lage, Konkurrenzangebote zu verdrängen. Ein Effizienzvorteil hingegen wirkt am Markt nur *mittelbar*. Besitzt ein Unternehmen beispielsweise aufgrund überlegener Prozesse einen Kostenvorteil, kann es bei gleichen Preisen höhere Gewinne erzielen als seine Wettbewerber. Diese zusätzlichen Gewinne können für Investitionen in den Ausbau der eigenen, marktbezogenen Wettbewerbsposition genutzt werden, die von konkurrierenden Unternehmen, wenn überhaupt, nur aus anderen Geschäften oder aus externen Quellen finanziert werden können. Ein Effizienzvorteil ermöglicht somit Investitionen in den Ausbau der eigenen Effektivitätsvorteile. Ob diese Investitionen erfolgreich sind, stellt sich jedoch erst mit zeitlicher Verzögerung heraus, nämlich dann, wenn sie am Markt umgesetzt wurden. Die Effizienzvorteile von heute eröffnen einem Unternehmen somit die Effektivitätspotenziale von morgen.

6.2.1.2 Coopetition

Während das klassische wettbewerbsstrategische Denken zumindest implizit auf der Annahme beruht, dass Unternehmen, die auf einem Markt in Konkurrenz zueinander stehen, rein konfrontativ agieren, wird im Konzept der Coopetition auf der Grundlage spieltheoretischer Erkenntnisse eine Synthese aus Kooperation (Cooperation) und Wettbewerb (Competition) propagiert. Als Schöpfer des Begriffs Coopetition gilt *Raymond Noorda*, der Gründer der Softwarefirma *Novell.* Eine breite Öffentlichkeit fand das Konzept Mitte der 1990er Jahre durch die Arbeiten von *Barry Nalebuff* und *Adam Brandenburger* (1996). Anhand einer anschaulichen Analogie verdeutlichen sie den Grundgedanken der Coopetition: Unternehmen sind im übertragenen Sinne immer dann Kooperationspartner, wenn es darum geht, einen Kuchen zu backen, den jedes alleine nicht backen könnte, und Wettbewerber, wenn es darum geht, ein schönes Stück von diesem Kuchen für sich selbst abzubekommen. *Nalebuff* und *Brandenburger* betonen jedoch, dass es sich hierbei nicht um endlose Zyklen von sich gegenseitig abwechselndem „Krieg“ und „Frieden“ handele, sondern um ein simultanes Zusammenspiel beider Interaktionsformen.

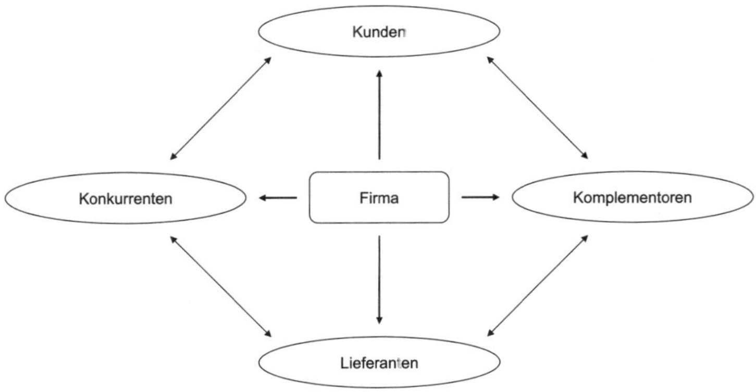

Abb. 6-2: Das Wertnetz der Coopetition
(Quelle: Nalebuff/Brandenburger 1996)

Ähnlich den von *Porter* auf der Grundlage der Industrieökonomik beschriebenen fünf Wettbewerbskräften, die die Struktur einer Branche kennzeichnen und deren Rentabilität bestimmen (siehe Abschnitt 5.2.2.3), konzipieren *Nalebuff* und *Brandenburger* ein **Wertnetz** aus Kunden, Lieferanten, Konkurrenten und Komplementoren, in dem ein Unternehmen agiert (siehe Abb. 6-2). In Anlehnung an das Vokabular der Spieltheorie werden dabei fünf zentrale Elemente, die so genannten PARTS, beschrieben, die ein „Spiel" innerhalb des Netzwerks konstituieren: die Spieler (Players), der Mehrwert, der dadurch entsteht, dass ein Spieler dem Wertnetz angehört (Added Value), die Regeln des Spiels (Rules), die Taktiken der Spieler (Tactics) sowie der Spielraum (Scope). Grundsätzlich lassen sich dabei zwei Erscheinungsformen der Coopetition unterscheiden: Zum einen kann sie zwischen zwei Unternehmen, die auf einer Wertschöpfungsstufe – etwa auf dem Markt für das Endprodukt – im Wettbewerb zueinander stehen, in Form einer gezielten, organisierten Kooperation auf einer anderen Wertschöpfungsstufe gestaltet werden. Kooperiert wird dabei meist in Forschung und Entwicklung, Produktion oder Logistik, um auf diese Weise Effizienzsteigerungspotenziale zu realisieren. Zum anderen bezeichnet Coopetition spieltheoretische Marktphänomene, bei denen Kooperation und Wettbewerb ineinander wirken und das Handeln der Marktteilnehmer beeinflussen, ohne dass diese explizit kooperieren. So beschreibt beispielsweise das so genannte *Nash*-Gleichgewicht eine Situation, in der Konkurrenten einen Vorteil erzielen können, indem sie sich gemeinsam in einem erstarrten Markt bewegen. Nachdem beide Seiten diesen Mechanismus verstanden haben, ist eine explizite Absprache im Sinne eines Kartells nicht erforderlich.

6.2.1.3 Business Process Reengineering

Die Idee des Business Process Reengineering (BPR) wurde Anfang der 1990er Jahre von *Michael Hammer* entwickelt, der damals als Informatikprofessor am *Massachusetts Institute of Technology* lehrte und die Kernthesen des Konzepts 1990 in einem viel beachteten Beitrag in der *Harvard Business Review* vorstellte (vgl. *Hammer* 1990). Gemeinsam mit *James Champy*, einem der Gründer der IT-Beratung *CSC*, publizierte *Hammer* seine Ideen 1993 zudem in dem Bestseller „Reengineering the Corporation" und verhalf dem Konzept so aus der universitären Forschung über das Marketing einer führenden Beratungsgesellschaft in den breiten Diskurs des Managements.

Der zentrale Gedanke des Business Process Reengineering besteht darin, die in einem Unternehmen ablaufenden Prozesse zu analysieren und auf effizientere Wiese und ohne Rücksichtnahme auf traditionelle Funktionsgrenzen neu zu gestalten. So soll eine ganzheitliche Sichtweise gefördert werden, die sich nicht an betriebswirtschaftlichen Einzelfunktionen, sondern an der Marktleistung eines Unternehmens orientiert. Indem die Funktionsbereiche des Unternehmens in ihre einzelnen Prozesse zerlegt und bereichsübergreifend optimiert werden, ist es zudem möglich, Ineffizienzen aufzuspüren und zu eliminieren. Dabei sollen allerdings, so *Hammer* und *Champy*, nicht bloß marginale Verbesserungen realisiert werden: „Wenn ein Unternehmen 10 Prozent hinter seinem Ziel hinterherhinkt, wenn die Kosten um 10 Prozent zu hoch sind, wenn die Qualität um 10 Prozent zu niedrig ist, wenn die Leistung im Kundenservice um 10 Prozent gesteigert werden muß, dann lohnt sich *kein* Business Reengineering" betonen sie in ihrem Standardwerk (*Hammer/Champy* 1994, S. 50). Vielmehr sollen „Quantensprünge" realisiert werden, wie etwa eine Reduzierung der Durchlaufzeiten von sieben Tagen auf drei Stunden oder eine Halbierung der Entwicklungsgeschwindigkeit (vgl. *Hammer/Champy* 1994, S. 56 ff.).

Um solch revolutionäre Ziele zu erreichen, ist eine „totale Neukonstruktion" des Unternehmens erforderlich. Hierzu führen *Hammer* und *Champy* verschiedene **Prinzipien** an, von denen die wichtigsten im Folgenden wiedergegeben werden:

- Prozessvarianten werden gebildet: „Konventionelle Unternehmensprozesse zielten auf Massenproduktion für einen Massenmarkt ab. Alle Inputs wurden gleich behandelt, damit die Unternehmen konsequent einen einheitlichen Output produzieren konnten. [...] Um den Anforderungen des heutigen Umfelds gerecht zu werden, benötigen wir mehrere Varianten des gleichen Unternehmensprozesses, die jeweils auf die Anforderungen unterschiedlicher Märkte, Situationen und Inputs zugeschnitten sind. Dennoch müssen die neuen Prozesse die gleichen Größenvorteile bieten, wie sie bei der Massenproduktion erzielt werden." (*Hammer/Champy* 1994, S. 77).

- Aus Fachabteilungen werden Prozessteams: „Anstatt die verschiedenen Mitarbeiter, die mit der Auftragsabwicklung, der Produktentwicklung oder der Bearbeitung von Schadensfällen beauftragt sind, getrennten Abteilungen zuzuordnen, kann man sie alternativ auch in einem Team zusammenführen.“ (*Hammer/Champy* 1994, S. 91). Die Leitung eines solchen Prozessteams übernimmt ein so genannter „Case Worker“, der sich gegenüber einem Kunden so verhält „... als wäre er für die Durchführung des gesamten Prozesses verantwortlich.“ (*Hammer/Champy* 1994, S. 86).
- Einfache Aufgaben werden durch multidimensionale Berufsbilder ersetzt: „Die Mitglieder eines Prozessteams [...] teilen sich mit den anderen Teammitgliedern die Verantwortung für den gesamten Prozeß und sind nicht nur mit einem kleinen Arbeitsschritt betraut.“ (*Hammer/Champy* 1994, S. 94).
- Empowerment und Selbststeuerung werden zu zentralen Führungsprinzipien: „Mitgliedern eines Prozessteams wird nicht nur gestattet, daß sie mitdenken, sich austauschen, ihr Urteilsvermögen einsetzen und Entscheidungen fällen – es wird auch von ihnen erwartet. [...] Prozessorientierte Teams [...] steuern sich zwangsläufig selbst.“ (*Hammer/Champy* 1994, S. 97).
- Manager werden von Aufsehern zu Coaches: „Traditionell agierende Vorgesetzte [...] müssen sich von ihren Überwachungsfunktionen verabschieden und statt dessen für ihre Mitarbeiter den Weg bereiten und das richtige Umfeld schaffen und es als ihre Aufgabe betrachten, Mitarbeiter und deren Fähigkeiten zu fördern, damit diese in die Lage versetzt werden, wertschöpfende Prozesse eigenverantwortlich durchzuführen.“ (*Hammer/Champy* 1994, S. 105).
- Die Hierarchie wird zur flachen Organisation: „Nach dem Business Reengineering werden des Königs Reiter nicht mehr zuhauf benötigt, um die ehemals fragmentierten Prozesse wieder zu einem Ganzen zusammenzufügen. Weniger Manager bedeuten auch weniger Führungsebenen.“ (*Hammer/Champy* 1994, S. 106). Damit verbunden ergeben sich – auch wenn sie nicht im Vordergrund stehen mögen – enorme Möglichkeiten zur Personaleinsparung. *James Champy* beziffert die entstehenden Rationalisierungspotenziale auf etwa 30 Prozent aller Stellen (vgl. *Champy* 1994a, S. 88). Manager, die keinen Mehrwert für das Unternehmen schaffen, müssen, so *Champy*, zur Hälfte umlernen, die andere Hälfte muss gehen (vgl. *Champy* 1994b, S. 198).

Entsprechend der in Kapitel 1 getroffenen Charakterisierung von Managementkonzepten bleibt auch das Business Process Reengineering hinsichtlich der konkreten, auf die Lösung praktischer Probleme ausgerichteten Operationalisierung der von *Hammer* und *Champy* beschriebenen Prinzipien zunächst sehr unspezifisch. Da das Konzept indes über viele Jahre zu den wichtigsten Umsatzträgern vieler Beratungsgesellschaften zählte, kann es nicht verwundern, dass heute eine Vielzahl unterschiedlicher Vorschläge existiert, die von verschiedenen Beratern zur Umsetzung der beschriebenen Prinzipien in konkrete, praktikable Maßnahmen propagiert werden. Auch wenn sich diese in ihrer Ausrichtung und in ihrem revolutionären Anspruch bisweilen sehr stark voneinander unterscheiden, so lassen sie sich doch alle auf denselben Kern zurückführen (vgl. im Folgenden *Kieser* 1996, S. 182): Grundsätzlich stehen auf sämtlichen Ebenen der organisatorischen Gestaltung zwei zentrale Momente im Mittelpunkt aller Aktivitäten: die Objekte und die Funktionen der betreffenden Organisation. Werden unterschiedliche Objekte – Produkte, Dienstleistungen, Kunden, Regionen und dergleichen – von denselben Funktionen – Auftragsannahme, Produktion, Vertrieb etc. – bearbeitet, kommt es ganz unweigerlich zu Problemen:

- Die einzelnen Funktionen können nicht optimal auf die jeweiligen Objekte abgestimmt werden, da jede Funktion verschiedene Objektarten be- bzw. verarbeiten muss.
- Mit der Umstellung von einer Objektart auf die nächste sind Wechsel- bzw. Rüstkosten verbunden – etwa dann, wenn zur Fertigung verschiedener Produkte auf ein und derselben Maschine unterschiedliche Einstellungen erforderlich sind.
- Die Optimierung der Durchlaufzeiten eines Objektes durch das Unternehmen wird erschwert, da es zu Situationen kommen kann, in denen ein Objekt eine Funktion bereits durchlaufen hat, in der nachfolgenden Funktion jedoch noch ein oder mehrere Objekte anderer Art in Arbeit sind, so dass es zu Wartezeiten kommt.
- Die Koordination einer Vielzahl von Objekten über alle Funktionen hinweg ist häufig sehr komplex und bedarf entsprechend aufwendig gestalteter Informationssysteme.

Wenn jedoch nicht jedes Produkt den gleichen Prozess durchläuft, wenn vielmehr für jedes Objekt soweit möglich eigene Funktionen und damit auch Prozesse eingerichtet werden, dann können diese Funktionen effizienter und effektiver auf das betreffende Objekt ausgerichtet, die Durchlaufzeiten verkürzt, der Koordinationsaufwand reduziert und die Informationssysteme vereinfacht werden. Aufbauend auf einer solchen Basisorganisation können dann die von *Hammer* und *Champy* beschriebenen Prinzipien, die den Objekten einer Organisation ein größeres Gewicht als Gestaltungskriterium beimessen als den Funktionen, verwirklicht werden. Prozessteams – die Mitarbeiter also, die entlang einzelner Vorgangsketten tätig sind – können den betreffenden Prozess in seiner Gesamtheit besser überschauen und damit auch besser selbst koordinieren. Sie können im Sinne des Empowerment Verantwortung für „ihren" Prozess übernehmen, Verantwortung für dessen Qualität und Effizienz. Zugleich können Führungskräfte von Koordinationsaufgaben entlastet werden und somit verstärkt die Rolle eines Coaches übernehmen. Die Anzahl der ihnen unterstellten Mitarbeiter lässt sich entsprechend vergrößern, so dass flachere Hierarchien realisiert werden können. Und auch Prozessvarianten, die explizit an den spezifischen Bedürfnissen bestimmter Kundengruppen ausgerichtet sind – und die vor dem Reengineering an der hohen Komplexität, die sie verursacht hätten, gescheitert wären –, können auf diese Weise realisiert werden.

So führt das Konzept des Business Process Reengineering im Grunde das bekannte Prinzip der Geschäftsbereichsorganisation auf darunter liegenden organisatorischen Ebenen fort. Seinen Ursprung hat dieses Prinzip im Jahr 1920, als die Firma *DuPont* als erstes Unternehmen eine entsprechende Organisationsstruktur einführte. Anstatt für unterschiedlichste Produkte auf *eine* Fertigung, *einen* Vertrieb, *eine* Beschaffungsabteilung zurückzugreifen, wurden für einzelne Produktgruppen Geschäftsbereiche eingerichtet, die – als „Unternehmen im Unternehmen" – jeweils über eigene funktionale Abteilungen verfügten. Der von *DuPont* ausgelöste Trend gipfelte in der Organisation des Unternehmens *ABB*, das Ende der 1990er Jahre weltweit mehr als 1.600 verschiedene Geschäftsbereiche aufwies (vgl. *Kieser* 1996, S. 182 f.). Auch die Bildung von Geschäftsbereichen hat jedoch ihre Grenzen. Teures Führungspersonal, komplexe Verrechnungssysteme zwischen den Bereichen, komplizierte Abstimmungsprozesse bezüglich unterschiedlicher Bereichsstrategien und dergleichen machen einen weiteren Ausbau einer entsprechenden Organisation ab einem bestimmten Punkt schon alleine aus Kostengründen ineffizient. Und genau hier bietet sich der entscheidende Ansatzpunkt für das Business Process Reengineering: Prozessteams können innerhalb von Geschäftsbereichen die Position übernehmen, die den Geschäftsbereichen im Gesamtkonzern zukommt. Sie können den Prozessgedanken weiter herunterbrechen und somit zu einer weiter verstärkten Objektorientierung und einer nachhaltigen Fokussierung auf eine an der Marktleistung orientierte Wertschöpfung beitragen.

6.2.1.4 Customer Relationship Management

Anders als die Entstehung des Konzepts des Business Process Reengineering lässt sich die des Customer Relationship Management (CRM) nicht einem bestimmten Zeitpunkt oder einem einzelnen Autor zuordnen. Geprägt wurde es allerdings – zumindest im anglo-amerikanischen Raum – insbesondere durch *Don Peppers* und den von ihm entwickelten Ansatz des „One-to-One Marketing" (vgl. z.B. *Peppers/Rogers* 1993, *Peppers/Rogers* 1999). Die grundlegende Zielsetzung des Konzeptes besteht darin, sämtliche Strukturen und Prozesse eines Unternehmens so umzugestalten, dass sie möglichst optimal auf die Zielkunden und auf deren Bedürfnisse ausgerichtet sind. Folgt man dieser knappen Definition, dann lassen sich unschwer Parallelen zum Konzept des Business Process Reengineering erkennen: Auch hier werden Prozesse neu gestaltet, auch hier steht eine ganzheitliche Sichtweise im Mittelpunkt, auch hier gelten alle Aktivitäten einer Steigerung der Marktleistung des betreffenden Unternehmens.

Doch es bestehen auch Unterschiede. Anders als beim Business Process Reengineering steht nicht eine bereichsübergreifende Zerlegung von Prozessen, sondern vielmehr eine prozessübergreifende Integration von Kundendaten im Vordergrund. Die oben beschriebene objektorientierte Aufspaltung von Unternehmen in verschiedene Geschäftsbereiche – oder auch Prozessteams – kann, insbesondere wenn sie stark produktorientiert ausgelegt ist, dazu führen, dass ein und derselbe Kunde in kurzem Abstand in Kontakt zu unterschiedlichen Bereichen eines Unternehmens kommt, ohne dass der eine Bereich über die Aktivitäten des anderen informiert ist. Im Rahmen des Customer Relationship Management werden Prozesse und Strukturen geschaffen, die solche Insuffizienzen vermeiden, indem sie sämtliche Aktivitäten eines Unternehmens, die einzelne Kunden betreffen, systematisch erfassen, analysieren und steuern.

Dieser Grundgedanke des Customer Relationship Management ist an sich nicht neu. Die Zielsetzung, erfolgreiche Beziehungen zu einzelnen Kunden herzustellen, aufrechtzuerhalten und im Sinne des eigenen Unternehmens zu nutzen, ist vielmehr ein klassisches Ziel des so genannten „Direktmarketing", wie es vor allem im Bereich des Dienstleistungs- und des Investitionsgütermarketing immer schon verfolgt wurde (vgl. *Link* 2001, S. 2; *Link/Schleuning* 1999). Seit einigen Jahren sieht sich das Marketing ganz allgemein mit grundlegenden Umbrüchen konfrontiert, die sich in einer Evolution vom Massenmarketing über das Zielgruppenmarketing hin zum kundenindividuellen Marketing widerspiegeln. Es entwickelt sich ein neues Marketingverständnis, das die Wirksamkeit traditioneller Konzepte mit ihrer weitgehend undifferenzierten Art der Marktbearbeitung zunehmend in Frage stellt und stattdessen den einzelnen Kunden mit seinen vielfältigen, individuellen Bedürfnissen und Wünschen in den Mittelpunkt rückt.

Vor allem die Managementberatung *Bain & Company* hat in diesem Zusammenhang bereits früh für eine neue Managementperspektive plädiert, die unter dem Stichwort „Customer Loyalty" die Bedeutung der Kundenbindung – des Aufbaus und der Pflege langfristig profitabler Beziehungen – Vorrang vor der Maximierung einzelner Verkaufsabschlüsse und vor kurzfristigen Erfolgen am anonymen Markt einräumt (vgl. *Reichheld* 1996, *Reichheld* 2001). Die Auseinandersetzung mit diesem Prinzip und seine Übertragung auf Massenmärkte erfolgt in der Literatur vor allem unter den Begriffen „Beziehungsmarketing", „Relationship Marketing" oder dem oben genannten „One-to-One Marketing".

Kundenbindung ist jedoch kein Selbstzweck. Sie macht nur dann wirklich Sinn, wenn sie dazu führt, dass die monetären Ziele eines Unternehmens – etwa der Gewinn, die Rentabilität oder der Shareholder Value – durch sie besser erreicht werden können als zuvor. Zu lange an den falschen Kunden festzuhalten, zu viele

Ressourcen in Kunden zu investieren, „die sich nicht rechnen", ist kontraproduktiv und unternehmerisch nicht zielführend. Und auch bei besseren Kunden darf nur soviel in den Aufbau und die Aufrechterhaltung der Beziehung investiert werden, wie es das ökonomische Potenzial des Kunden rechtfertigt.

Das Konzept des Customer Relationship Management basiert somit auf dem Prinzip einer „expliziten Ungleichbehandlung" (*Link* 2001, S. 3) verschiedener Kunden – entsprechend ihrer spezifischen Bedürfnisse und hinsichtlich ihrer individuellen Investitionswürdigkeit. Auch dieses Prinzip ist nicht wirklich neu, verwendet man doch in vielen Branchen bereits seit langem ABC-Analysen und ähnliche Instrumente zur Klassifizierung und Priorisierung einzelner Kunden oder Kundengruppen. Neu am Customer Relationship Management ist vielmehr die Verbindung der konzeptionell-strategischen Komponente, die im Gedanken der Kundenbindung zum Ausdruck kommt, mit den Möglichkeiten moderner Informations- und Kommunikationstechnologien.

In strategischer Hinsicht werden vier wesentliche **Prinzipien** des Customer Relationship Management propagiert, die es vom klassischen Massenmarketing unterscheiden (vgl. *Hildebrand* 2000, S. 75 ff.):

- Als zentrales Merkmal des Customer Relationship Management wird die Individualisierung der Marktbearbeitung beschrieben, die darauf abzielt, „einzigartige Kundenbeziehungen" zu etablieren. Begründet wird dies mit dem Umstand, dass eine individuelle Anbieter-Nachfrager-Beziehung, die von einem Wettbewerber nicht ohne weiteres aufgebrochen bzw. imitiert werden kann, einen wertvollen strategischen Wettbewerbsvorteil darstellt. Eine besondere Bedeutung wird in diesem Zusammenhang der individuellen Kommunikation mit den Kunden zugesprochen. „Der undifferenzierte, einseitige Monolog via Massenmedien wird durch eine direkte, individuelle, dialoggeprägte Kundenansprache in Form einer One-to-One-Kommunikation abgelöst, die sich unmittelbar auf konkrete Bedürfnisse und Merkmale des Kunden bezieht." (*Hildebrand* 2000, S. 76). Die Individualisierung der Marktbearbeitung sollte sich jedoch nicht ausschließlich auf der Aktionsseite des Marketings niederschlagen. Vielmehr gilt es darüber hinaus auch das Kauf- und Interaktionsverhalten eines Kunden im Verlaufe eines Geschäftsprozesses aufzuzeichnen und die gewonnenen Daten im Rahmen der Leistungsfindung zu nutzen (vgl. *Blattberg/Deighton* 1991).
- Als zweites wesentliches Prinzip wird eine intensive Interaktion zwischen Anbieter und Kunde angeführt, wobei sich der Interaktionsprozess auf den Austausch von Informationen, Waren, Finanzmitteln sowie auf soziale Kontakte erstreckt. Besonderer Bedeutung wird dabei der Kommunikation mit dem Kunden in Form von direkten, intensiven Kontakten beigemessen (vgl. *Blattberg/Deighton* 1991). Solche Kontakte sollen sich nicht auf eine einsei-

tige Vermittlung von Informationen an den Kunden beschränken, sondern vielmehr in einem wechselseitigen Dialog vollziehen.

- Aus der wechselseitigen Interaktion muss eine transaktionsübergreifende Integration der Kunden in Marketing-, Vertriebs- und Planungsprozesse resultieren (vgl. *Sheth/Parvtiyar* 1995, S. 264). Auf lange Sicht sollte auf diese Weise eine gegenseitige Anpassung von Prozessen und Aktivitäten entlang der Wertschöpfungskette realisiert werden.
- Als letztes, grundlegendes Prinzip wird die Bedeutung des oben beschriebenen Ansatzes der Selektion von und Investition in Kunden entsprechend ihres wirtschaftlichen Potenzials betont.

Hinsichtlich der im Customer Relationship Management zum Einsatz kommenden **Technologien** lassen sich drei zentrale Bereiche unterscheiden (vgl. *Zipser* 2001, S. 38):

- Als Grundlage des Customer Relationship Management dient üblicherweise ein umfassendes „Data Warehouse“, in dem kundenbezogene Informationen aus unterschiedlichen, operativen Quellen extrahiert, in ein einheitliches Datenformat transformiert und zu einer konsistenten Datenbasis integriert werden. Aufbauend hierauf werden zur Datenanalyse unterschiedliche Verfahren eingesetzt. Am weitesten verbreitet sind die Konzepte des „Online Analytical Processing“ (OLAP), bei dem zur Datenanalyse bereits vorab definierte Dimensionen und vermutete Zusammenhänge zugrunde gelegt werden, und des „Data Mining“, bei dem nach neuen, bisher unbekannten Mustern in der Datenbasis geforscht wird.
- Im so genannten „Front Office“ wird der Dialog mit dem Kunden über alle Kanäle – etwa über den Außendienst, über Mitarbeiter in Filialen, über Call Center, Fax, Mailing, Internet und dergleichen – informationstechnisch unterstützt.
- Im „Back Office“ werden die betreffenden Geschäftsprozesse – üblicherweise mit Hilfe von ERP-Systemen (Enterprise-Resource-Planning-Systeme, z.B. von *SAP*) automatisiert – entsprechend der kunden- bzw. transaktionsspezifischen Anforderungen abgewickelt.

Gemeinsam müssen die konzeptionell-strategischen Prinzipien und die informationstechnologischen Komponenten des Customer Relationship Management für jeden – ökonomisch sinnvollen – Kunden sicherstellen, „... dass er nach freier Entscheidung zwischen allen Kanälen wählen und wechseln kann [...], ohne dabei jemals das Gefühl zu haben, in der Kommunikation mit seinem jeweiligen neuen Gesprächspartner wieder `bei Null´ anzufangen. Sowohl er als auch sein jeweiliger Gesprächspartner greifen den Faden genau da auf, wo die letzte Kommunikation endete“ (*Link* 2001, S. 4 f.).

6.2.2 Methoden zur Entwicklung von Wettbewerbsstrategien

Die im letzten Abschnitt dargestellten Managementkonzepte – und hier vor allem die Grundgedanken der strategischen Wettbewerbsvorteile – bilden den wesentlichen Orientierungsrahmen für die Tätigkeit eines Strategieberaters auf Geschäftsbereichsebene. Zur Umsetzung der entsprechenden Prinzipien im Rahmen eines konkreten Projektes kann ein Berater auf ein umfangreiches methodisches Instrumentarium zurückgreifen. Dieses lässt sich in Anlehnung an das eingangs dargestellte Grundschema zur wettbewerbsstrategischen Ausrichtung der Aktivitäten in einem Geschäftsfeld anhand der folgenden Fragestellungen systematisieren: Welche Chancen und Risiken zeichnen sich für das betrachtete Geschäftsfeld ab? Welche Stärken besitzt das Unternehmen, um die bestehenden Chancen zu nutzen und die drohenden Risiken abzuwenden? Welche Schwächen stehen dem gegenüber, die dies beeinträchtigen könnten? Welche strategischen Optionen bieten sich dem Unternehmen? Wie lassen sich diese Optionen bewerten und priorisieren? Im Folgenden werden die gängigsten Methoden dargestellt, um (1) Chancen und Risiken in der Unternehmensumwelt zu identifizieren, (2) die Stärken und Schwächen eines Unternehmens aufzudecken und (3) mögliche strategische Optionen abzuleiten, zu bewerten und eine von ihnen zur Umsetzung auszuwählen.

6.2.2.1 Umweltanalyse

Die Umweltanalyse zielt darauf ab, die externen Einflussgrößen eines Geschäftsfelds systematisch zu erfassen, um zukünftige Trends frühzeitig zu erkennen und auf ihrer Grundlage mögliche **Chancen und Risiken** für das betreffende Geschäft zu identifizieren. Dabei unterscheidet man zwischen einer „engeren" und einer „weiteren" Unternehmensumwelt. Die engere Umwelt entspricht der Branche, in der ein Geschäftsfeld angesiedelt ist – also den Beziehungen des betreffenden Geschäftsbereichs zu seinen Lieferanten und Abnehmern, zu konkurrierenden Unternehmen, zu den Anbietern potenzieller Ersatzprodukte und zu Akteuren, die in dem analysierten Geschäftsfeld zwar noch nicht aktiv sind, die jedoch einen Einstieg erwägen könnten. Zur Analyse dieser auch als „Mikro-Umwelt" bezeichneten Faktoren kann im Wesentlichen auf die Methodik der Branchenstrukturanalyse und auf die Erkenntnisse des Branchenlebenszyklus' zurückgegriffen werden (siehe Abschnitt 5.2.2.3). Im Mittelpunkt steht dabei jedoch nicht wie auf der Ebene des Gesamtunternehmens eine generelle Beurteilung der Branchenattraktivität, sondern die Ableitung konkreter Strategien, die dazu geeignet sind, dem betrachteten Geschäftsbereich im Wechselspiel der fünf Marktkräfte entlang des Lebenszyklus' eine möglichst vorteilhafte Position zu verschaffen. Insofern dienen die Branchenstrukturanalyse und der Branchenlebenszyklus hier also einer systematischen Aufdeckung von Chancen und Risiken in der engeren Umwelt des betrachteten Geschäftsfelds.

Zur Analyse der weiteren Unternehmensumwelt, die auch als „Makro-Umwelt" bezeichnet wird, können verschiedene Methoden zum Einsatz kommen. Zu den wichtigsten zählen die Indikatoranalyse und die Szenarioanalyse. Im Rahmen der **Indikatoranalyse** werden zunächst verschiedene Analysefelder definiert, die für den wirtschaftlichen Erfolg in einem Geschäftsfeld als relevant angesehen werden (vgl. *Kreikebaum* 1997, S. 40 ff.; *Hungenberg* 2000, S. 74 ff.; *Welge/Al-Laham* 1999, S. 185 ff.). In einem zweiten Schritt wird ihre zukünftige Entwicklung anhand geeigneter Indikatoren prognostiziert, um hieraus konkrete Chancen und Risiken für das betrachtete Geschäftsfeld abzuleiten. Zur Definition der relevanten Analysefelder werden unterschiedliche Klassifikationen vorgeschlagen, von denen im angelsächsischen Sprachraum vor allem die so genannte PEST-Analyse (für political, economical, social und technological) bzw. die PESTEL-Analyse (erweitert um ecological und legal) eine weite Verbreitung gefunden haben. In Anlehnung hieran wird im deutschen Sprachraum zumeist eine Gliederung in politisch-rechtliche, ökonomische, technologische, soziokulturelle und ökologische Aspekte vorgenommen. Grundsätzlich gilt jedoch, dass die in einer spezifischen Situation relevanten Analysefelder nur im Kontext des betrachteten Geschäftsfelds individuell definiert werden können. Ist dies geschehen, müssen im nächsten Schritt für jedes einzelne Analysefeld Indikatoren gefunden werden, anhand derer seine zukünftige Entwicklung möglichst gut abgebildet werden kann. Einige Beispiele mögen dies veranschaulichen (siehe Abb. 6-3): Die politisch-rechtliche Umwelt etwa definiert die von staatlicher Seite geschaffenen Rahmenbedingungen eines Geschäftsfelds. Beispielhafte Indikatoren hierfür sind z.B. die Wirtschafts-, Wettbewerbs- und Konjunkturpolitik in den relevanten Regionen, die entsprechende Steuer-, Arbeitsmarkt- und Beschäftigungspolitik, die Regulierung und Deregulierung relevanter Absatz- und Beschaffungsmärkte oder die Gesetzgebung zum Patentschutz. Die ökonomische Umwelt, als zweites Beispiel, bezieht sich auf die gesamtwirtschaftliche Lage. Sie kann anhand von Indikatoren wie der Entwicklung des Bruttosozialproduktes, der Entwicklung der Zahl und der Struktur der Erwerbspersonen, der Einkommensentwicklung, der Inflationsrate oder der Entwicklung der für das betrachtete Geschäftsfeld relevanten Investitionen prognostiziert werden. Die entsprechenden Prognosen basieren dabei in aller Regel auf einer Extrapolation vergangener Entwicklungen quantitativer Indikatoren in die Zukunft – beispielsweise mithilfe einer Regressionsanalyse. Generell sollte bei der Auswahl der Indikatoren jedoch darauf geachtet werden, neben leicht messbaren „harten Faktoren" wie z.B. der Entwicklung des Sozialproduktes auch „weiche Faktoren" wie etwa die Veränderungen des ökologischen Bewusstseins der Bevölkerung zu berücksichtigen. Zudem entwickeln sich die betrachteten Indikatoren in aller Regel nicht unabhängig von-

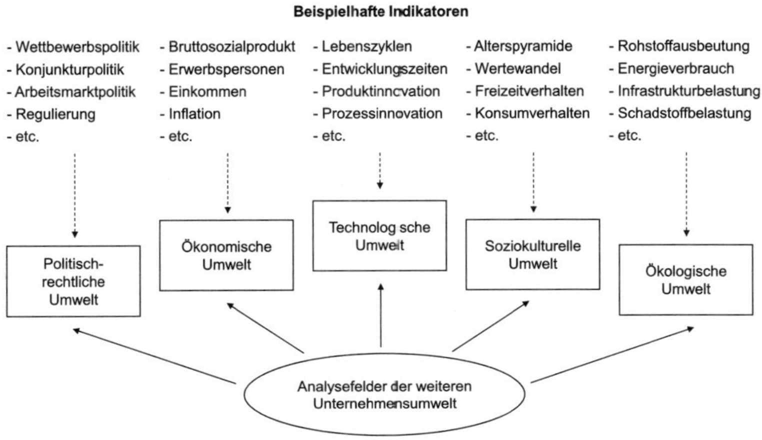

Abb. 6-3: Indikatoranalyse

einander. So können beispielsweise Veränderungen der Alterspyramide einen Wertewandel in einer Gesellschaft bewirken oder politische Umbrüche die gesamtwirtschaftliche Entwicklung beeinflussen.

Anders als die Indikatoranalyse versucht die **Szenarioanalyse** nicht, vergangene Entwicklungen in die Zukunft fortzuschreiben, sondern auf der Basis einer „vorausschauenden Betrachtung" die zukünftige Entwicklung eines Projektionsobjektes – beispielsweise des Umsatzes, des Gewinns oder der Kapitalrendite – bei alternativen Rahmenbedingungen zu beschreiben (vgl. *Kahn/Wiener* 1968; *Oberkampf* 1976; *Geschka/Hammer* 1992; *Bea/Haas* 1997, S. 264 ff.). Man versucht dabei nicht, ein einzelnes, exaktes Bild der Zukunft zu zeichnen, sondern entwirft mehrere alternative Entwicklungslinien, die in unterschiedliche Szenarien münden. Dabei wird davon ausgegangen, dass die Zukunft nur beschränkt vorhersehbar ist, so dass auch ungewisse, spekulative Entwicklungen in Form von Störereignissen berücksichtigt werden können. Das Ziel der Szenarioanalyse ist es, auf der Grundlage alternativer aber konsistenter Annahmebündel die Bandbreite zukünftiger Entwicklungen abzubilden. Neben quantitativen Größen finden dabei vor allem auch qualitative Sachverhalte und ihre Wechselwirkungen Beachtung. In Abbildung 6-4 ist die zugrunde liegende Methodik visualisiert: Je weiter man sich mit einer Vorhersage in die Zukunft begibt, desto stärker öffnet sich durch den abnehmenden Einfluss deterministischer Größen ein trichterförmiger „Möglichkeitsraum", der das Feld potenzieller Entwicklungen aufzeigt und durch die Extremszenarien E und E' begrenzt wird. Auf der Schnittfläche des Trichters befinden sich als alternative Projektionen der Zukunft die Szenarien zum betrachteten Zukunftszeitpunkt t = 3. Im Zentrum des Trichters steht das Trendszenario T. Es entspricht einer Trendexploration auf der Basis vergangener Daten. Szenario S bringt eine davon abweichende, von den betreffenden Analysten als plausibel erachtete Entwicklung zum Ausdruck. Tritt zum Zeitpunkt t = 1 ein Störereignis ein, auf das zum Zeitpunkt t = 2 korrigierend reagiert wird, resultiert Szenario S'. In der Literatur gehen die Meinungen darüber, wie viele Szenarien im Rahmen einer Analyse entwickelt werden sollten, auseinander. In der Praxis sind es zumeist drei bis fünf, die umfassend formuliert, diskutiert und ausgewertet werden. Bei einer größeren Zahl steigt der Aufwand für die Erstellung stark an, während die Transparenz leidet.

Die grundsätzliche Vorgehensweise der Szenarioanalyse, die von Fall zu Fall variieren kann (zu einem Anwendungsbeispiel siehe Abschnitt 6.2.3.1), lässt sich grob in drei Schritte gliedern: Analyse, Projektion und Auswertung. Im ersten Schritt, der Analyse, wird die Unternehmensumwelt zunächst in einzelne Segmente aufgeteilt. Hierzu kann man sich beispielsweise an der oben beschriebenen PEST- oder PESTEL-Systematik orientieren. Zur Projektion werden auch hier zunächst Indikatoren zur Beschreibung der Umweltsegmente festgelegt, für die Ist-Werte und – auf der Basis spezifischer Annahmen – Trends ermittelt werden. Für „kritische" Indikatoren, die aufgrund einer besonders hohen Unsicherheit eine einwertige Entwicklungsprognose nicht sinnvoll erscheinen lassen, werden konsistente Annahmebündel gebildet, die alternative Entwicklungen kennzeichnen. Durch eine Aggregation der Annahmebündel der kritischen mit den Trends der unkritischen Indikatoren werden über mehrere zeitliche Stufen verschiedene Szenarien gebildet. Schließlich wird die Wirkung, die mögliche Störereignisse auf die Szenarien ausüben könnten, analysiert – auf der Basis der gewonnenen Erkenntnisse werden die Szenarien gegebenenfalls modifiziert oder es werden weitere hinzugenommen. Im Rahmen der Auswertung werden die Auswirkungen der Szenarien auf das Untersuchungsobjekt analysiert und mögliche Chancen und Risiken identifiziert.

Zur Vorhersage der zukünftigen Entwicklung der betrachteten Einflussgrößen wird im Rahmen der Szenarioanalyse weniger stark auf quantitative Prognoseverfahren zurückgegriffen als bei der Indikatoranalyse. Im Mittelpunkt stehen vielmehr Experteneinschätzungen, die beispielsweise mithilfe der so genannten Delphi-Methode gewonnen werden können. Hierzu werden zunächst die Experten, die an der Analyse mitwirken, unabhängig voneinander zur Beantwortung eines Fragebogens aufgefordert. Die Ergebnisse werden statistisch ausgewertet und die Mittelwerte allen Experten zurückgespielt. Im Falle stark abweichender Antworten werden den Mittelwerten zudem anonymisierte Begründungen der betreffenden Experten beigefügt. Diese Schritte werden etwa zwei- bis dreimal wiederholt. Auf diese Weise erhofft man sich, das Wissen mehrerer Experten mit Rückkopplungsmöglichkeiten zu nutzen und durch die Anonymisierung zu-

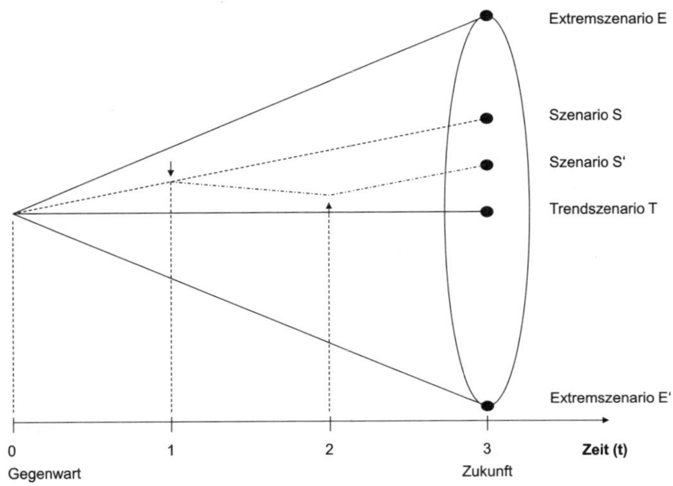

Abb. 6-4: Szenarioanalyse

gleich eine unerwünschte gegenseitige Einflussnahme auszuschließen. Es wird jedoch auch deutlich, dass die Qualität der Szenarioanalyse entscheidend von der fachlichen Qualifikation der beteiligten Personen und ihrer Fähigkeit zu ganzheitlichem und kreativem Denken abhängig ist. Zudem können sich in der Praxis erhebliche Akzeptanzprobleme einstellen, wenn die relevanten Entscheidungsträger selbst nicht an der Szenariobildung beteiligt sind.

6.2.2.2 Unternehmensanalyse

Während sich die Umweltanalyse mit den externen, von einem Unternehmen nicht (unmittelbar) zu beeinflussenden Chancen und Risiken befasst, die sich in einem Geschäftsfeld abzeichnen, untersucht die Unternehmensanalyse die internen – und damit direkt gestaltbaren – **Stärken und Schwächen** des Geschäftsbereichs, der die Aktivitäten auf dem betreffenden Markt verantwortet. Entsprechend der Grundidee strategischer Wettbewerbsvorteile werden dabei nicht die objektiven, sondern die am Markt subjektiv wahrgenommenen Stärken und Schwächen eines Unternehmens bzw. eines Geschäftsbereichs im Vergleich zu seinen relevanten Wettbewerbern betrachtet. Die Unternehmensanalyse basiert somit auf einer *externen* Einschätzung der Leistungsfähigkeit eines Unternehmens. Als Bewertungsmaßstab wird dabei häufig die Sicht der Abnehmer der Leistungen herangezogen. Entscheidet man sich für diese Perspektive, gilt es zunächst, die **kritischen Erfolgsfaktoren** zu identifizieren, die ausschlaggebend dafür sind, ob ein potenzieller Kunde die angebotenen Produkte bzw. Leistungen erwirbt oder nicht. Sofern hierzu keine Sekundärdaten vorliegen, können diese Faktoren entweder durch eine direkte Befragung repräsentativer Kunden oder durch eine Befragung sachkundiger Dritter – etwa Händler oder Vertriebsmitarbeiter – erhoben werden. Typische kaufentscheidende Faktoren sind z.B. der Preis, die Qualität, das Design oder die Lieferzeit eines Produktes. Da üblicherweise nicht allen Faktoren die gleiche Bedeutung beigemessen wird, muss auch sie von den Kunden erfragt werden. Dies kann beispielsweise mithilfe einer Ratingskala geschehen. Im nächsten Schritt gilt es, einen geeigneten Vergleichsmaßstab für die Leistungsfähigkeit des betrachteten Unternehmens in Bezug auf die identifizierten Erfolgsfaktoren zu definieren.

In der Praxis werden in diesem Zusammenhang verschiedene Vorgehensweisen praktiziert. So können etwa die Marktführer im betrachteten Geschäftsfeld als Maßstab herangezogen werden. Nicht immer sind diese jedoch die entscheidenden Wettbewerber eines Unternehmens. Gerade für kleinere Anbieter kann es sinnvoll sein, nicht die führenden, sondern die für das eigene Geschäft „relevanten" Wettbewerber zugrunde zu legen. Eine andere Möglichkeit besteht darin, für jeden einzelnen Erfolgsfaktor denjenigen Wettbewerber als Referenz anzusetzen, der diesen Faktor in den Augen der Kunden am besten erfüllt. Dies würde dem Ansporn entsprechen, in allen betrachteten Bereichen selbst zum besten Anbieter werden zu wollen. Häufig ist dies allerdings nicht erforderlich, geschweige denn wirtschaftlich sinnvoll, vergleicht man sich doch mit einem fiktiven Idealunternehmen, das in dieser Form am Markt gar nicht existiert. Ist der Vergleichsmaßstab festgelegt, muss nun wiederum aus Kundensicht die eigene Leistungsfähigkeit mit der Leistungsfähigkeit der ausgewählten Wettbewerber verglichen werden. Auch hier kann eine Ratingskala ein geeignetes Instrument zur Datenerhebung sein. Zur Darstellung der Ergebnisse kann die in Abbildung 6-5 gezeigte Vier-Felder-Matrix herangezogen werden. Im vorliegenden Fall wird davon ausgegangen, dass die Bedeutung der Erfolgsfaktoren auf einer fünfstufigen Skala mit den Extremwerten 1 („sehr gering") und 5 („sehr hoch") abgefragt wurde und die Erfüllung der Erfolgsfaktoren im Vergleich zum Wettbewerb auf einer ebenfalls fünfstufigen Skala mit den Polen +2 („deutlich besser") und -2 („deutlich schlechter"). Die Matrixwerte der einzelnen Faktoren ergeben sich durch Mittelwertbildung über die befragten Kunden. Aus der Matrix selbst lassen sich die am Markt wahrgenommenen Stärken (hier die Lieferzeit) und Schwächen (hier der Preis) eines Unternehmens in Bezug auf die wichtigsten kaufentscheidenden Faktoren ablesen. Zudem lassen sich solche Bereiche identifizieren, in denen die Leistungsfähigkeit des Unternehmens höher ist als erforderlich (hier der Service) und erste strategische Maßnahmen ableiten: Werden im dargestellten Beispiel Ressourcen im Servicebereich abgebaut, können die freigesetzten Mittel dazu verwendet werden, den Preis auf ein attraktiveres Niveau abzusenken.

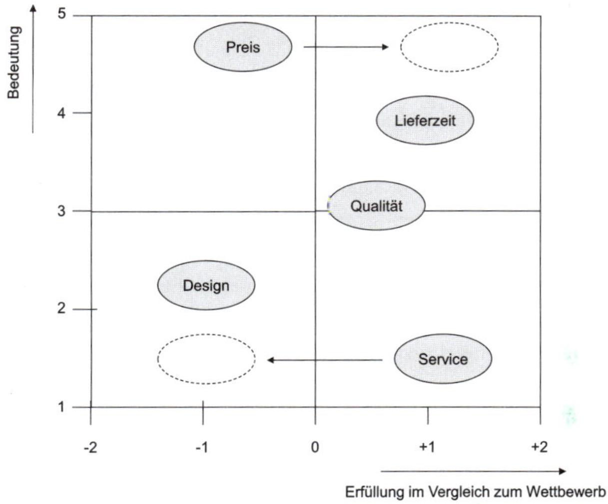

Abb. 6-5: Erfolgsfaktorenanalyse

Wie es das Konzept der strategischen Wettbewerbsvorteile nahe legt, wurde in den obigen Ausführungen die Kundenperspektive in den Mittelpunkt gestellt. Wettbewerbsvorteile können jedoch nicht nur auf dem Absatzmarkt erzielt werden. Grundsätzlich verlangen alle relevanten Anspruchsgruppen eines Unternehmens, dass sich dieses ihnen gegenüber im Wettbewerb behauptet – im Wettbewerb um die qualifiziertesten Mitarbeiter, die attraktivsten Finanzkonditionen, die preiswertesten Rohstoffe etc. Entsprechend ist die oben dargestellte Methodik lediglich ein Teil einer umfassenden **Stakeholderanalyse**, die nicht nur bei den Kunden, sondern bei allen Anspruchsgruppen eines Unternehmens ansetzt. Die Vorgehensweise entspricht den oben dargestellten Schritten, nur dass zur Identifikation und Bewertung der betreffenden Erfolgsfaktoren die Perspektive der jeweiligen Stakeholder eingenommen wird.

Die Unternehmensanalyse basiert auf einer subjektiven, externen Einschätzung der Stärken und Schwächen eines Unternehmens in einem bestimmten Geschäftsfeld. Sie analysiert die von Kunden und anderen Anspruchsgruppen wahrgenommenen Vorteile des Unternehmens gegenüber seinen Konkurrenten aus der externen Perspektive seiner Stakeholder. Im Mittelpunkt steht das Potenzial des Unternehmens, *Effektivitäts*vorteile zu erzielen. Die Fragestellungen, ob und wie diese Vorteile in den internen Prozessen eines Geschäftsbereichs faktisch realisiert, bzw. ob und wie gegebenenfalls zusätzliche *Effizienz*vorteile erreicht werden können, liegen im Bereich der Organisationsberatung.

6.2.2.3 Identifikation und Bewertung strategischer Optionen

Zur Identifikation der strategischen Optionen in einem Geschäftsfeld müssen die Chancen und Risiken, die im Rahmen der Umweltanalyse aufgedeckt wurden, und die Stärken und Schwächen, die aus der Unternehmensanalyse resultieren, systematisch ausgewertet werden. Ein praktikables Hilfsmittel hierzu ist die **SWOT-Analyse**, die die Stärken (Strengths), Schwächen (Weaknesses), Chancen (Opportunities) und Risiken (Threads) in einer Vier-Felder-Matrix mit einer Umwelt- und einer Unternehmensachse einander gegenüberstellt (siehe Abb. 6-6). Aus dieser Systematik ergeben sich vier grundsätzliche strategische Optionen: SO-Strategien basieren auf den vorhandenen Stärken eines Unternehmens und zielen darauf ab, die Chancen, die sich in seiner Umwelt bieten, wahrzunehmen. WO-Strategien haben das Ziel, interne Schwächen zu beseitigen, um die bestehenden Chancen nutzen zu können. Mittelfristig sollen die betreffenden Schwächen in Stärken transformiert werden, um auf diese Weise eine SO-Position zu erlangen. ST-Strategien zielen darauf ab, die Stärken eines Unternehmens zu nutzen, um drohende Risiken abzuwenden oder zumindest die von ihnen ausgehenden Gefahren zu minimieren. WT-Strategien schließlich haben zum Ziel, die Gefahren im Umfeld durch einen Abbau der internen Schwächen zu reduzieren. Da die Kombination von Schwächen und Risiken für ein Unternehmen die gefährlichste Konstellation darstellt, wird WT-Strategien in der Praxis häufig eine hohe Priorität eingeräumt.

Bei der Ableitung strategischer Optionen stellt sich die Frage, auf welche Weise sich ein Unternehmen bzw. ein Geschäftsbereich prinzipiell im Wettbewerb mit seinen Konkurrenten positionieren will, um nachhaltige Wettbewerbsvorteile zu erlangen. *Porter* (1985) unterscheidet auf der Grundlage empirischer Arbeiten der Industrieökonomik zwei grundsätzliche strategische Stoßrichtungen, die er als „generische Wettbewerbsstrategien" bezeichnet: Kostenführerschaft und Differenzierung. Das Ziel einer **Kostenführerschaftsstrategie** besteht darin, der kostengünstigste Wettbewerber auf einem Markt zu sein. Ein Unternehmen, das diese Strategie verfolgt, strebt es an, die eigenen Stückkosten unter das Niveau der relevanten Konkurrenten abzusenken, indem es die von ihm angebotene Leistung billiger entwickelt, produziert oder am Markt vertreibt. Erreicht werden kann dies auf zwei Wegen: Entweder, es werden *einzelne* Wertschöpfungsaktivitäten kostengünstiger ausgeführt als die Konkurrenz dazu in der Lage ist, oder es ergeben sich Effizienzvorsprünge durch eine einzigartige Gestaltung des *gesamten* Wertschöpfungssystems. Eine Kostenführerschaftsstrategie ist vor allem dann nahe liegend, wenn die von den Kunden wahrgenommene Bedeutung des Preises als kaufentscheidende Eigenschaft hoch ist. Insbesondere auf so genannten Commodity-Märkten, auf denen die angebotenen Produkte stark standardisiert sind

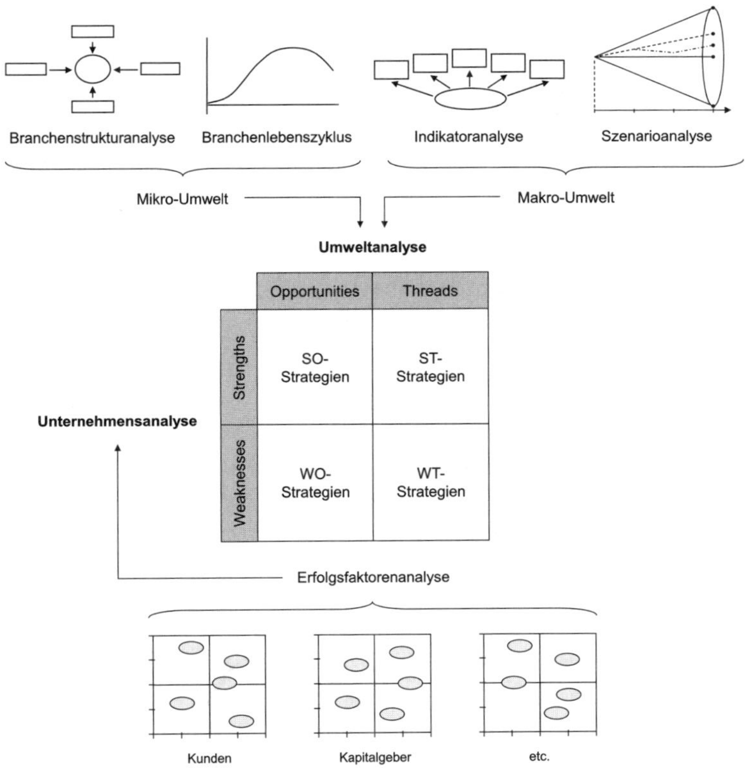

Abb. 6-6: SWOT-Analyse

und die Preistransparenz hoch ist, ist dies der Fall – also etwa bei Papier, Flachglas, Kohle oder Stahl.

Die Strategie der Kostenführerschaft ist eng verbunden mit den Erkenntnissen der **Erfahrungskurve**, die Anfang der 1960er Jahre von der *Boston Consulting Group* publiziert wurden (vgl. *Henderson* 1984). Sie beschreibt die Entwicklung der Stückkosten eines Produktes in Abhängigkeit der produzierten Menge (siehe Abb. 6-7). In verschiedenen empirischen Studien konnte die *Boston Consulting Group* zeigen, dass sich die inflationsbereinigten Stückkosten (Fertigungskosten, Kapitalkosten, Verwaltungskosten, Vertriebskosten etc.) mit jeder Verdopplung der Produktionsmenge bezogen auf die eigene Wertschöpfung um 20 bis 30 Prozent reduzieren lassen – vorausgesetzt, die entsprechenden Rationalisierungspotenziale werden aktiv erschlossen. Als Ursache für diesen Zusammenhang werden vor allem Lern- und Skaleneffekte angeführt. Lerneffekte erklären den Kostenrückgang mit einer sukzessiven Verbesserung der Fertigkeiten der Mitarbeiter durch eine Einübung häufig wiederholter Arbeitsschritte. Festgestellt wurden sie erstmals in der amerikanischen Flugzeugindustrie, als man erkannte, dass die Montagezeiten – und damit die Kosten pro Flugzeug – bei steigendem Produktionsvolumen abnahmen (vgl. *Wright* 1939). Skaleneffekte (Economies of Scale) bezeichnen den auch als „Gesetz der Massenproduktion“ bekannten Umstand, dass mit einer Erhöhung des Inputs eine überproportionale Erhöhung des Outputs realisiert werden kann – vor allem aufgrund der Fixkostendegression und eines Übergangs zu wirtschaftlicheren Fertigungsverfahren. Als strategische Implikation lässt sich aus den Erkenntnissen der Erfahrungskurve der Schluss ableiten, dass ein Unternehmen über eine Ausweitung seines Marktanteils – und damit seiner produzierten Menge – einen Kostenvorteil im Sinne einer Kostenführerschaftsstrategie realisieren kann, der es ihm wiederum ermöglicht, seinen Marktanteil zu stabilisieren bzw. weiter auszubauen.

Die zweite von *Porter* formulierte wettbewerbsstrategische Stoßrichtung, die **Differenzierungsstrategie**, zielt darauf ab, die eigenen Produkte und Leistungen so zu gestalten, dass sie sich aus der Perspektive der adressierten Zielgruppe deutlich positiv von den Angeboten der Konkurrenz abheben („differenzieren“), so dass die Kunden bereit sind, eine Preisprämie für den Erwerb der Produkte und Leistungen zu entrichten. Ansatzpunkte zur Differenzierung bieten sich z.B. im Bereich der Qualität, des Designs, der Markenbildung sowie der Zusatz- und Serviceleistungen. *Porter* geht davon aus, dass sich ein Unternehmen bzw. ein Geschäftsbereich in aller Regel auf *einen* der Strategietypen – Kostenführerschaft oder Differenzierung – fokussieren muss. Andernfalls drohe die Gefahr eines „Stuck in the Middle“, einer Zwischenposition ohne klare Positionierungs- und Wettbewerbsvorteile, die letztendlich die Rentabilität gefährde. In der Literatur wird *Porter* in diesem Zusammenhang bisweilen vorgehalten, dass in empirischen Studien belegt werden konnte, dass auch eine Kombination beider Strategietypen – eine so genannte **Hybridstrategie** – in der Praxis erfolgreich praktiziert werden kann. Auch *Porter* selbst weist jedoch bereits darauf hin, dass dies unter bestimmten Bedingungen durchaus der Fall sein kann, etwa dann, wenn die Einführung technologischer Innovationen entsprechende Potenziale eröffnet, oder wenn die relevanten Wettbewerber selbst weder eine konsequente Differenzierungs- noch eine Kostenführerschaftsstrategie verfolgen (vgl. *Porter* 1999b, S. 47 f.).

Porters generische Wettbewerbsstrategien zeigen die möglichen Grundrichtungen auf, an denen sich ein Unternehmen bei der Formulierung strategischer Optionen orientieren kann. Um die entwickelten Optionen zu bewerten und um eine von ihnen zur Umsetzung auszuwählen, können verschiedene qualitative und quantitative Kriterien herangezogen werden (vgl. *Hungenberg* 2000, S. 182 ff.; *Welge/Al-Laham* 1999, S. 484 ff.). Praktikable qualitative Kriterien sind etwa der „Fit“, die Plausibilität sowie die Umsetzbarkeit einer strategischen Option. Der Fit beschreibt ihre Widerspruchsfreiheit und ihre Konsistenz mit den Unter-

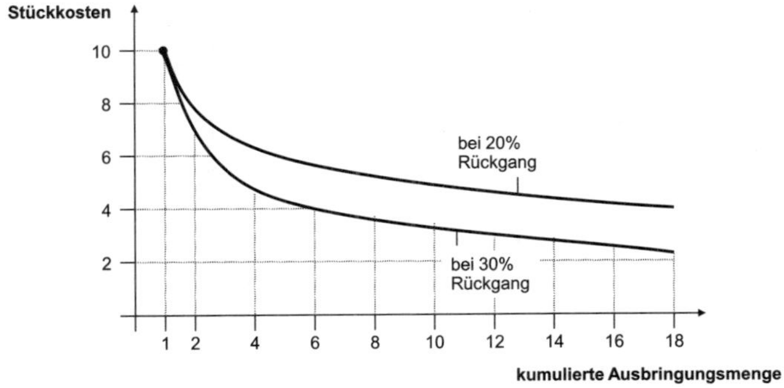

Abb. 6-7: Erfahrungskurve

nehmensressourcen und den Umweltanforderungen entsprechend einer SWOT-Analyse. Die Plausibilität bringt die Nachvollziehbarkeit und die Begründbarkeit der Annahmen zum Ausdruck, die einer Strategiealternative zugrunde liegen. Die Umsetzbarkeit bewertet die Fähigkeit des Unternehmens, die formulierte Strategie tatsächlich erfolgreich zu realisieren. Üblicherweise beginnt die Bewertung alternativer Strategieoptionen mit einer möglichst vollständigen Evaluation der zugrunde gelegten qualitativen Kriterien im Sinne einer Vorauswahl, bevor zur Endauswahl die quantitativen Auswirkungen der Optionen auf die strategischen Ziele analysiert werden. Als quantitative Bewertungskriterien können unterschiedliche ökonomische Kennzahlen herangezogen werden. Dabei bilden die strategischen Ziele, die dem betreffenden Geschäftsbereich von der Unternehmensleitung vorgegeben wurden, den übergeordneten Bewertungsmaßstab. Entsprechend kommen in der Praxis vor allem die in Abschnitt 5.2.2.5 beschriebenen wertorientierten Kennzahlen der Unternehmensspitze oder Rentabilitätskennziffern zum Einsatz.

In methodischer Hinsicht lassen sich drei Gruppen von **Bewertungsverfahren** unterscheiden (vgl. *Wilde* 1989, S. 161 ff.): Methoden zur Dokumentation und Prüfung von Erfolgsfaktoren, Methoden zur Berücksichtigung von Wirkungsrelationen sowie Methoden zur Berücksichtigung von Wirkungsrelationen und Strategiefolgen. Der ersten Gruppe werden Checklisten und Strategieprofile zugerechnet. **Checklisten** basieren auf einem Katalog verschiedener Kriterien – den so genannten Erfolgsfaktoren –, deren Erfüllung für jede strategische Option der Reihe nach überprüft wird. **Strategieprofile** ergänzen diese Vorgehensweise um eine Bewertung der Optionen hinsichtlich ihrer Erfüllung der einzelnen Erfolgsfaktoren. Üblicherweise wird die entsprechende Bewertung auf einer Ordinalskala vorgenommen – z.B. in der Form sehr gut, gut, mittel, schlecht, sehr schlecht. Methoden der zweiten Gruppe unterscheiden sich von der ersten durch eine Verknüpfung der Einzelbewertung der verschiedenen Erfolgsfaktoren zu ei-

	Erfolgsfaktor	Gewicht	Bewertung* 1	2	3	4	5	Wert	(Teil-)Nutzwert
Attraktivität des Absatzmarktes		0,50							
1	Marktgröße				●			3	
2	reale Wachstumsrate			●				2	
3	Wettbewerbssituation				●			3	
4	Ergänzung des bisherigen Programms			●				2	
5	Einfügung in bisherigen Vertrieb						●	5	
	Σ							15	0,50 × 15 = 7,5
Fertigungspotenzial		0,30							
1	Bestehende Fertigungskenntnisse						●	5	
2	Ausnutzung von Überkapazitäten				●			3	
3	Standortvorteile						●	5	
4	Fertigungskosten			●				2	
	Σ							15	0,30 × 15 = 4,5
Finanzierungspotenzial		0,20							
1	Verfügbarkeit der benötigten Mittel				●			3	
2	Kosten der benötigten Mittel			●				2	
	Σ							5	0,20 × 5 = 1,0
	Σ	1,00							13,0

* Bewertungsskala: 1 = sehr schlecht, 2 = schlecht, 3 = mittel, 4 = gut, 5 = sehr gut

Abb. 6-8: Nutzwertanalyse

ner vergleichenden Gesamtbewertung. Auf diese Weise können Wirkungsrelationen zwischen den Erfolgsfaktoren – zumindest teilweise – berücksichtigt werden. Die größte praktische Relevanz kommt in dieser Verfahrensgruppe der **Nutzwertanalyse** zu (siehe Abb. 6-8). Sie beurteilt die zur Wahl stehenden Strategiealternativen anhand einer abstrakten Indexzahl – dem „Nutzwert" –, ohne jedoch, dass ihre Erfolgspotenziale konkret fassbar werden. Die Methoden der dritten Gruppe versuchen dieses Manko zu überwinden, indem sie durch eine Quantifizierung der Erfolgspotenziale einer strategischen Option eine vergleichbare und anschauliche Bewertungsgrundlage schaffen. Vor allem computergestützten **Finanzsimulationen** kommt dabei in der Praxis eine zunehmende Bedeutung zu. Mit ihrer Hilfe können die Finanzwirkungen strategischer Optionen erfasst und in einer Kennzahl – z.B. dem Cashflow, dem ROI oder dem Shareholder Value – zusammengefasst werden.

6.2.3 Ansätze zur Entwicklung von Wettbewerbsstrategien

Nahezu alle führenden Beratungsunternehmen haben eigene Ansätze entwickelt, um ihre Klienten bei der Formulierung von Wettbewerbsstrategien zu unterstützen.

Im Folgenden werden exemplarisch drei dieser Ansätze vorgestellt, denen in der Literatur und in der Praxis eine gewisse Popularität zuteil geworden ist. Zum einen ist dies die „Ambition Driven Strategy", mit der *Arthur D. Little* einen vorausschauenden Strategieentwicklungsprozess kreiert hat, der sich auf der Grundlage der Szenarioanalyse von klassischen, vergangenheitsorientierten Planungsansätzen bewusst abgrenzt. Der Grundgedanke der Ambition Driven Strategy beruht auf der Annahme, dass erfolgreiche Unternehmen visionäre Vorstellungen über die Märkte der Zukunft entwickeln und dass sie dazu in der Lage sind, diese Vorstellungen in wirtschaftliche Erfolge umzusetzen.

Wie ein solcher wirtschaftlicher Erfolg auf Geschäftsbereichsebene zu definieren ist, um mit den übergeordneten, wertorientierten Zielen des Gesamtunternehmens im Einklang zu stehen, damit setzt sich der zweite Ansatz auseinander, der von *Oliver Wyman* entwickelt wurde. Unter der Überschrift „Value Growth" wird eine Methodik beschrieben, die dazu dient, diejenigen Erfolgsmuster in einem Geschäftsfeld zu identifizieren, die zu einer nachhaltigen Steigerung des Unternehmenswertes führen. Dabei legen die Berater als übergeordneten Erfolgsmaßstab eine ausgewogene Balance aus Marktkapitalisierung, EBIT-Wachstum und Umsatzwachstum an – und verbinden diese mit der folgenden wettbewerbsstrategischen These: Nicht auf die Höhe des Marktanteils kommt es an – wie es etwa die aus der Erfahrungskurve gewonnenen Erkenntnisse der *Boston Consulting Group* nahe legen –, sondern auf den größten Wertanteil innerhalb eines definierten Industriesektors.

Auch der dritte Ansatz, der in diesem Kapitel vorgestellt wird, beschäftigt sich mit dem Verhältnis von Gewinn zu Wachstum und Wertsteigerung. Im Mittelpunkt steht dabei die Kundenorientierung, die als zentraler Wettbewerbsfaktor angesehen wird. Der „Net Promotor Score" von *Bain & Company* beschreibt ein einfaches Prinzip, das es einem Unternehmen ermöglicht, auf der Grundlage einer einzigen Frage die eigene Kundenorientierung effizient zu messen, um die Anzahl loyaler Kunden signifikant zu steigern. Denn – so die Grundthese des Ansatzes – nur loyale Kunden kaufen mehr Produkte, sind länger treu und werben ihrerseits neue Kunden.

In den folgenden Abschnitten werden die drei genannten Ansätze – (1) die Ambition Driven Strategy, (2) der Ansatz des Value Growth und (3) der Net Promotor Score – im Einzelnen vorgestellt.

6.2.3.1 Ambition Driven Strategy

Die Ambition Driven Strategy (ADS) wurde Mitte der 1990er Jahre von *Arthur D. Little* als „Ambitionen-getriebener" Gegenpol zu klassischen, „Konditionengetriebenen" Strategieansätzen entwickelt (vgl. *Klein/Kurz/Ortwein* 1997; *Buch-*

holtz/Seidel 1997; *Fink* 1999; *Gerhard/Mühlhäuser* 2002). Anders als diese, versucht sie nicht, den Status Quo eines Unternehmens in die Zukunft fortzuschreiben. Sie geht vielmehr von der Frage aus, wie ein „Newcomer", der keine Rücksicht auf ein bestehendes Geschäfts nehmen müsste, in einen Markt bzw. in ein Geschäftsfeld einsteigen würde. Die Grundidee des Ansatzes lässt sich anhand von drei Fragen beschreiben: Wie könnte die Zukunft eines Geschäftsfelds aussehen? Was wäre die optimale Position für das betrachtete Unternehmen in dieser Zukunft? Was muss heute bereits getan werden, um das Unternehmen aus seinem heutigen Geschäft heraus in diese Position zu führen?

Die ADS-Methodik zielt darauf ab, durch eine kreativ-analytische Vorgehensweise ein ausgewogenes Verhältnis zwischen den Veränderungen der externen, umweltbezogenen Rahmenbedingungen (Chancen und Risiken) und den internen, unternehmensbezogenen Kompetenzen (Stärken und Schwächen) herzustellen. Dabei folgt die Strategieentwicklung fünf grundlegenden Schritten (siehe Abb. 6-9): An eine vorbereitende Phase, in der die Veränderungsbereitschaft des beratenen Unternehmens analysiert wird, schließen sich zwei kreative sowie zwei analytische Phasen an. Der kreative Teil umfasst zunächst die Entwicklung möglicher Zukunftsszenarien für das betrachtete Geschäftsfeld, in denen sich das Unternehmen behaupten muss. Auf ihrer Grundlage werden anschließend konkrete Ambitionen formuliert, die beschreiben, auf welche Weise das Unternehmen seinen Platz in den definierten Szenarien gestalten will. Der analytische Teil beginnt mit der Formulierung, Bewertung und Auswahl strategischer Optionen, die das Unternehmen wahrnehmen kann, um seine Vision zu realisieren und seine Ambitionen mit den Marktrealitäten in Einklang zu bringen. Aufbauend hierauf wird ein kontinuierlicher Strategieprozess etabliert, der eine erfolgreiche Umsetzung der ausgewählten Optionen sicherstellt. Im Folgenden werden die einzelnen Phasen näher betrachtet.

Der ADS-Ansatz beruht auf einer radikalen Auseinandersetzung mit dem eigenen Geschäft. Alles Bestehende wird dabei grundsätzlich in Frage gestellt. Dass dies nur möglich ist, wenn alle Beteiligten die uneingeschränkte Bereitschaft besitzen, sich dieser Vorgehensweise vorbehaltlos zu öffnen, steht außer Frage. Die ADS-Methodik beginnt daher mit einer eingehenden Analyse der **Veränderungsbereitschaft** – und bezieht somit bereits Aspekte der Transformationsberatung in den Strategiebildungsprozess ein (siehe zu den Wechselwirkungen zwischen Strategie-, Organisations- und Transformationsberatung im Sinne einer ganzheitlichen Problemlösung auch Abschnitt 1.1). Dabei werden Fähigkeiten, Motivatoren, fördernde aber auch hemmende Faktoren zur Veränderung des Unternehmens bzw. des Geschäftsbereichs erarbeitet. Besteht bei allen Beteiligten der Wille zum Wandel, wird ein entsprechender Projektplan aufgestellt.

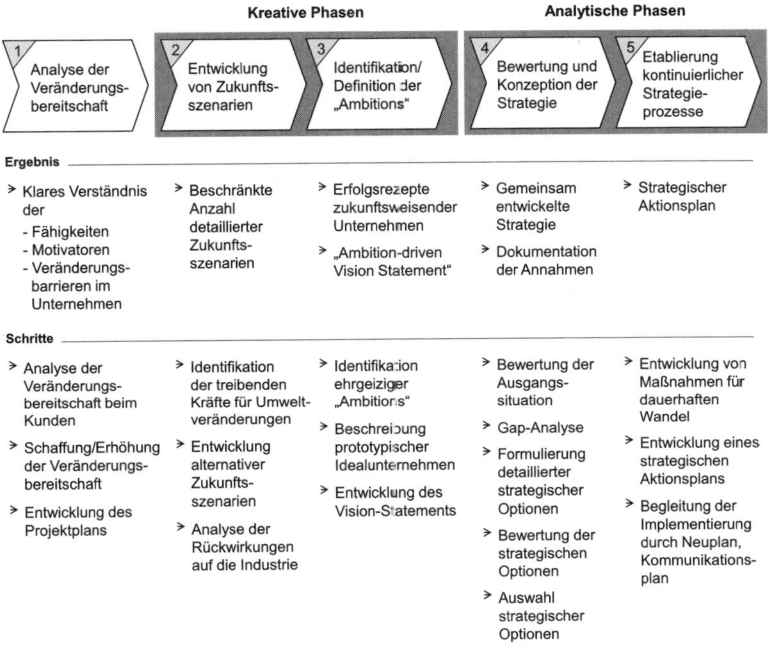

Abb. 6-9: Vorgehensweise der Ambition Driven Strategy
(Quelle: In Anlehnung an Klein/Kurz/Ortwein 1997, S. 96)

In der ersten kreativen Phase werden mögliche **Zukunftsszenarien** entwickelt, bewertet und zu einem umfassenden Geschäftskontext ausgebaut. Hierzu werden zunächst mithilfe einer Indikatoranalyse die treibenden Kräfte möglicher Umweltveränderungen identifiziert. Um sie zu systematisieren und zu priorisieren, nutzt *Arthur D. Little* eine „Impact-Uncertainty-Matrix“ (siehe Abb. 6-10). Diese wird aus zwei Dimensionen gebildet: der Stärke der Auswirkung eines Indikators auf das Geschäft des betrachteten Unternehmens (Level of Impact) und dem Grad der Unsicherheit, der sich mit der zukünftigen Entwicklung des Indikators verbindet (Degree of Uncertainty). Für die Szenariobildung sind zwei Indikatorgruppen von besonderer Bedeutung: die so genannten Basistrends, die einen hohen oder mittleren Einfluss auf das Geschäft des Unternehmens besitzen und deren Entwicklung mit einer geringen Unsicherheit verbunden – also gut vorhersehbar – ist, sowie die so genannten „Drivers of Change“, mit denen sich eine relativ hohe Ungewissheit verbindet und die zugleich eine relativ hohe Auswirkung auf das Geschäft des Unternehmens aufweisen; in Abbildung 6-10 fallen sie in die dunkel hinterlegten Felder der Matrix. Zunächst werden nun die Basistrends ausformuliert, die im Verlauf der weiteren Analyse allen entwickelten Szenarien in gleicher Form zugrunde gelegt werden. Die eigentliche Ausgestaltung

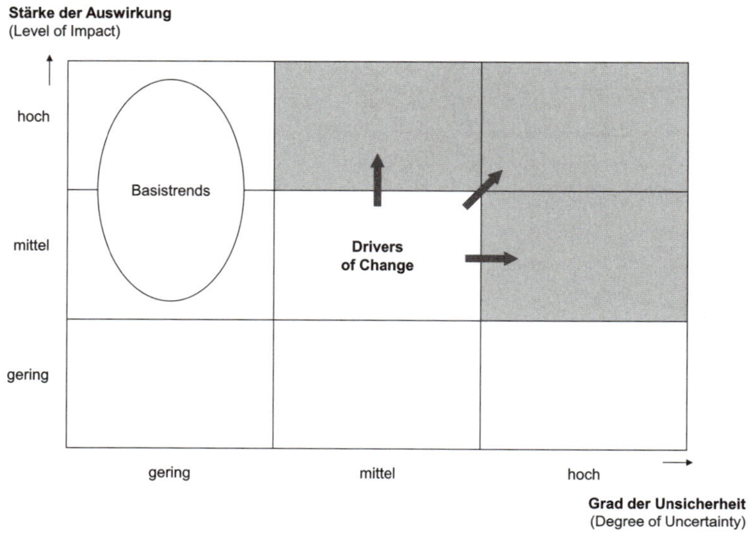

Abb. 6-10: Impact-Uncertainty-Matrix
(Quelle : In Anlehnung an Gerhard/Mühlhäuser 2002, S. 115)

unterschiedlicher Szenarien erfolgt durch eine Variation der Drivers of Change. Hierzu werden für diese zunächst realistische Extremwerte als Endpunktalternativen definiert, die ihre zukünftige Entwicklung „nach oben" und „nach unten" begrenzen. Durch eine Verknüpfung verschiedener Ausprägungskombinationen können nun prinzipiell unendlich viele Szenarien gebildet werden. Um die Übersichtlichkeit der Analyse nicht zu gefährden, beschränkt man sich in der Praxis üblicherweise auf eine Betrachtung von etwa drei bis fünf Szenarien, die anhand der Kriterien Plausibilität, Konsistenz und Einzigartigkeit ausgewählt werden. Die Plausibilitätsbedingung fordert, dass die in einem Szenario beschriebenen Ereignisse – also die Ausprägungen der einzelnen Drivers of Change – alle ein erkennbares Potenzial besitzen müssen, tatsächlich Realität zu werden. Die Konsistenzbedingung stellt darauf ab, dass die in einem Szenario beschriebenen Ereignisse logisch zueinander passen müssen. Die Einzigartigkeitsbedingung fordert, dass sich jedes ausgewählte Szenario hinreichend von allen anderen betrachteten Szenarien unterscheiden muss. Zudem sollen die ausgewählten Szenarien in ihrer Gesamtheit einen signifikanten Teil der prinzipiell denkbaren Entwicklungsmöglichkeiten abdecken.

In der dritten Phase des Ansatzes gilt es nun, auf der Grundlage der entworfenen Szenarien eine **ambitionierte Vision** zu erarbeiten, die beschreibt, wie und wo das betreffende Unternehmen in Zukunft konkurrieren und wie es sich in den betrachteten Szenarien positionieren will. Hierzu werden zunächst die Anforderungen, die sich in den aufgestellten Szenarien ergeben, in das fiktive Profil eines idealen Wettbewerbers, des so genannten „Nightmare Competitors“, umgesetzt. Dabei kann entweder ein einzelnes Szenario als „realistisches Szenario“ zugrunde gelegt oder aber die Gesamtheit der entwickelten Szenarien betrachtet werden. Das entworfene Idealbild dient als Grundlage für die Entwicklung der eigenen Vision. Im ADS-Ansatz wird in diesem Zusammenhang betont, dass sich die Vision dessen, was man mit dem eigenen Unternehmen erreichen will, zwar an dem definierten Ideal orientieren sollte, dass Vision und Idealbild jedoch in den seltensten Fällen deckungsgleich sein werden. Nicht immer ist das objektive Idealprofil vor dem Hintergrund der eigenen Ziele tatsächlich erstrebenswert, nicht immer ist es mit den verfügbaren Ressourcen zu erreichen. Als entscheidend wird vielmehr angesehen, dass die entwickelte Vision von allen beteiligten Führungskräften gemeinsam getragen wird und mit den grundlegenden Werten, Zielen und Ansprüchen des Unternehmens und seiner Mitarbeiter im Einklang steht. Welche Aspekte bei der Entwicklung der eigenen Ambitionen berücksichtigt werden müssen, ist im Einzelfall zu entscheiden.

In der vierten – also der ersten analytischen – Phase des ADS-Ansatzes wird die **Strategie** definiert, die das Unternehmen verfolgen muss, um seine Ambition zu erreichen. Hierzu wird die erarbeitete Vision zunächst auf ihre grundsätzliche Umsetzbarkeit hin untersucht, vor allem wird überprüft, ob das betreffende Marktpotenzial attraktiv genug ist, um das angestrebte Geschäft wirtschaftlich zu tragen. Ist dies der Fall, erfolgt eine Analyse der strategischen Lücke zwischen dem Status Quo des Unternehmens und dem angestrebten Zielzustand. Für jedes relevante Gestaltungskriterium – etwa das Sortiment, die Zielkunden, die Prozessketten – wird untersucht, ob der Status Quo von der definierten Vision abweicht, welches Ausmaß die Abweichung gegebenenfalls aufweist und in welche Richtung gegenzusteuern ist. Die Analyse der strategischen Lücke endet mit der Definition konkreter Zielsetzungen für jedes Kriterium, das vom angestrebten Zielzustand abweicht. Auf ihrer Basis werden strategische Optionen entwickelt, die geeignet erscheinen, die bestehende Lücke zu schließen. Zur Identifikation möglicher Optionen kann dabei auf verschiedene Kreativitätstechniken – etwa die Methoden des Brainstormings, der Synektik, oder der Morphologischen-Box (vgl. z.B. *Nieschlag/Dichtl/Hörschgen* 1988, S. 190 ff.) – zurückgegriffen werden. Das Ziel ist es dabei, aus einer möglichst großen Anzahl innovativer Ideen ein überschaubares und konsistentes Set sinnvoller strategischer Optionen herauszufiltern. Die Auswahl und Bewertung der ausgearbeiteten Optionen erfolgt auf der Grundlage ihres Zielerreichungsbeitrags. Um eine hinreichende Kompatibilität der Ziele des betrachteten Geschäftsbereichs mit den Oberzielen des Gesamtunternehmens herzustellen, nutzt *Arthur D. Little* das Konzept des Economic Value Added (siehe Abschnitt 5.2.3.1).

Die abschließende Phase des ADS-Ansatzes zielt darauf ab, einen **kontinuierlichen Strategieprozess** zu etablieren. Hierzu muss ein Aktionsplan aufgestellt und beschlossen werden, der die Umsetzung der definierten Strategie im Detail regelt. Er enthält Aufgaben, Meilensteine, Fristen, Budgets und Kontrollmechanismen für die Implementierung und legt die Verantwortlichkeiten für einzelne Teilschritte fest. Dabei wird ein besonderes Augenmerk darauf gelegt, dass sämtliche Maßnahmen für einen fortschreitenden Wandel und eine laufende Anpassung an Veränderungen von Markt und Wettbewerb ausgelegt sind. So soll ein kontinuierlicher Lern- und Kontrollprozess angestoßen werden, der sicherstellt, dass einerseits der festgelegte Weg nicht ohne Grund verlassen wird und dass andererseits, wenn neue Erkenntnisse nach neuen Wegen verlangen, diese schnell und zielgerichtet eingeschlagen werden.

6.2.3.2 Value Growth

Der Value-Growth-Ansatz von *Oliver Wyman* schlägt eine Brücke zwischen den wertorientierten Zielen der Unternehmensspitze und der wettbewerbsstrategischen Ausrichtung in einem Geschäftsfeld (vgl. *Slywotzky* 1996; *Slywotzky/Morrison* 1997; *Slywotzky/Morrison/Mundt/Quella* 1999). Als Value Growth wird dabei die nachhaltige, überdurchschnittliche Steigerung des Unternehmenswertes verstanden. Dabei löst sich *Oliver Wyman* von einer unmittelbaren Orientierung am Shareholder Value und setzt als übergeordneten Erfolgsmaßstab eine ausgewogene Balance aus Marktkapitalisierung, EBIT-Wachstum (EBIT = Earnings Before Interest and Taxes = Gewinn vor Zinsen und Steuern) und Umsatzwachstum an. Der Value-Growth-Ansatz zeigt auf, wie dieser Zielsetzung des Gesamtunternehmens durch geeignete **Business Designs** auf Geschäftsbereichsebene entsprochen werden kann. Als Business Design wird dabei eine bestimmte Konstellation der Marktpositionierung, der Gewinnerzielung, der Absicherung, des Ressourceneinsatzes, des Organisationssystems und der Kultur eines Geschäftsbereichs verstanden. Die Qualität eines Business Designs wird dabei explizit nicht aus dem Marktanteil abgeleitet, der auf seiner Grundlage erzielt wurde, sondern aus dem Anteil, den ein Geschäftsbereich am Gesamtwert der in seiner Branche tätigen Wettbewerber besitzt. So kann ein Geschäftsbereich in der Praxis – wie *Oliver Wyman* anhand mehrerer Beispiele deutlich macht –, der nur die Hälfte des Umsatzes eines Konkurrenten erwirtschaftet, trotzdem das doppelte seines Marktwertes erreichen. Entsprechend sehen die Berater auch das Verhältnis von Marktwert zu Umsatz als ein adäquates Gütekriterium zum Vergleich der Qualität verschiedener Business Designs in ein und demselben Geschäftsfeld an.

Die Wertanteile in einer Branche sind allerdings im Zeitablauf bisweilen erheblichen Schwankungen unterworfen – ein Phänomen, das *Oliver Wyman* als **Value**

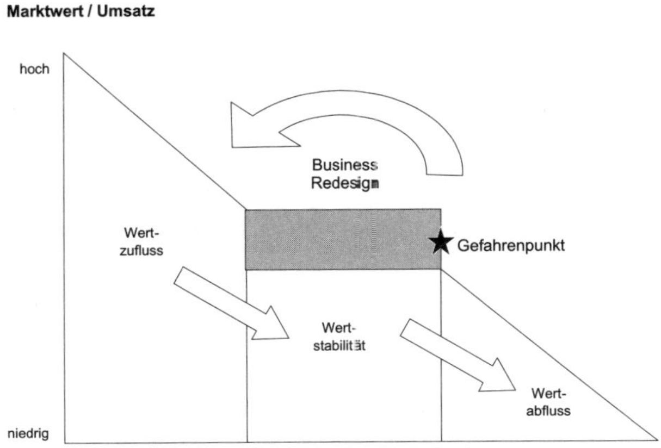

Legende: Marktwert / Umsatz als Indikator für die Qualität des Business Designs (Marktwert relativ zur Unternehmensgröße); die Skalierung kann branchenabhängig sein; Wertzufluss: Unternehmen erhöht Wertanteil im Markt; Wertstabilität: Wertanteil wird gehalten; Wertabfluss: Unternehmen verliert Wertanteil.

Abb. 6-11: Das Value-Migration-Modell
(Quelle: Baumgartner/Joas 2004, S. 145)

Migration bezeichnet. Die entsprechenden Wertverschiebungen werden als ein unvermeidbarer Prozess angesehen, der den Lebenszyklus eines Business Designs begrenzt, und zwar auf durchschnittlich fünf bis sieben Jahre. Nur wenn Wertverlagerungen frühzeitig erkannt werden, kann ein Business Redesign eingeleitet werden, das auf neue, lukrative Gewinnzonen ausgerichtet ist. Der Value-Migration-Prozess kann dabei in drei Phasen untergliedert werden (siehe Abb. 6-11): eine Wertzuflussphase, eine Stabilitätsphase und eine Wertabflussphase. In der Wertzuflussphase erhöht ein Unternehmen seinen Wertanteil in einem Geschäftsfeld durch ein wettbewerbsüberlegenes, innovatives Business Design, das die veränderten Kundenprioritäten besser als der Wettbewerb erfüllt. Das führt zu Wachstum und zu einer erhöhten Rentabilität. In der Stabilitätsphase hält das Unternehmen seinen Wertanteil, weil sein Business Design noch leistungsfähig, aber ausgereift ist. Wettbewerb, Marktanteile und Margen sind stabil. In der Wertabflussphase wandert der Wert vom Unternehmen ab hin zu Wettbewerbern mit einem überlegenen Business Design, das die inzwischen veränderten Kundenprioritäten besser erfüllt. Unzeitgemäße Business Designs stehen in einem ruinösen Wettbewerb und verlieren an Wert, ausgelöst durch tief greifende und nachhaltige, zum Teil irreversible Veränderungen: verkürzte Wertschöpfungsketten, geänderte Kundenprioritäten, neue Vertriebskanäle, neue Technologien, effizientere Organisationsformen etc.

Aus der Analyse verschiedener Industrien lassen sich Value-Migration-Muster ableiten, die Prognosen über den Zeitpunkt, die Richtung und den Umfang kommender Wertverlagerungen ermöglichen. Auf ihrer Basis lässt sich ein Rückschluss ziehen, wann sich der Lebenszyklus eines Business Designs dem Ende neigt. Diese Warnzeichen zu ignorieren und an überholten Wettbewerbsmustern festzuhalten, erachten die Berater von *Mercer* als „schlimmsten Fehler, den Unternehmen begehen können“ (*Baumgartner/Joas* 2004, S. 146). Vielmehr müssen sie darauf bedacht sein, zukünftige Wertverschiebungen möglichst frühzeitig zu antizipieren und ihr gesamtes Business Design darauf auszurichten. Die größte Bedeutung wird dabei der Wahl eines geeigneten **Gewinnmodells** beigemessen. *Mercer* beschreibt in diesem Zusammenhang verschiedene Gewinnmuster, die sich in der Praxis als erfolgreich erwiesen haben und somit als Referenz für die Entwicklung eigener, unternehmensspezifischer Gewinnmuster dienen können (siehe hierzu den nachstehenden Kasten; vgl. *Baumgartner/Joas* 2004, S. 149 ff.).

Wie Gewinn entsteht: 7 Gewinnmuster

Nachfolgend werden exemplarisch einige Gewinnmuster beschrieben. Derzeit sind über zwanzig derartige Gewinnmuster bekannt (vgl. *Slywotzky/Morrison* 1997).

1. Gewinnmuster: Kundenlösungen

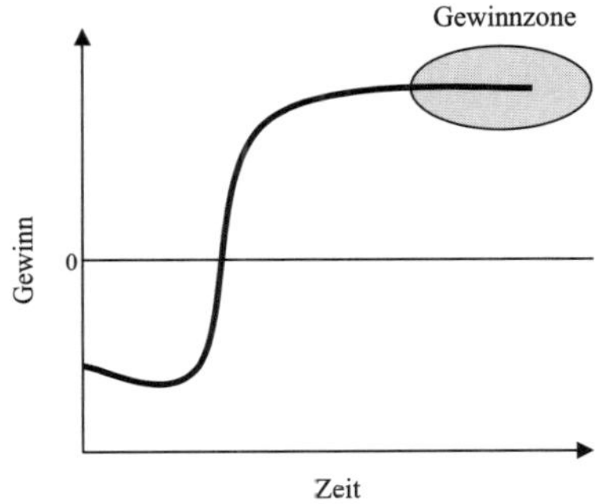

Dieses Gewinnmuster erfordert hohe Anfangsinvestitionen, um komplette Lösungen für Kunden zu entwickeln und die Kundenbeziehungen zu intensivieren. Im Frühstadium entstehen dadurch zwar Verluste, mit zunehmender Dauer der Beziehung verwandeln sich diese aber in hohe Gewinne. Anwender: z.B. *General Electric* (von Hardware zu Dienstleistungen und Lösungen).

2. Gewinnmuster: Produktpyramide

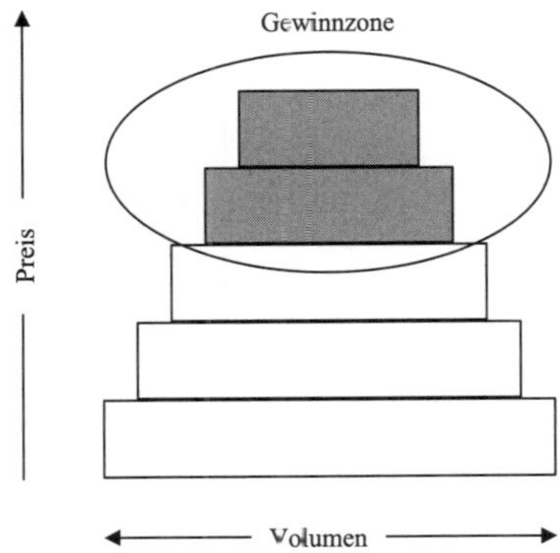

Auf der untersten Stufe der Pyramide befinden sich Niedrigpreisprodukte mit hoher Auflage, an der Spitze teure Produkte in geringer Stückzahl. Der Gewinn konzentriert sich hauptsächlich an der Spitze der Pyramide. Die unterste Stufe fungiert als Eintrittsbarriere für Wettbewerber und schützt die hohen Gewinne an der Spitze. Anwendung: z.B. Uhrenherstellung oder Automobilindustrie.

3. Gewinnmuster: Zeitvorsprung

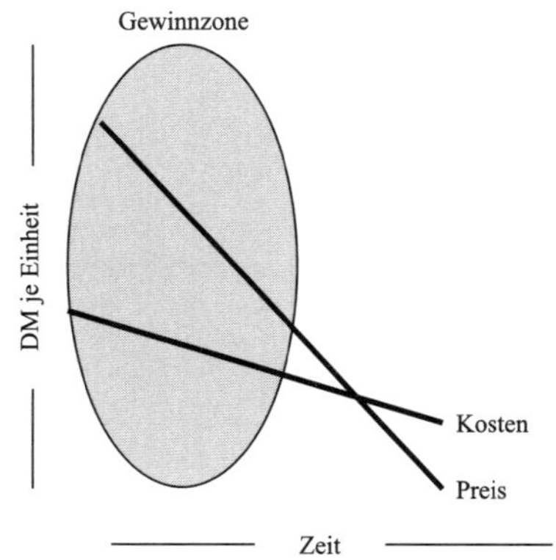

Dieses Gewinnmuster basiert auf dem Nutzen von Zeitvorsprung. Gewinn entsteht durch Einzigartigkeit, die Premiumpreise ermöglicht, bis Imitationen einen Preisverfall in Gang setzen. Anwender: z.B. *Intel.*

4. Gewinnmuster: Installierte Basis

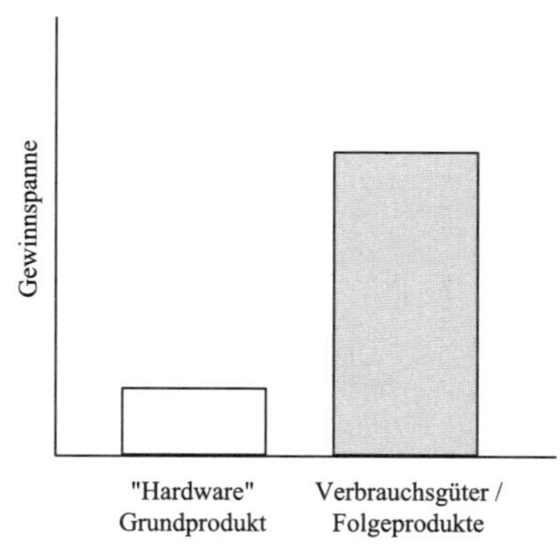

In vielen Geschäften, die sich auf eine installierte Basis stützen, lässt sich nicht viel am Verkauf der Grundprodukte verdienen, dafür sind die Gewinnspannen bei Folgeprodukten um so attraktiver. Der Schlüssel zum Erfolg liegt im Aufbau einer größtmöglichen installierten Basis als Ausgangspunkt für Umsätze aus Folgeprodukten und der daraus resultierenden Profitabilität. Anwendung: z.B. Kopierer, Drucker, Rasierapparate.

5. Gewinnmuster: Schaltzentrale

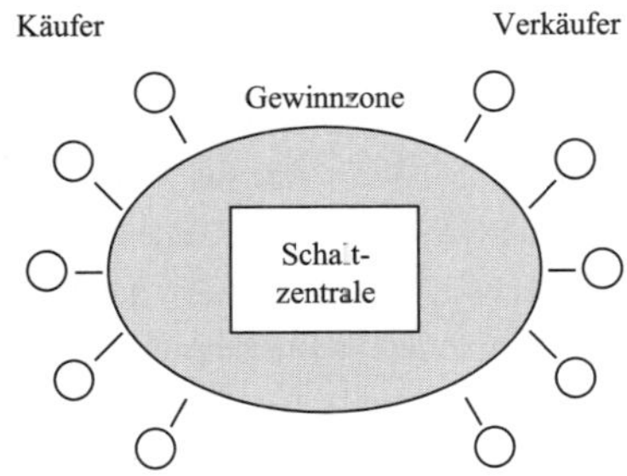

Einige Märkte sind charakterisiert durch die Kommunikation zwischen einer Vielzahl von Verkäufern auf der einen Seite und einer Vielzahl von Käufern auf der anderen. Für beide Seiten entstehen dabei hohe Abwicklungskosten. Ein zentraler Vermittler kanalisiert die vielfältigen Elemente und reduziert Kosten auf beiden Seiten. Je mehr Teilnehmer, desto größer der Wert des Systems. Anwender: z.B. der Finanzdienstleister *MLP*.

6. Gewinnmuster: Beherrschung der Wertschöpfungskette

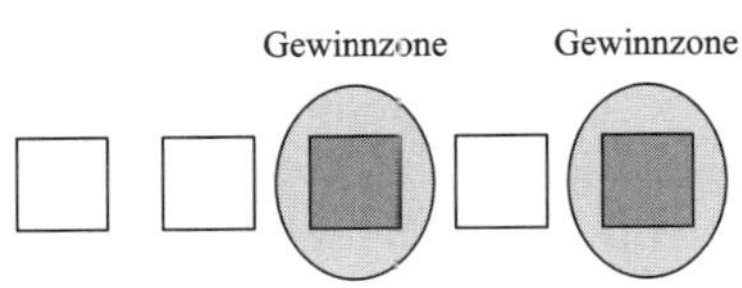

In vielen Branchen konzentriert sich der Gewinn auf bestimmte Stufen der Wertschöpfungskette, während andere Stufen völlig unprofitabel sind. Bei PCs sind die Gewinnzonen Mikroprozessoren und Software. Bei Chemikalien ist die Gewinnzone in der Herstellung, nicht im Vertrieb; bei einfachen Handelsgütern im Vertrieb, aber nicht in der Fertigung. Anwender: z.B. *Electrolux*.

7. Gewinnmuster: After-Sales-Gewinne

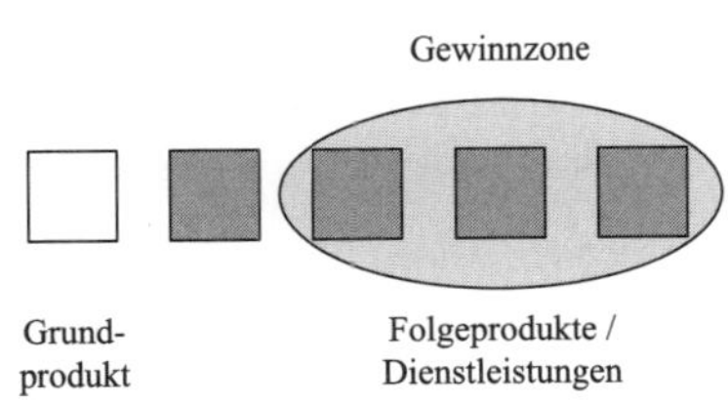

In einigen Industriezweigen ist nicht das Primärgeschäft (Verkauf eines Produkts oder einer Dienstleistung) lukrativ, sondern die anschließenden Dienstleistungen, Kundendienste, Finanzierungen etc. Anwender: z.B. *GE Capital*, Automobilbranche.

6.2.3.3 Net Promotor Score

In ihrem Ansatz zum Net Promotor Score unterscheiden die Berater von *Bain & Company* zwischen „guten“ und „schlechten“ Gewinnen – und sie zeigen, wie sich diese auf das Wachstum eines Unternehmens auswirken (vgl. *Reichheld* 2006). Vereinfacht dargestellt handelt es sich bei guten Gewinnen um solche, die mit zufriedenen Kunden erzielt werden, bei schlechten hingegen um solche, die ein Unternehmen mit unzufriedenen Kunden erwirtschaftet. Geht man davon aus, dass zufriedene Kunden ein Unternehmen weiterempfehlen, fördert das sein Wachstum. Unzufriedene Kunden hingegen raten Dritten von einem Kauf bei dem betreffenden Unternehmen ab und schränken sein Wachstum auf diese Weise ein. Um gute von schlechten Gewinnen abzugrenzen, wird von *Bain* eine Systematik vorgeschlagen, die auf umfassenden empirischen Arbeiten beruht. Sie unterteilt die Kunden eines Unternehmens in drei Gruppen: Promotoren, passiv Zufriedene und Kritiker. Promotoren sind loyale, begeisterte Kunden, die nicht nur immer wieder selbst bei dem betreffenden Unternehmen kaufen, sondern dieses auch Dritten gegenüber weiterempfehlen. Passiv zufriedene Kunden hingegen sind zwar zufrieden, sie sind jedoch nicht begeistert und lassen sich relativ leicht von Konkurrenzunternehmen abwerben. Als Kritiker schließlich werden enttäuschte, verärgerte Kunden bezeichnet, die sich gegenüber Dritten negativ über das betreffende Unternehmen äußern. Als empirisch trennscharfes Instrument zur Einordnung eines Kunden in die betreffenden Gruppen empfiehlt *Bain* die Verwendung einer einzigen, als „ultimativ“ bezeichneten Frage: „Wie wahrscheinlich ist es, dass Sie das Unternehmen X einem Freund oder Kollegen weiterempfehlen?“ In zahlreichen Untersuchungen haben die Berater nachgewiesen, dass der statistische Zusammenhang des Antwortverhaltens auf diese Frage zu tatsächlich getätigten Folgekäufen und Weiterempfehlungen am engsten war. Der Net Promotor Score (NPS) kann nun nach der folgenden Formel berechnet werden:

(6-1) $$NPS = P - K$$

wobei P den prozentualen Anteil der Promotoren an den Gesamtkunden bezeichnet und K den entsprechenden Anteil an Kritikern.

Zur Erhebung der betreffenden Daten mithilfe der oben formulierten Frage schlägt *Bain* eine elfstufige Ordinalskala mit den Polen 0 für „unwahrscheinlich“ und 10 für „äußerst wahrscheinlich“ vor (siehe Abb. 6-12). Als Promotoren werden all die Kunden eingestuft, die einen Wert von 9 oder 10 vergeben. Den empirischen Studien von *Bain* zufolge weisen sie die mit Abstand höchsten Wiederkaufraten auf und stehen für etwa 80 Prozent der ausgesprochenen Empfehlungen. Kunden, die ein Unternehmen mit einer 7 oder 8 bewerten, werden den

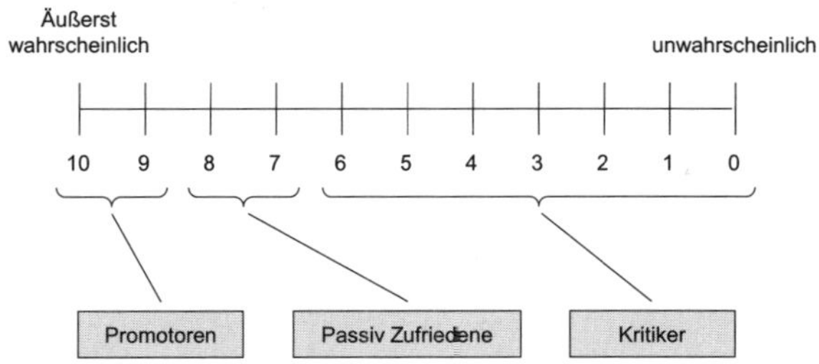

Abb. 6-12: Skala zur Erhebung der „ultimativen Frage"
(Quelle: Reichheld 2006, S. 29)

passiv zufriedenen Kunden zugerechnet. Die empirischen Werte dieser Gruppe in Bezug auf ihr Wiederkaufverhalten und die abgegebenen Empfehlungen liegen erheblich unter denen der Promotoren – je nach Branche und Unternehmen um über 50 Prozent. Die passiv Zufriedenen werden eher durch ihre Trägheit als Kunden bewahrt als durch Loyalität oder Begeisterung. Der Gruppe der Kritiker werden schließlich alle Kunden zugeordnet, deren Bewertung in den Bereich von 0 bis 6 fällt. Diese Kunden sind für über 80 Prozent der negativen Mundpropaganda verantwortlich.

Der Net Promotor Score ist eine Kennziffer, die ein Unternehmen einerseits zum Vergleich der eigenen Kundenbeziehungen in einem bestimmten Geschäftsfeld mit den Kundenbeziehungen seiner relevanten Wettbewerber und andererseits zu internen Vergleichen, etwa zwischen verschiedenen Regionen oder Vertriebsniederlassungen, heranziehen kann. Die empirischen Arbeiten von *Bain & Company* zeigen, dass der Net Promotor Score in zahlreichen Branchen stark mit dem relativen Wachstum einzelner Unternehmen korreliert ist. Die Berater weisen jedoch auch darauf hin, dass die Kennzahl nicht dazu in der Lage ist, das Wachstum in allen Branchenumfeldern zu erklären. So können beispielsweise Monopole oder Unternehmen, die über eine limitierte Technologie verfügen, auch dann erhebliche Wachstumsraten realisieren, wenn sie nur einen geringen Net Promotor Score aufweisen. Zudem kann ein hoher Net Promotor Score für sich genommen nicht das eigentliche Ziel eines Unternehmens sein, denn er selbst *bewirkt* kein Wachstum, sondern *misst* und unterstützt auf der Grundlage einer einfachen aber sehr wirksamen Systematik die konsequente Ausrichtung wachstumsfördernder Maßnahmen.

Literaturverzeichnis

Aaker, D.A. (1988): Strategic Management, New York 1988.

Abell, D.F. (1980): Defining the Business: The Starting Point of Strategic Planning, Englewood Cliffs 1980.

Abelson, R.P. (1981): Psychological status of the script concept, in: American Psychologist, Vol. 36, S. 715-729.

Abrahamson, E. (1996): Management Fashion, in: Academy of Management Review, Vol. 21 (1996), No. 1, S. 254-285.

Abrahamson, E./Fairchild, G. (1999): Management fashion: Lifecycles, triggers, and collective learning processes, in: Administrative Science Quarterly, Vol. 44, S. 708-740.

Adam, D. (1996): Planung und Entscheidung, 4. Aufl., Wiesbaden 1996.

Ahlum-Heath, M.E./DiVesta, F.J. (1986): The effect of conscious controlled verbalization of a cognitive strategy on transfer in problem solving, in: Memory and Cognition, Vol. 3 (1986), S. 281-285.

Andrews, K.R. (1987): The concept of corporate strategy, 3. Aufl., Homewood, Ill. 1987.

Ansoff, H.I. (1965): Corporate strategy: an analytical approach to business policy for growth and expansion, New York 1965.

Anzai, Y./Simon, H.A. (1979): The theory of learning by doing, Psychological Review, Vol. 86 (1979), S. 124-140.

Apel, H. (1975): Die Grenzen von System Dynamics, in: Wirtschaftsdienst, 55. Jg. (1975), S. 411-414.

Apel, H. (1979): Simulation sozio-ökonomischer Systeme, Darmstadt 1979.

Arbinger, R. (1988): Textverständnis und Lösen mathematischer Sachaufgaben, in: Heilpädagogische Forschung, 14. Jg. (1988), S. 105-112.

Arbinger, R. (1997): Psychologie des Problemlösens, Darmstadt 1997.

Armstrong, J.S. (1982): The value of formal planning for strategic decisions: review of empirical research, in: Strategic Management Journal, Vol. 3 (1982), S. 197-211.

Ashby, R. (1956): An Introduction to Cybernetics, London 1956.

Bamberg, G./Coenenberg, A.G. (2006): Betriebswirtschaftliche Entscheidungslehre, 13. Aufl., München 2006.

Baumgartner, P./Joas, A. (2004): Value Growth: Neue Strategieregeln für profitables Wachstum – ein Ansatz von Mercer Management Consulting, in: Management Consulting Fieldbook, hrsg. von D. Fink, 2. Aufl., München 2004, S. 141-157.

Bea, F.X./Haas, J. (1997): Strategisches Management, 2.Aufl., Stuttgart 1997.

Beer, S. (1959): Cybernetics and Management, London 1959.

Beer, S. (1966): Decision and Control, New York 1966.

Berens, W./Strauch, J. (1998): Herkunft und Inhalte des Begriffes Due Diligence, in: Berens, W./Brauner, H.U. (Hrsg.): Due Diligence bei Unternehmensakquisitionen, Stuttgart 1998, S. 3-20.

Bertalanffy, L.v. (1951): General Systems Theory: A New Approach to Unity of Science, in: Human Biology, Vol. 23 (1951), S. 302-361.

Bidlingmaier, J./Schneide, D.J.G. (1976): Ziele, Zielsysteme und Zielkonflikte, in: Handwörterbuch der Betriebswirtschaftslehre, hrsg. von E. Grochla und W. Wittmann, 4. Aufl., Stuttgart 1976, Sp. 4731-4740.

Black, M. (1979): More about metaphor, in: *Ortony, A.* (Ed.): Metaphor and Thought, Cambridge 1979, S. 19-45.

Blattberg, R.C./Deighton, J. (1991): Interactive Marketing: Exploiting the Age of Addressability, in: Sloan Management Review, Vol. 33, S. 5-14.

Bolman, L.G./Deal, T.E. (1985): Modern Approaches to Understanding and Managing Organizations, San Francisco 1985.

Bower, J.L. (1970): Managing the resource allocation process, Boston 1970.

Brander, S./Kompa, A./Peltzer, U. (1985): Denken und Problemlösen: Einführung in die kognitive Psychologie, Opladen 1985.

Brauchlin, E. (1978): Problemlösungs- und Entscheidungsmethodik, Bern 1978.

Buchholtz, K./Seidel, G. (1997): Ambition Driven Strategy, in: Unternehmensplanung: Erfahrungsberichte aus der Praxis, hrsg. von M.P. Zerres und I. Zerres, Frankfurt am Main 1997, S. 241-259.

Bühner, R./Stiller, P./Tuschke, A. (2004): Legitimität und Innovation, in: Zeitschrift für betriebswirtschaftliche Forschung, 56. Jg., S. 715-736.

Burgelman, R.A. (1983): A process model of internal corporate venturing in the diversified major firm, in: Administrative Science Quarterly, Vol. 28 (1983), S. 223-244.

Burns, T.R./Flam, H. (1987): The Shaping of Social Organization: Social Rule System Theory with Applications, Beverly Hills 1987.

Carroll, S./Gillen, D.J. (1987): Are the classical managament functions useful in describing managerial work?, in: Academy of Management Review, Vol. 12 (1987), pp. 38-51.

Champy, J. (1994a): Quantensprünge sind angesagt, Interview in TopBusiness, November 1994, S. 86-88.

Champy, J. (1994b): Jeder fünfte fliegt, Interview in manager magazin, Heft 4/1994, S. 196-198.

Chandler, A.D. (1962): Strategy and Structure: Chapters in the History of Industrial Enterprise, Cambridge, MA 1962.

Clark, T./Fincham, R. (2002): Critical Consulting: New Perspectives on the Management Advice Industry, Oxford 2002.

Cooperrider, D. L. (1990): Positive image, positive action: The affirmative basis of organizing, in: *Srivastva, S./Cooperrider, D.L.* (Ed.): Appreciative Management and Leadership: The Power of Positive Thought and Action in Organizations, San Francisco. Zitiert nach: http://www.efmd.org/ attachments/tmpl_1_art_060208pnis_att_060208caue.doc [Stand: 16.03.2007].

Copeland, T.E./Koller, T./Murrin, J. (1993): Unternehmenswert: Methoden und Strategien für eine wertorientierte Unternehmensführung, Frankfurt/Main, New York 1993.

Copeland, T.E./Koller, T./Murrin, J. (1990): Valuation: Measuring and Managing the Value of Companies, New York et al. 1990.

Cyert, R.M./March, J.C. (1963): A Behavioral Theory of the Firm, Englewood Cliffs 1963.

Davenport, T.H./Short, J.E. (1990): The New Industrial Engineering: Information Technology and Business Process Redesign, in: Sloan Management Review, Vol. 31, No 4, S. 11-28.

Dichtl, M. (1998): Standardisierung von Beratungsleistungen, Wiesbaden 1998.

Dörner, D. (1979): Problemlösen als Informationsverarbeitung, 2. Aufl., Stuttgart 1979.

Domschke, W./Drexl, A. (2005): Einführung in Operations Research, 6. Aufl., Heidelberg 2005.

Duncker, K. (1935): Zur Psychologie des produktiven Denkens, Berlin 1935.

Ehrenfels, C.v. (1890): Über Gestaltqualitäten, in: Vierteljahresschrift für wissenschaftliche Philosophie, 14. Jg. (1890).

Ernst, B./Kieser, A. (2002): Consultants as Agents of Anxiety and Providers of Managerial Control, in: Academy of Management Proceedings, 2002, Management Consulting, C1-C6.

Ernst, G.W./Newell, A. (1969): GPS: A case study in generality and problem solving, New York 1969.

Fairhurst, G.T./Sarr, R.A. (1996): The Art of Framing: Managing the Language of Leadership, San Francisco 1996.

Fama, E./Jensen, M.C. (1983): Agency Problems and Residual Claims, in: Journal of Law and Economics, Vol. 26 (1998), S. 327-350.

Faust, M./Jauch, P./Brünnecke, K./Deutschmann, C. (1994): Dezentralisierung von Unternehmen: Bürokratie- und Hierarchieabbau und die Rolle betrieblicher Arbeitspolitik, München 1994.

Fillbrandt, H. (1986): Das Verkürzungskontinuum möglichen Lösungswissens beim Turm von Hanoi, Teil I, Zeitschrift für Psychologie, 194. Jg. (1986), S. 465-487.

Fillbrandt, H. (1987): Das Verkürzungskontinuum möglichen Lösungswissens beim Turm von Hanoi, Teil II, Zeitschrift für Psychologie, 195. Jg. (1987), S. 85-99.

Fincham, R. (1999): The Consultant-Client Relationship: Critical Perspectives on the Management of Organizational Change, in: Journal of Management Studies, Vol. 36 (1999), No. 3, S. 335-351.

Fink, D. (1998): Virtuelle Unternehmensstrukturen: Strategische Wettbewerbsvorteile durch Telearbeit und Telekooperation, Wiesbaden 1998.

Fink, D. (1999): Der Handel braucht Visionen – Innovation und Wachstum durch neue Technologien, in: Distribution im Aufbruch: Bestandsaufnahme und Perspektiven, hrsg. von O. Beisheim, München 1999, S. 1101-1115.

Fink, D. (2003): A Life Cycle Approach to Management Fashion: An Investigation of Management Concepts in the Context of Competitive Strategy, in: Schmalenbach Business Review (zfbf), Vol. 55 (1/2003), S. 46-59.

Fink, D./Knoblach, B. (2002): Aktuelle Managementansätze: Alles bleibt anders, in: BeraterGuide 2003: Das Jahrbuch für Beratung und Management, hrsg. von D. Fink, A. Gries und T. Lünendonk, München 2002, S. 26-31.

Fink, D./Knoblach, B. (2003): Die großen Management Consultants: Ihre Geschichte, ihre Konzepte, ihre Strategien, München 2003.

Fink, D./Knoblach, B. (2004): Management-Trends 2004: Die wichtigsten Managementkonzepte – was sie leisten, wer sie einsetzt und welchen Erfolg sie versprechen, Bonn 2004.

Fink, D./Knoblach, B. (2006): Die Hidden Champions des Beratungsmarktes, Bonn 2006.

Fink, D./Wamser, C. (2006): Outgrowing: Wachsen mit den Ressourcen starker Partner, München, Wien 2006.

Forrester, J.W. (1961): Industrial Dynamics, Cambridge 1961.

Forrester, J.W. (1969): Urban Dynamics, Cambridge 1969.

Forrester, J.W. (1971): World Dynamics, Cambridge 1971.

Franke, G./Hax, H. (1994): Finanzwirtschaft des Unternehmens und Kapitalmarkt, 3. Aufl., Berlin u.a. 1994.

Frese, E. (1998): Grundlagen der Organisation: Konzept – Prinzipien – Strukturen, 7. Aufl., Wiesbaden 1998.

Fruhan, W.E. Jr. (1979): Financial Strategy, Homewood 1979.

Gäfgen, G. (1974): Theorie der wirtschaftlichen Entscheidung: Untersuchung zur Logik und ökonomischen Bedeutung des rationalen Handelns, 3. Aufl., Tübingen 1974.

Gerhard, T./Mühlhäuser, H. (2002): Ambition Driven Strategy – Strategieentwicklung in Zeiten rasanten Wandels, in: Strategische Unternehmensberatung: Konzeptionen, Prozesse, Methoden“, hrsg. von I. Bamberger, Wiesbaden 2002, S. 103-134.

Gill, J./Whittle, S. (1992), Management by Panacea: Accounting for Transience, in: Journal of Management Studies, Vol 30, S. 281-295.

Gioia, D.A./Manz, C.C. (1985): Linking cognition and behavior: A script processing interpretation of vicarious learning, in: Academy of Management Review, Vol. 10, S. 527-539.

Gioia, D.A./Poole, P.P. (1984): Scripts in organizational behaviour, in: Academy of Management Review, Vol. 9, S. 449-459.

Glasersfeld, E.v. (1996): Radikaler Konstruktivismus, Frankfurt am Main 1996.

Glasersfeld, E.v. (2006): Einführung in den radikalen Konstruktivismus, in: Die erfundene Wirklichkeit, hrsg. von P. Watzlawick, 8. Aufl., München 2006, S. 16-38.

Gluck, F./Kaufman, P./Walleck, H. (1980): Strategic Management for Competitive Advantage, in: McKinsey Quarterly, Herbst 1980, S. 2-16.

Gomez, P./Malik, F./Oeller, K.H. (1975): Systemmethodik: Grundlagen einer Methodik zur Erforschung und Gestaltung komplexer soziotechnischer Systeme, 2 Bände, Bern, Stuttgart 1975.

Gomez, P./Probst, G. (1987): Vernetztes Denken im Management, Bern 1987.

Gomez, P./Probst, G. (1999): Die Praxis des ganzheitlichen Problemlösens: vernetzt denken, unternehmerisch handeln, persönlich überzeugen, 3. Aufl., Bern, Stuttgart, Wien 1999.

Griseri, P. (2002): Management Knowledge: A Critical View, Basingstoke, New York 2002.

Grochla, E. (1981): Grundlagen der organisatorischen Gestaltung, Stuttgart 1981.

Groh, M. (2000): Shareholder Value und Aktienrecht, in: Der Betrieb, Heft 43, S. 2153-2158.

Großer Generalstab (1900): Moltkes Taktisch-strategische Aufsätze aus den Jahren 1857 bis 1871, in: Moltkes Militärische Werke, II. Bd., 2. Teil: Die Thätigkeit als Chef des Generalstabes im Frieden, Berlin 1900.

Groys, B. (1999): Über das Neue: Versuch einer Kulturökonomie, Frankfurt am Main 1999.

Harrison, J.S./John, C.H. (1996): Managing and partnering with external stakeholders, in: Academy of Management Executive, Vol. 10 (1996), S. 46-60.

Hamel, G./Prahalad, C.K. (1994): Competing for the future, Boston 1994.

Hammer, M. (1990): Re-engineering Work: Don't Automate, Obliterate, in: Harvard Business Review, Juli/August, S. 104-112.

Hammer, M./Champy, J. (1993), Reengineering the Corporation: A Manifesto for a Business Revolution, London 1993.

Hammer, M./Champy, J. (1994): Business Reengineering. Die Radikalkur für das Unternehmen, Frankfurt am Main 1994.

Hayek, F.A. von (1967): Studies in Philosophy, Politics and Economics, London 1967.

Heinen, E. (1966): Grundlagen betriebswirtschaftlicher Entscheidungen: Das Zielsystem der Unternehmung, Wiesbaden 1966.

Heinen, E. (1991): Industriebetriebslehre als entscheidungsorientierte Unternehmensführung, in: Industriebetriebslehre – Entscheidungen im Industriebetrieb, hrsg. von E. Heinen, 9. Aufl., Wiesbaden 1991, S. 1-73.

Heinen, E. (1976): Grundlagen betriebswirtschaftlicher Entscheidungen: Das Zielsystem der Unternehmung, 3. Aufl., Wiesbaden 1976.

Hejl, P.M./Stahl, H.K. (2000): Einleitung: Acht Thesen zu Unternehmen aus konstruktivistischer Sicht, in: *Hejl, P.M./Stahl, H.K.* (Hrsg.): Management und Wirklichkeit, Heidelberg 2000, S. 13-29.

Hess, T./Schuller, D. (2005): Business Process Reengineering als nachhaltiger Trend? Eine Analyse der Praxis in deutschen Großunternehmen nach einer Dekade, in: Zeitschrift für betriebswirtschaftliche Forschung, 57. Jg., S. 355-373.

Hildebrand, V.G. (2000): Kundenbindung und Electronic Commerce – Electronic-Customer-Relationship-Management, in: Electronic Commerce: Grundlagen und Perspektiven, hrsg. von C. Wamser, München 2000, S. 71-95.

Hinterhuber, H. (1996): Strategische Unternehmensführung I: Strategisches Denken: Vision, Unternehmungspolitik, Strategie, 6. Aufl., Berlin, New York 1996.

Hinterhuber, H.H./Friedrich, S.A./Handlbauer, G./Stuhec, U. (1995): Die Unternehmung als kognitives System von Kernkompetenzen und strategischen Geschäftseinheiten, in: Produktions- und Logistiknetzwerke, hrsg. von H. Wildemann, München 1996, S. 69-103.

Hoffmann, F. (1980): Organisation der Unternehmungsleitung, in: HWO, hrsg. von E. Grochla, 2. Aufl., Stuttgart 1980, Sp. 2261-2272.

Holland, B.R. (1972): Sequential Analysis, Handbuch McKinsey & Company, London 1972.

Holtz, H. (1985): Utilizing Consultants Successfully, Westport, London 1985.

Jackall, R. (1988): Moral Mazes – The World of Corporate Managers, Oxford 1988.

Johnson, B.M. (1977): Communication: The Process of Organizing, Boston 1977.

Karat, J. (1982): A model of problem solving with incomplete constraint knowledge, in: Cognitive Psychology, Vol. 14 (1982), S. 538-559.

Katz, D. (1968): Gestaltpsychologie, Basel 1968.

Kieser, A. (1996), Moden und Mythen des Organisierens, in: Die Betriebswirtschaft, 56. Jg., S. 21-39.

Kieser, A. (1998a): Unternehmensberater – Händler in Problemen, Praktiken und Sinn, in: Organisation im Wandel der Märkte, hrsg. von H. Glaser, E. F. Schröder u. A. v. Werder, Wiesbaden 1998, S. 191-225.

Kieser, A. (1998b): Immer mehr Geld für Unternehmensberatung – und wofür?, in: Organisationsentwicklung, 17. Jg. (1998), Nr. 2, S. 62-69.

Kieser, A. (1998c): Über die allmähliche Verfertigung der Organisation beim Reden. Organisieren als Kommunizieren, in: Industrielle Beziehungen, 5. Jg., S. 45-74.

Kieser, A. (2001): Konstruktivistische Ansätze, in: *Kieser, A.* (Hrsg.): Organisationstheorien, 4. Aufl., Stuttgart 2001, S. 297-318.

Klahr, D./Robinson, M. (1981): Formal assessment of problem-solving and planning processes in preschool children, in: Cognitive Psychology, Vol. 13 (1981), S. 113-148.

Klein, P./Kurz, E./Ortwein, E. (1997): Der Content Broker – strategische Positionierung eines Online-Shops im Internet, in: Marketing-Management mit Multimedia, hrsg. von D. Fink und C. Wamser, Wiesbaden 1997, S. 95-107.

Klix, F./Rautenstrauch-Goede, K. (1967): Struktur- und Komponentenanalyse von Problemlösungsprozessen, in: Zeitschrift für Psychologie, 174. Jg. (1967), S. 167-193.

Köhler, W. (1921): Intelligenzprüfungen an Menschenaffen, Berlin 1921.

Koch, W./Wegmann, J. (1998): Praktiker-Handbuch Due Diligence, Stuttgart 1998.

Kotovsky, K./Hayes, J.R./Simon, H.A. (1985): Why are some problems hard? Evidence from Tower of Hanoi, in: Cognitive Psychology, Vol. 17 (1985), S. 248-294.

Learned, E.P./Christensen, R.C./Andrews, K.R./Guth, W. (1965): Business policy: text and cases, Homewood, Ill. 1965.

Levitt, T. (1960): Marketing Myopia, in: Harvard Business Review, Vol. 38 (1960), No. 4, S. 45-56.

Lewin, K. (1947): The Research Center for Group Dynamics, New York 1947.

Lewis, T. G. (1994): Steigerung des Unternehmenswertes: Total Value Management, Landsberg am Lech 1994.

Link, J. (1996): Führungssysteme: Strategische Herausforderungen für Organisation Controlling und Personalwesen, München 1996.

Link, J. (2001): Grundlagen und Perspektiven des Customer Relationship Management, in Customer Relationship Management: Erfolgreiche Kundenbeziehungen durch integrierte Informationssysteme, hrsg. von J. Link, Berlin u.a. 2001, S. 1-34.

Link, J./Schleuning, C. (1999): Das neue interaktive Direktmarketing, Ettlingen 1999.

Lord, R.G./Foti, R.J. (1986): Schema theories, information processing, and organizational behavior, in: *Sims, H.P.J./Gioia, D.A.* (Ed.): The Thinking Organization, San Francisco 1986, S. 20-48.

Lord, R.G./Kernan, M.C. (1987): Scripts as determinants of purposeful behavior in organizations, in: Academy of Management Review, Vol. 12, S. 265-277.

Luger, G.F. (1976): The use of the state space to record the behavioral effects of subproblems and symmetries in the Tower of Hanoi problem, in: International Journal of Man-Machine Studies, Vol. 8 (1976), S. 411-421.

Luger, G.F./Bauer, M.A. (1978): Transfer effects in isomorphic problem situations, in: Acta Psychologica, Vol. 42 (1978), S. 121-131.

Macharzina, K. (1999): Unternehmensführung, 3. Aufl., Wiesbaden 1999.

Malik, F. (1996): Strategie des Managements komplexer Systeme: Ein Beitrag zur Management-Kybernetik evolutionärer Systeme, 5. Aufl., Bern, Stuttgart, Wien 1999.

March, J.G. (1994): A Primer on Decision Making, New York 1994.

March, J.G. (2007): Der Meister der Ideen, in: Harvard Business Manager, Februar 2007, S. 104-111.

Markus, H./Zajonc, R.B. (1985): The cognitive perspective in social psychology, in: Handbook of Social Psychology. Vol I: Theory and Method, hrsg. von G. Lindzey und E. Aronson, New York 1985, S. 137-230.

Martin, J. (1982): Stories and scripts in organizational settings, in: Cognitive Social Psychology, hrsg. von A.H. Hastorf und A.M. Isen, New York 1982, S. 255-305.

Maturana, H.R./Varela, F.J. (1987): Der Baum der Erkenntnis: Die biologischen Wurzeln menschlichen Erkennens, Bern und München 1987.

Mazza, C./Alvarez, J.L./Comas, J. (2001): The Next Step: Media Influences on Knowledge-in-Practice, in: CEMP – The Creation of European Management Practice, Report No. 15, Uppsala 2001.

Meadows, D.H. (1972): The limits to growth: a report for The Club of Rome's project on the predicament of mankind, New York 1972.

Metzger, W. (1953): Gesetze des Sehens, Frankfurt/Main 1953.

Metzger, W. (1975): Psychologie, Die Entwicklung ihrer Grundannahmen seit der Einführung des Experiments, Darmstadt 1975.

Metzger, W. (1975): Psychologie und Pädagogik zwischen Lerntheorie, Tiefenpsychologie, Gestalttheorie und Verhaltensforschung, Bern 1975.

Meyer, J.W./Rowan, B.B. (1977): Institutional Organizations: Formal Structures as Myth and Ceremony, in: American Journal of Sociology, Vol. 83, S. 340-363.

Minto, B. (2002): The Pyramid Principle, 3rd Edition, London et al. 2002.

Mintzberg, H. (1987): Crafting Strategy, in: Harvard Business Review, Nr. 4 1987, S. 66-75.

Mintzberg, H. (1994): The rise and fall of strategic management, Hertfordshire 1994.

Mintzberg, H./McHugh, A. (1995): Strategy formation in an adhocracy, in: Administrative Science Quarterly, Vol. 30 (1995), S. 160-197.

Mintzberg, H./Waters, J.A. (1985): Of strategies, deliberate and emergent, in: Strategic Management Journal, Vol. 6 (1985), S. 257-272.

Müller, W.R. (1977): Ziele von Organisationen, in: Die Unternehmung, 31. Jg. (1977), S. 1-19.

Müller-Stewens, G./Lechner, C. (2001): Strategisches Management: Wie strategische Initiativen zum Wandel führen, Stuttgart 2001.

Neumann, J. von/Morgenstern, O. (1967): Spieltheorie und wirtschaftliches Verhalten, 2. Aufl., Würzburg 1967.

Newell, A./Shaw, J.C./Simon, H.A. (1958): Elements of a theory of human problem solving, in: Psychological Review, Vol. 65 (1958), S. 151-166.

Newell, A./Simon, H.A. (1972): Human Problem Solving, Englewood Cliffs 1972.

Nieschlag, R./Dichtl, E./Hörschgen, H. (1988): Marketing, 15. Aufl., Berlin 1988.

Noda, T./Bower, J.L. (1996): Strategy making as iterated process of resource allocation, in: Strategic Management Journal, Vol. 17 (1996), S. 159-192.

Ohlsson, S. (1984a): Restructuring revisited I: Summary and critique of the Gestalt theory of problem solving, in: Scandinavian Journal of Psychology, Vol. 25 (1984), S. 65-78.

Ohlsson, S. (1984b): Restructuring revisited II: An information processing theory of restructuring and insight, in: Scandinavian Journal of Psychology, Vol. 25 (1984), S. 117-129.

Ossimitz, G. (1990): Materialien zur Systemdynamik, Wien, Stuttgart 1990.

Peschke, M.A. (1997): Wertorientierte Strategiebewertung, Wiesbaden 1997.

Popper, K. (1972): Objective Knowledge – An Evolutionary Approach, London 1972.

Porter, M.E. (1997): Wettbewerbsstrategie: Methoden zur Analyse von Branchen und Konkurrenten, 9. Aufl., Frankfurt am Main 1997

Quinn, J.B. (1980): Strategies for change: logical incrementalism, Homewood, Ill. 1980.

Quinn, J.B. (1995): Strategic Change: logical incrementalism, in: The strategy process, hrsg. von H. Mintzberg, J.B. Quinn und S. Ghosal, London 1995, S. 105-114.

Rappaport, A. (1981): Selecting strategies that create shareholder value, in: Harvard Business Review, May/June 1981, S. 139-149.

Rappaport, A. (1986): Creating Shareholder Value, New York 1986.

Rappaport, A. (1994): Shareholder Value – Wertsteigerung als Maßstab für die Unternehmensführung, Stuttgart 1994.

Rappaport, A. (1999): Shareholder Value: Ein Handbuch für Manager und Investoren, 2. Aufl., Stuttgart 1999.

Rasiel, E.M. (1999): The McKinsey Way: Using the Techniques of the World's Top Strategic Consultants to Help You and Your Business, New York et al. 1999.

Rasiel, E.M./Friga, P.N. (2001): The McKinsey Mind: Understanding and Implementing the Problem-Solving Tools and Management Techniques of the World's Top Strategic Consulting Firm, New York et al. 2001.

Reichert, O. (1994): Netzplantechnik, Wiesbaden 1994.

Reichheld, F. (1996): The Loyalty Effect: The Hidden Force Behind Growth, Profits, and Lasting Value, Boston 1996.

Reichheld, F. (2001): Loyalty Rules! How Today`s Leaders Build Lasting Relationships, Boston 2001.

Reichheld, F. (2006): Die ultimative Frage, München 2006.

Reitman, W.R. (1965): Cognition and thought – an information-processing approach, New York 1965.

Reuter, E. (1993): Manager, in: HWB, Teilband 2, 5. Aufl., hrsg. von W. Wittmann et al., Stuttgart 1993, Sp. 2663-2679.

Schade, C. (2000): Marketing für Unternehmensberatung: Ein institutionenökonomischer Ansatz, Nachdruck der 2. Aufl., Wiesbaden 2000.

Schönenborn, F. (2004): Strategisches Controlling mit System Dynamics, Heidelberg 2004.

Schreyögg, G. (1998): Organisation: Grundlagen moderner Organisationsgestaltung, 2. Aufl., Wiesbaden 1998.

Schwarz, R./Ewaldt, J.W. (2002): Über den Beitrag systemdynamischer Modellierung zur Abschätzung technologischer Evolution, in: Technologie-Roadmapping: Zukunftsstrategien für Technologieunternehmen, hrsg. von M.G. Möhrle und R. Isenmann, Berlin et al. 2002, S. 159-175.

Seiwert, L.J. (1979): Mitbestimmung und Zielsystem der Unternehmung, Göttingen 1979.

Senge, P. (1990): The Fifth Discipline, New York 1990.

Sheth, J./Parvatiyar, A. (1995): Relationship Marketing in Consumer Markets, in: Journal of the Academy of Marketing Science, Vol. 23, S. 255-271.

Shrader, C./Taylor, L./Dalton, D. (1984): Strategic planning and organizational performance: a critical appraisal, in: Journal of Management, Vol. 10, S. 149-171.

Sieben, G./Schildbach, T. (1994): Betriebswirtschaftliche Entscheidungstheorie, 4. Aufl., Stuttgart 1994.

Simon, H.A. (1975): The functional equivalence of problem solving skills, in: Cognitive Psychology, Vol. 7 (1975), S. 268-288.

Slywotzky, A.J. (1996): Value Migration: How to Think Several Moves Ahead of the Competition, Boston 1996.

Slywotzky, A.J./Morrison, D.J. (1997): The Profit Zone: How Strategic Business Design Will Lead You to Tomorrow's Profits, New York 1997.

Slywotzky, A.J./Morrison, D.J./Moser, T./Mundt, K.A./Quella, J.A. (1999): Profit Patterns: 30 Ways to Anticipate and Profit from Strategic Forces Reshaping Your Business, New York 1999.

Staehle, W. (1999): Management – eine verhaltenswissenschaftliche Perspektive, 8. Aufl., München 1999.

Steinmann, H./Schreyögg G. (1997): Management: Grundlagen der Unternehmensführung; Konzepte – Funktionen – Fallstudien, 4. Aufl., Wiesbaden 1997.

Straub, W./Forchhammer, L. (1995): Berater können erfolgreicher werden, in: Harvard Business Manager, Nr. 3/1995, S. 9-21.

Strebel, H. (1981): Zielsysteme und Zielforschung, in: DBW, 41. Jg. (1981), S. 457-475.

Thom, N. (1992): Organisationsentwicklung, in: HWO, hrsg. von E. Frese, 3. Aufl., Stuttgart 1992, Sp. 1477-1491.

Ulrich, H. (1968): Die Unternehmung als produktives soziales System, Bern 1968.

Ulrich, H./Probst, G. (1988): Anleitung zum ganzheitlichen Denken und Handeln, Bern, Stuttgart 1988.

Vester, F. (1992): Methodenhandbuch zum Sensitivitätsmodell Prof. Vester, München 1992.

Vester, F./Hessler, A. (1980): Sensitivitätsmodell, Frankfurt 1980.

Walgenbach, P. (1995): Institutionalistische Ansätze in der Organisationstheorie, in: Organisationstheorien, hrsg. von A. Kieser, Stuttgart 1995, S. 269-302.

Welge, M./Al-Laham, A. (1999): Strategisches Management: Grundlagen – Prozess – Implementierung, 2. Aufl., Wiesbaden 1999.

Welsh, M.C. (1991): Rule-guided behavior and self-monitoring on the Tower of Hanoi disk-transfer task, in: Cognitive Development, Vol. 6 (1991), S. 59-76.

Wenger, E. (1993): Verfügungsrechte, in: Handwörterbuch der Betriebswirtschaft, hrsg von W. Wittmann u.a., 5. Aufl., Stuttgart 1993, Sp. 4495-4507.

Wenger, E./Kaserer, C. (1998): The German System of Corporate Governance – A Model Which Should not be Imitated, in: Competition and Governance in Financial Markets hrsg. von S.W. Black u. M. Moersch, Amsterdam u.a. 1998, S. 41-78.

Wertheimer, M. (1963): Drei Abhandlungen zur Gestalttheorie, Darmstadt 1963 (Originalausgabe: Erlangen 1925).

Wiener, N. (1948): Cybernetics, New York 1948.

Wild, J. (1982): Grundlagen der Unternehmensplanung, 4. Aufl., Opladen 1982.

Williamson, O.E. (1985): The Economic Institutions of Capitalism, New York, London 1985.

Wöhe, G. (1996): Einführung in die Allgemeine Betriebswirtschaftslehre, 19. Aufl., München 1996.

Wright, T.P. (1936): Factors affecting the cost of airplanes, in: Journal of the Aeronautical Science, 1936, S. 122-128.

Zipser, A. (2001): Business Intelligence im CRM: Die Relevanz von Daten und deren Analyse für profitable Kundenbeziehungen, in: Customer Relationship Management: Erfolgreiche Kundenbeziehungen durch integrierte Informationssysteme, hrsg. von J. Link, Berlin u.a. 2001, S. 35-57.

Personen- und Institutionenverzeichnis

Sachverzeichnis